人文社会科学与生态文明建设丛书

国际关系与全球生态文明建设

许勤华　著

中国环境出版集团·北京

图书在版编目（CIP）数据

国际关系与全球生态文明建设 / 许勤华著. —北京：中国环境出版集团，2023.5
（人文社会科学与生态文明建设丛书 / 洪大用主编）
ISBN 978-7-5111-5123-0

Ⅰ. ①国… Ⅱ. ①许… Ⅲ. ①生态环境建设—研究—世界 Ⅳ. ①X321.1

中国版本图书馆 CIP 数据核字（2022）第 067295 号

出 版 人 武德凯
策划编辑 李修棋 周 煜
责任编辑 周 煜 宋慧敏
封面设计 宋 瑞

出版发行 中国环境出版集团
（100062 北京市东城区广渠门内大街 16 号）
网 址：http://www.cesp.com.cn
电子邮箱：bjgl@cesp.com.cn
联系电话：010-67112765（编辑管理部）
发行热线：010-67125803，010-67113405（传真）
印 刷 北京中科印刷有限公司
经 销 各地新华书店
版 次 2023 年 5 月第 1 版
印 次 2023 年 5 月第 1 次印刷
开 本 787×960 1/16
印 张 34.25
字 数 350 千字
定 价 138.00 元

目　录

第一章　导　论

2020 年 9 月 22 日，习近平主席在第七十五届联合国大会一般性辩论上的讲话中指出：“这场疫情启示我们，人类需要一场自我革命，加快形成绿色发展方式和生活方式，建设生态文明和美丽地球。人类不能再忽视大自然一次又一次的警告，沿着只讲索取不讲投入、只讲发展不讲保护、只讲利用不讲修复的老路走下去。应对气候变化《巴黎协定》代表了全球绿色低碳转型的大方向，是保护地球家园需要采取的最低限度行动，各国必须迈出决定性步伐。中国将提高国家自主贡献力度，采取更加有力的政策和措施，二氧化碳排放力争于 2030 年前达到峰值，努力争取 2060 年前实现碳中和。各国要树立创新、协调、绿色、开放、共享的新发展理念，抓住新一轮科技革命和产业变革的历史性机遇，推动疫情后世界经济‘绿色复苏’，汇聚起可持续发展的强大合力。”[1]

随着国家之间权力、利益和价值观念的不断分化组合和交互作用，以民族国家为主要行为体的国际秩序经历了各种复杂的演变。资源的有限性且国际关系处于无政府状态，这两个基本特点决定了世界政治的基本形态：在竞争性的国家关系中，和平与战争交替存在。[2] 全球生态文明建设是中国在全球治理和对外关系中的重要理念创新、方案创新，是中国参与全球环境治理、落实2030年可持续发展议程和推进绿色“一带一路”的重要着力点和结合点。习近平总书记在 2018 年中央外事工作会议上强调要把握国际形势，要树立正确的历史观、大局观、角色观。[3] 全球生态文明建设既是习近平生态文明思想的要求，更是习近平外交思想的有机组成部分。中国作为地球村的一员，将以实际行动为全球应对气候变化、环境挑战和生物多样性破坏等多重叠加问题作出应有贡献。如何实现现代国际关系与全球生态文明建设的“化学反应”，有效应对全球环境挑战，成为一个有待回答的重大理论、实践课题，具有日益重要的理论意义、政策意义和实践意义。

---

1 习近平：《在第七十五届联合国大会一般性辩论上发表重要讲话》，《人民日报》2020 年 9 月 23 日第 3 版。

2 刘靖华：《力量均衡，还是制度霸权？——当代国际关系中两条逻辑的分析》，《欧洲研究》1997 年第 1 期。

3 《中央外事工作会议上习近平的这些话非常重要》，新华网（http://www.xinhuanet.com//politics/xxjxs/2018-06/23/c_1123026120.htm）。

第一节 研究目的

党的十八大关于大力推进生态文明建设的总体要求是：树立尊重自然、顺应自然、保护自然的生态文明理念，把生态文明建设放在突出地位，融入经济建设、政治建设、文化建设、社会建设各方面和全过程，努力建设美丽中国，实现中华民族永续发展。着力推进绿色发展、循环发展、低碳发展，从源头上扭转生态环境恶化趋势，为人民创造良好生产生活环境，为全球生态安全作出贡献。[1] 生态文明是人类文明发展的一个新阶段，是以人与自然、人与人、人与社会和谐共生、良性循环、全面发展、持续繁荣为基本宗旨的社会形态。党的十八大以来，以习近平同志为核心的党中央谋划开展了一系列根本性、长远性、开创性的工作，可以说是五个"前所未有"。一是思想认识程度之深前所未有，二是污染治理力度之大前所未有，三是制度出台频度之密前所未有，四是监管执法尺度之严前所未有，五是环境质量改善速度之快前所未有。我国在解决国内环境问题的同时，也积极参与全球环境治理。截至2017年10月，我国已批准加入 30 多项与生态环境有关的多边公约或议定书，引导应对气候变化国际合作，成为全球生态文明建设的重

---

1 《胡锦涛在中国共产党第十八次全国代表大会上的报告》，人民网（http://cpc.people.com.cn/n/2012/1118/c64094-19612151.html）。

要参与者、贡献者、引领者。[1]

近年来国际社会对生态文明建设的呼声越来越大，从联合国环境大会到世界大学气候变化联盟，越来越多环境保护组织的出现表明了国际社会向生态文明社会转变的进一步深入，也明确了全球生态文明建设的核心是“如何处理好人与环境之间的关系”，如何解决人类发展所带来的各类环境问题。

总体来看，全球环境问题作为国际问题之一，已经形成了基本国际原则和政府间公约，集中体现在《联合国人类环境会议宣言》（Declaration of the United Nations Conference on the Human Environment）、《21 世纪议程》（Agenda 21）、《里约环境与发展宣言》（Rio Declaration on Environment and Development）、《京都议定书》（Kyoto Protocol）、《生物多样性公约》（Convention on Biological Diversity）、《内罗毕宣言》（Nairobi Declaration）、《世界自然资源保护大纲》（World Conservation Strategy）、《世界自然宪章》（World Charter for Nature）、《保护臭氧层维也纳公约》（Vienna Convention for the Protection of the Ozone Layer）等。这些原则已经与《威斯特伐利亚和约》（Treaty of Westphalia）确立的平等和主权原则、《日内瓦公约》（Geneva Conventions）确立的国际人道主义精神、《联合国宪章》（Charter of the United Nations）确立的四大宗旨和七项原则等共同成为国际关系演

1 李干杰：《十八大以来，生态文明建设取得五个“前所未有”》，新华网（http://www.xinhuanet.com/politics/19cpcnc/2017-10/23/ c_129725255.htm）。

变积累的一系列公认原则。从实践上看，《联合国气候变化框架公约》（United Nations Framework Convention on Climate Change，UNFCCC）、《京都议定书》（Kyoto Protocol）、《巴塞尔公约》（Basel Convention）等 14 个重要的国际环境条约中，有 13 个条约签署成员国超过 100 个国家，其中 5 个条约的成员国超过 180 个，表明参与环境公约及其谈判的机构和领域越来越广泛和主流化。[1]

人类面临越来越严峻的生态环境考验和挑战，绿色发展成为一个大趋势。第一次工业革命以来，人类的碳排放已使气候变暖风险累积到了“积重难返”的程度，遏制进一步升温至关重要。2018 年，全球平均气温较前工业化时代（1850—1900 年）的平均值上升了约 1.0℃。全球已经从过去依赖化石能源的经济形态向去碳化的低碳绿色经济形态转变，但这一进程的演变十分艰难。早在 1972 年，联合国就召开了人类环境会议，开启了现代环境保护的征程。联合国在瑞典斯德哥尔摩召开了第一次人类环境会议，环境问题首次上升到全球合作层面，开启了环境保护国际合作的大门。近 30 年来，在全球环境领域出现了许多影响世界国际关系原则和发展进程的重大事件（见表 1-1），环境与发展仍然是全球和世界各国面临的重大挑战，落实联合国《2030 年可持续发展议程》（Transforming our World:

1 石峰、黄一彦、张立、周国梅：《“十三五”时期我国环境保护国际合作的形势与挑战》，《环境保护科学》2016 年第 1 期。

The 2030 Agenda for Sustainable Development）所面临的形势依然严峻。我国目前也面临着发展与保护的矛盾，环境压力仍然巨大。

表 1-1 近 30 年来全球环境领域重大事件

重大事件	意义
1992 年，在巴西里约热内卢召开联合国环境与发展大会	形成《联合国气候变化框架公约》《生物多样性公约》《联合国防治荒漠化公约》
2007 年，联合国安理会举行就能源、安全和气候变化之间的关系问题进行辩论的专题会议	联合国安理会历史上第一次讨论气候变化问题
2013 年，联合国大会通过决议，将环境规划署理事会升格为各成员国代表参加的联合国环境大会	提升了联合国在全球环境治理领域的地位
2015 年，在联合国大会第七十届会议上通过《2030 年可持续发展议程》	全球发展治理的里程碑
2015 年，在巴黎气候变化大会上通过《巴黎协定》	全球气候治理的里程碑
2019 年，美国政府宣布启动退出《巴黎协定》程序	对国际环境多边合作造成冲击
2020 年，中欧绿色合作伙伴关系建立	中欧作为世界两大力量、两大市场、两大文明，主张什么、反对什么、合作什么，具有世界意义
2020 年，在第七十五届联合国大会期间，中国宣布争取 2060 年前实现碳中和	对全球气候治理具有引导意义

资料来源：笔者自制。

美国学者奥兰·扬（Oran Young）指出，“人类世”的到来增加了社会生态系统的复杂性，在这个时代，人类行为已经成为优选变化的主要驱动力。[1] 尽管过去治理研究中的一些见解在这种背景下仍然有效，但奥兰·扬认为管理是具有高度连通性和以非线性、突发性变化为特征的复合系统，人类必须创新和设计出与人类已经熟悉的规制与监管完全不同的治理机制。这个治理机制应当具有足够的持久性和有效性去影响人们的行为，同时能够灵活地适应快速变化的环境。就此，他认为需要引入新的社会资本，以补充传统的规制和监管模式，并具体讨论了目标设定、有原则的治理、靠前社会层面的善治等三种新的治理思路。联合国开发计划署（United Nations Development Programme，UNDP）发布的《人类发展报告》（Human Development Report，HDR）认为与自然共存将成为人类发展的下一个前沿；随着人类和地球进入一个全新的地质年代，即人类世或人类纪，现在所有的国家都应重新设计各自的发展道路，为人类给地球施加的危险压力负起责任，作出改变。[2] 在这样的大背景下，国际关系原则也基于越来越多的气候与环境公约，随着绿色发展趋势，倾向绿色化和低碳化。总而言之，一部人类文明的发展史也是一部人与自然的关系史。国际关系绿色化研究应超越国际关系传统三大理论的论战及分立状态，基于一种国际关系实证主义视

---

1 O R Young，*Governing Complex Systems*：*Social Capital for the Anthropocene*，Cambridge，MA，MIT Press，2017.

2 《UNDP〈人类发展报告〉30 周年纪念版发布：与自然共存将成为人类发展下一个前沿》，中国电子装备技术开发协会网站（http://www.caeerr.com/i/?1607.html）。

角，以更好地认识国际关系在绿色发展和低碳发展中的变化。[1]

只有深入分析国际关系绿色化发展的历史演变、研究进展、实践走向、机理机制以及与时俱进的创新理论，才能为全球绿色治理提供新的指导。新兴经济体和后发国家可以抓住国际关系绿色化发展这一历史变局的机遇，主动顺应和引领新一轮国际关系绿色化浪潮，与未来接轨。选择以生态文明建设为代表的新型发展路径，既可以更好地实现可持续发展与有效治理，又可以构建符合其自身可持续发展利益的国际关系理论。

那么，传统国际关系理论是如何诠释生态文明、全球生态文明建设的？全球生态文明建设进程是如何塑造新时代新型国际关系格局的？如何看待全球生态文明建设进程中的国际关系的理论增量？什么是国际关系的绿色化、低碳化和中国化？哪些是全球生态文明建设中的主要治理议题？如何评估生态文明建设与“一带一路”绿色发展之间的关联性？以上是本书尝试研究并回答的六大问题。本书阐述的宗旨：一是全球生态文明建设思想在推动国际关系学科生态化和绿色化的同时，对理论进一步中国化的作用与贡献；二是全球生态文明建设实践对国际关系及国际关系理论产生的影响。

1 刘丰：《实证主义国际关系研究：对内部与外部论争的评述》，《外交评论》（外交学院学报）2006 年第 5 期。

第二节 文献综述

一、生态文明的文献综述

随着全球生态环境问题日益突出，生态文明建设的地位和作用逐步凸显，“生态文明”这一概念在国内外学术界的使用越来越频繁。1978 年，德国法兰克福大学政治学系教授伊林·费切尔在《人类生存的条件：论进步的辩证法》中分析了工业文明带来的重重危机，并对技术进步主义进行了批判，该文首次提出了“生态文明”一词，但没有对其进行明确的定义。[1] 此后，学界对生态文明的内涵开展了进一步研究。1984 年，苏联学者B.C.利皮茨基在《莫斯科大学学报（科学社会主义版）》上发表了《在成熟社会主义条件下培养个人生态文明的途径》一文，他指出生态文明是社会对个人进行一定影响的结果。[2] 1985 年2 月 18 日，张捷在《光明日报》“国外研究动态”专栏对利皮茨基的这篇文章进行了介绍，这被视作中国报纸杂志出现“生态文明”概念的发端。1995 年，美国北卡罗来纳大学教授罗伊·莫里森在《生态民主》一书中明确将生态文明称作“工业

1 Iring Fetscher，Conditions for the Survival of Humanity：On the Dialectics of Progress，*Universitas*，Vol. 20，No. 3，1978，pp. 161-172.

2 В С Липицкий，Пути формирования экологической культуры личности в условиях зрелого социализма，*Вестник Московского университета*：*Теория научного коммунизма*，Сер. 12，№ 2，1984，стр. 40.

文明之后一种新的文明形式”，并认为生态文明需要建立在民主、平衡、和谐这三个相互依存的要素之上。[1] 在此之后，生态文明逐渐成为一个全球性议题。

当前，中国学界已有不少学者从不同角度对生态文明进行了概念上的界定。早期，一些学者在罗伊·莫里森的研究基础上，从历史分期的角度将生态文明定义为一种新的社会形态。2004 年，李红卫在《生态文明——人类文明发展的必由之路》中论述了人类文明形态从渔猎社会、农业社会过渡到工业社会的历史嬗变，并将生态文明视为“人与自然相互协调、共同发展的新文明”，或者可称之为“后工业文明”。[2] 2005 年，俞可平在《科学发展观与生态文明》一文中指出，生态文明作为一种后工业文明，是人类迄今最高的文明形态，建设社会主义生态文明则是贯彻落实科学发展观的客观要求。[3] 2007 年，中国共产党第十七次全国代表大会把“建设生态文明”列入全面建设小康社会奋斗目标的新要求后，越来越多的学者开始对生态文明的概念、意义、建设路径等方面进行研究，一些中国学者从文明构成的角度提出了与以往不同的观点。2009 年，张云飞在《试论生态文明的历史方位》一文中反驳了“生态文明是取代工业文明的新的文明形态”这种说法，提出了在信息化发展

1 Roy Morrison，*Ecological Democracy*，Boston，South End Press，1995，p. 12.
2 李红卫：《生态文明——人类文明发展的必由之路》，《社会主义研究》2004 年第 6 期。
3 俞可平：《科学发展观与生态文明》，《马克思主义与现实》（双月刊）2005 年第 4 期。

和新科技革命背景下，人类社会将在工业文明的基础上进入智能文明时代的观点，并指出生态文明是贯穿所有文明形态（从渔猎文化到农业文明、工业文明和智能文明）始终的一种基本结构。[1] 刘海霞于 2011 年发表的《不能将生态文明等同于后工业文明——兼与王孔雀教授商榷》一文分析了将生态文明等同于后工业文明的观点所具有的逻辑错误和产生的现实危害，再次论证了生态文明是任何人类社会存在的基础和前提，是任何人类社会必须具有的结构维度。[2] 在上述两种不同考察角度的基础上，有学者对“生态文明”的概念作出了广义和狭义的区分。2010 年，张义发表的《生态文明定义和历史方位辨析》一文探究了文明与自然的关系，总结并辨析了学界对生态文明的不同定义和对生态文明历史方位的不同观点，最后指出生态文明“既是一种文明形态，又是一种基本的文明结构”。[3] 2011 年，王宏斌在《生态文明与社会主义》一书中以生态文明与社会主义的辩证关系为研究视角，论述了生态文明发展的历史轨迹及其发展规律，分析了生态文明在不同社会制度条件下所取得的成就及其面临的问题，同时对中国特色生态文明建设的路径及其历史局限性与超越性进行了有益探索。在书中的基本概念分析部分，他将广义的生态文明归纳为人类社会继原始文明、农业文明、工业文明

1 张云飞：《试论生态文明的历史方位》，《教学与研究》2009 年第 8 期。

2 刘海霞：《不能将生态文明等同于后工业文明——兼与王孔雀教授商榷》，《生态经济》2011 年第 2 期。

3 张义：《生态文明定义和历史方位辨析》，《林业经济》2010 年第 7 期。

后的新型文明形态，而将狭义的生态文明归纳为与物质文明、政治文明和精神文明相并列的一种现实文明形式。[1] 2018 年 3 月，"生态文明"被写入《中华人民共和国宪法》后，国内外开始涌现出诸多评论与文献，从更加多元的角度对生态文明展开了讨论。奥斯陆大学的两位学者和浙江大学的李红涛于 2018 年合著的论文《生态文明：诠释中国的过去，想象全球的未来》融合了传媒学、人类学和汉学的学术角度，分析了生态文明在媒体上的表述，挖掘了这个重要的国家工程所蕴含的价值和愿景，并提出生态文明应当被理解为一种对社会技术的想象，在这种想象中，文化和道德品性构成了一个重要的元素。此外，这一想象体是民族文化的延续，从中国哲学思想中找到一种应对地球未来危机的解决方案，将中国置于世界的中心。[2]

从上述文献中，我们可以发现，20 世纪下半叶"生态文明"这一概念的正式提出为下一步的深入研究奠定了前期基础，2007 年党的十七大的召开和 2018 年"生态文明"被写入《中华人民共和国宪法》使得学界对生态文明的研究角度更加多样，还助推了国内就中国特色生态文明建设思想相关问题的研究。2013 年，范松仁在《中国特色社会主义生态文明建设的地位和作用》一文中阐述了中国特色社会主义建设事业总布局由

---

1 王宏斌：《生态文明与社会主义》，北京：中央编译出版社，2011 年版，第 2 页。

2 Mette Halskov Hansen，Hongtao Li，and Rune Svarverud，Ecological civilization：Interpreting the Chinese past，projecting the global future，*Global Environmental Change*，Vol. 53，2018，pp. 195-203.

“三位一体”到“四位一体”进而到“五位一体”的演进过程，他指出了生态文明建设在中国特色社会主义现代化建设事业中的重要地位和作用，还强调了要立足人民福祉、民族未来、全球生态安全以及“五位一体”的关联等视角去认识和把握中国特色社会主义生态文明建设的重要作用。[1] 刘浚和赵淑妮于2015年发表的《中国特色社会主义生态文明建设理论体系探析》一文从两个维度探究了中国特色社会主义生态文明建设的重要意义：从国内视角看，推进生态文明建设是出于对我国能源资源匮乏、生态环境污染严重现状的考量；从国际视角看，这是在国际环境与发展领域塑造我国良好形象和进一步增强我国话语权和竞争力的现实需要。[2] 此外，近年来，国内有不少学者开始研究习近平生态文明思想。刘希刚和王永贵在2014年发表的《习近平生态文明建设思想初探》一文中指出，习近平生态文明建设思想是对人类生态文明发展趋势的自觉顺应，是对马克思主义生态文明思想的创新应用，是对生态文明和环境建设规律的理性认识以及对党的执政思想的丰富拓展。[3] 2018年5月18—19日举行的第八次全国生态环境保护大会确立了“习近平生态文明思想”的理论要点及其对我国生态文明建设的现

1 范松仁：《中国特色社会主义生态文明建设的地位和作用》，《党政论坛》2013年第5期。

2 刘浚、赵淑妮：《中国特色社会主义生态文明建设理论体系探析》，《西安建筑科技大学学报》（社会科学版）2015年第3期。

3 刘希刚、王永贵：《习近平生态文明建设思想初探》，《河海大学学报》（哲学社会科学版）2014年第4期。

实指导意义。此后，国内掀起了又一波对“习近平生态文明思想”的研究热潮。

对于中国特色生态文明建设理论，多数西方学者予以了积极的回应。费恩·阿勒在2018年发表的论文《中国传统概念在现代生态文明讨论中的复兴》中，探究了环保概念（如“可持续发展”“环境关怀”“人类共同的忧患”）在中国政治日程和中国式世界观中获得整合的可能性，并提出了中国传统文化中的一些基本概念不但适用于现代有关建立合作性生态文明的讨论，而且丰富了讨论，为其提供了新鲜材料。[1] 英国学者毛里齐奥·马里内利在2018年发表的论文《在人类世建造“美丽中国”：有关生态文明的政治话语和学术论争》中，细致地考察了生态文明在政治领域的应用与生态文明作为一项学术研究之间的关系，并指出“生态文明”的概念和“人类世”的概念同样具有重要的话语权力属性，使得以“增长”与“发展”的对立、“社会主义”与“资本主义”的对立为代表的二元式的政治经济话语可以转换为一种以生态和社会可持续繁荣为导向的追求。[2] 刘晨等在同年论文《中国式的可持续发展道路：后社会主义的过渡和生态文明的构建》中，探讨了以“生态文明”概念为

1 Finn Arler，Revitalizing Traditional Chinese Concepts in the Modern Ecological Civilization Debate，*Open Journal of Philosophy*，Vol. 8，No. 2，2018，pp. 102-115.

2 Maurizio Marinelli，How to Build a “Beautiful China” in the Anthropocene：The Political Discourse and the Intellectual Debate on Ecological Civilization，*Journal of Chinese Political Science*，Vol. 23，No. 3，2018，pp. 365-386.

标志的中国式可持续发展的内涵，并提出要充分实现可持续发展思想的国际化，就要以更加国际化的思维方式，吸纳借鉴不同国家背景下的、通过本土语汇来表达的与可持续发展相关的话语。[1] 国际可持续研究发展院学者、中国环境与发展国际合作委员会前顾问亚瑟・汉森在2019年发表的《中国的生态文明：价值、行动和未来需求》一文中指出了中国的生态文明概念与可持续发展概念的不同，并为未来生态文明在中国和世界获得成功、获得变革性的影响给出了短期和长期的建议。[2] 同年，德国学者贝特霍尔德・库恩撰写的《中国的生态文明》报告从国家政策和国际合作的角度分析了中国的生态文明概念，并提出西方的环境自由主义者会在更多地了解和参与中国的环保政策制定过程中受益。[3]

但与此同时，也不乏学者对中国特色生态文明建设理论提出疑问和挑战。法国学者厄尔特比兹在2017年发表的论文《人类世时代的可持续发展与生态文明：针对全球环境危机的社会心理和“文化主义”诠释的认识论分析》中，将生态文明的概念定义为一种中国文化主义的叙事策略，并对背后的逻辑和假

1 Chen Liu，et al，A Chinese Route to Sustainability：Postsocialist Transitions and the Construction of Ecological Civilization，*Sustainable Development*，Vol. 26，No. 2，2018，pp. 741-748.

2 Arthur Hanson，Ecological Civilization in the People's Republic of China：Values，Action，and Future Needs，ADB *East Asia Working Paper Series*，No. 21，2019，pp. 1-22.

3 Berthold Kuhn，*Ecological civilisation in China*，Berlin，Dialogue of Civilizations Research Institute，2019.

设提出了一些质疑。为回应此类质疑，并使中国的生态文明理念对西方更有说服力，还需更加完善的和丰富的生态文明理论建设，阐明生态文明观不仅是中国特色的，更是适用于、有益于全球未来的。[1]

此外，在国家“一带一路”倡议实施的背景下，近年来，国内外学者在全球生态文明建设与“一带一路”绿色发展领域也进行了众多研究。董锁成等于 2017 年发表了《“一带一路”的绿色发展模式》一文，重点关注了中国在城市和地域级别为实现可持续发展制定的政策，总结了在丝绸之路经济带实现生态文明的基本模式，即“六合一”体系，包含生态宜居城市建设、生态文化和绿色消费文化建设、生态空间和自然保护区建设、公众参与的生态政府机构建设、生态环境监督和应急系统建设、生态经济低碳产业建设。[2] 2020 年，程翠云和葛察忠在《“一带一路”国家绿色发展评估》中，强调了生态文明理念对绿色“一带一路”建设的重要性，以及在实践“一带一路”倡议不同的国家共建合作平台以实施统一的绿色“一带一路”政策的必要性。[3]

1 Jean-Yves Heurtebise，Sustainability and Ecological Civilization in the Age of Anthropocene：An Epistemological Analysis of the Psychosocial and “Culturalist” Interpretations of Global Environmental Risks，*Sustainability*，Vol. 9，No. 8，2017，pp. 1-17.

2 Suocheng Dong，V Kolosov，L Yu，et al，Green Development Modes of the Belt and Road，*Geography*，*Environment*，*Sustainability*，Vol. 10，No. 1，2017，pp. 53-69.

3 Cheng Cuiyun and Ge Chazhong，Green Development Assessment for Countries along the Belt and Road，*Journal of Environmental Management*，Vol. 263，2020，pp. 1-7.

以上涉及生态文明的著作及文章都为本书的研究提供了厚实的文献资料和理论基础，但从国际关系理论范式的角度出发考察生态文明及生态文明建设的文献十分稀缺，而在生态文明建设对大国关系有着深刻影响的当下，中国特色生态文明建设理论能为中国积极参与全球生态治理提供新思路、新方法，引领国际生态新秩序的建设。因此，力图在“新”上有所突破的研究具有理论价值和应用价值的创新意义。

二、国际关系绿色化的文献综述

全球生态文明建设对世界政治经济格局产生重大影响，新型国际关系秩序的构建也逐渐深入，“国际关系绿色化和低碳化”这一概念的使用日渐频繁。但是与当前国内外学界对国际关系数字化、人工智能化研究方兴未艾的现状相比，对国际关系绿色化和低碳化发展趋势的研究显著不足或尚无研究，这主要是因为环境问题的扩散化、多样化难以一概而论；此外，国际关系与环境治理的交叉研究、协同研究比较零散或有限，未产生系统性、学术性及战略性影响。

20 世纪 80 年代，世界正处在有史以来发展最迅速的轨道上，经济、生态和政治等方面的变革突然加速；与此同时，生态环境恶化的趋势引发了西方舆论界对“自然的终结”“永恒的自然秩序的终结”的讨论。到 20 世纪 90 年代，国际关系领域学者逐渐意识到自然环境已成为本学科越来越重要的问题来源，西方学者对“国际关系绿色化”及相关概念的讨论也逐渐增多。1987年，世界环境与发展委员会提交了一份题为《我们共同的未来》的报告；报告明确指出，环境问题与发展问题是有密切联系的，环境问题正改变着国内事务和国际事务的内容及其之间的互动，并且很可能成为下个世纪的突出问题。[1] 1990年，加拿大的J.麦克尼尔的《国际关系的绿色化》对上述报告展开了进一步探讨，对“可维持发展”的概念进行了界定，详细分析了由“不可维持发展”向“可维持发展”转变的条件，并强调了新形式、紧密的国际合作在可持续发展进程中的重要性。[2] 1997年，阿兰·利比兹在《后福特世界：劳动关系、国际等级制度与全球生态》一文中探讨了战后福特主义危机后劳资关系的转变，这种转变的后果是形成了以其范围内经济体系的异质性为特征的集团，并分析了劳资关系体系与人们对全球生态危机的态度之间的关系。[3] 2004年，罗宾·埃克斯利在《绿色国家：民主与主权的再思考》一书中引入了批判理论的内在分析方法，并探寻了绿色民主国家的诞生要素。[4] 紧接着，他于2007年在《国际关系理论》一书中

1 世界环境与发展委员会：《我们共同的未来》（中译本），北京：世界知识出版社，1989年版。

2 ［加］J. 麦克尼尔：《国际关系的绿色化》，《国际社会科学杂志》（中文版）1990年第1期。

3 Alain Lipietz，The post-Fordist World：Labour Relations，International Hierarchy and Global Ecology，*Review of International Political Economy*，Vol. 4，No. 1，1997，pp. 1-41.

4 Robyn Eckersley，*The Green State*：*Rethinking of democracy and sovereignty*，Cambridge，MA，MIT Press，2004.

探讨了环境问题对国际关系理论的影响，并表示绿色国际关系理论挑战了传统国际关系理论的国家中心框架、理性主义分析和生态盲目性，为国际正义、发展、现代化和安全提供了一系列新的绿色解释。[1] 2008 年，塞巴斯蒂安・马斯洛等在《建构主义与生态思想：国际关系理论“绿色化”前景的批判性讨论》一文中，将建构主义的理论范式与“绿色国家”的思想结合起来，并对国际关系理论中绿色国家的未来进行了展望。[2] 2009 年，斯蒂芬妮・潘・哈登等在《绿色治理的历史、实践和理论视角：探索性分析》一文中，从历史、实践和理论三个视角出发，在对绿色治理概念进行系统梳理的基础上，提出了更具共识性的绿色治理概念。[3] 2012 年，罗伯特・福克纳的《全球环境主义与国际社会的绿色化》指出，全球环境保护主义的兴起对国际关系产生了持久的、潜在的变革性影响，尽管在解决具体环境问题的实践中遇到了许多挫折，但国际社会的“绿色化”进程缓慢而稳健。[4] 2017 年，丹尼尔・罗森布姆在《路径：低碳转型理论与治理的新兴概念》一文中分析了在低碳转型背景下的三

---

1 Robyn Eckersley, *International Relations Theories*, Oxford, Oxford University Press, 2007.

2 Sebastian Maslow, et al, Constructivism and Ecological Thought: A Critical Discussion on the Prospects for a “Greening” of IR Theory, *Interdisciplinary Information Sciences*, Vol. 14, No. 2, 2008, pp. 133-144.

3 Stephanie Pane Haden, et al, Historical, Practical, and Theoretical Perspectives on Green Management: An Exploratory Analysis, *Management Decision*, Vol. 47, No. 7, 2009, pp. 1041-1055.

4 Robert Falkner, Global Environmentalism and the Greening of International Society, *International Affairs*, Vol. 88, No. 3, 2012, pp. 503-522.

个核心，丰富了低碳转型理论的基础。[1] 2017 年，巴巴卡尔 •迪恩等在《论“绿色治理”》一文中指出绿色治理是可持续发展的一部分，是政府所采取的具有远见性、战略性和参与性的可持续管理自然资源的路径。[2] 2017 年，弗兰克 • 比尔曼在《全球目标设定治理：联合国可持续发展目标的新途径》一文中对可持续发展目标的演变、基本原理和未来前景进行了分析和评估，并举例说明了可持续发展目标是如何体现一种新型全球治理战略的。[3] 2018 年，艾里德 • 瓦顿在《环境治理——从公共到私人？》一文中分析了私人行动者和市场在环境治理中的扩大作用，并指出新自由主义趋势并没有削弱国家的作用，而是改变了国家的作用。[4] 2019 年，罗伯特 • 福尔克纳在《国际气候政治中正义与秩序的必然性：从京都到巴黎及其以外》一文中探讨了在《联合国气候变化框架公约》主持下的国际气候谈判的主要成果在多大程度上体现了气候正义，特别是分配正义的规范性，并且通过追溯从 1997 年《京都议定书》到 2015 年《巴黎协定》气候制度中正义要素的演变，阐明了正义主张在

1 Daniel Rosenbloom，Pathways：An Emerging Concept for the Theory and Governance of Low-Carbon Transitions，*Global Environmental Change*，Vol. 43，2017，pp. 37-50.

2 Babacar Dieng，et al，On “Green Governance”，*International Journal of Sustainable Development*，Vol. 20，No. 1，2017，pp. 111-123.

3 Frank Biermann，Global Governance by Goal-Setting：The Novel Approach of the UN Sustainable Development Goals，*Current Opinion in Environmental Sustainability*，Vol. 26-27，2017，pp. 26-31.

4 Arild Vatn，Environmental Governance：From Public to Private？，*Ecological Economics*，Vol. 148，2018，pp. 170-177.

国际气候政治中的力量和局限性。[1] 2020 年，吉纳维·庞斯在《后绿色：后疫情时代的绿色复苏》中认为，当下正在起草的大规模经济复苏方案是一个千载难逢的机遇，可以加速经济结构向零污染、生物多样性恢复和气候中性转变，但是国家复苏的努力必须以国际政治议程为指导并将其纳入其中，并且认为欧盟在雄心勃勃的绿色复苏计划的基础上，可以而且应该站在更为绿色的后疫情时代的最前沿。[2] 2021 年，姜晟振等在《环境政策对全球绿色贸易的影响》一文中探讨了环境政策对发达国家和发展中国家双边绿色出口的影响，并通过实证研究得出低收入国家和中等收入国家必须促进环境政策和绿色生产过程，以在全球市场上增加竞争力的结论。[3]

我国可持续发展目标的确定与推进及环境保护议题在全球范围内的日益凸显，直接推动了国内对国际关系绿色化及绿色治理相关问题的研究。2000 年，王翔宇的《环境问题：当代国际关系中的"绿色冲击波"》一文认为环境问题主要从国家主权、安全、南北关系等方面对当代国际关系产生冲击。[4] 2000 年，王义桅的《环境问题对国际关系的影响》一文指出环境问

1 Robert Falkner，The Unavoidability of Justice—and Order—in International Climate Politics：From Kyoto to Paris and Beyond，*The British Journal of Politics and International Relations*，Vol. 21，No. 2，2019，pp. 270-278.

2 Geneviève Pons，Greener After：A Green Recovery for a Post-COVID-19 World，*SAIS Review of International Affairs*，Vol. 40，No. 1，2020，pp. 69-79.

3 Sung Jin Kang，et al，Impacts of Environmental Policies on Global Green Trade，*Sustainability*，Vol. 13，No. 3，2021，pp. 1-15.

4 王翔宇：《环境问题：当代国际关系中的"绿色冲击波"》，《湘潭大学学报》（研究生论丛）2000 年第 2 期。

题本身蕴含于人类发展模式之中，故与广泛的国际制度变迁密切相关，并推动其总体变革，这种变革是环境问题对国际关系影响的深刻结果。[1] 2003年，王茂涛的《环境安全与国际关系的“绿”化》一文认为环境安全成为国际社会和各国的重要战略目标是国际关系“绿”化的根本原因，并分析了国际关系的“绿”化主要表现在国际关系的合作态势与和谐取向、环境外交的兴起、国际关系运行机制的转变等方面。[2] 2008年，张海滨在《环境与国际关系：全球环境问题的理性思考》一书中探讨了环境与国际关系之间的互动与关联性，并指出全球环境问题是综合性问题，与人口、技术、观念和经济发展均有关，但当今主要是国际政治问题。[3] 2008 年，余潇枫等在《“全球绿色治理”是否可能？——绿色正义与生态安全困境的超越》一文中，基于“绿色正义”观展开分析，认为为了维护生态安全，必须建构相关的国际机制，超越安全与发展相冲突的两难困境，推行绿色政治、绿色经济和绿色生活，逐步实现全球绿色治理。[4] 2010年，金永成在《环境问题与国际安全的互动关系》一文中指出当时环境问题在国际关系上日益凸显，影响了国

1 王义桅：《环境问题对国际关系的影响》，《世界经济与政治论坛》2000年第4期。

2 王茂涛：《环境安全与国际关系的“绿”化》，《阜阳师范学院学报》（社会科学版）2003年第5期。

3 张海滨：《环境与国际关系：全球环境问题的理性思考》，上海：上海人民出版社，2008年版。

4 余潇枫：《“全球绿色治理”是否可能？——绿色正义与生态安全困境的超越》，《浙江大学学报》（人文社会科学版）2008年第1期。

家安全和世界和平。[1] 2016 年，董亮、张海滨在《2030 年可持续发展议程对全球及中国环境治理的影响》一文中使用进程追踪的方法，通过回顾环境议题进入《2030 年可持续发展议程》的过程，着重分析了环境目标在未来 15 年内将对全球与中国环境治理产生的重要影响。[2] 2017 年，李维安在《包容性创新教育与绿色治理》一文中分析了从实践层面制定全球性绿色治理准则的必要性和迫切性，提出了“共同责任、多元协同、民主平等、适度承载”的治理原则。[3] 2018 年，李维安在《绿色治理：开放创新的视角》一文中，从绿色治理的相关理论、创新主体、创新机制和创新模式等方面对人与自然的协同作用进行了研究，并试图构建一个基于可持续发展的企业、政府、社会组织、公众与自然合作的绿色治理框架。[4] 2019 年，周亚敏在《全球绿色治理》一书中指出，经济增长与环境保护从矛盾冲突到和谐共融是一个长期而艰难的历史性跨越，而且关于环境问题的理论认知与经济分析是有明确的国家发展权益和国际政治立场站位的。[5] 2019 年，许英明等在《绿色贸易助推生态文明建设研究》一文中，明确了绿色贸易与生态文明作为当

1 金永成：《环境问题与国际安全的互动关系》，《法制与社会》2010 年第 8 期。

2 董亮、张海滨：《2030 年可持续发展议程对全球及中国环境治理的影响》，《中国人口・资源与环境》2016 年第 1 期。

3 李维安：《包容性创新教育与绿色治理》，《南开管理评论》 2017 年第 2 期。

4 Weian Li，Green Governance：New Perspective from Open Innovation，*Sustainability*，Vol. 10，No. 11，2018.

5 周亚敏：《全球绿色治理》，北京：社会科学文献出版社，2019 年版。

今世界发展重要议题的背景，并从 2006 年到 2015 年我国七大地区和各省份的生态文明程度入手，分析了我国绿色贸易发展与生态文明建设的关联，并指出未来我国更需针对不同地区的地理区位、经济发展等，以环境产业为抓手、促进绿色贸易发展，实现对生态文明建设的激励。[1] 2019 年，史云贵在《绿色治理：概念内涵、研究现状与未来展望》一文中，对绿色治理的发展渊源、研究现状以及未来展望进行了详细分析。[2] 2021 年，姜联合在《全球碳循环：从基本的科学问题到国家的绿色担当》一文中指出"碳与环境"已经成为全球关注的问题，"碳与环境和生活的关系"不仅是科学家的问题，也是公众关心的问题，涉及国家可持续发展和人民生活的方方面面。[3]

从上述国内外文献回顾可知，环境问题给当代国际关系带来了新的挑战，促进了国际关系绿色化的讨论，也对原来的国际关系理论和国家主权理论产生了一定挑战。国内外学者关于国际关系绿色化以及绿色治理的相关研究成果为下一步的深入研究奠定了基础，但纵观这些研究成果，不难发现尽管国内外学者关于绿色治理及国际关系绿色化的研究成果的数量呈增长趋势，但是总量较其他国际关系新兴趋势的研究还是偏

1 许英明、岳怡然、胡蓓蓓、董现垒：《绿色贸易助推生态文明建设研究》，《生态经济》2019 年第 6 期。

2 史云贵：《绿色治理：概念内涵、研究现状与未来展望》，《兰州大学学报》（社会科学版）2019 年第 3 期。

3 姜联合：《全球碳循环：从基本的科学问题到国家的绿色担当》，《科学》2021 年第 1 期。

少。另外，绿色治理这一方面的研究与国际关系相关理论的融合程度不高，现有研究多将绿色治理囿于协调国内经济发展与生态环境间的关系及企业绿色治理等方面，对国际关系层面绿色治理的讨论不够。除此之外，对文献梳理后不难发现，目前研究成果中涉及“国际关系绿色化”的整体研究较少，而多结合国际代表性事件及议题进行局部研究，比如与联合国《2030年可持续发展议程》、2015 年《巴黎协定》、2020 年“绿色复苏”等标志性事件相关；目前，研究内容的切入视角多是环境议题纳入国际关系框架的讨论及绿色治理所包含的内容，比如多为生物多样性、气候变化、绿色能源、绿色产业、绿色贸易、可持续发展、海洋问题等议题。

另外，在文献梳理过程中可以发现，近几年来国内外学者将绿色治理与“一带一路”建设这两个议题结合起来进行的研究数量增多，涉及“一带一路”绿色能源、绿色发展框架等内容。2016 年，阿尼克特·沙阿在《建设可持续的“一带一路”》一文中表示，如果可持续发展目标与“一带一路”可以融合，新的多边合作形式将会诞生。[1] 2019 年，娜塔莉亚·A. 切尼舍瓦在《“一带一路”的绿色能源：经济现状与未来》一文中对“一带一路”的绿色能源项目进行评级，并得出“一带一路”绿色能源传播只是构建紧密互联的亚洲能源基础设施的第一

1 Aniket Shah，Building a Sustainable “Belt and Road”，*Horizons*：*Journal of International Relations and Sustainable Development*，No. 7，2016，pp. 212-223.

步，“一带一路”最不发达国家绿色能源投资的长期积极效应较小，短期内可对其经济起到促进作用的结论。[1] 许勤华在《“一带一路”绿色发展报告（2019）》一书中首创了观察“一带一路”国家绿色发展水平的多指标综合评估体系，这是衡量沿线“一带一路”国家绿色资产存量、绿色技术创新和绿色发展结果三个维度发展水平的创新。[2] 2019 年，周亚敏在《全球价值链中的绿色治理——南北国家的地位调整与关系重塑》一文中认为中国在“一带一路”框架下倡导贸易协定的自愿性环境条款为“一带一路”沿线国家的内生性绿色治理创新营造了有利条件，符合实现全球价值链绿色化的根本方向。[3] 2020 年，陈亚等在《“一带一路”国家如何为全球低碳发展作出贡献？》一文中利用实证分析，对“一带一路”沿线国家的低碳发展水平进行了测算，并得出结论：“一带一路”国家仍处于低碳经济发展的初级阶段，需要采取更有力的政策措施来促进低碳经济的发展。[4] 2020 年，许勤华、王际杰在《推进绿色“一带一路”建设的现实需求与实现路径》一文中，在总结了“一

1 Natalia A Chernysheva，Green Energy for Belt and Road Initiative：Economic Aspects Today and in the Future，*International Journal of Energy Economics and Policy*，No. 5，2019，pp. 178-185.

2 许勤华：《“一带一路”绿色发展报告（2019）》，北京：中国社会科学出版社，2020 年版。

3 周亚敏：《全球价值链中的绿色治理——南北国家的地位调整与关系重塑》，《外交评论》（外交学院学报）2019 年第 1 期。

4 Ya Chen，et al，How can Belt and Road Countries Contribute to Glocal Low-Carbon Development？，*Journal of Cleaner Production*，No. 256，2020，pp. 1-13.

带一路”发展现状的基础上，分析了“一带一路”建设新阶段绿色发展的现实需要和实现路径。[1] 2021 年许勤华在《读懂“一带一路”绿色发展理念》一书中对“一带一路”绿色发展理念从历史背景、认识过程、理念构建、实现路径等方面进行了全面深入的思考。[2]

以上涉及国际关系绿色化与绿色治理的著作及文章都为本书的研究提供了厚实的文献资料和理论基础，但是为了形成更加系统的、与时俱进的创新理论，并为全球绿色治理提供新的指导思想，还需要更加全面深入地分析国际关系绿色化发展的历史演变、研究进展、实践走向、机理机制。力图在系统性、全面性上有所突破。

三、综合述评

国际关系经典理论为全球生态文明建设提供了宝贵的精神财富，不同国际关系理论流派对全球生态文明建设的理解折射出了各国学者从不同角度对生态文明的思考。现实主义视角下，人类对利益的追求需要达到一种生态平衡，以生态文明观念改造工业文明。新自由制度主义视角下，国际生态文明制度通过对国家行为的监督以及对国家力量的凝聚来促进生态危机的改善，世界各国在国际合作框架下携手共建绿色家园。建

1 许勤华、王际杰：《推进绿色“一带一路”建设的现实需求与实现路径》，《教学与研究》2020 年第 5 期。

2 许勤华：《读懂“一带一路”绿色发展理念》，北京：外文出版社，2021 年版。

构主义视角下，国家生态话语体系的建构进一步推动了生态文明的传播，使生态文明形象更加鲜明。马克思主义视角下，人类生产力的发展不能罔顾人与自然的和谐共处，人类需要建立一个生态上更为平等与可持续的世界。

生态文明建设在彰显不同理论视角多维度认识的同时，国际关系相关思想也一直致力于推动人类作为地球的一分子与生态环境和谐共处。在人类历史浪潮浩浩荡荡、不断向前的同时，人类应时刻秉持以自然为本的明灯，维护人类赖以生存的绿色家园。当今，国际社会绿色化进程已经取得了显著进展，各国已经接受全球环境责任的基本形式，环境责任以国际环境公民规范的形式产生了显著的影响。环境责任作为一个新兴的基本国际制度理念存在于国际社会规范秩序中，国际关系也由于国际社会行为体身份和利益的绿色化，在实践与理论上发生着巨大的变化。

从实践层面来看，全球生态文明建设在一定程度上缓和了国家间的利益冲突，重新塑造了世界利益格局，使各国界定和追求其利益的规范框架发生变化，为世界各国提供了携手同行、共商共建、以实际行动维护人类共同绿色家园的契机。[1] 因此，全球生态文明建设对大国关系的影响不断加深，习近平生态文明思想能够为中国在国际社会中承担相应生态建设责任，

1 史丹、杨彦强：《低碳经济与中国经济的发展》，《教学与研究》2010 年第 7 期。

积极参与相关全球生态治理规则的制定，塑造中国特色生态文明形象，推动中国与世界其他国家的生态文明合作提供精神与理念支撑，促进国际社会形成积极承担保护环境责任的道德规范。[1]

从理论层面来看，全球生态文明建设以前所未有的力度塑造着国际关系。当前，生态文明科学论述日渐丰富，鉴于全球生态治理对当今世界的经济发展、社会发展、国际格局变迁、国际制度完善、全球生态治理观念形成的作用，国际关系理论也正在走向绿色化。中国特色生态文明理论吸收了经典国际关系理论以及中国传统生态文明实践中的思想精华，为全球生态文明建设贡献了中国智慧，丰富了全球生态文明的理论内涵。未来，中国应顺应全球从工业文明走向生态文明的时代潮流，完善、深化生态文明思想体系，广泛吸取经济学、哲学、历史学、政治学等学科以及中国传统文化的理论，在为中国积极参与全球生态治理提供理念指导的同时，逐步形成成熟的国际关系生态理论，凝聚世界各国生态文明建设的共同利益，引领国际生态新秩序的建设。

全球生态文明建设对世界政治经济格局均产生重大影响，新型国际关系秩序的构建随着全球生态文明建设的逐渐深入而更加绿色化。国际社会行为体的生态实践与生态文明理论内

1 王旭豪、周佳、王波：《自然解决方案的国际经验及其对我国生态文明建设的启示》，《中国环境管理》2020 年第 5 期。

涵决定着国际生态观念的构成、国际生态规则制定权的分配、国际生态制度的形成，并成为未来低碳时代国际关系秩序形成的重要决定因素。[1] 中国的全球生态文明建设思想建立在中国传统生态文化的基础上，以宏大的历史观观察人类与生态文明，继承马克思、恩格斯的生态文明思想，并随着中国生态文明建设进程的推进与时俱进，形成了其独特的整体性和系统性。[2] 中国生态文明历史悠久，其生态文明建设与实践均在世界范围内产生重要影响。当前，中国的现代化也在世界现代化的背景下展开，在生产力不断发展的过程中，始终注重与自然的和谐共处，并向世界其他国家分享生态文明实践经验，传播中国特色生态文明实践成果，积极参与全球生态治理并发挥引领作用，展现负责任大国形象。[3] 中国式生态治理收获的成效能够对其他国家提供有益的借鉴与参考，中国特色生态文明思想对世界各国生态环境保护贡献了中国力量。

同时，中国的外交思想聚焦国际关系秩序演进，对重要时代问题进行了回应。现实主义、自由主义和建构主义作为传统国际关系理论，对国际关系理论体系产生了深远影响。中国对国际关系的认知着眼于国家间关系，重视安全利益、生态保护

---

1 张海滨：《气候变化正在塑造 21 世纪的国际政治》，《外交评论》（外交学院学报）2009 年第 6 期。

2 李慧明：《全球气候治理制度碎片化时代的国际领导及中国的战略选择》，《当代亚太》2015 年第 4 期。

3 何建坤：《我国应对全球气候变化的战略思考》，《科学与社会》2013 年第 2 期。

等重要国际关系议题，遵循国际关系秩序演进的历史规律。随着国际关系行为体力量对比的不断变化，中国在实践过程中推动中国特色大国外交，对当前国际社会面临的许多问题（例如生态环境治理等）提出中国方案，形成了具有中国特色的平等互利的外交思想，尊重世界的多元性和多样性，弘扬人与人、人与生态环境和谐共处的价值观念[1]，注重国家之间交往的责任与道义。中国推动构建国际新秩序的倡议蕴含世界大同、天下为公、以人为本、协和万邦的理念，以中国传统文化和实践道路为积淀，对中华民族价值观下的国际关系理论进行创造性转化，从宏大的全球角度把握中国与世界的发展，呈现与传统国际关系理论所不同的独特路径，也展现了中国特色国际关系理论构建的独特优势，使国与国之间在追求自身利益诉求的同时，兼顾道义与责任，包容并济，与世界各国携手同行，遵守和平共处的交往原则，积极构筑人与自然生命共同体，对建立全球生态文明伙伴关系具有重要的参考价值。

工业革命以来，在实体哲学思维的影响下，人类加快了对自然的征服步伐，造成了自 20 世纪延续至今的生态灾难。同时，社会资本的增加带来的后果是人与自然的对立、人自身的异化及人与社会关系的紧张，扩大到国际关系层面。这种思维将人类置于切切实实的文化冲突、文明对抗、全球战争等灾难性

1 郇庆治、李宏伟、林震：《生态文明建设十讲》，北京：商务印书馆，2014 年版，第 2 页。

危险中，如“修昔底德陷阱”命题的热议、“新冷战”思维的重现等对抗性话语无一不受这种思维的驱使。如何反思“现代性”，重新认识人自身、人与自然的关系、人与社会的关系，如何在共同体理念中看待国家间关系、文明相处模式，对于当下的人类，不仅仅是现实需求的迫切，更应该是意识层面的自觉。

生态问题作为当今社会的重大课题之一，基于现有以西方理论为主的国际关系理论范式对全球生态文明及其建设的理论解释力严重不足。当代及面向未来的国际实践要求促进国际关系理论的中国化和低碳化，这也为全球生态文明建设的国际关系理论增量提供了合适的土壤和时机。深化全球生态文明建设的国际关系理论研究，以期在日新月异的国际合作和治理进程下实现理论的与时俱进及实践指引，这是面对全球环境危机的时代要求。

近代以来，国际关系层面的国家交往暴露出局限于个体主体和国家主体的狭隘性。因此，人类的危机更需要一些西方发达国家抛弃霸权思维，用全球正义的视野关照全球性生态危机的解决。由于不断更新的生态需求挑战了传统国家政策的制定路径，全球生态文明建设需求也挑战了传统国际关系理论。本书分析现实主义、自由主义和建构主义理论流派在生态问题上的运用，指出了传统国际关系理论在生态文明建设中的不足之处。从理论方面来看，生态文明建设可以被视为国际社会的一种新的准则，在迈向团结一致的国际社会的进程中可能发挥先锋作用。虽然传统国际关系理论和现有的国际制度有诸多不足之处，但仍然应在其基础上建设新的理论创新发展，进行循序渐进的改革与推进。随着环境观念在国际关系中影响力的不断加大，生态文明建设将与全球经济秩序和政治格局相适应。弥补传统国际关系理论的不足将是一个长期的过程，也是与新的国际规范、主流价值体系和主体不断适应调和的过程。习近平生态文明思想指明了人类文明的未来演进方向，从发展观上为世界提供了中国理念，推动形成全球生态环境治理新格局。为解决全球生态治理问题提供中国智慧、中国方案和中国贡献，对维护全球生态安全、共谋全球生态文明发展、深度参与全球生态治理具有十分重大的现实意义和历史意义。

国际关系研究长期以来在政治学、社会学、历史学和经济学等不同学科中摸索前行，国际关系三大理论、国际与国内研究的通约问题一度触及国际关系本体争论的核心命题，但由于缺乏实践导向的理论反馈，并没有进行深入研究。[1] 由于环境问题本质上是多学科的和跨部门的，因此跨学科的强有力的协调、协作和沟通至关重要。以环保为主题的学术研究通常接受世界政治的现有政治、社会和经济结构框架。虽然已存在批判性思维形式，但它们解决的是人类内部和人类之间的关系，而

1 张云：《国际关系的区域国别研究：实践转向与学科进路》，《中国社会科学评价》2020 年第 4 期。

不是人类与非人类环境的关系。[1] 斯特劳斯·霍普就曾提出："在很大程度上，地理条件决定了历史发生的地点，但创造历史的永远是人。"[2]

在全球环境问题的不对称、敏感，以及经济增长的不均衡收益的现实前提下，以竞争为主的国家关系中，欧美主导的全球环境治理体系的结构性矛盾越发突出，生态环境问题导致国际政治领域出现了许多新现象和新问题，也对国际格局、世界秩序、全球治理产生了深远持久的影响。人类历史发展经历了原始文明、农业文明和工业文明，当前正在步入生态文明时代。同时，也逐渐形成了促进国际关系学科发展和完善的国际环境治理学科和政策实践体系。环境与国际关系的关联主要以解决问题为基础，两者关系并非线性的关联过程，而是在近百年中呈现出密切关联和融合的趋势。全球环境治理的公域性和外部性特征决定了国家利益与全球利益的二元悖论，也具有国内外的双重博弈性。[3] 全球环境问题明显体现了国际关系的无政府性。

从全球实践上看，环境国际合作持续强化。在第一阶段，联合国大会于 1968 年决定召开一次人类环境会议。1972 年 6 月

---

1 H Dyer，Introducing Green Theory in International Relations，*International Relations Theory*，2018，pp. 84-90.

2 ［美］詹姆斯·多尔蒂、小罗伯特·普法尔茨格拉夫：《争论中的国际关系理论》，阎学通、陈寒溪等译，北京：世界知识出版社，2018 年版，第 185-186 页。

3 徐瑞雪：《全球环境治理困境——国家利益与全球利益的二元悖论》，《吉林省教育学院学报（学科版）》2008 年第 12 期；李增刚：《国际关系的双层博弈框架：一个新政治经济学的思路》，第十一届中国制度经济学年会，福州，2011 年 10 月，第 232-242 页。

5—16 日，联合国在瑞典斯德哥尔摩召开了第一次人类环境会议，114 个国家的 1 300 多名代表与会。会议通过了联合国的第一个关于保护人类生存环境的国际原则声明，即《联合国人类环境会议宣言》。环保主义的兴起被视为一种全球现象，1972 年斯德哥尔摩人类环境会议是全球环境主义的分水岭。[1]国际上逐渐形成了“环境外交”等新概念。第二阶段，1990 年联合国大会讨论了环境和经济发展问题，在联合国大会 44/228 号决议中指出：“严重关切全球环境不断恶化的主要原因是不可持续的生产和消费方式，特别是发达国家的这种生产和消费方式。”[2] 1992 年，联合国在巴西里约热内卢举办了环境与发展大会，会议在制度建设方面取得了一系列重要成果：达成了包含 27 项原则的《里约环境与发展宣言》，通过了全球可持续发展战略文件《21 世纪议程》，签署了《联合国气候变化框架公约》和《生物多样性公约》两个重要的国际性环境协定。在第三阶段，2008 年金融危机后，全球治理成为主流化选择，特别是联合国《2030 年可持续发展议程》和《巴黎协定》的达成和履行，开启了全球环境治理新征程。2020 年 9 月，中国和欧盟决定建立环境与气候高层对话和数字领域高层对话，打造中欧绿色合作伙伴、数字合作伙伴关系，共同应对全球性挑战，推

1 J McCormick，*The Global Environmental Movement*，Hoboken，John Wiley & Sons，1995.

2 中国环境报社编译：《迈向 21 世纪——联合国环境与发展大会文献汇编》，北京：中国环境科学出版社，1992 年版，第 33-34 页。

动中欧关系迈向更高水平。[1] 中欧绿色合作伙伴关系是在中欧气候变化伙伴关系、中欧蓝色伙伴关系等基础上提出的环境与可持续发展领域范围更广的伙伴关系，充实和丰富了中欧全面战略伙伴关系的内涵。[2] 这不仅体现了中欧伙伴关系的“全面化”，更体现了中欧环境合作的变革、环境关系的提质升级。

在新一轮科技革命的条件下，全球主要国家的权力分配发生变化，同时国际体系的权力结构出现新的不平衡情况，并且新的发展方向尚未完全形成，其中仍然存在大量的不确定性。[3] 当前，国际关系呈现出自由主义的衰落与现实主义的回归，国际关系绿色化与低碳化发展是提升国际合作与交流、时代发展的重要推力。具体说来，有以下三点：

第一，国际关系与绿色治理从分离走向联系。

到 20 世纪 90 年代，国际关系学界逐渐认识到自然环境已成为该学科越来越重要的问题来源。[4] 环境问题是非传统安全议题，以气候变化为代表的更广泛意义上的全球环境问题在当今外交领域里的地位逐渐上升。一方面源于当今世界环境问题日益严重，另一方面源于传统安全问题如军事威胁等的相对减弱。与传统安全问题不同的是，环境问题不是国家与国家之间的问

1 牛镛：《习近平同德国、欧盟领导人共同举行会晤》，《人民日报》2020 年 9 月 15 日第 1 版。
2 李丽平、李媛媛、姜欢欢：《绿色合作将成中欧全面战略伙伴关系新亮点新引擎》，《中国环境报》2020 年 9 月 25 日第 3 版。
3 高奇琦：《智能革命背景下的全球大变局》，《探索与争鸣》2019 年第 1 期。
4 H Dyer，Introducing Green Theory in International Relations，*International Relations Theory*，2018，pp. 84-90.

题，而是全球性的综合合作问题。环境问题带来的严重性影响世界各个国家的各个方面，从经济到政治制度方面均有涉及。

关于环境问题的理论认知与经济分析是有明确的国家发展权益和国际政治立场站位的。在学术层面，以气候变化问题为例，美国主流学界非常明确地将温室气体排放定义为外部性问题，强调效率优先，避免涉及公平和发展权益问题。而发展中国家的学者多考虑公平与发展权益问题。[1] 正如以上学者在各自著作中所写的，环境问题给当代国际关系带来了新的挑战，是对原来的国际关系理论和国家主权理论的挑战。由于当今社会环境污染进一步恶化，生态系统的破坏与资源的逐渐枯竭使得人类对环境保护的认识和需求在短时间内持续提升。在观念更新的同时，相关制度和机构的配套却没有达到当前社会的所需。只有国际社会进一步积极行动，进一步深入世界各国之间的合作，才可以保证环境问题得到合理及时的解决，从而使得人类社会继续延续和繁荣。

第二，国际关系与绿色治理从联系走向融合。

加拿大学者 J. 麦克尼尔指出国家与国家、民族与民族之间的关系也势必会由于生态环境的变化而变化。[2] 联合国于 1983 年成立了世界环境与发展委员会，该委员会于 1987 年提交了《我们共同的未来》这一报告，该报告认为可持续发展需要满

1 周亚敏：《全球绿色治理》，北京：社会科学文献出版社，2019 年版。

2 ［加］J. 麦克尼尔：《国际关系的绿色化》，《国际社会科学杂志》（中文版）1990 年第 1 期。

足恢复增长活力的要求，满足人的需要和欲望，确保人口处于可维持水平，保护和扩大资源基础，减少增长的能源和资源成分，重新确定技术的方向并对风险进行管理，在决策中将环境与经济学结合等七个条件。同时，当今社会若想实现该报告中要求的七个条件，必须进行更为紧密的国际合作，必须突破民族与国家的限制，必须接受在一定程度上限制本国国家主权的行为。[1]

国际制度具有激励性和约束性等功能。[2] 1992 年，在巴西里约热内卢召开了联合国环境与发展大会，此次大会框架下的三大重要环境公约——《联合国气候变化框架公约》《生物多样性公约》《联合国防治荒漠化公约》为 21 世纪以来的各类环境问题合作提供了理论支持，并起到了全球环境问题规则制定的功效，为国际关系绿色化打下了坚实的基础。进入 21 世纪以来，国际社会对环境问题的重视程度逐年上升，各国也将环境保护、气候变化等问题列入国家发展战略中，大大推动了全球性的国际关系绿色化。其中，中国提出的人类命运共同体理念和全球文明倡议、全球安全倡议与全球发展倡议均得到了国际社会的广泛认同，各国际组织和国家之间的合作也在日益加强。

第三，全球绿色竞合决定人类未来。

王缉思认为，身份政治将对中美关系产生更为深远的影

1 世界环境与发展委员会：《我们共同的未来》（中译本），北京：世界知识出版社，1989 年版。

2 John Duffield，What are International Institutions?，*International Studies Review*，Vol. 9，No. 1， 2007，pp. 1-22.

响，这在于两国都将延续与对方迥然不同的文明。中美两国都不是一般意义上的民族国家，都持有比国家更大的身份认同。美国精英认为美国代表了整个西方的价值观、基督教文明、民主制度，引领着世界发展方向。中美之间的斗争已经远远超越实力对比变化和意识形态冲突，必将在人类文明史上留下深深的永久印记。[1] 芝加哥大学教授约翰·约瑟夫·米尔斯海默（John Joseph Mearsheimer）在《大国政治的悲剧》等著述中，反复强调中美竞争从根本上讲是零和博弈，中美两国在政治制度、意识形态上有越来越严重的分歧。[2] 据联合国环境规划署（United Nations Environment Programme，UNEP）发布的《2020适应差距报告》的估算，发展中国家每年的气候适应成本高达约 700 亿美元，到 2030 年这一数字可能达 3 000 亿美元，到 2050 年可能达 5 000 亿美元。但这方面资金存在巨大缺口。[3] 中国、美国、欧盟气候目标接近，但碳边界调节税将成为分歧的引爆点。随着美国回到气候变化谈判桌前，中国、美国、欧盟这全球三大排放经济体之间的互动将在很大程度上决定全球经济脱碳的进程。碳边界调节机制不仅是商业工具，而且是推动气候行动超越边界的工具。碳边界税问题将是欧盟与美

---

1 王缉思：《中美关系中的“身份政治”》，中国新闻周刊网（http://www.inewsweek.cn/world/2021-01-22/11652.shtml）。

2 J J Mearsheimer，*The Tragedy of great power politics*，New York，WW Norton & Company，2001.

3 *Adaptation Gap Report 2020*，United Nations Environment Programme（https://www.unenvironment.org/resources/adaptation-gap-report-2020）.

国、中国关系中不可避免的话题。这可能是最大的合作点，也可能成为最大的争议点之一。欧盟、美国和中国在碳定价问题上的立场矛盾有可能在 2023 年爆发。[1]

国际分工和全球化日益深入的 21 世纪，任何环境问题都已不再是一国的国内问题，全球价值链的分割、转移和延伸已经将经济增长与环境保护的国内矛盾转化为国家间矛盾，特别是转化为南北矛盾。世界进入全球化时代以来，南方国家和北方国家都被纳入全球价值链分工体系，但只有北方国家收获了经济升级和环境升级的双重红利，南方国家却以沉重的环境代价只分得了全球分工的一小杯羹。总体而言，当今全球价值链仍然是由北方国家主导，南方国家虽然被纳入了全球生产分工体系，但主要承接的是价值链的灰色甚至黑色环节，即排放水平高、污染强度大、环境破坏程度明显的部分。[2]

国际政治和国内政治的区别是无政府性。全球环境问题的公域性导致所有权与治理权的分离，无法形成权威和主权治理。双层博弈理论既强调了国际关系发生在国家之间，又强调了国际关系与国内政治之间的关系。[3] 以中国为例，中国面

1 《中、美、欧气候目标接近，但“碳边界调节税”将成为分歧的引爆点》，太阳能发电网（http://www.solarpwr.cn/m.php?id=55011）。

2 周亚敏：《全球绿色治理》，北京：社会科学文献出版社，2019 年版。

3 Peter B Evans，et al，*Double—Edged Diplomacy*：*International Bargaining and Domestic Politics*，California，University of California Press，1993；王磊：《无政府状态下的国际合作——从博弈论角度分析国际关系》，《世界经济与政治》2001 年第 8 期；薄燕：《双层次博弈理论：内在逻辑及其评价》，《现代国际关系》2003 年第 6 期。

对全球生态文明建设的急切需求，先后发布出台了《中国落实2030年可持续发展议程国别方案》《国家应对气候变化规划（2014—2020年）》等，同时同联合国环境规划署等国际机构共建了“一带一路”绿色发展国际联盟。中国将本国特色与国际社会相结合，在加强国内生态文明建设的同时兼顾国际社会，为国际生态文明建设作出了巨大贡献。最为主要的是，中国在环境保护方面的经验为世界提供了打破经济发展与环境保护的零和博弈论方面的例子，即中国向世界展示了环境保护和经济发展可以做到并驾齐驱，并为世界展示了中国特色社会主义制度的优越性。

进入21世纪以来，2002年南非约翰内斯堡可持续发展世界首脑会议和2012年联合国可持续发展大会（“里约+20”峰会）则进一步强化了环境问题在世界事务中的中心地位。环境问题的这一演变轨迹表明，全球环境治理在全球治理体系中的地位呈现日益上升的态势，在全球治理中的地位已从边缘逐渐转移到中心地带。[1] 联合国环境大会成功实现普遍会员制，向世界传递出应对全球环境问题必须加强全球合作的强烈信号。2014年的首届联合国环境大会对非政府组织的参与给予了广泛支持，说明全球环境治理主体的多元化已是大势所趋、难以逆转。[2] 此外，很多国际组织已经将全球环境治理

1 张海滨：《纸上得来终觉浅，绝知此事要躬行——随中国代表团参加首届联合国环境大会有感》，《国际政治研究》2014年第6期。

2 同上。

视为己任。例如，国际奥委会是世界上最具影响力的国际体育组织之一。早在 1995 年，国际奥委会正式提出要把保护环境作为奥林匹克精神的支柱之一。当前，国际奥委会将环境保护列为其主要任务之一，并将环境保护和可持续发展列为奥运会申办、举办的核心影响指标。在全球气候变化问题、环境问题持续影响人类生存与发展，以及奥运会为代表的体育事业水平快速发展等背景下，绿色体育精神概念日益深化，不仅包括环境治理意识与行动，而且包含“人与自然和谐共生”“人类命运共同体”的美好愿望。

第三节　研究背景

英国学者安东尼·吉登斯（Anthony Giddens）在《气候变化的政治》（*The Politics of Climate Change*）中指出：气候变化对每一个国家各个方面都会产生巨大的影响，每一个国家、每一个人的利益都与气候变化密切相关，因此每一个国家都有责任和义务去遏制这种变化的趋势。他认为有必要将气候变化纳入地缘政治格局，并引入了“气候变化的政治”方面的一系列新概念。[1] 联合国开发计划署的《人类发展报告》（2021）认为，随着人类和地球进入一个全新的地质年代，即人类世或人

1 Anthony Giddens，*The Politics of Climate Change*，Cambridge，Polity Press，2009.

类纪，现在所有的国家都应重新设计各自的发展道路，为人类给地球施加的危险压力负起责任并作出改变。[1] 环境治理的地位显著上升且成为合作的主要内容之一。[2]

一、现有的环境领域国际关系日益不适应全球环境治理新形势

人类关注地球、关注可持续发展的诉求随着环境灾害的加速而加强。自 1987 年由布伦特兰夫人任主席的联合国世界环境与发展委员会首次提出“可持续发展”的概念，1992 年巴西里约热内卢联合国环境与发展大会通过《里约环境与发展宣言》（和平、发展和保护环境是互相依存、不可分割的，世界各国应在环境与发展领域加强国际合作，为建立一种新的、公平的全球伙伴关系而努力）以来，跨国性、全球性环境问题的持续性治理赤字依然严峻，这说明了国际关系领域尚未解决的问题：①现有的环境方面国际关系日益不适应新形势。以欧美为代表的西方发达国家通过经济全球化构建的全球价值链，使全球绿色治理能力呈现发达国家强、发展中国家弱的非均衡性特征。近年来，随着新兴经济体的快速发展，改变不合理的全

1 联合国开发计划署：《〈人类发展报告〉30 周年纪念版发布：与自然共存将成为人类发展下一个前沿》，中国电子装备技术开发协会网站（http://www.caeerr.com/i/?1607.html）。

2 *Making Peace With Nature：A Scientific Blueprint to Tackle the Climate，Biodiversity and Pollution Emergencies*，United Nations Environment Programme（https://www.unep.org/resources/making-peace-nature）.

球绿色治理格局逐渐被提上日程。[1] ②全球环境问题持续恶化。2019 年 3 月，第四届联合国环境大会上，联合国环境规划署发布重磅报告——《全球环境展望 6》（GEO-6）。这份报告由来自 70 多个国家的 250 名科学家和专家历时 5 年完成，是世界上唯一一份对全球环境进行全面评估的报告。该报告警告称，地球已受到极其严重的破坏，如果不采取紧急且更大力度的行动来保护环境，地球的生态系统和人类的可持续发展事业将受到更严重的威胁。报告强调，要想实现“健康地球，健康人类”愿景，人类需要开启新的思维方式，彻底摒弃“只顾眼前利益，不顾身后祸福”的发展方式，向近乎零浪费的经济模式转型。[2] ③全球生物多样性骤减问题恶化。根据世界自然基金会（WWF）于 2020 年 9 月发布的《地球生命力报告 2020》，1970—2016 年，全球野生动物种群数量在短短不到半个世纪就消亡了 68%。生物多样性正以惊人的速度恶化，这种损失影响了人类的健康和福祉。人类与自然的关系正在走向破裂。[3] ④全球气候变化引发的气候灾难问题持续恶化。2019 年 11 月 26 日，联合国环境规划署发布的《2019 年排放差距报告》警告人类：如果全球温室气体的排放量在 2020—2030 年不能以每年 7.6%的水平下

1 周亚敏：《积极参与全球绿色治理》，人民网（http://opinion.people.com.cn/n1/2018/0409/c1003-29912985.html）。

2 *Global Environment Outlook 6：Summary for Policymakers*，UNEP（https://www.unep.org/resources/assessment/global-environment-outlook-6-summary-policymakers）.

3 *Living Planet Report 2020*，WWF（https://www.worldwildlife.org/publications/living-planet-report-2020）.

降，世界即将失去应对气候变化《巴黎协定》规定的1.5℃温控目标的机会。一旦升温突破 1.5℃的临界点，气候灾害发生的频率和强度将大幅上升。联合国环境规划署指出，即使当前《巴黎协定》中的所有无条件承诺都得以兑现，全球气温仍有可能上升 3.2℃，从而带来更广泛、更具破坏性的气候影响。全球的整体减排力度须在现有水平上至少提升 5 倍，才能在未来 10 年中达成 1.5℃目标所要求的碳减排量。[1] 2021 年 1 月 26 日，由荷兰主办的首届气候适应峰会在两天精彩的议程之后落下帷幕。全球 30 多位国家和国际组织领导人、50 多位部长、50 多家国际机构参与了此项峰会，表达了他们对适应气候变化工作的坚定支持，并分享了各自在适应气候变化领域的已有行动和未来计划。联合国秘书长安东尼奥·古特雷斯（António Guterres）在峰会上发言表示："全球正在发生的新冠肺炎疫情提醒我们，忽视已知风险的代价是巨大的。过去 50 年内，天气、气候以及水资源相关风险引发的超过 11 000 起灾难已经造成了近 3.6 万亿美元的损失。极端天气和气候风险也已在过去 10 年内掠夺了超过 41 万人的生命，而这些人大多数集中在中低收入国家。因此，我在此呼吁，为适应气候变化和增强气候韧性，全球应尽快取得巨大突破。"⑤全球环境风险增加。世界经济论坛于 2020 年 1 月发布的《2020 年全球风险报告》

1 *Emissions Gap Report 2019*，UNEP（https://www.unep.org/resources/emissions-gap-report-2019）.

显示，未来 10 年按照发生概率排序的前五位风险分别为极端天气事件、气候变化缓和与调整措施失败、重大自然灾害、重大生物多样性损失及生态系统崩溃、人为环境损害及灾难。[1] 此外，美国作为全球唯一超级大国，凭借其霸权地位，在环境领域既是领导者，又有否决权，并且近年来已更加果断地转向后者，如特朗普政府时期退出《巴黎协定》，之后拜登政府又重新加入，这种摇摆不定会对全球环境治理进程产生重大影响。[2]

二、绿色化在国际关系中的内容越来越多

1. 碳中和

2019 年 9 月，联合国气候行动峰会期间，智利总统塞巴斯蒂安・皮涅拉在会上宣布发起“气候雄心联盟”（Climate Ambition Alliance），希望这一联盟的成立能为即将举行的《联合国气候变化框架公约》第二十五次缔约方大会做好筹备工作。该联盟汇集了致力于在 2050 年之前实现净零碳排放的国家、国家联盟等，已包括 65 个国家、欧盟、10 个地区、100 多座城市和近百家企业等。[3]

一些重要国家宣布在 2050 年（2035 年）实现碳零排放：

1 *The Global Risks Report* 2020，World Economic Forum（https://www.weforum.org/reports/the-global-risks-report-2020）.

2 R Falkner，American Hegemony and the Global Environment，*International Studies Review*，Vol. 7，No. 4，2005，pp. 585-599.

3 Posted on 11st December 2019，Climate Ambition Alliance（https://climateaction.unfccc.int/views/cooperative-initiative-details.html?id=94）。

芬兰新一届联合政府在 2019 年 6 月发布了一份题为《包容和有能力的芬兰：在社会、经济和生态方面可持续的社会》的政策文件，宣布将在 2035 年实现净零碳排放。文件指出，芬兰的碳排放量已在 1990 年水平上减少了 21%以上，并将提前实现欧盟设定的 2020 年气候目标。为了实现将温升控制在 1.5℃以内的目标，芬兰需要进一步限制其碳排放。

英国新修订的《气候变化法案》（Climate Change Act）于 2019 年 6 月生效，正式确立英国到 2050 年实现净零碳排放的目标。英国成为世界主要经济体中率先以法律形式确立这一目标的国家。英国于 2008 年通过《气候变化法案》，确立到 2050 年将碳排放量在 1990 年水平上降低至少 80%的远期目标。2019 年 5 月，负责制定减排方案并监督实施的气候变化委员会建议，将此目标修改为净零碳排放，即通过植树造林、碳捕集和封存等方式抵消碳排放。

德国议会于 2019 年 10 月通过了 2030 年气候保护一揽子计划，提出了 2030 年气候保护目标、行动计划以及框架性法律，并表示力求于 2050 年达到温室气体排放中和。德国计划到 2030 年实现温室气体排放比 1990 年减少 55%的目标。德国的框架性气候法将 2030 年温室气体减排目标纳入法律，为各部门制定年度排放预算提供了标准，并涉及能源结构改革。2030 年一揽子计划将作为新的节点，以弥合减排差距。

新西兰议会于 2019 年 11 月通过零碳排放法案（Zero Carbon

Bill)，该法案已成为新西兰制定相关气候变化政策所依据的重要框架。根据该法案，新西兰将支持《巴黎协定》设立的将全球平均气温上升控制在 1.5℃的全球行动，并在新西兰境内采取相应的行动，以抑制碳排放并有效应对气候变化。至 2050 年，新西兰将实现所有温室气体的零排放（不包括农业产生的甲烷等温室气体）。农业产生的甲烷的总排放量到 2050 年将实现减少 24%～47%；其中，中期目标为到 2030 年，生物源甲烷的总排放量在 2017 年水平上减少 10%。该法案还规定了为实现此目标要采取的措施与步骤，如成立气候变化委员会以及开展国家气候变迁风险评估等。

2020 年 10 月，韩国时任总统文在寅在国会发表演讲时宣布，韩国将在 2050 年前实现“碳中和”。文在寅表示：“韩国政府将会同国际社会一起积极应对气候变化。韩国的能源供应将从煤炭转向可再生能源，在转型过程中，政府也会创造新的市场机会、新的行业发展和就业机会。”

2020 年 10 月，日本时任首相菅义伟在临时国会上发表施政演说时宣布，日本将争取在 2050 年实现温室气体净零排放。他同时强调，应对气候变化已经不再是经济发展的制约因素，而是推动产业结构升级和更强劲增长的重要举措。

2.《2030 年可持续发展议程》

联合国 193 个会员国在 2015 年 9 月举行的联合国大会第七十届会议上一致通过的《2030 年可持续发展议程》于 2016

年 1 月 1 日正式启动，呼吁各国采取行动，为今后 15 年实现 17 项可持续发展目标而努力。这 17 项可持续发展目标如下：

目标 1：在全世界消除一切形式的贫困。

目标 2：消除饥饿，实现粮食安全，改善营养状况和促进可持续农业。

目标 3：确保健康的生活方式，促进各年龄段人群的福祉。

目标 4：确保包容和公平的优质教育，使全民终身享有学习机会。

目标 5：实现性别平等，增强所有妇女和女童的权能。

目标 6：为所有人提供水和环境卫生并对其进行可持续管理。

目标 7：确保人人获得负担得起的、可靠和可持续的现代能源。

目标 8：促进持久的、包容的和可持续的经济增长，促进充分的生产性就业和人人获得体面工作。

目标 9：建造具备抵御灾害能力的基础设施，促进具有包容性的可持续工业化，推动创新。

目标 10：减少国家内部和国家之间的不平等。

目标 11：建设包容的、安全的、有抵御灾害能力的和可持续的城市和人类住区。

目标 12：采用可持续的消费和生产模式。

目标 13：采取紧急行动应对气候变化及其影响。

目标 14：保护和可持续利用海洋及海洋资源以促进可持续

发展。

目标 15：保护、恢复和促进可持续利用陆地生态系统，可持续管理森林，防治荒漠化，制止和扭转土地退化，遏制生物多样性的丧失。

目标 16：创建和平的、包容的社会以促进可持续发展，使所有人都能诉诸司法，在各级建立有效的、负责的和包容的机构。

目标 17：加强执行手段，重振可持续发展全球伙伴关系。

3．共同构建人与自然生命共同体

全球气候治理是当前全球环境与发展、国际政治及经济领域出现的影响极为深远的议题之一。气候治理并不是单一国家或单一国际组织可以解决的区域性问题，而是全球性问题，要求人类构建地球生命共同体、人类命运共同体，共同面对、解决这一议题。面对这一议题，中国在维护自身发展利益的同时兼顾他国合理关切，承担大国责任，提升大国形象，推动构建命运共同体，号召世界各国一同治理生态环境问题。中国在 2019 年提出了“共建地球生命共同体”这一倡议，表明了中国政府坚持新发展理念——绿色发展理念，并与国际社会一同携手共建命运共同体，为地球生态环境保护贡献自身力量的决心。早在 2017 年，中国政府便提出了“‘一带一路’绿色发展国际联盟”的概念，旨在推动绿色发展理念，将其融入“一带一路”建设，进一步凝聚国际共识，促进“一带一路”

参与国家落实联合国《2030年可持续发展议程》目标，为“一带一路”共建国家对接提供政策对话和沟通的渠道、环境知识和信息、绿色技术交流及转让平台，推动绿色发展、可持续发展理念的进一步深化，实现从区域性到全球性的转变。同时，中国生物多样性保护与绿色发展基金会召开会议，研究《世界环境公约》草案，2018年联合国大会正式通过《世界环境公约》建立框架的决议，但此决议受到了包括美国在内的5个国家的反对。受制于各国利益的不同，全球气候治理机制的建立仍是世界各国亟须解决的一大重要议题。在此议题面前，各国应互惠互助、共同承担，而不是主动“退群”，逃避相关责任与义务。

与此同时，在政府之外，也有国际组织（如世界大学气候变化联盟）时刻关注世界环境问题。世界大学气候变化联盟主要围绕研究、人才培养等相关问题开展工作，旨在推动技术和解决方案的创新工作，推进气候教育方面的进一步深入，促进全球范围内青年大学生的交流合作，提升气候保护在大众视野中的重要程度，从而动员更多人才开展气候保护相关问题的研究。

4. 全球绿色复苏

国际货币基金组织（IMF）于2020年6月发布的《世界经济展望》报告下调2020年全球经济增长率为–4.9%，报告指出新型冠状病毒（COVID-19）肺炎疫情对2020年上半年经济活动的负面影响比预期的更为严重，预计复苏将比之前预测的更为缓慢。随着复苏进程启动，如何实现绿色复苏成为联合国以及多个国家、国际组织、智库、企业等的共同诉求。世界银行于 2020 年 4 月发布《规划新冠肺炎疫情后的经济复苏：决策者的可持续性清单》，认为激励性投资同时致力于实现长期的社会、经济和环境协同效应，将对确保实现复苏后变得更强更好的目标产生重大影响。[1] 国际科学院组织（IAP）的《疫情后的全球绿色复苏：采用科学建议确保实现社会公平、地球与人类健康及经济效益》公报于 2020 年 7 月在联合国可持续发展高级别政治论坛上发布，提出疫情后的经济活动更需要促进社会公平、环境和人类健康的绿色复苏，只有绿色复苏才能为社会公平、环境和人类健康谋得共同利益。在 2020 年 9 月的第七十五届联合国大会一般性辩论上，在气候变化的高级别圆桌会议中，联合国秘书长安东尼奥·古特雷斯指出，新冠肺炎疫情后复苏如果不脱碳、不符合可持续发展的精神，就不是真正的复苏。[2]

为应对疫情对经济社会的严重冲击，许多国家已经实施了一些重大的经济刺激计划和救助计划，试图推动疫情后经济和社

---

1 *Planning for the Economic Recovery from COVID-19：A Sustainability Checklist for Policymakers*，World Bank（https://blogs.worldbank.org/climatechange/planning-economic-recovery-covid-19-coronavirus-sustainability-checklist-policymakers）.

2 António Guterres，*Secretary-General's Remarks to High-Level Roundtable on Climate Ambition*，United Nations（https://www.un.org/sg/en/content/sg/statement/2020-09-24/secretary-generals-remarks-high-level-roundtable-climate-ambition-delivered）.

会的复苏。欧盟、韩国、美国等主要经济体纷纷实施经济刺激计划，部分经济体发布了一系列包含绿色复苏在内的计划和措施，以期在刺激经济增长的同时实现绿色、可持续化转型。

三、主要国家的引领责任和行动

主要国家是国际关系的主要行为者和领导者。[1] 主要国家在全球气候、环境治理方面具有决定性影响。由人为排放温室气体引起的全球气候变化问题已经由技术、经济问题演变为重大的国际地缘政治问题。中国、美国、欧盟是气候变化地缘政治博弈的主角。[2] 对国家政策而言，国际制度非常重要。制度提供行动途径，建立标准，塑造他者对恰当行为的认知，影响对其他国家如何行动的预期。[3] 美国的外交政策似乎对多边环境政策制定持冷淡态度，并且常常对此持敌对态度。在过去的 30 多年中，美国在环境领域既是领导者，又有否决权，并且近年来已更加果断地转向后者。[4] 当前，中国、美国、欧盟的全球绿色竞争日益呈现白热化（见表 1-2）。

---

1 J J Mearsheimer，*The Tragedy of Great Power Politics*，New York，WW Norton & Company，2001；王义桅、唐小松：《进攻性现实主义的代表作——评米尔夏默的〈大国政治的悲剧〉》，《美国研究》2002 年第 4 期；C W Kegley，G A Raymond，*A Multipolar Peace? Great-Power Politics in the Twenty-First Century*，New York，St. Martin's Press，1994.

2 潘家华：《气候变化：地缘政治的大国博弈》，《绿叶》2008 年第 4 期。

3 ［美］罗伯特・基欧汉：《局部全球化世界中的自由主义、权力与治理》，门洪华译，北京：北京大学出版社，2004 年版。

4 R Falkner，American Hegemony and the Global Environment，*International Studies Review*，Vol. 7，No. 4，2005，pp. 585-599.

表 1-2　全球绿色竞合

内容	定义	全球立场	总体目标	气候目标	方式	政策指导	投资	评价	意义
美国拜登政府“绿色新政”	主要通过提高能源使用效率和发展可再生能源来建立更绿色的经济，其溢出效应遍及经济、工业、生活各个方面。借气候变化问题在全美乃至全球范围内掀起革命，以重振美国在应对气候变化、气候治理、清洁能源技术、制造业和能源行业发展方面的全球领导力	挽回特朗普政府时期对全球气候和环境的破坏，团结其他国家以应对气候威胁	绿色领导力	2050 年实现“碳中和”	以“绿色新政”为框架，回应气候挑战，依托技术创新、需求激发和基础设施投资三大支柱，旨在以清洁能源为杠杆，撬动美国经济；借气候变化问题的溢出效应，重振美国在气候治理、清洁能源技术、制造业和能源行业发展方面的全球领导力	拜登的气候和能源计划颇具雄心，但由于参议院可能仍由共和党控制，政策推行或将受阻。拜登很可能将工作重点放在减少对化石燃料的需求上，限制甲烷排放，鼓励发展碳捕集与封存技术	在未来 4 年内投资 2 万亿美元实现能源 100%的清洁化和车辆零排放的目标；在未来 10 年内，拜登政府对清洁能源的基础设施建设投资将达到 4 000 亿美元	拜登此举有利于使美国重新回到国际舞台的中央地区。在其上任初期，便促使美国重新回到《巴黎协定》中，有利于美国与国际社会的“重新连接”。同时也促进了美国国内清洁能源建设的进一步深化和绿色发展的进一步加强	重振美国在气候治理、清洁能源技术、制造业和能源行业发展方面的全球领导力

内容	定义	全球立场	总体目标	气候目标	方式	政策指导	投资	评价	意义
《欧洲绿色协议》	《欧洲绿色协议》旨在将欧盟转变为一个公平、繁荣的社会，以及富有竞争力的资源节约型现代化经济体；到2050年，欧盟温室气体达到净零排放并且欧盟实现经济增长与资源消耗脱钩	进一步促进世界范围内的绿色发展建设	强劲领导力和规范力	2050年成为全球首个“碳中和”循环经济体	（1）提高2030年和2050年的气候目标； （2）提供清洁、可负担和安全的能源； （3）推动各个行业向清洁循环经济模式发展； （4）发展高效能建筑； （5）加速向可持续智慧交通转变； （6）打造公平、健康和环保的食品系统； （7）保护生态系统和生物多样性； （8）构建零污染的无害环境	欧盟对2050年碳中和的目标设定了详细的路线图和政策框架。在产业政策方面，欧盟将重点发展清洁能源、循环经济、数字科技等技术；聚焦于覆盖工业、农业、交通、能源等领域	欧盟长期预算中至少有25%专门用于气候行动。欧洲投资银行启动了相应的新气候战略和能源贷款政策；到2025年，将把与气候和可持续发展相关的投融资比例提升至50%。欧盟委员会还计划于近期拟定首部《欧洲气候法》，将2050年实现“碳中和”的目标纳入其中。2020年2月，欧盟委员会联合欧洲投资基金会，共同成立了总额为7 500万欧元的“蓝色投资基金”	德国时任总理默克尔认为此协议的签订是欧盟国家面对环境问题时加强合作协商的有利信号；奥地利环境部部长认为此协议是欧洲经济危机后提振经济发展的重要手段。《欧盟绿色协议》的签订将促进欧盟内部团结，有利于欧盟进一步稳固其在环境保护方面的世界领先地位，为世界环境保护作出最大贡献	先行一步和快速行动来帮助欧盟成为全球经济的领导者。通过向世界其他地区展示如何实现可持续发展并获得竞争力，欧盟也可以说服其他国家与欧盟携手前进

内容	定义	全球立场	总体目标	气候目标	方式	政策指导	投资	评价	意义
中国生态文明实践	生态文明是人类为保护和建设美好生态环境而取得的物质成果、精神成果和制度成果的总和，贯穿于经济建设、政治建设、文化建设、社会建设全过程和各方面	推进世界绿色发展，共同构建人与自然命运共同体	绿色现代化和绿色引领	2060 年前实现碳中和	通过政府工作报告及五年计划，由上至下地发展，经济方面要求包括：（1）发展低碳经济；（2）推进清洁生产和节能减排；（3）发展循环经济；（4）发展共享经济；（5）加快绿色经济产业的发展步伐	2012 年 11 月，党的十八大报告中将“美丽中国”作为生态文明建设的目标之一，把绿色发展、循环发展和低碳发展作为生态文明建设的基本途径；2015 年，发布《关于加快推进生态文明建设的意见》；2016 年，“十三五”规划中，绿色发展贯穿其中，围绕“绿色发展”进行规划是鲜明的特点；2017 年，党的十九大报告中将绿色发展作为建设美丽中国的重要路径；2018 年，将生态文明写入《中华人民共和国宪法》	制定了国家低碳经济发展战略，把发展低碳经济纳入国民经济和社会发展规划，积极运用政策手段，通过环境经济政策，建立中国低碳经济的市场体系和政策体系	国外各界人士高度肯定中国生态文明建设成就，高度关注中国生态文明建设经验，高度赞誉中国为全球生态文明建设贡献了中国智慧：《美国经济学与社会学杂志》主编克利福德·柯布称赞“中国在生态建设领域开辟了新路”；联合国环境规划署前执行主任埃里克·索尔海姆认为“在全球环境治理中，世界需要中国样本。”	中国化拓展了发展中国家走向现代化的途径，为走符合本国国情的道路提供了经验和借鉴

资源来源：笔者自制。

四、文明的性质和全球生态文明建设

文明具有平等、包容、开放的特点，文明之间以合作而非竞争为主流。历史的经验与现实的实践都说明，傲慢狭隘的文明观不仅难以赢得其他文明的友谊和呼应，更会阻碍自身文明的发展和进步。正是基于对文明本身特点和文明之间关系的精准把握，习近平总书记提出了构建人类命运共同体的倡议，直接回应当今世界对于“文明”的疑问，给出中国方案，赢得了世界范围内越来越多的关注和响应。这正是中国为世界文明作出的重大贡献。[1]

“文明”这一概念由来已久，早在《易经》中就已经出现“见龙在田，天下文明”的记载。随着时代的发展，“文明”的概念也在不断演进，现代汉语中的“文明”概念已经完全不同于古代。关于“文明”的定义众说纷纭：在德国学者斯宾格勒所著《西方的没落》一书中，“文明”（zivilisation）更倾向于民族共性的外在特性，与重视内在特性的“文化”形成对比；法国历史学家布罗代尔则将“文明”（civilisation）定义为“文化财富的总和”；汤因比等西方学者也有着自己对于“文明”的理解。

---

1 许勤华、李坤泽：《“文明之问”的反思与重构》，《中国民政报》2019 年 6 月 7 日第 5 版。

（一）文明的性质

由于对“文明”概念的理解不同，对“文明”的分类也不同：很多西方学者对“文明”进行了二元划分，即“西方”和“东方”；另有学者虽然承认文明的多元性，如斯宾格勒提出了“8 个文化区域”，汤因比划分了“28 种文明类型”，但他们仍然沿用了“东西方”的分野方式，并且常常夹杂了对西方文明高于其他文明的先验判断。

现代学者如政治学家亨廷顿依据世界各地的宗教、语言、人种、文化等特征，划分了 8 种主要的文明，包括西方文明、中华文明、印度文明、日本文明、伊斯兰文明、东正教文明、拉丁美洲文明和非洲文明，并且在一定程度上承认了西方文明的“普世价值”对其他文明而言并非“普世”，但他的论述仍然落脚在非西方文明对西方文明的挑战上，认为西方文明与其他文明之间的关系最终难逃“文明冲突”的结果。这一文明观仍有浓厚的“西方中心论”痕迹，其对非西方文明仍有明显的、根深蒂固的成见。

由此可见，虽然对“文明”的研究数不胜数，近百年来世界各地非西方文明的兴起也呈现出多样化的态势，但在学术层面，有关“文明”的话语却仍然掌握在少数西方国家和西方学者手中，这就导致了对“文明”的研究整体上带有浓厚的西方色彩。如果将其他丰富多彩的文明都纳入西方的框架中加以审视，那么包括中国在内的众多根植于非西方文明的国家则易于落入西方文明的话语霸权陷阱中。因此，势必要重新审视“文明”这一概念，提出“文明之问”，以脱离“西方中心论”的束缚，反思“西方中心论”的不足，重构“文明”这一概念的价值。

（1）平等之问——文明是平等的还是层级的？

近代以来，西方国家一度占据世界主导地位，因此从西方兴起的“文明”概念往往将彼时相对发达的西方文明视为“高等文明”。即使在包括中国在内的非西方文明的国家崛起之后，西方世界的傲慢仍然溢于言表。尽管在进步的浪潮下，“人种论”已经被公认是种族歧视，但西方文明对其他文明的敌视和蔑视仍然严重：从最早的“黄祸论”到今天的“中国威胁论”，中华文明一直被部分西方学者、政客和媒体当作异类加以渲染；在“人种论”等相继破产后，这些势力又将根植于西方文明的制度视为文明优越的例证，以傲慢的姿态对包括中华文明在内的非西方文明品头论足。

然而这种层级式的文明观早已不合时宜。世界上只有很少一部分国家属于传统的“西方文明”，更多国家则是根植于当地独特的文明而建立的，即使是曾被西方长期殖民的地区（如拉丁美洲、非洲等）也纷纷在自身的历史土壤上演化出独特的文明形态。文明的类别如此丰富，这种百花齐放的多样性正是文明的魅力所在。每种文明都有其独特魅力和深厚底蕴，都是人类的精神瑰宝。各不相同的文明之间并不存在高下之分，西方式的“傲慢文明”以自身为先进标尺，要求其他文明削足适履，不仅对非西方文明十分不公，更背离和危害了人类文明多样性这一基本属性。

不可否认，在漫长的历史发展中，每种文明都经历过繁荣和衰落，在特定的历史时期总有个别文明的影响力更加强大。但这并不能作为文明“先进落后”之分的理由。一方面，兴衰起落是文明本身内在的属性，将人类文明放在漫长的历史发展中来看，相对于每种文明历久弥新的独特文化底蕴，其一时的兴衰对人类文明史的意义可以说微不足道；另一方面，由于不同文明的源流不同，所处环境和发展轨迹不同，不存在放之四海皆准的所谓“文明标准”，这更说明了文明之间关系的基本属性是平等的而非层级的。

（2）包容之问——文明是包容的还是封闭的？

每一种文明都有着各自鲜明的特色，却也并非一成不变；相反，每一种文明都处在动态发展变化之中，都在不断吸纳本土的和外来的新的文化成果，使文明始终保持着旺盛的生命力。这正是众多文明能经受住历史的考验而发展至今的关键所在。

“海纳百川，有容乃大”，任何一种延续至今的文明都如海洋一样汇集着四面八方的水源，才保持其活力与魅力。每种文明发展至今，相比于文明演化之初都大有不同，这正是该文明一代代不断推陈出新、吸收自身和外来新的文化成果的结果。

这种发展非但不是对过去的背叛，反而是对文明本身价值的尊重和发扬。因为文明本身就带有包容的属性，每一种文明最初都是由不同的人群聚集起来，相互包容、共同发展，继而不断吸纳更多不同的人群创造出来的。也正因为如此，才有了今天多样的文明。

对每种文明来说，根植于本文明传统的文化宝藏和在文明发展过程中不断吸收改进的文明成果同等重要。每种文明都有其内在的不同于其他文明的特质，如同文明的根基；而文明的大树想要枝繁叶茂，就需要不断地吸收来自外部的光热和水源，才能获得不竭的发展动力。历史的经验证明，封闭的态度是文明发展的大敌，故步自封正是滋生傲慢与落后的土壤，只有时刻保持对内对外包容的心态，文明才能应对不断出现的挑战，使自身永葆青春。

尤其是在跨文明交流日益密切、越来越多前所未有的新问题与新挑战不断涌现的今天，对文明包容性的要求更加凸显。没有任何一种文明可以抗拒交流互鉴的大势；同时，仅仅依靠任何一种文明的能力和智慧都不足以应对所有问题和挑战。在这种形势下，文明更需要以包容的姿态广泛吸纳各文明的精华，融合各文明的力量，才能共同战胜困难，共同实现发展进步。

（3）开放之问——文明是开放的还是孤立的？

随着经济全球化的发展，世界各地的联系趋于紧密。但各文明间交流互鉴的历史却远早于近现代：早在两千多年前，各文明间以冶炼技术为代表的技术交流就已开启，多种形式的文化交流也络绎不绝。张骞出使西域之后，丝绸之路将亚欧大陆连接起来，各文明的物产与文化交流日益密切，每一种文明都在交流中吸取了来自其他文明的精华，并受益于此。即使受山川地势和技术、生产力水平的阻碍，各文明仍以开放的态度迎接来自其他文明的人群、物产与思想。盛唐时期，往返于阿拉伯、波斯等地与中国的使者、商人数不胜数，经过西域进入中原的物产和艺术成为唐朝都城的时尚。相反，清朝末期，进入闭关锁国时期后，中华文明非但没有因为闭锁获得安全，反而进入了衰落时期。

到了现代，中国文明、印度文明等古老文明在深入发掘自身文明潜力的同时，通过不断引进其他文明成果并加以本土化，重新焕发出生机。拉丁美洲地区则将外来文明与本土文明相结合，孕育出了独树一帜的拉美文明。

开放是经济社会发展的必要条件，是不同文明中每一个组织和个体的需要。在全球化的今天，各文明之间开放的交流、互通有无的关系使文明中的每一个组织和个体都受益；即使是最普通的个体，在生活中也在享受来自多种文明的产品，获取来自多种文明的信息。这种关联在全球化的浪潮下日益加深，为每一个文明及其成员提供了前所未有的机遇，也进一步证明了没有任何一种文明能够孤立地存在于世界上。绝大多数文明都认可开放对文明发展的重要意义，并且乐于不断地扩大开放，增进文明间的沟通与交流。

开放理念本就深深镌刻于文明的基因之中，也是文明内生动力。对任何一种文明而言，只有通过交流互鉴，不断吸取其他文明的优势、弥补自身不足，才能生生不息。

（4）合作之间——文明是合作的还是竞争的？

从亨廷顿于 1993 年发表《文明冲突论》一文、继而在 3 年后编纂成《文明的冲突与世界秩序的重建》一书之后，“文明冲突论”就成为政界、学界热议的焦点。在很多西方学者和政客眼中，文明之间的竞争性不仅存在，而且将成为未来世界发生冲突的主要根源。

然而，时隔 20 多年，亨廷顿所预言的文明冲突虽然在部分地区有所体现，但从未成为居于首要地位的冲突方式。相反，部分政客对“文明冲突论”的盲从与利用反而制造了文明间的矛盾。这正说明，文明之间关系的主流仍是合作，而非竞争乃至冲突。

文明不同于主权国家，没有明确的界限和指标加以划分，不存在其他领域常见的泾渭分明的竞争，更没有任何一个指标体系能够描述文明之间的所谓竞争。尽管文明之间并非总是和平共处，但合作始终是文明间关系的主流。文明间合作的例子数不胜数，从绵延数千年的东西方贸易交往到文化上的交流互鉴，文明间的合作推动着人类社会不断向前。

即使以主权国家作为文明的代表来看，仍然无法改变文明之间以合作为主旋律的事实。一方面，当今世界的复合相互依赖程度前所未有，绝大多数国家都已经融入了全球政治经济体系，各国、各领域间的合作在数量和深度上都使得国际合作成为无法取代的必需品。在这种复合相互依赖中，各国政府、企业、组织和民众也大多从中受益，这种合作符合各国乃至全人类的共同利益。另一方面，在全球化的大势下，气候变化、恐怖主义等全球性问题日益凸显，逐渐动摇了国家间议题的绝对主导地位。这些全球性议题已经超出了单个国家乃至文明所能应对的区间，必须依赖于各文明间乃至全世界的通力合作。在众多全球性议题面前，国家间的竞争已经居于次要地位，更重要的是如何弥合各国间的分歧，实现跨国、跨文明的合作，以应对共同的威胁。

（二）全球生态文明建设

近代以来，尤其是第二次世界大战以来，西方发展观及其发展模式一直为国际社会所顶礼膜拜，并为世界上大多数国家所效仿。[1] 当前的中国已经到了历史的一个重要关口，既要在推进国际体系顺利转型过程中通过维持国际秩序的总体稳定以保障自身的利益，又要承担国际责任和义务，尽力为全球问题治理提供公共产品。[2] 中国的生态文明建设深化了全球可持续发展的理论与实践，为发展中国家提供了新型现代化道路的

1 林利民：《全球战“疫”及其对世界政治的深刻影响》，《红旗文稿》2020 年第 10 期。

2 杨洁勉：《大国崛起准备的理论启示》，《国际展望》2013 年第 6 期。

范本，为全球应对生态危机提供了价值引领。[1] 中国的引领作用更加显著。

中国高度重视全球生态文明建设，已经成为全球生态文明建设进程中的重要贡献者和引领者，受到国际社会的广泛认同和普遍赞誉。总体来看，新时代中国主要通过绿色理念与公共产品并举、国内与国际融通的基本路径推进全球生态文明建设，以同筑全球生态文明之基、共建美丽清洁世界。

一是将全球生态文明建构成一个深入人心的绿色理念。全球生态文明是中国向世界提供的一种新型的全球环境治理和绿色发展理念。中国坚持将生态文明建设融入经济建设、政治建设、文化建设、社会建设等方面，推动生态文明建设在整体中、协调中推进，摒弃以牺牲生态环境换取一时一地经济增长的做法。习近平主席多次在重要国际场合及会议上向世界分享全球生态文明理念，例如在 2020 年第七十五届联合国大会一般性辩论上的讲话、在联合国生物多样性峰会上的讲话和在 2021 年世界经济论坛“达沃斯议程”对话会上的特别致辞等，为国际社会应对气候变化、生物多样性保护、可持续发展等领域提供新理念、注入新动能。中国向全球发布《共建地球生命共同体：中国在行动》等全球生态文明报告，为其他国家应对类似的环境与发展挑战提供了有益借鉴。在后疫情时代，绿色复

1 樊阳程、徐保军：《基于量化国际比较看中国生态文明建设的世界价值》，《福建师范大学学报》（哲学社会科学版）2021 年第 1 期。

苏、“碳中和”正在成为全球环境治理的主流化政策选项，推进全球生态文明的民心相通和国际合作，将增强绿色化转型的能力。

二是将全球生态文明打造成一个广受欢迎的公共产品。地球是我们的共同家园。中国致力于在人类命运共同体理念和共商共建共享原则下将全球生态文明打造成一个普惠的、开放的、适用的公共产品，在推动经济高质量发展的同时保护生态环境。当前全球环境治理领域存在较为严峻的公共产品供给赤字，一个关键原因是公共产品供给的不可持续性和不适用性。全球生态文明是中国向世界供给的公共产品，重视理念塑造、能力建设，致力于化解经济发展与环境保护之间的矛盾，特别是推进发展中国家的生产、生活和生态协同治理，是一项促发展和利长远的基础性公共产品。我国作为一个负责任的发展中大国，在对外基础设施建设和投资上，秉持全球生态文明和绿色发展原则，打造越来越多的绿色公共产品，产生良好全球生态文明效应，为全球环境治理务实合作增添动力。在中国宣布努力争取 2060 年前实现“碳中和”后，中国和欧盟领导人决定建立中欧绿色伙伴关系，共商共建绿色“一带一路”持续走深走实。后疫情时代全球绿色复苏方兴未艾，全球生态文明建设进入一个大有作为的机遇期。共谋全球生态文明也将在落实联合国《2030 年可持续发展议程》《巴黎协定》和共建人类命运共同体等的进程中发挥更重要的作用。

三是将全球生态文明纳入国家主场外交活动的多方面。主场外交是新时代中国特色大国外交的亮点和增长点之一。我国频繁地、广泛地开展主场外交，以环境治理为主题的主场外交取得了一系列成就，特别体现在“一带一路”国际合作高峰论坛、中国北京世界园艺博览会、以生态文明为主题的联合国《生物多样性公约》第十五次缔约方大会等重大主场外交场合。由中国主办的 2019 年世界园艺博览会成为践行生态文明的新典范，向世界展示了共建美丽世界的中国理念与方案。我国将全球生态文明融入主场外交进程中，以自身的示范性、表率性，为改善全球环境治理体系、促进全球绿色发展和加速全球生态文明建设提供了参考。全球生态文明建设要求我国在世界眼光与人类视野的基础上持续加强国际交流与合作，不断提升全球生态文明的互动机制和实践适应能力，不断增强全球生态文明建设的影响力、感召力。

四是将全球生态文明融入“一带一路”高质量发展全过程。“一带一路”不仅是经济可持续发展之路，也是绿色发展和全球生态文明之路。中国在“一带一路”建设实践中始终秉持全球生态文明理念，打造“一带一路”绿色发展国际联盟和生态环保大数据服务平台，构建“一带一路”绿色发展伙伴关系网络，共商共建生态文明型公共产品，形成了环境国际合作和可持续发展的良好互动关系，为“一带一路”高质量发展奠定了良好基础，增进了“一带一路”沿线国家和地区的民众福祉和绿色发展水平。在共谋生态文明理念指引下，通过绿色“一带一路”，积极与沿线国家和地区合作构建绿色发展战略、政策对接，推动绿色理念、绿色技术、绿色基础设施和绿色能源等落地生根，以多方面举措引领“一带一路”高质量发展，并推动“一带一路”沿线国家和地区绿色发展合作迈向新阶段。绿色使“一带一路”建设的底色更加浓厚，绿色“一带一路”被国际社会广泛认为是推动落实联合国《2030 年可持续发展议程》的有效路径，也正在成为共建全球生态文明和打造人类命运共同体的旗舰性行动。全球生态文明建设是对地球生态环境保护和世界可持续发展的积极探索和具体实践，不仅为广大发展中国家提供了有益借鉴和启发，而且也有利于凝聚各方合力共商共建共享美丽清洁地球。

共谋全球生态文明适应全球绿色转型、发展趋势，体现了国际社会共建共享地球生命共同体、人与自然命运共同体和人类命运共同体的总体愿景，彰显了生态文明的世界意义和广泛适用性，引导人类共同守护地球生态环境和共谋人类发展未来。

第四节　概念界定与研究结构

一、概念界定

本书围绕三条主线，分别为国际关系与生态文明的互动、国际关系理论视角下的全球生态文明建设和全球生态文明视域下的新型国际关系建设。

国际关系绿色化与低碳化是指以国家为核心的主体在全球环境交流与合作中，议题、利益、关系和目标等绿色化过程和活动的综合。生态文明全球化是指源于生态文明的发展，各国重视共谋全球生态文明建设，建设清洁美丽世界的共识。全球生态文明是中国提出的全球环境治理的理念和方案，是共建人类命运共同体和地球生命共同体的优先方向和重要路径。

本书主要基于理论分析和实证主义观察。实证主义是指导国际关系研究的一种元理论立场，其核心特质是主张社会科学研究的客观性、科学的一致性以及经验上的可验证性。[1] 在实证主义内部，有不同的分析工具、视角和方法，这些实现科学研究的不同路径有着各自的优劣长短，在研究中存在很强的互补性，可以协同使用来促进研究的完善。在清晰概念界定的基础上完成分析生态文明国际关系研究的基础和发展。

（一）生态文明与国际关系研究的有利因素

生态文明是人类创造的物质成果、精神成果和制度成果的总和，是人类 21 世纪社会文明发展的必然趋势，必会与国际关系发生碰撞。

---

1 刘丰：《实证主义国际关系研究：对内部与外部论争的评述》，《外交评论》（外交学院学报）2006 年第 5 期；王俊生：《实证主义视角下的国际关系理论建构与理论检验》，《中国人民大学学报》2006 年第 4 期。

1. 国际交流与合作的绿色化

欧盟致力于将环境和气候变化纳入欧盟国际合作与发展，在政治、战略和技术层面上寻找切入点，从而提高人们对整合环境和气候变化以及支持向低碳绿色经济过渡的益处的认识。欧盟于 2016 年提出了“环境和气候主流化”的概念，[1] 旨在使保护环境和应对气候变化在欧盟成员国内部得以推进，在全球合作中平衡环境效益、经济效益和社会效益，从而实现 2030 年可持续发展目标。越来越多的全球绿色区域和国际合作机制使绿色合作成为国际合作的重要组成部分，绿色议题在各种国际机制中出现的频率越来越高，重要性也越发凸显。国际环境治理体系越来越完善，以科学研究推动政治决策的科学-政治联动的特征越发明显，参与的主体从国家和国际组织拓展到众多非政府组织以及个人，“共同但有区别”的责任理念深入人心，共同履行环境责任将日益成为国际环境治理的发展趋势。[2]

2. 国际关系主体利益和需求的绿色化

国际关系的主体可以大概分为国际组织、国家和次国家行为体。全球环境恶化对整个人类和所有国家的生存、发展都构

---

1 *Integrating the Environment and Climate Change into EU International Cooperation and Development*，European Commission（https://publications.europa.eu/en/publication-detail/-/publication/7887e701-3f4e-11e6-af30-01aa75ed71a1/language-en/format-PDF/source-83767061）。

2 张洁清：《国际环境治理发展趋势及我国应对策略》，《环境保护》2016 年第 21 期。

成了严重的威胁。环境安全成为各国共同关注的议题，并占据越来越重要的位置，使各国在考量本国国家利益时，不得不正视环境问题的影响。同时，全球环境问题的跨国界性也要求各国必须加强国际合作和国际机制建设，通过主权让渡和主权干涉的形式对国家主权进行必要的改变，通过区域治理乃至全球治理的方式来妥善应对全人类面临的环境威胁。

在全球治理和国际秩序加速变革等大变局背景下，全球环境治理体系和秩序正在经历深刻变化。全球气候变化问题需要全球环境治理主体去认知与改造，主体在全球环境治理进程中有着关键性影响。当前，全球环境治理主体的内涵和外延在持续变化，最值得关注的变化就是全球环境治理主体走向共同体化，并且正在形成一种规范。全球环境治理主体间在利益、责任与命运关系方面的演化对更大范围的、更深程度的主体关系提出了新要求。本书基于近年来全球环境治理的实践，分析了全球环境治理主体共同体及其关系的发展情况与趋势，分析了人类命运共同体共建进程中对全球环境治理主体共同体及其关系的引导，以更好聚焦国际社会应对气候变化，开启全球应对气候变化的新征程。

3. 全球发展现状和导向的绿色化

一是能源绿色化。以高效、清洁、多元化为主要特征的能源转型进程加快推进，能源投资重心向绿色清洁化能源转移。《BP 世界能源展望（2019 年）》认为“可再生能源是增长最快的能源来源，到 2040 年，世界能源供应增量的一半将来自可再生能源”。[1] 绿色能源的快速发展加快了能源转型进程，应对气候变化和能源安全的需求使全球能源转型进程加快，能源革命时间大大提前。[2] 主要国家均提出了能源绿色化的相关政策方案。如美国 1992 年《能源政策法》（Energy Policy Act）就强调提高能源效率、促进可再生能源发展和减少环境影响；进入 21 世纪后，美国又陆续颁布了多部与清洁能源相关的法律。德国于 2010 年发布了《能源战略 2050》（Energy Strategy 2050）的长期战略，提出德国到 2050 年以发展可再生能源为核心，以提高能效、降低能耗为支撑的未来能源战略。[3] 能源绿色化已经成为世界各国的共识。

二是战略产业绿色化。全球主要经济体普遍在加速经济绿色化进程，从而提升经济发展的可持续性和竞争力，其中的着力点就是绿色发展与战略新兴产业的融合；高新技术及产业正在走向“绿化”，特别是可再生能源和碳捕集、利用与封存技术等。以氢能产业为例，氢能源被视为 21 世纪最具开发潜力的清洁能源，可有力促进经济社会可持续发展和绿色转型。美国、日本、欧盟等重要经济体都在大力推进氢能产业发展。2020 年 6 月，德国政府成立国家氢能委员会，出台了相应支持政策

---

1 *BP Energy Outlook 2019*，BP（https://www.bp.com/content/dam/bp/country-sites/zh_cn/china/home/reports/bp-energy-outlook/2019/2019eobook.pdf）。

2 赵宏图：《国际能源转型现状与前景》，《现代国际关系》2009 年第 6 期。

3 金乐琴：《能源结构转型的目标与路径：美国、德国的比较及启示》，《经济问题探索》2016 年第 2 期。

和中长期发展规划，谋求全球氢能发展的引领者地位。绿色价值链、绿色基础设施等富有战略性的新兴产业的发展也已成为主要经济体寻求国际经济合作、履行可持续发展责任和提升经济竞争力的落脚点，也是新兴经济体在新一轮产业变革进程中实现绿色发展“弯道超车”的重大机遇。

三是全球治理绿色化。在二十国集团（G20）领导人杭州峰会上，习近平主席提出共同构建绿色低碳的全球能源治理格局，推动全球绿色发展合作的倡议。[1] 这一倡议正反映了全球治理绿色化的大趋势。人类对环境的认知已经进入新的阶段，人与自然和谐共生的环境观已经成为共识，经济发展与生态环境和谐统一的理念已经成为全球治理理论的重要部分。[2] 如《2030 年可持续发展议程》已经成为全球治理绿色化的标志，确定了自 2015 年后未来 15 年全球可持续发展和环境治理的方向，对未来全球环境治理产生了重要影响。[3] 在各种综合性的国际平台上，环境议题的重要性也在不断提升，从典型的“底层政治”到越来越多地与国家总体战略相连。

1 王新萍：《构建绿色低碳的全球能源治理格局》，《人民日报》2016 年 9 月 30 日。

2 王明国：《全球治理引论》，北京：世界知识出版社，2019 年版，第 298-299 页。

3 董亮、张海滨：《2030 年可持续发展议程对全球及中国环境治理的影响》，《中国人口·资源与环境》2016 年第 1 期。

（二）国际关系学与生态文明研究面临的挑战

1. 人类在环境与国际关系认识上仍有很大差距

环境问题是整体性和多边性、全球性的问题，不以人为的主权国家作为分界线。[1] 全球环境问题所具有的全球性和整体性使得各国必须联合起来，共同解决问题。环境问题要求各国超越彼此的民族国家界限，而这势必会导致主权相关问题的产生，环境问题的政治化从而生成。[2] 当前的主流国际关系中并无明确的关于国际社会环境问题的规定，这也使得环境问题的解决出现了混乱无序的情况，与传统意义上国家主权的至上性、排他性和不可分割性产生了巨大矛盾。在跨越国界的环境问题面前，部分属于国家主权的行为需要受到国际条约的制约，在一定程度上限制了国家主权，但这是解决环境问题必须付出的代价。各国对此类情况的反应大不相同，目前仍未有统一的意见，各国仍处于较为松散的治理中，对环境问题的推动有限。同时，跨国环境治理涉及敏感的主权与边界问题，不同国家受到环境问题的影响程度不同，对治理的看法不同，这种问题在跨境河流治理上尤其明显。例如，虽然埃及、苏丹和埃

1 P Chander and H Tulkens，*The Core of an Economy with Multilateral Environmental Externalities：Public Goods，Environmental Externalities and Fiscal Competition*，Boston，Springer，2006，pp. 153-175.

2 Y Pepermans and P Maeseele，The Politicization of Climate Change：Problem or Solution?，*Wiley Interdisciplinary Reviews：Climate Change*，Vol. 7，No. 4，2016，pp. 478-485.

塞俄比亚均认同保护尼罗河生态环境的重要意义，位于上游的埃塞俄比亚希望通过复兴大坝缓解埃塞俄比亚的电力短缺状况，为其工业提供强劲动力，而位于下游的埃及则担心本国阿斯旺大坝发电量以及农业灌溉用水减少。因此，三国围绕复兴大坝问题争执不下，尼罗河环境治理合作陷入停滞。[1] 总体而言，全球环境治理的理想目标虽然已经成为共识，但在具体实施上各国的分歧仍然较大。

2. 当前环境与国际关系学科间的分离

国际关系研究只有兼容并蓄地吸收来自不同学科的国际关系知识，并不断拓展研究领域，才能回应这样的知识需求，国际关系学科也会在新知识的生产和创造中实现自我更新和发展。[2] 国际关系作为政治科学的一个重要范畴，其与经济学、史学、法学、地理学、社会学、人类学、心理学紧密联系。从全球化到领土争端、核危机、民族主义、经济发展、恐怖主义、人权等，都是国际关系范畴研究的议题。但是传统的国际关系学科中并无与环境相关的专门研究方向，国际关系研究目前着重于社科类的问题，更加强调传统意义上的国际关系。学科本身所涵盖的知识、内涵与方法正逐渐显现出不足的趋势，学科本身的知识要求需更加多角度、多层面。国际关系学者虽然长于治理理论、合作理论的研究，但对环境治理的技术性问题却

1 王磊：《埃塞的复兴大坝，埃及的梦魇？》，《世界知识》2016 年第 21 期。

2 张云：《国际关系的区域国别研究：实践转向与学科进路》，《中国社会科学评价》2020 年第 4 期。

普遍了解不足，环境学科学者则欠缺社会科学的相关理论积累。国际关系研究人员的知识结构不足以满足环境治理研究越来越高的需求，应从单独的国际关系理论中跳出，加强交叉学科的研究人才培养，创立更多相关的国际学术研究组织，如世界大学气候变化联盟这类的学术性组织，在基础理论和创新人才方面实现源源不断的产出。环境问题的恶化更加要求加速有关学科的建设工作，尽快建设环境与国际关系的交叉学科。目前，全球范围内关于环境与国际关系的跨学科研究正在兴起，但总体上仍处于建设初级阶段，远远不足以支持所需要的人才数量。

3. 当前环境与国际关系部门间的分离

纵观全球主要国家的政府职能设计，环境事务和外交事务普遍分属不同的部门管理（如美国国家环境保护局、美国国务院）。环境部门需要开展国际合作，外交部门需要开展环境外交，二者既有密切的联系，也有部门利益本位的现实考虑。由于环境问题所涉及的内容既有环境、又有国际关系，导致在解决问题时需要两个部门同时与国际社会中其他国家或国际组织对应的部门开展合作，部门机构的冗杂导致议题的讨论进展缓慢，过程复杂，手续繁琐。而环境问题作为当下迫在眉睫的问题，其本身对时效性的要求较高，部门与部门、国家与国家之间繁琐的制度审核过程会严重影响解决环境问题工作的开展。国际社会中主流的政府职能部门并未设立专业的国际环境保护相关部门，延长了国际环境问题的解决周期，导致部分环境问题进一步恶化。

4．当前国家利益与环境保护集体利益的分离

曼瑟尔·奥尔森（Mancur Olson）在《集体行动的逻辑》一书中指出，集团会采取行动以维护其利益，这向来是听从理性的，国家作为一个理性的行为体，在国际集体行动中难以产生有效合作。[1] 奥兰·扬认为，在缺乏有效国际制度的情况下，自利国家很难实现集体行动。[2] 尽管全球环境问题涉及每个国家的切身利益，但是因为环境问题对各国影响的不均衡性，特别是环境问题涉及现实的资金、技术和公共产品提供，导致国家间环境合作效果不彰、环境问题持续恶化。如部分国家产业结构单一，严重依赖个别品类的资源出口，包括矿产品、农产品、渔业产品等。这些国家为了维护出口利益，往往反对外界对这些产业活动造成的环境影响的指责，消极看待与本国经济命脉息息相关的环境问题。又如由于传统等原因，部分国家是一些濒危物种制品的主要购买者，这些国家往往极力反对限制捕捞或猎捕这些濒危物种的行为，采用“金元攻势”或巧立名目来获取这些宝贵的生物资源。而且在一些突发事件中，个别国家或大型跨国企业唯利是图，为降低处理成本而以全世界

1 M Olson，*The Logic of Collective Action：Public Goods and the Theory of Groups，Second Printing with a New Preface and Appendix*，Cambridge，MA，Harvard University Press，2009.

2 O R Young，*International Cooperation：Building Regimes for Natural Resources and the Environment*，Ithaca，Cornell University Press，1989.

的环境安全为代价，造成了不可挽回的生态灾难。

二、全书结构

第一章为导论：全球生态文明建设是中国在全球治理和对外关系方面的重要理念创新、方案创新，是中国参与全球环境治理、落实《2030 年可持续发展议程》和推进绿色“一带一路”的重要着力点和结合点。全球生态文明建设既是习近平生态文明思想的要求，更是习近平外交思想的有机组成部分。如何实现国际关系与全球生态文明建设的“化学反应”，成为一个有待回答的重大理论、实践课题，具有日益重要的理论意义、政策意义和实践意义。

第二章为国际关系视角下的全球生态文明建设：全球生态文明建设需要国际社会的共商共建，特别是以国家为行为主体的顶层设计和布局。当代国际关系理论，特别是现实主义、理想主义、建构主义和马克思主义等主流国际关系理论如何认识、作用于全球生态文明建设，将从宏观上塑造当前的全球生态文明建设的主体间关系、运行结构和发展生态等。

第三章为全球生态文明建设与新型国际关系秩序构建：全球生态文明建设深刻体现了人类命运共同体理念、新型国际关系和以绿色“一带一路”为代表的国际高质量发展实践。加强全球生态文明建设将带动多边国际合作，彰显和平与发展的时代主题、促进人类与自然的命运共同体等领域的多重发展，增强新型国际关系发展势能，提升发展中国家国际理念和方案价值的地位，构建更加公平、公正、可持续发展的全球治理体系。

第四章为全球生态文明建设的国际关系理论研究：基于现有以西方理论为主的国际关系理论范式对全球生态文明及全球生态文明建设的理论解释力严重不足，面向当代及未来的国际实践要求促进国际关系理论的中国化和低碳化，这也为全球生态文明建设的国际关系理论增量提供了合适的土壤和时机。深化全球生态文明建设的国际关系理论研究，以期在日新月异的国际合作和治理进程下实现中国相关理论的独树一帜和自主学术体系。

第五章为全球生态文明建设与全球主要治理议题：聚焦全球生态文明建设与全球能源转型、全球环境治理、《2030 年可持续发展议程》和绿色复苏等重大国际议题的关系（这些议题与生态环境相关联），特别是生态文明建设如何推进这些重大国际治理议题的进展，并如何提供新的治理理念、解决方案和实施路径。

第六章为全球生态文明建设与“一带一路”绿色发展：全球生态文明建设与“一带一路”绿色发展相互促进、相辅相成。随着中国理念和方案走近世界舞台中央，如何加强全球生态文明建设与“一带一路”绿色发展的对接，实现协同共进，特别是如何实质性推进并形成可推广的国际经验，将成为中国理念和中国方案的试金石，也是中国推动全球生态文明建设的首要事务。

本书旨在引导构建由全球生态文明建设思想推动下的新型国际关系理论，推动构建有中国特色的社会科学学术和学科体系。以中国之治为全球之治提供示范与互动，不断为全球发展和构建人类命运共同体作出更大贡献。

参考文献

陈须隆，2021. 在世界大变局中推动国际秩序演变的方略和新视角［J］. 太平洋学报，29（1）：35-42.

高兵，2021. 关于加强自然资源领域生态外交的思考［J］. 中国矿业，30（1）：29-32.

高奇琦，2019. 智能革命背景下的全球大变局［J］. 探索与争鸣（1）：28-31.

高奇琦，2020. 智能革命与国家治理现代化初探［J］. 中国社会科学（7）：81-102.

黄琪轩，2009. 大国政治与技术进步［J］. 国际论坛（9）：92.

基欧汉，门洪华，2000. 国际制度：相互依赖有效吗？［J］. 国际论坛（2）：78-81.

姜联合，2021. 全球碳循环：从基本的科学问题到国家的绿色担当［J］. 科学，73（1）：39-43.

刘雯，2020. 构建全球环境利益共同体的使命与路径［J］. 人民论坛·学术前沿（6）：100-103.

卢静，2010. 透析全球环境治理的困境［J］. 教学与研究（8）：73-80.

潘家华，2008. 气候变化：地缘政治的大国博弈［J］. 绿叶（4）：77-82.

沈路，钱丽，2020. 全球 22 个主要国家绿色创新效率及其空间溢出效应［J］. 华北理工大学学报（社会科学版），20（3）：44-53.

石峰，黄一彦，张立，等，2016. “十三五”时期我国环境保护国际合作的形势与挑战［J］. 环境保护科学，42（1）：12-15.

孙凯，2010. 国际环境政治中的“认知共同体”理论评述［J］. 华中科技大学学报（社会科学版），24（2）：106-111.

王磊，2001. 无政府状态下的国际合作——从博弈论角度分析国际关系[J]. 世界经济与政治（8）：11-15.

习近平，2017. 习近平谈治国理政：第二卷［M］. 北京：外文出版社.

习近平，2018. 习近平谈治国理政：第一卷（第2版）［M］. 北京：外文出版社.

习近平，2020. 习近平谈治国理政：第三卷［M］. 北京：外文出版社.

许勤华，王际杰，2020. 推进绿色“一带一路”建设的现实需求与实现路径［J］. 教学与研究（5）：43-50.

阎学通，2016. 政治领导与大国崛起安全［J］. 国际安全研究，34（4）：3-19，155-156.

扬，1996. 世界事务中的系统论与社会论——国际组织的地位和作用［J］. 仕琦，译. 国际社会科学杂志（中文版）（2）：15-30.

扬，2007. 世界事务中的治理［M］. 上海：上海人民出版社.

扬，2017. 体制复合体：给全球治理带来的是争论，繁荣还是推动？［J］. 于家琦，宋阳旨，译. 国外理论动态（1）：89-95.

杨洁勉，2018. 改革开放40年中国外交理论建设［J］. 国际问题研究（5）：1-15.

杨洁勉，2019. 当前国际大格局的变化、影响和趋势［J］. 现代国际关系（3）：1-6.

杨洁勉，2019. 当前国际形势的特点和展望——着眼于中国定位与应对的讨论［J］. 国际展望，11（1）：1-11.

于宏源，2007. 国际环境合作中的集体行动逻辑［J］. 世界经济与政治（5）：43-50.

张贵洪，陈夏娟，2019. 论全球治理中的权威分享——以联合国多边环境谈判为例［J］. 国际观察（6）：135-154.

郑军，2020. 欧盟绿色新政与绿色协议的影响分析［J］. 环境与可持续发展，45（2）：40-42.

BAKKER K，RITTS M，2018. Smart earth：a meta-review and implications for environmental governance［J］. Global environmental change，52：201-211.

BIERMANN F，KANIE N，KIM R E，2017. Global governance by goal-setting：the novel approach of the UN Sustainable Development Goals［J］. Current opinion in environmental sustainability，26：26-31.

FALKNER R，2003. Private environmental governance and international relations：exploring the links［J］. Global environmental politics，3（2）：72-87.

HALL N，PERSSONÅ，2018. Global climate adaptation governance：why is it not legally binding？［J］. European journal of international relations，24（3）：540-566.

JORDAN A，HUITEMA D，VAN ASSELT H，et al，2018. Governing climate change：polycentricity in action？［M］. London：Cambridge University Press.

LIPIETZ A，1997. The post-Fordist world：labour relations，international hierarchy and global ecology［J］. Review of international political economy，4（1）：1-41.

MAYER F W，PHILLIPS N，2017. Outsourcing governance：states and the politics of a “global value chain world”［J］. New political economy，22（2）：134-152.

MCDONALD M，2018. Climate change and security：towards ecological security［J］. IT，10：153.

NIGHTINGALE A J，2017. Power and politics in climate change adaptation efforts：struggles over authority and recognition in the context of political instability［J］. Geoforum，84：11-20.

RICE J，2007. Ecological unequal exchange：consumption，equity，and unsustainable structural relationships within the global economy [J]. International journal of comparative sociology，48（1）：43-72.

SAURIN J，1996. International relations，social ecology and the globalisation of environmental change[J]. The environment and international relations：77-99.

TOSUN J，PETERS B G，2020. The politics of climate change：domestic and international responses to a global challenge [J]. International political science review.

VATN A，2018. Environmental governance—from public to private？[J]. Ecological economics，148：170-177.

WITTER R，MARION SUISEEYA K R，GRUBY R L，et al，2015. Moments of influence in global environmental governance [J]. Environmental politics，24（6）：894-912.

YOUNG O R，1991. Political leadership and regime formation：on the development of institutions in international society [J]. International organization，45（3）：281-308.

第二章　国际关系视角下的全球生态文明建设

全球生态文明建设需要国际社会的共商共建，特别是以国家为行为主体的顶层设计和布局。当代国际关系理论，特别是现实主义、自由主义、建构主义和马克思主义等主流国际关系理论如何认识、作用于全球生态文明建设，将从宏观上塑造当前的全球生态文明建设的主体间关系、运行结构和发展生态等。

第一节　现实主义与全球生态文明建设

现实主义学派继承了马基雅维利、霍布斯等近代现实主义政治思想家关于国际社会“自然状态”的分析传统和理论思想，认为国际社会处于无政府状态，人的私欲和生存意志在政治上表现为“权力的意志”，各国在对外目标上均追求和维护自身利益，权力和利益是影响对外决策的核心因素。[1] 国家被塑造成具有同质功能的单元，其首要目标是确保自身的生存，均势政治是一个国家确保自身生存的自然选择。[2] 无政府状态在国际政治中行使结构律令，使国家必须要为自己的安全负责，自助是唯一的选择。[3] 只有在生存得到保障的情况下，国家才能安全地追求诸如安宁、福利和权力这些目标。

一、主要观点

现实主义中的基本原则建立在追求利益、确保自身生存的人性基础上。在现实主义逻辑下，国际秩序中生态环境是人类可以加以利用的工具，自然资源的安全对自利国家的生存至关重要。而当人类对生存空间和利益的追求破坏了生态环境时，人类就会面临生态环境恶化的危机，从而影响自身的发展。现代化发展追求的经济利益与生态环境之间的关系逐渐成为学界广泛关注的热点问题。

1 王梓元：《道德与声望：摩根索的权力政治学说再探讨》，《国外理论动态》2020 年第 5 期。

2 杨吉平：《继承与创新：沃尔兹新现实主义理论定位再探讨》，《国际论坛》2020 年第 1 期。

3 郭小雨：《人性的现实与体系的现实：从摩根索到沃尔兹的现实主义国际政治理论》，《史学月刊》2021 第 1 期。

有美国“环境伦理学之父”之称的霍尔姆斯·罗尔斯顿（Holmes Rolston）提出“自然价值论”思想，认为人类不能改变自然环境客观存在的固有价值，只能推动或阻碍这种属性的发展。因此，人类在自身向前发展、利用地球资源的同时，没有能力对生态环境本身的价值产生影响。[1]

随着全球生态危机下各国加快生态经济建设的步伐，国内外学者对生态经济给予重视。有学者认为，保护生态环境意味着限制人类对利益的追求。

个人和国家的自由应服从地球整体的利益，从保护地球环境整体利益出发，世界各国必须对欲望和自由的总量进行限制。[2] 当代社会政治和社会价值中，自由主义、民主主义和个人主义是造成环境问题的最主要原因。[3] 为应对环境问题与生态危机，就必须限制人类的自由行为，主张地球全体主义的环境伦理学。[4] 经济发展的不断推进对市场与生态之间的平衡提出了更高的要求，经济发展不能以牺牲生态环境安全为代价，全球生态文明建设需要人类改变过度消费的享受心理，转向清洁绿色的发展方式。[5]

---

1 高盼盼：《关于罗尔斯顿“自然价值论”的哲学认知》，《经济研究导刊》2015年第12期。

2 杨通进、韩立新、肖巍：《究竟什么是应用伦理学？（专题讨论）》，《河北学刊》2005年第1期。

3 韩立新：《美国的环境伦理对中日两国的影响及其转型》，《中国哲学史》2006年第1期。

4 杨若玉：《加藤尚武环境伦理思想研究》，博士学位论文，山西大学，2019年。

5 李志青：《如何打造全球生态文明 2.0？》，《中国环境报》2015年4月15日。

在经济发展与生态环境的关系中，人类主义的未来预测体现在流行的绿色新政（Green New Deal，GND）等倡议中。[1] 一些学者认为，绿色增长能够在无需限制人类消费的同时避免生态危机的发生。

绿色新政给出了非经验性的承诺，即通过绿色增长的政治和经济同时规避社会经济不平等和生态破坏。[2] 这项新政并不意味着要摧毁资本主义或生产力，但提供了一个更负责任的、温和的和绿色的模式，而不质疑经济增长和潜在的统治政治。在低碳时代，经济和科学技术的发展仍然是推动国际政治经济格局变化的决定性因素。[3]

绿色新政的灵感来自 20 世纪 30 年代罗斯福的新政，该新政旨在拯救大萧条中的美国经济。简而言之，与罗斯福新政不同，绿色新政寻求通过可再生能源、能源效率和清洁交通方面的巨额投资来解决气候危机和社会经济不平等，同时保持工资水平和福利不变。[4] 根据定义，绿色新政是一个增长和再膨胀计划，尽管一些公众人物也呼吁削减消费的整体消费主义文

---

1 R Gunnet Wright and R Hockett，The Green New Deal：Mobilizing for a Just，Prosperous，and Sustainable Economy，*New Consensus*（https://s3.us-east-2.amazonaws.com/ncsite/new_conesnsus_gnd_14_pager.pdf）.

2 J Hickel and G Kallis，Is Green Growth Possible？，*New Political Economics*，2019; T Parrique，J Barth，F Briens，C Kerschner，et al，*Decoupling Debunked: Evidence and Arguments Against Green Growth as a Sole Strategy for Sustainability*，Brussels，Belgium European Environmental Bureau，2019.

3 许勤华：《低碳经济对大国关系的影响》，《教学与研究》2010 年第 1 期。

4 Naomi Klein，*On Fire: The (Burning) Case for a Green New Deal*，New York，Simon & Schuster，2019.

化，绿色新政注定会创造更多财富，提高生活水平。[1] 总体而言，绿色新政似乎广泛依赖于脱钩的幻想，即生态影响可以与经济增长脱钩。[2]

随着环境问题不断凸显，现代化不仅意味着经济发展、社会结构合理，也意味着生态的平衡。[3] 为了寻求一种能够使经济发展与保护生态环境平衡的方法，学者们对经济增长与保护生态环境之间的关系进行了一系列研究。

1989 年，英国环境经济学家戴维·皮尔斯提出“绿色经济”概念，关注支持经济增长的生态环境资源边界。[4] 生态经济遵循经济规律，运用生态学原理和系统工程方法，在自然资源和生态环境承载力约束下，在生产消费过程中高效利用资源、有效控制污染物和温室气体排放，是实现经济发展与资源环境协调的经济发展方式。[5] 生态经济的理论基础是生态学和经济学，强调资源效率、环境质量、生态平衡、气候友好，通过技术创新、制度创新、结构调整、生态生活方式变革，实现经济效益、社会效益和生态效益有机统一。[6]

---

1 Alexamdria Ocasio-Cortez，Resolution：Recognizing the Duty of the Federal Government to Create a Green New Deal（https://www.congress.gov/116/bills/hres109/BILLS-116hres109ih.pdf）.

2 Naomi Klein，*On Fire：The（Burning）Case for a Green New Deal*，New York，Simon & Schuster，2019.

3 罗荣渠：《20 世纪回顾与 21 世纪前瞻——从世界现代化进程视角透视》，《战略与管理》1996 年第 3 期。

4 初冬梅：《绿色经济：俄罗斯的认知与行动》，《欧亚经济》2020 年第 2 期。

5 沈满洪：《生态经济学》，北京：中国环境出版社，2016 年版。

6 郝淑双：《中国绿色发展水平时空分异及影响因素研究》，博士学位论文，中南财经政法大学，2018 年。

经济发展需要建立在资源环境可承载的基础之上，形成经济、社会、生态环境的良性循环。而生态经济主要有循环经济、绿色经济、低碳经济等形态。[1] 绿色经济要求尽可能减少经济活动对生态环境的不利影响，循环经济侧重于资源循环利用以提高资源产出效率，低碳经济侧重于优化能源结构以应对气候变化，这些都是对高投入、高消耗、高污染、低质量、低效益、低产出的传统经济模式反思后诞生的经济发展模式，统一在绿色发展理念之内。[2] 整体和谐观主张通过社会发展模式以及技术、制度、结构的优化来实现经济发展与生态文明建设的有机结合。[3] 经济发展不能以破坏生态为代价，生态本身就是经济，保护生态环境就是保护生产力，改善生态环境就是发展生产力。[4]

因此，生态现实主义者也逐步认识到，生态环境问题归根结底是经济发展方式问题，而资源环境问题最终也要在经济发展过程中以发展的办法加以解决，以生态文明的价值观念对工业文明进行改造。应准确把握工业文明与生态文明的关系。生态文明是工业文明发展到一定阶段的产物，是建立在工业文明

1 王克强、赵凯、刘红梅：《资源与环境经济学》，上海：复旦大学出版社，2015 年版。

2 周宏春、刘文强、郭丰源：《绿色发展经济学概论》，杭州：浙江教育出版社，2018 年版。

3 赵聪聪：《生态现代化的“和谐”发展研究》，博士学位论文，渤海大学，2019 年。

4 曾贤刚：《中国特色社会主义生态经济》，北京：中国环境出版集团，2019 年版。

基础之上的新的社会文明形态，是由若干相互作用、相互支撑的体系构成的一个复杂而又完整的大系统。[1] 在这个系统中，生态文明是灵魂和软实力，生态经济是基础和支撑，目标责任是主体和抓手，制度体系是关键和保障，生态安全体系是前提和底线。必须坚持用生态文明的价值理念、基本原则来引领、改造和提升工业文明。[2]

总而言之，在生态现实主义中，自然并没有被视为一种资源，地球上的可持续生命是建立在以生态为中心的存在、价值观、活动和实践基础上的。

将生态现实主义、人类中心主义与存在论问题联系起来研究认识论问题（我们能从自然界获得什么样的知识？有什么样的知识和科学？），以及价值论问题（需要做些什么来缓解生态危机？什么是好的和正确的？什么是平等？什么样的行动导致了生态危机？）。由此生态现实主义可以被视为人类活动可持续组织的一个框架、一个粗略的草图，告诉人类应该如何理想地作为更大整体行事，而不考虑如何看待人的本性及其行为（理性、非理性或其他）。[3]

---

1 中国科学院可持续发展战略研究组：《2010 中国可持续发展战略报告——绿色发展与创新》，北京：科学出版社，2010 年版。

2 周宏春：《改革开放 40 年来的生态文明建设》，《中国发展观察》2019 年第 1 期。

3 Toni Ruuska，Pasi Heikkurinen，and Kristoffer Wilén，Domination，Power，Supremacy：Confronting Anthropolitics with Ecological Realism，*Sustainability*，No. 7，2020.

二、形成过程

生态现实主义首先基于人类对自然认识的改变。人类对自然界的认识经历了一个从“生存工具发展”到“与自然形成整体观念”的过程。自从“培根时代”以来，人类对自然的控制和改造已经得到了极大的扩展，甚至连天气系统也成为操纵的目标。[1] 事实上，生产力经济学和以增长为基础的政治，以及化石燃料基础设施的广泛使用，都加强了对自然的工具性认识，就是需要广泛地利用自然资源。

现代化被描述为不断为掌握自然而斗争，在这种斗争中，思维和理性是实现这一目标的主要手段。[2] 与工业化时代和现代化相比，欧洲启蒙运动和科学革命、技术变革为人类大规模提升控制和操纵自然的能力奠定了基础，自然越来越沦为满足人类欲望和需求的物质储备。马克思主义在批判资本主义的时候，没有对人类中心主义的自然统治进行十分系统的批判，也并不存在议程的改变。[3] 因为马克思主义的理论、研究和政治学在很大程度上支持工业化和现代化，致力于进步的精神和技

---

1 Francis Bacon，*The Instauratio Magna Part II*：*Novum Organum and Associated Texts*，edited by G Rees and M Wakely，Oxford，Clarendon Press，2004.

2 André Krebber，Anthropocentrism and Reason in Dialectic of Enlightenment：Environmental Crisis and Animal Subject，*Anthropocentrism*：*Humans*，*Animals*，*Environments*，edited by R Boddice，Boston，Brill，2011.

3 Ted Benton，Marxism and Natural Limits：An Ecological Critique and Reconstruction，*New Left Review*，No. 178，1989，pp. 51–86.

术发展。[1]

在人类世界中，人类通过财富、军事力量和各种政治安排相互支配利益；在生态环境非人类世界中，主要是通过使用矿物燃料等的技术进行利益支配。[2] 人类为获取利益而对自然界的征服所带来的后果是随着时间的推移而日益得到显现的，这使得新技术的开发在初期具有合法性。

仅仅从人类的角度来看待时间和空间被称为时空人类中心主义，因此这种方法很可能导致在空间和时间方面有利于人类活动。在空间上，地球被认为是人类的空间，同时人类也在努力征服外太空。人类目前占据了地球上大部分可居住的土地，将其用于农业（占所有可居住土地的 50%）、林业、采矿、基础设施和住宅。[3] 历史上，人类也曾提出所有权要求，并通过法律将土地专用于人类，这当然忽略了地球上生存的其他物种。[4] 同时，外层空间也日益被人类征服和利用。空间人类中心主义在人类世界可以说是完整的和普遍的，因为一个物种支配着空间的使用权、所有权和控制权，然而在人类之间的组织

---

1 A Wendling，*Karl Marx on Technology and Alienation*，London，Palgrave Macmillan，2009.

2 T Ruuska，Capitalism and the Absolute Contradiction in the Anthropocene，*Sustainability and Peaceful Coexistence for the Anthropocene*，edited by P Heikkurinen，New York，Routledge，2017.

3 *Living Planet Report: Aiming Higher*，WWF（https://wwf.panda.org/knowledge_hub/all_publications/living_planet_report_2018）；H Ritchie and M Roser，*Land Use*，Our World in Data（https://ourworldindata.org/land-use）.

4 K Polanyi，*The Great Transformation*，Boston，Beacon Press，1968；E M Wood，*The Origin of Capitalism：A Longer View*，London，Verso，2002，pp. 68-70.

和影响中有很大的不均衡性。

除空间因素之外，人类学关于时间的概念基于人类时间，引导并鼓励某些符合人类标准的特定行为。生态现代学家的思想和行为表现为例如当人类寻找减缓气候变化的措施或开发核能以及其他复杂的现代能源利用技术时，这些解决方案通常是通过承诺具有改造自然的紧迫感而合法化的。[1] 时间人类中心主义认为人类国家和组织遵循某种类型或线性的时间发展路径，达到一个被认为更高的进步阶段，例如从狩猎、采集到农业，以证明统治是正当的。因此，人类为获取利益而对自然界的征服所带来的后果是随着时间的推移而日益得到显现的。

与政治上的征服相似，对人类来说，现代文明意味着以文明和进步的名义进行统治和同质化。对生态环境等非人类因素来说，现代文明意味着工具化、商品化和由于所谓的人类优越性而造成的破坏。

在对环境的征服过程中，资本主义生产方式必须扩大，才能实现自我复制。[2] 这意味着，这种生产力组织不仅与自然形成了一定程度上的对立关系，而且与所有其他组织形式和文化

---

1 P Heikkurinen，Degrowth：A Metamorphosis in Being，*Environment and Planning E：Nature and Space*，2019.

2 T Ruuska，*Reproduction Revisited：Capitalism，Higher Education and Ecological Crisis*，North of England，Mayfly Books，2018；F Magdoff，J B Foster，*What Every Environmentalist Needs to Know about Capitalism*，New York，Monthly Review Press，2011.

（包括生存和自给自足）存在一定的对立关系。[1]

资本主义的侵占始于对公地的占有和掠夺[2]，并在过去的几个世纪里以越来越大的规模剥削和支配所有生命形式，同时堆积废弃物和进行生态破坏。伊里奇（Illich）在《影子工作》（*Shadow Work*）一书中写道，"现代可以理解为一场持续 500 年的战争，旨在摧毁生存环境，并用新的民族国家框架内生产的商品来取代它们"。[3] 这场战争是一场强迫和贫困的循环，在这场战争中，正如斯奈德（Snyder）所言，文化和非人类世界被强制成为积累领域的一部分，[4] 人们以资本主义和市场经济取代了自给自足的经济。

根据生态现实主义，人类不比自然界中的其他物种更加优越，自然的存在不依赖于人类，自然界中万事万物的运转也不依赖于人类。自然是独立于人类的，但人类是依赖于自然的。[5] 人类拥有自己独特的方式来进行认知，与其他物种一样存在于这个世界当中，人类活动的结果能够通过与其他物种、非生命的自

1 P Heikkurinen，T Ruuska，A Kuokkanen，et al，Leaving Productivism behind: Towards a Holistic and Processual Philosophy of Ecological Management，*Philosophy of Management*，2019.

2 J W Moore，*Capitalism in the Web of Life: Ecology and the Accumulation of Capital*，New York，Verso，2015；M Perelman，*The Invention of Capitalism: Classical Political Economy and the Secret History of Primitive Accumulation*，London，Duke University Press，2000.

3 I Lllich，*Shadow Work*，Boston，Marion Boyars，1981.

4 G Snyder，*The Practice of the Wild*，Berkeley，Counterpoint，1990.

5 P Heikkurinen，J Rinkinen，T Jarvensivu，et al，Organizing in the Anthropocene: An Ontological Outline for Ecocentric Theorizing，*Journal of Cleaner Production*，No. 113，2016，pp. 705–714.

然环境以及生态系统的关系变化进行分析和评估。[1] 除此之外，从经济和技术发展的视角来看，人类历史是一个积累与文化依赖的过程，这一过程完全与自然进程相互交织并嵌入自然过程中，从而对人类活动及其质量设定了限制和框架。[2]

因此，与当前面临的状况相对应，人类活动需要与非人类世界保持合适的、灵敏的互动关系，因为所有的生物都有繁荣生长以及作为独立物种存在于自然界的权利。[3] 然而，这并不意味着以生态为中心的思想和活动符合或导致生态决定论[4]、还原主义[5] 或神秘主义[6]，而是要发展一种整体的和过程化的方式来概念化自然以及人类活动和组织的框架，人与自然是一个整体，并不具有等级差异与尊卑。[7]

---

1 J B Foster，*Marx's Ecology*：*Materialism and Nature*，New York，Monthly Review Press，2000.

2 A Malm，*The Progress of This Storm*：*Nature and Society in a Warming World*，London，Verso，2018；K Soper，*What is Nature? Culture*，*Politics and the Nonhuman*，Oxford，Blackwell，1995.

3 P Heikkurinen，J Rinkinen，T Jarvensivu，et al，Organizing in the Anthropocene：An Ontological Outline for Ecocentric Theorizing，*Journal of Cleaner Production*，No. 113，2016，pp. 705–714.

4 G Bettini and L Karaliotas，Exploring the Limits of Peak Oil：Naturalizing the Political，De-Politicizing Energy，*Geographical* Journal，No. 179，2013，pp. 331–341.

5 H E Daly，*Beyond Growth*，Boston，Beacon Press，1996.

6 M Bookchin，*The Ecology of Freedom*：*The Emergence and Dissolution of Hierarchy*，Chico，CA，AK Press，2005.

7 P Heikkurinen，T Ruuska，A Kuokkanen，et al，Leaving Productivism behind：Towards a Holistic and Processual Philosophy of Ecological Management，*Philosophy of Management*，2019.

三、影响

首先，生态现实主义思想的形成吸收了多学科的精神财富，将国家生态利益的考量、维护生态安全的国际政治动力引入国际关系研究中，超越了传统现实主义认为国际政治的运行环境以利益冲突和对立为背景的观点，使人类能够反思当前追求利益的经济发展方式以及思想存在的谬误。其次，推动人类以可持续发展理念看待生态环境，人与自然是一个“相互间”平等的整体，世界不能被描绘成人类或是非人类的主宰，这有助于未来人类作为地球的一分子与自然和谐共处。最后，生态现实主义作为当今世界可持续组织的框架，旨在重新安排和协调人类活动，从工具性、功利性和财富积累性较强，主要面向人类利益的消费主义理念转向提倡依靠绿色增长、以可持续发展理念为基础、协调经济发展与生态保护的关系的理念。

生态现实主义意味着人类从简单地将自然看作获取利益、求得生存的工具，转变为人类与自然是一个不可分割、息息相关的整体，人类的生存不能违背自然的规律，人类与自然利益与共，生产力的发展要建立在自然可持续性的基础上。生态现实主义指出，为了拥有一种能够带领人类走出人类中心时代的政治模式设想，人类必须摆脱西方思维的人类中心主义精神。[1]

---

1 P Heikkurinen，T Ruuska，K Wilén，et al，The Anthropocene Exit：Reconciling Discursive Tensions on the New Geological Epoch，*Ecological Economics*，No. 164，2019.

与之相对，假定存在一个独立于人类的现实、重视生态环境等因素的非人类中心主义伦理、哲学和议程，对寻求生态政治和经济而不是当前盛行的技术乐观主义和生产力主义至关重要。[1]

在生态现实主义中，作为生态上可持续的后人类世政治和可持续的人类组织的框架，自然被视为一个整体，拥有地球上的所有生物、生物区和生态系统。自然不会退化为任何知觉或话语，也未被人类的认识所完全捕捉，人类对自然的认识处在一个不断完善的过程中，人与自然是不可分离的一个整体。[2] 人类对自然没有一个特定或单一的认识。尽管认为某种自然概念导致了生态危机的观念可能有以偏概全之嫌，但是可以假定某些自然概念（以及由此产生的政治和经济政策）延长了当前人类面临生态危机的持续时间，人类中心主义是导致或协助造成目前生态危机的事件和活动的一种错误认识。对生态现实主义[3] 的解释依赖于批判现实主义[4]、历史唯物主义[5] 和深层生态学[6]，但也受到生态现象学[7] 和可持

---

1 A Collier，*Being and Worth*，London，Routledge，1999.

2 A Naess，*Ecology，Community and Lifestyle*，Cambridge，Cambridge University Press，1989；M Merleau-Ponty，*Phenomenology of Perception*，London，Routledge，2013.

3 A Gorz，*Ecology as Politics*，New York，Black Rose Books，1980.

4 M Archer，R Bhaskar，A Collier，et al，*Critical Realism：Essential Readings*，Oxon，Routledge，1998.

5 R Bhaskar，Materialism，*A Dictionary of Marxist Thought*，edited by T Bottomore，Oxford，Blackwell，1983.

6 A Naess，The Shallow and the Deep，Long-Range Ecology Movements，*Interdisciplinary Journal of Philosophy*，No. 16，1973，pp. 95–100.

7 B E Bannon，*From Mastery to Mystery：A Phenomenological Foundation for an Environmental Ethic*，Athens，OH，Ohio University Press，2014.

续性研究的影响。[1] 因此，生态现实主义能够吸收多学科的精神财富，并使人类反思当前的经济发展方式以及思想存在的谬误，有助于未来人类作为地球的一分子与自然和谐共存。

生态现实主义认为，自然及其生态可以缺席人类的发展过程，人类可以获得关于自然的知识和信息，即使只是局部的和主观的。在这个自然的框架和空间中，随着时间、经济和技术的发展，人类产生了各种政治结构和各种经济组织方式，如自给自足经济、封建社会经济方式和化石能源资本主义。作为生态现实主义的一般经验法则，人类活动应该与自然的其他部分保持包容的和互动的关系。为了可持续发展，需要对组织和政治模式进行变革。生态现实主义作为后人类世政治和可持续组织的框架，旨在重新安排和协调人类活动与人类之间和非人类、生态系统和自然成为一个整体。[2]

在生态现实主义的框架下提出的后人类世政治与当代人类政治学不相适应，后者主要面向人类利益，具有工具性、功利性和财富积累性。事实上，一个有效的后人类世政治纲领是现代消费主义和生产主义的对立面，也是一剂良药。生态上可持续的政治理念对提出关于新自由主义资本主义或“绿色”增长政治的改革主义政策建议具有现实意义。目前，已有的生态

---

1 K Bonnedahl and P Heikkurinen，eds，*Strongly Sustainable Societies*：*Organizing Human Activities on a Hot and Full Earth*，New York and London，Routledge，2018.

2 A Gorz，*Ecology as Politics*，New York，Black Rose Books，1980.

环境自然解决方案虽然还未达到可以全面应用、完全成熟的层面，但其提倡依靠自然生态环境应对当前人类面临的生态挑战，而非依赖工业技术进行环境治理，注重在保护生态环境的同时促进社会经济协同发展。同时，以可持续发展理念为基础，利用地球生态系统自我修复能力，协调平衡经济发展与生态环境保护的自然解决方案日益受到世界各国和国际组织的关注。[1]

目前，对大多数人来说，后人类世政治是乌托邦式的政治，似乎只存在于当代社会的边缘和郊区。除了试图把人类主义描绘成人类和非人类的主宰之外，还希望能够更加清楚地揭示这一界限。以便有朝一日，人类在追求利益的同时，能够树立和自然环境成为一体、和谐共处的主流思想，从而使生态现实主义的实践更加普及和繁荣。

第二节　新自由制度主义与全球生态文明建设

随着国际社会相互依存不断加深，新自由制度主义理论提出权力不再是国家行为的唯一目标，武力不再是国家对外政策的有效手段，国家已不再是占中心地位的国际社会角色，世界政治经济多极化将导致众多的角色出现，国际体系主要包含结

---

1 王旭豪、周佳、王波：《自然解决方案的国际经验及其对我国生态文明建设的启示》，《中国环境管理》2020 年第 5 期。

构和过程两个层次，新自由制度主义更注重系统的过程层次分析。基于罗伯特·基欧汉和约瑟夫·奈的新自由制度主义的理论逻辑，在国际社会的无政府状态下，为了管理国家间产生的相互依赖关系和避免无政府结构的消极影响，人们创设了国际机制。[1]

国际机制作为结构层面的干预变量，将减轻无政府结构的消极影响。尽管国家的行为在不同的领域行为取向不同，但由于国际机制的存在，国家间更倾向于合作。在复合相互依赖的世界，国际制度能够通过促进国家间信息传输，形成对未来的合理预期，降低国家对收益分配问题的敏感度，确立国家权力的界定方式和行使范围，使国家间谈判利用潜在的规模经济优势来降低国际合作中的事先交易成本。此外，国际制度能够为国家间权力争端提供解决程序，强化报复机会主义行为的合法性，增加报复机会主义行为的可能性，使国家形成对先例的关注，使国家更珍视其声誉，从而降低国际合作中的事后交易成本。[2]

一、主要观点

从新自由制度主义角度来看，全球生态文明制度建设可以推动国际社会行为体在生态文明议题上的合作。当前，随着环

1 ［美］罗伯特·基欧汉：《霸权之后：世界政治经济中的合作与纷争》，上海：上海人民出版社，2012 年版。

2 宋新宁、田野：《国际政治经济学概论》，北京：中国人民大学出版社，2020 年版。

境问题的紧迫性不断加强，人类逐渐认识到所面临的深刻威胁，并采取各种形式的集体行动来应对各种环境退化趋势。当今世界，全球化不仅意味着人、货物、金钱与信息在世界范围内的流动，也意味着环境外部性的全球化，环境污染在一定程度上不会受到地理范围的限制，环境问题的无国界性质对跨国协作提出了更高的要求，并在国内和国际政治议程中均占据重要地位。生态文明的发展与全球生态文明治理在国际合作中的重要性日益上升，可持续发展与全球气候变化已经成为联合国所引领的全球治理架构中的重点。全球生态文明治理制度的构建过程随着人类逐渐认识到其所面临的深刻生态危机而不断推进。全球生态文明强调了环境问题的规模和紧迫性，并认为需要进行前所未有的国际合作以避免全球危机。生态保护主义催生了一个日益强大的国际机构网络，使得国际关系议题越来越绿色化，促进了世界性认同的增长，从而形成一种具有足够普遍性、实质性与丰富性的新型国际绿色文化。觉醒的生态文明意识成为国际制度与国际组织变革的动力，影响着国际关系的形态。随着可持续发展和绿色增长等理念在国际关系中被采纳，环保主义者逐渐在国内和国际监管机构中发挥重要作用，生态环保理念和规范正逐渐融入国家体系的规范结构中，世界各国正在参与不断扩大的生态环境条约制定和标准制定。国际社会的绿色化是一个持续的、长期的过程，新形成的规范既具有挑战性，又适应现有的规范。在全球气候危机影响下，全球环境责任的上升可能改变国际关系的结构，并使得国际社会规范性扩张。在过去的一个世纪里，全球生态保护的思想和价值观缓慢但稳步地从边缘走向国际议程的中心，从而建立了一套日益复杂的治理制度与机构，完善了国际环境法，并推动了多边环境外交的发展。随着国际制度体系的绿色化进程，国际社会已经吸收了一些环境规范，并开始将承担保护地球的责任作为对国家的基本道德要求之一。国家体系对环境问题的反应可能是缓慢的和不充分的，但绿色国际议程的出现表明了国际关系的深刻变化，全球生态文明治理制度的形成也正是当今国际关系绿色化的重要结晶。

二、形成过程

全球环境治理制度经历了不断发展深化的过程。从全球环境治理制度对治理实践的有效规范方面来看，对国际行为体生态治理成效的监测依赖于全球环境治理制度的透明度不断加强。从全球环境治理制度各机制之间产生的相互作用角度来看，在治理制度体系不断完善的过程中，不同机制之间存在的协同效应进一步凝聚了各国建设全球生态文明的共识，促进了全球生态治理的实践发展。

在当前全球生态治理国际制度中，透明度机制是确保全球生态治理推进的重要工具。透明度机制及相关条款常见于气候变化、生物多样性、生物技术、自然资源开发以及危险化学品管控等领域。在全球生态治理中，透明度原则日益强化。联合国《2030年可持续发展议程》明确对数据、指标及透明度的制度提出了要求。[1]

国际组织研究普遍认为，国际制度中的程序正当性需要透明度原则作为支撑。[2] 透明度作为一种全球治理规范，已经成为保障多边国际条约得以运行的基础因素，成为国际谈判的重点领域。[3] 而全球生态治理制度中的透明度规则，在建立过程中由于国际社会基本规范结构的变化程度不同，而经历了诸多挫折。最初，环保运动在国际政治上留下的印记取决于精英和科学为主的自然保护主义。1909年，第一届保护自然国际大会在巴黎召开，首次呼吁建立一个关于自然保护的国际机构。1913年，瑞士政府召开世界自然保护大会，美国、英国、法国、德国和俄罗斯等17个国家出席了会议。然而，会议最终达成的建立国际自然保护协商委员会的协议随着第一次世界大战的爆发而未能得到实践，跨国环境问题国际会议也被搁置。“一战”后，随着国际体系逐渐瓦解，新的军事对抗出现，恢复委员会的努力付诸东流。尽管科学机构和一些政府官员进行了游

1 联合国开发计划署：《2030年可持续发展议程》，UNDP中文官网（https://www.cn.undp.org/content/china/zh/home/sustainable-development-goals/resources.html）。

2 David B Hunter，The Emerging Norm of Transparency in International Environmental Governance，*Research Handbook on Transparency*，edited by Padideh Ala'i and Robert G Vaughn，Cheltenham，Edward Elgar Publishing，2014，pp. 343-361.

3 Kristin M Lord，*The Perils and Promise of Global Transparency*，New York，State University of New York Press，2006.

说，但在两次世界大战期间，没有一个大国愿意支持全球环境保护事业。随着国际社会对生态危机的认识逐渐加深，世界各国对全球生态治理国际合作与制度体系构建的关注度不断提高，精英环境保护主义的群众基础不断扩大，环保运动发展成为具有广泛政治吸引力的群众性运动。将环境议程从狭隘的、孤立的野生动物保护等问题扩大到对现代工业主义后果和地球生存问题的广泛关注，将生态关切重新定义为固有的全球性问题，将环境保护主义转变为挑战核心准则的跨国运动以及国际社会的实践。国际社会行动者明确地从全球角度构想生态环境责任，呼吁深刻改变国际政治和经济制度的组织方式，全球环境责任得到了普遍的支持。20 世纪 90 年代后，特别是 1992 年联合国环境与发展大会之后，透明度原则逐渐在全球气候治理与可持续发展领域占据核心地位，为其在国际制度中的内化打下了坚实的基础。[1]

国际制度中的透明度核心是信息问题，传统现实主义国际关系学者普遍质疑信息在国际关系中的作用，认为国家行为体的主要目标是追求权力。汉斯・摩根索认为国家政策制定者不应受其他国家所提供的信息的影响，因为每个国家有其根深蒂固的信念，即其他政府产生和传播信息是为了努力操纵和取得权力优势。[2] 新自由制度主义代表人物罗伯特・基欧汉和约瑟

1 D E Alexander，*United Nations Conference on Environment and Development*（*UNCED*），Amsterdam，Springer Netherlands，1999.

2 H J Morgenthau，*Politics Among Nations*：*The Struggle for Power and Peace*，Beijing，Peking University Press，2005，pp. 124-165.

夫·奈则认为，国家行为体实际上对新信息是持开放态度的，这是因为掌握新的信息有利于政策制定者在复杂的、不确定的环境下进行规划与决策。[1] 罗伯特·基欧汉和罗伯特·阿克塞尔罗德认为，在无政府状态下的国际合作中，信息公开具有重要意义。[2] 关于信息的整体作用，英国学者苏珊·斯特兰奇认为，人们最容易忽视和低估知识结构所衍生的力量，而信息在塑造知识结构方面发挥了重要作用。[3]

从新自由制度主义的角度来看，全球治理所面临的根本问题是信息的缺失与披露机制的不健全，“信息失灵”成为对国际合作造成阻碍的重要因素。因此，新自由制度主义倡导信息公开以及推动信息公开的制度化进程，并对透明度的相关研究做出了重要贡献。20 世纪 80 年代以来，透明度逐渐衍生成国际制度中的一项重要原则，并在全球环境与气候治理中日益彰显。在这一背景下，国家行为体作为治理主体，是信息披露的主要对象。[4] 在全球生态治理制度不断发展的过程中，透明度原则的实施机制也随着一次次国际生态会议协商与制度的成型而不断完善。

1992 年，在联合国环境与发展大会上，国际社会发表了《里

1 ［美］罗伯特·基欧汉、约瑟夫·奈：《权力与相互依赖》（第四版），门洪华译，北京：北京大学出版社，2012 年版，第 246-247 页。

2 Robert Axelrod and Robert Keohane，Achieving Cooperation under Anarchy：Strategies and Institutions，*World Politics*，Vol. 38，No. 1，1985，pp. 226-254.

3 ［英］苏珊·斯特兰奇：《国家与市场》，杨宇光等译，上海：上海人民出版社，2006 年版，第 122 页。

4 Aarti Gupta，Transparency Under Scrutiny：Information Disclosure in Global Environmental Governance，*Global Environmental Politics*，Vol. 8，No. 2，2008，pp. 1-7.

约环境与发展宣言》，要求各国政府建立并完善制度，确保各国民众获得环境保护相关信息，并保证其有充分的机会参与环境治理的决策过程。[1] 联合国环境规划署不仅强化自身对透明度原则的实施作用，还与全球报告倡议组织（Global Reporting Initiative，GRI）合作，提出寻求信息披露的国际倡议。[2] 1992年，在《联合国气候变化框架公约》制度下，各国确立依据“共同但有区别的责任”原则，采取减缓和适应行动来应对气候变化的国际规则，还要求缔约方定期公布并更新国家履约信息，为此后的全球生态治理奠定了基础。[3]

1997年达成的《京都议定书》提出，应对减排进展进行通报，并依据相关条款，以公开的、可核查的方式进行审查。生态文明国际治理制度不断演进，《巴黎协定》下的透明度原则制度化安排成为全球生态治理从京都模式转向巴黎模式的制度基础。[4] 2007年12月，《联合国气候变化框架公约》第13次缔约方大会达成的“巴厘岛路线图”明确提出，国际减缓行动需要符合“可测量、可报告、可核实”（Measuring Reporting Verification，MRV）标准，全球生态文明治理成为

1 黄宏：《生态文明背后的理论支撑》，人民网（http://theory.people.com.cn/n/2012/1227/c112851-20032693.html）。

2 Global Reporting Initiative，Towards Comprehensive Corporate Reporting，（https://www.asplus.com/en/resources/sustainability/gri/）.

3 *Climate Dialogues Set to Increase Momentum for Greater Climate Ambition*，United Nations Framework Convention on Climate Change（https://unfccc.int/news/climate-dialogues-set-to-increase-momentum-for-greater-climate-ambition）.

4 《〈联合国气候变化框架公约〉京都议定书》，UNFCCC 官网（http://unfccc.int/resource/docs/convkp/kpchinese.PDF）.

国际谈判中的重要议题之一。[1] 2009 年的联合国气候变化峰会吸引了 100 多位政府首脑参与，最终达成《哥本哈根协议》，进一步具体化了 MRV 的执行细则，包括 MRV 的主体、条件、频率、方式等。[2]

2008 年，联合国环境规划署推出“绿色新政倡议”，提出绿色经济是低碳、资源高效型和社会包容型经济。[3] 2010 年，《坎昆协议》在所有国家既有每 4 年提交一次全面履约的“国家信息通报”基础上进一步拓展，规定发达国家除每年提交温室气体清单报告以外，还应每两年汇报其减排行动与效果，[4] 以及向发展中国家提供资金、技术、能力建设等情况，同时也规定发展中国家每两年提交一次履约报告，包括减缓行动和收到的资金、技术、能力建设支持等情况。[5]《坎昆协议》所确立的“自下而上”的减排机制依赖于透明度实施条款，这一方式特别增加了违背承诺的声誉成本。经过多次谈判后，发达国家和发展中国家实际

1 Bali Road Map，中国气象局官网（http://2011.cma.gov.cn/en/speeial/20110218/20111124/2011112404/201111/t20111125_154835.html）.

2 《中美天津回合：京都议定书 VS 哥本哈根协议》，第一财经日报（https://news.qq.com/a/20101013/000892.htm）。

3 联合国环境规划署：《迈向绿色经济：通往可持续发展和消除贫困的各种途径——面向决策者的综合报告（2011 年）》，联合国（https://sustainabledevelopment.un.org/）。

4 *Report of the conference of the parties on its sixteenth session，held in Cancun from 29 November to 10 December 2010. Addendum. Part two：Action taken by the Conference of the Parties at its sixteenth session*，UNFCCC（https://unfccc.int/documents/6527）.

5 Sebastien Duyck，MRV in the 2015 Climate Agreement：Promoting Compliance through Transparency and the Participation of NGOs，*Carbon and Climate Law Review*，Vol. 8，No. 3，pp. 175-176.

上均被囊括进入强化的透明度制度。[1] 2012 年，绿色经济被纳入“里约+20”峰会全球政治议程，该峰会提出与生态环境相适应的绿色经济是实现世界各国可持续发展的战略选择。[2]

2013 年，《联合国气候变化框架公约》第 19 次缔约方大会决定将各国的自主减排贡献作为未来协议的核心内容。[3] 这种自愿减排机制的确立无疑需要各国减排信息的分享与制度化进程的支撑。在巴黎谈判中，欧盟推进透明度与履约机制的关联性，使透明度成为有效的普遍原则。[4] 这些进程过程在 2016 年马拉喀什大会得以细化。[5]

2015 年，《2030 年可持续发展议程》通过，其中包含 17 项可持续发展目标以及 169 项具体目标，是生态文明国际治理的纲领性文件。其议程范围广泛且宏大，涉及可持续发展的经济、社会和环境的平衡三个方面，设计了包括技术开发和转让、财政资金、能力建设以及伙伴关系等执行手段。[6]《联合国气候变

1 *Decision 1/CP. 17，Establishment of an Ad Hoc Working Group on the Durban Platform for Enhanced Action*，UNFCCC（https://unfccc.int/sites/default/files/resource/docs/2012/cop18/eng/l13.pdf）.

2 初冬梅：《绿色经济：俄罗斯的认知与行动》，《欧亚经济》2020 年第 2 期。

3 *Further Advancing the Durban Platform*，UNFCCC（https://unfccc.int/documents/7620）.

4 Sebastian Oberthür and Lisanne Groen，Explaining Goal Achievement in International Negotiations：the EU and the Paris Agreement on Climate Change，*Journal of European Public Policy*，2017，p. 8.

5 *Climate Transparency：Lessons Learned*，Center for Climate and Energy Solutions（http://www.c2es.org/docUploads/unfccc-vlimate- transparency-lessons-learned.pdf）.

6 *Transforming our World：The 2030 Agenda for Sustainable Development：Sustainable Development Goals Knowledge Platform*，United Nations（https://sustainabledevelopment.un.org/post2015/transforming our world）.

化框架公约》第 21 次缔约方大会达成《巴黎协定》，“国家自主贡献”（Nationally Determined Contributions，NDCs）成为自下而上减少温室气体排放的核心要素。其混合治理路径有助于保障各国、企业、非政府组织广泛参与应对气候变化的行动，形成了一种倡导国家自主减排意愿的新治理逻辑。[1]

2020 年，世界自然保护联盟（International Union for Conservation of Nature，IUCN）发布的《IUCN 基于自然的解决方案全球标准使用指南》报告提出以生物多样性的人类福祉为核心的基于自然的解决方案实施框架，[2] 进一步从实践角度完善了国际生态治理框架。《IUCN 基于自然的解决方案全球标准使用指南》指出基于自然的解决方案的评判标准包括：第一，对权利持有人和受益人来说，最紧迫的社会挑战是优先考虑的。第二，所应对的社会挑战是明确理解和记录的。第三，基于自然的解决方案产生的人类福祉结果得到确认、基准化和定期评估，基于不同规模设计基于自然的解决方案。其行动直接回应了基于实际证据信息的生态系统现状评估以及退化和损失的主要驱动因素，使明确的和可衡量的生物多样性保护成果得到确定、基准和定期评估，并监测对自然造成的不利影响。

基于自然的解决方案以包容的、透明的和授权的治理流程

1 R Falkner，The Paris Agreement and the New Logic of International Climate Politics，*International Affairs*，No. 5，2016.

2 *IUCN Standard to boost impact of nature-based solutions to global challenges*，IUCN（https://www.iucn.org/news/nature-based-solutions/202007/iucn-standard-boost-impact-nature-based-solutions-global-challenges).

为基础。第一，在基于自然的解决方案干预措施启动之前，所有利益相关者都可以获得一个明确的且完全一致的反馈和申诉解决机制。第二，参与的基础是相互尊重和平等，不分性别、年龄或社会地位，维护当地人民自由、事先知情同意的权利。第三，直接和间接受基于自然的解决方案影响的利益相关者已被确定并参与自然解决方案干预的所有过程。第四，决策过程记录并响应所有参与和受影响的利益相关者的权益。第五，当基于自然的解决方案的规模超出管辖范围时，将建立机制，使受影响辖区内的利益相关者能够共同作出决策。定期审查已建立的保障措施以确保协议达成的权衡限制得到遵守，不会破坏整个基于自然的解决方案的稳定，根据实际情况进行适应性管理（adaptive management）：第一，制定基于自然的解决方案战略，并将其作为定期监测和评估干预措施的基础。第二，在整个干预生命周期中制订并实施监测和评估计划。第三，在整个干预生命周期中应用迭代学习框架来实现适应性管理，使基于自然的解决方案具有可持续性。

总之，全球生态治理制度化是履行国际环境条约不可缺少的条件，全球生态治理已经建立了承诺与评估体系，承诺的兑现与评估需要以信息公开和监督的不断强化为支撑。[1] 可以看出，全球生态治理制度化体系正成为国际社会共同应对生态问题与增进信任的重要环节。国际制度建设对全球生态治理产生

1 Ronald B Mitchell，William C Clark，David W Cash，et al，eds，*Global Environmental Assessments：Information and Influence*，Cambridge，MA，MIT Press，2006，p. 8.

了深远的影响。一方面，基于国际制度透明度安排产生的数据、指标成为全球生态治理的政策工具及其依据。[1] 同时也成为国际行为体学习国际规则、将其内化并促使国际社会行为体对自身的行为进行反思的机会。另一方面，制度建设可促进国际条约的履行进程，并可能对非国家行为体参与更广泛的政治进程进行间接授权。[2]

在全球生态治理制度化的过程中，非国家行为体也可能发挥特殊的作用，比如向减排不力的国家施压。环境问题的全球化使得国际关系经典理论思维边界的国内外范畴消失，全球化问题的复杂性演变出了新的挑战，在一个新兴的世界中寻求新空间的行动者网络不断扩大，从而解决了这些挑战。新的网络和全球生态问题的复杂性对新的治理形式提出了要求，新的治理网络不完全由国家组成，而是由大量非国家行为体组成，从而出现了超越国界的公共领域。利马气候大会主办国与《联合国气候变化框架公约》秘书处联合建立了非国家行为体活动空间。此后，“利马巴黎行动议程”鼓励更多的非国家行为体参与国际气候倡议。[3]《巴黎协定》指出多种行为体参与的重要意义。“气候行

1 Ronald B Mitchell，Sources of Transparency：Information Systems in International Regimes，*International Studies Quarterly*，Vol. 42，1998，pp. 113.

2 Tero Erkkila，Global Governance Indices as Policy Instruments：Actionability，Transparency and Comparative Policy Analysis，*Journal of Comparative Policy Analysis*，Vol. 18，No. 4，2016，pp. 1-21.

3 *The Lima-Paris Action Agenda：Promoting Transformational Climate Action*，UNFCCC（https://unfccc.int/news/the-lima-paris-action-agenda-promoting-transformational-climate-action）.

动追踪”（Climate Action Tracker，CAT）网络综合各国公开数据，对各国减排力度进行评价，引起国际社会关注，成为国际谈判中重要的数据来源之一，对《巴黎协定》透明度框架起到了补充作用。[1]

此外，在全球生态治理制度不断丰富深化的过程中，相关制度体系不断完善，从而使得不同的全球生态治理制度能够在制度体系内形成一定的协同作用，推动全球生态治理实践在制度框架下不断推进。

国际制度的建立使得国际社会在全球生态文明治理方面形成了广泛的国际政治承诺以及协同治理平台，制度化的演进过程推进了各国生态文明治理实践的不断落实，国际制度框架成为重要的全球生态文明治理工具。全球生态治理在指标和制度建设上相互重合关联与支撑。[2]

全球治理实际上是一种政治系统，其中包括多种层次的制度关系。[3] 而不同制度之间所存在的纵向关系和横向关系逐渐受到学者们的重视。在全球生态文明建设中，应保持国际制度的多样化与分散式的多中心治理架构，联合国制定全球可持续发展的

1 *Climate Action Tracker*，Climate Action Tracker（https://climateactiontracker.org/about/）.

2 钱文婷：《联合国全球环境治理的制度建设》，硕士学位论文，外交学院，2010 年。

3 Thomas Rixen，Lora Anne Viola and Michael Zürn，eds，*Historical Institutionalism and International Relations：Explaining Institutional Development in World Politics*，Oxford，Oxford University Press，2016.

目标对气候治理具有重要作用。[1] 相关国际制度可以通过提高成员之间的协调和合作水平来加强机制，同时保持多中心的利益，促进治理的有效性。[2] 国际环境制度的相互关系可以分为三种情况。[3] 第一是核心利益相符的关系，两个制度的核心目标领域存在重叠，其主要任务存在直接关联。[4] 第二是建立在互补性利益基础上的关系，制度之间追求共同的利益预期，并对各自制度框架内的治理进程产生促进作用。[5] 第三是可能产生补充性收益的制度关系，这种关系为制度间提供未被预期的治理效果。

国际生态制度之间存在相互协同的作用。目前，《巴黎协定》和《2030 年可持续发展议程》建立的机制在全球治理中具有普适性。[6] 虽然与《巴黎协定》相比，《2030 年可持续发展议程》不是一项具有法律约束力的条约，但各国的政治承诺至少反映出一种在全球发展观上的广泛共识。其中，两者关于“可持续性”的规范基础实际上是相同的，这是协同治理的重

1 K W Abbott，Strengthening the Transnational Regime Complex for Climate Change，*Transnational Environmental Law*，No. 1，2014，pp. 60.

2 Ibid.

3 *Transforming our World：The 2030 Agenda for Sustainable Development*，Sustainable Development Goals Knowledge Platform（https:// sustainabledevelopment.un.org/post2015/transforming our world）.

4 R Falkner，The Paris Agreement and the New Logic of International Climate Politics，*International Affairs*，No. 5，2016.

5 A Underdal，Climate Change and International Relations（after Kyoto），*International Affairs*，Vol. 92，No. 5，2016，pp. 1107.

6 N Kanie and F Biermann，*Governing through Goals：Sustainable Development Goals as Governance Innovation*，Cambridge，MA，MIT Press，2011.

要基础。[1]

全球生态文明建设与可持续发展已经在全球范围内成为重要的规范性原则。从科学评估的结论看，政府间气候变化专门委员会（Intergovernmental Panel on Climate Change，IPCC）指出，气候变化与可持续发展是一种二元关系。一方面，气候变化影响人类的生存条件，这些条件是社会和经济发展的基础。[2] 另一方面，国际社会可持续发展的优先政策选项限制着全球温室气体的排放，以应对日益加剧的气候变化灾害。因此，将气候政策融入旨在使国家和地区发展路径更具可持续性和更广泛的战略中，可以有效减轻气候变化给全球带来的负面风险和脆弱性。[3]

在全球生态文明治理中，推动可持续发展和生态文明建设与应对危机之间存在较高的相关性，可以发挥制度协同作用。随着学者们对经济发展与环境保护之间的关系的不断探索，环境经济学应运而生。西方生态现代化理论的代表学者之一亚瑟·摩尔发表了《生态现代化时代环境运动》《全球化与环境变革：全球经济的生态现代化》等，指出环境问题促进了生态

---

1 董亮：《协同治理：2030 年可持续发展议程与应对气候变化的国际制度分析》，《中国人口·资源与环境》2020 年第 4 期。

2 *Integrating Sustainable Development and Climate Change in the IPCC Fourth Assessment Report*，IPCC（https://www.ipcc.ch/publication/integrating- sustainable-development-and-climate-change-in-the-ipcc-fourth-assessment-report/）.

3 *The Dual Relationship between Climate Change and Sustainable Development*，*Climate Change 2007：Working Group III：Mitigation of Climate Change*，IPCC（https://www.ipcc.ch/publications_and_data/ar4/wg3/en/ ch2s2-1-3.html）.

文明理论的发展，使得生态文明建设在环境学和社会发展领域受到学界广泛关注。[1] 环境问题主要与经济活动相关联，生态文明学者应该对引起环境破坏的经济活动进行研究，环境问题对经济增长的速度和路径产生着影响，当对经济增长造成阻碍时收入会减少，因此直接影响在可持续发展中"减贫"这一重要目标的实现，环境问题与可持续发展联系紧密。[2] 由于问题领域存在相关性，国际合作可能通过共同倡议等软性形式进行，或通过制度关联一些共同关注的政策，以及由更高权威进行的自上而下治理路径所形成的多层次、全方位的协同治理关系。[3]

全球生态文明协同治理基于国际制度间的频繁互动，《巴黎协定》和《2030 年可持续发展议程》等全球生态治理制度通过发掘国际社会行为体在制度内相关议程间的协同以及相互依赖的潜力，努力将协同潜能转化为利于落实与执行的政策方向。[4] 全球生态治理制度已经形成协同治理的相关制度条件，已经产生了复杂的国际规范和机制。[5] 但机制之间的

1 赵聪聪：《生态现代化的"和谐"发展研究》，博士学位论文，渤海大学，2019 年。

2 R Lal，Soil Carbon Sequestration Impacts on Global Climate Change and Food Security，*Science*，No. 5677，2004，pp. 1623-1627.

3 董亮：《协同治理：2030 年可持续发展议程与应对气候变化的国际制度分析》，《中国人口 • 资源与环境》2020 年第 4 期。

4 *Climate Change*，Sustainable Development Goals Knowledge Platform（https://sustainabledevelopment.un.org/topics/climatechange）.

5 Steven K Rose，Richard Richels，Geoffrey Blanford，et al，The Paris Agreement and Next Steps in Limiting Global Warming，*Climate Change*，No. 142，2017，pp. 255-256.

潜在冲突将阻碍治理的进程，鉴于这种机制的多样性和复杂性，协同治理也已经引起了联合国的高度重视。[1]

联合国认为现有的机构安排阻碍了协同治理的发展，安东尼奥·古特雷斯认为，联合国需要进行一场机构改革进行全系统动员，因为改革其发展系统才能更好地协助各国实现 2030 年可持续发展目标。[2] 可以说，基于同一治理系统是推动《2030 年可持续发展议程》与《巴黎协定》关系的重要制度背景，并提供了更大的制度协调空间。[3] 制度建构逐渐影响国际进程，《2030 年可持续发展议程》还提前对《巴黎协定》的制度安排进行了说明，从全球生态治理进程来看，联合国缔约方大会机制应更好地运用应对气候变化和可持续发展相关联的契机，[4] 推动应对气候变化与可持续发展议程的联合实施方式，其核心是协同可持续发展议程与全球应对气候变化议程之间的国际制度。[5]

国际协同治理不同领域的制度关系在不同维度上进行演

---

1 Joyeeta Gupta，Global Sustainable Development Governance：Institutional Challenges from a Theoretical Perspective，*International Environmental Agreements*，No. 4，2002，pp. 361-388.

2 J H Spangenberg，Hot Air or Comprehensive Progress？A Critical Assessment of the SDGs，*Sustainable Development*，No. 4，2017，pp. 311-321.

3 *Online Tool and Database Analyze NDC-SDG Links*，IISD（http://sdg.iisd.org/news/online-tool-and-database-analyze-ndc-sdg-links/）.

4 *Connecting Climate Action to the Sustainable Development Goals*，German Development Institute/Deutsches Institut für Entwicklungspolitik and Stockholm Environment Institute（https://klimalog.die-gdi.de/ndc-sdg/）.

5 O R Young，*On Environmental Governance*：*Sustainability*，*Efficiency*，*and Equity*，London，Routledge，2016.

进，其关系从自发型的协同治理向伙伴型发展，这种动向受到各自制度内的协同[1]、国际层面的协同[2]、国内层面的协同以及议程上治理的同步性影响。

第一，既有的国际制度特征已经表明了未来进一步进行全球生态治理的可能性，现有的国际制度包括在规范层面与《2030年可持续发展议程》制定的可持续发展战略远景与《巴黎协定》所预期的长期低温室气体排放发展战略相关。[3] 第二，《2030年可持续发展议程》与《巴黎协定》均提倡行为体的多元性以及参与广度，包括推动信息传播与获取、促进公众参与、通过教育等形式增强公众的生态环境保护意识。[4] 第三，《2030年可持续发展议程》与《巴黎协定》的实行方式相似，如技术开发和转让、资金支持等。《巴黎协定》提出，能力建设应将可持续发展目标纳入考虑范围，从而使得《巴黎协定》在推进的同时不断加强《2030年可持续发展议程》的落实，实现国际

1 Erling Holden，Kristin Linnerud，and David Banister，Sustainable Development: our Common Future Revisited，*Global Environmental Change*，No. 26，2014，pp. 130-139.

2 Zelli Farihorz，Moller Ira，and Asselt Haro，Institutional Complexity and Private Authority in Global Climate Governance: The Cases of Climate Engineering，REDD + and Short-Lived Climate Pollutants，*Environmental Politics*，Vol. 20，No. 4，2017，pp. 669-693.

3 Kim Rakbyun E，The Emergent Network Structure of the Multilateral Environmental Agreement System，*Global Environmental Change*，Vol. 23，No. 5，2013，pp. 980-981.

4 *The Paris Agreement*，UNFCCC（https://unfccc.int/process-and-meetings/the-paris-agreement/what-is-the-paris-agreement）.

制度的协作。[1]

三、影响

尽管生态环境危机的外部性超越了国界，但国家在解决生态环境问题方面依然起着中心作用，因此解决生态问题的关键任务是国家沿着更具可持续性发展的路线转变。新自由制度主义下的全球生态文明建设使得生态治理国际网络形成。一方面，通过国际制度的规范化管理对国家生态行为进行约束，通过对目标的监督与评估推动行为体加快生态文明建设步伐；另一方面，凝聚国际社会中行为体应对生态危机的动力，产生协同作用，通过聚焦各国在生态环境议题上的共同利益与生态环境问题的无国界性质，推动行为体之间产生良好的联动效应。随着全球生态治理制度体系的不断完善，国际社会将形成更为广泛的国际政治承诺以加强协同治理的政治动力。全球气候治理是世纪工程、人类事业。在气候变暖的危机面前，任何国家都无法独善其身，应对气候变化已经成为全人类的最大共识，越来越多的国家参与到携手建设绿色家园的行动中来。

---

1 *2030 Agenda for Sustainable Development*，UNDP（https://www.undp.org/content/undp/en/home/2030-agenda-for-sustainable-development.html）.

表 2-1 提出“碳中和”计划的相关国家和地区

“碳中和”目标进展情况	国家和地区（承诺年）
已实现	苏里南共和国、不丹
已立法	瑞典（2045 年）、英国（2050 年）、法国（2050 年）、丹麦（2050 年）、新西兰（2050 年）、匈牙利（2050 年）
立法中	欧盟（2050 年）、加拿大（2050 年）、韩国（2050 年）、西班牙（2050 年）、智利（2050 年）、斐济（2050 年）
政策宣示	芬兰（2035 年）、奥地利（2040 年）、冰岛（2040 年）、德国（2050 年）、瑞士（2050 年）、挪威（2050 年）、爱尔兰（2050 年）、葡萄牙（2050 年）、哥斯达黎加（2050 年）、斯洛文尼亚（2050 年）、马绍尔群岛（2050 年）、南非（2050 年）、中国（2060 年）、日本（2050 年）

资料来源：Energy & Climate Intelligence Unit [1]。

联合国《可持续发展目标 2017 年自愿国家审议综合报告》显示，越来越多的国家将应对气候变化列为国家发展计划的核心。[2] 各国将可持续发展目标与本国法律法规和政策结合，展现出强劲的政治领导力。由此可见，全球生态治理制度将会发挥监督与协同作用，推动全球生态治理在各国的共同努力下取得新的进展。

1 *Net Zero Emissions Race*，Energy & Climate Intelligence Unit（http://eciu.net/netzerotracker）.

2 《联合国经社部发布〈可持续发展目标 2017 年自愿国家审议综合报告〉》，人民网（http://world.people.com.cn/n1/2017/1108/c1002-29634366.html）。

第三节　建构主义与全球生态文明建设

一、主要观点

建构主义批评新现实主义的理性原则，主张用社会学视角看待世界政治，认为事物乃是通过社会建构而存在的，因此被称为建构主义。建构主义的理论逻辑认为人类关系的结构是一种社会结构，主要由共有观念而不是物质力量决定。其核心命题为：第一，世界政治体系包括物质结构和社会结构两个方面。物质结构是行为体的实力分配及其相对位置；社会结构则是行为体占支配地位的信仰、规范、观念和认识等文化因素。第二，认同是利益的基础，认同构成利益和行为，决定和改变国家行为和利益的不是体系的物质结构，而是在国际政治互动过程中不断产生的社会结构。第三，世界政治行为体和结构之间存在相互构成关系。社会结构不仅确定单个行为体的含义、认同及活动模式，同时社会结构又是行为体实践的结果。行为体的互动产生了共有观念，共有观念建构行为体的身份和利益。[1] 建构主义解释了行为体如何通过社会互动来发展关于"自我"和"他者"的"形象"，这种互动中产生的规范和规则在本质上是具有重构性的。自然的概念是社会互动的结果，国际社会互动的

1　陈岳：《国际政治学概论》，北京：中国人民大学出版社，2010 年版。

过程使国际社会行为体参与到集体认同的框架中，自然作为生态危机的物质力量，迫使行为体调整自己的行为，国际社会行为体的相互认知逐渐成为生态文明理念从社会到政府以及从国家到国家传播的重要渠道。

建构主义认为，国家形象通过主体间互动建构而成，存在建构性，不同的国际体系结构会使同一国家在不同建构下展现出不同的国家形象。[1] 从建构主义角度来看，国家生态文明形象不仅来自国家生态现实和国内主体的设定，而且是处于国际体系中的国家与其他国际行为体互相建构的结果，是通过与他国长期持续交往互动形成的国际社会共有知识。[2] 国家生态文明形象的传播与塑造不是孤立的、静态的、固定的，而是与政府、国民、媒体、对象国之间相互影响交织的，从而建构国家生态文明形象。[3] 随着生态文明国际社会的影响力越来越大，生态建构主义通过国际社会行为体之间的互动，建构生态“自我”和“他者”形象，生态环境影响着行为体的身份认同与兴趣形成，自然结构使得行为体的认知绿色化，通过非人类中心主义的生态环境理念，来扩展全球生态道德认知共同体。

目前，形象和声誉已成为国家战略资本的重要组成部分，

1 秦亚青：《建构主义：思想渊源、理论流派与学术理念》，《国际政治研究》2006 年第 3 期。

2 杨惟任：《气候变化、政治与国际关系》，台北：五南图书出版股份有限公司，2015 年版。

3 田海龙：《批评话语分析：阐释、思考、应用》，天津：南开大学出版社，2014 年版。

对国家声誉的评价能够帮助政府简化决策程序，根据其潜在伙伴以往的行为方式来推断该国未来最有可能的行为方式，从而产生对该国未来行为与立场的合理预期。[1]

二、形成过程

建构主义理论于20世纪90年代兴起，是国际关系领域的第三大理论流派，由奥努夫于1989年提出。鲁杰将建构主义分为三类：自然建构主义、新古典建构主义、后现代建构主义。其中，新古典建构主义代表人物包括奥努夫、鲁杰、卡赞斯坦等，自然建构主义代表人物包括温特等，后现代建构主义代表人物包括德里安等。[2] 新古典建构主义倾向于实证主义认识论，在分析手段上借鉴了言语行为理论、交往行动理论和认知进化理论的思想。后现代建构主义注重语言的主体建构，话语是国际政治分析的基本单位。自然建构主义位于新古典建构主义与后现代建构主义中间，形成一种相对折中的学术理念。[3] 亚历山大·温特的《国际政治的社会理论》[4]，芬尼莫尔的《国际社

---

1 张丽君：《气候变化与中国国家形象：西方媒体与公众的视角》，《欧洲研究》2010年第6期。

2 秦亚青：《建构主义：思想渊源、理论流派与学术理念》，《国际政治研究》2006年第3期。

3 《国际政治的建构主义及其在中国的发展》，《国际政治研究》2016年第2期。

4 ［美］亚历山大·温特：《国际政治的社会理论》，秦亚青译，上海：上海人民出版社，2014年版。

会中的国家利益》[1]，彼得·卡赞斯坦的《文化规范与国家安全：战后日本警察和自卫队》，阿米塔夫·阿查亚的《建构安全共同体：东盟与地区秩序》，威廉姆·卡拉汉的《文化与跨国关系》，艾伦·卡尔森的《建立新的国际政治结构理论》等均为建构主义理论的代表著作。[2]

在温特的《国际政治的社会理论》一书中，国家间身份、利益以及行为的差异最终塑造出国际社会的无政府状态。敌意、竞争与友谊是国际社会共有的观念结构，文化在国际社会的转型过程中发挥重要作用。建构主义对国际社会形态的发展具有较强的解释力，当前国家间已经基本摆脱霍布斯式的互动，正在向洛克文化以及康德文化转变，国家间存在良性竞合关系是推动国际体系文化转型的关键。[3] 当前，新型国际关系建设的主张受到国际社会日益广泛的支持，并已然初具规模，其关键是形成系统化的大文化体系与价值观，建构国际社会行为体的文化认同，建设国际政治经济新秩序。因此，全球生态文明建设有助于国家间凝聚共识，推动国际关系秩序转型。[4]

相对于生态现实主义与生态自由主义，生态建构主义本体

---

1 Martha Finnemore and Kathryn Sikkink，International Norm Dynamics and Political Change，*International Organization*，Vol. 52，No. 4，1998，pp. 887-917.

2 陈拯：《建构主义国际规范演进研究述评》，《国际政治研究》2015 年第 1 期。

3 Kenneth Waltz，*Theory of International Politics*，New York，Random House，1979.

4 巴殿君、全金姬、单天雷：《建构主义视角下新型国际关系文化的构建》，《新视野》2020 年第 1 期。

论内核为观念主义，其过程取向意味着对生态文明的认知是正在发生的。[1] 建构主义的重要代表人物温特认为，作为国际社会的主要行为体，国家在生态文明议题上的利益决定国家的行为，而国家利益由国家生态身份决定。生态文化是国家或社会的共有观念，身份决定利益，利益决定行为，国际社会结构与国际社会行为体呈现双向互动的关系。[2] 国家之间的互动形成了国际社会的生态文明结构，国际社会结构建构了行为体的生态身份。不同行为体之间的认知存在较大的差异，共同认可的生态文化在其中发挥重要作用。国际政治经济秩序的形成需要重塑国际社会共有观念，国际关系的建构聚焦于新型国际关系文化的建设，全球生态文明建设塑造着新型国际关系形态。[3]

赫德利·布尔认为国际体系并不缺乏秩序，国际体系中的社会性因素——共同的利益和价值观念、共同的行为规则以及保证规则有效的各项制度，使得世界政治秩序长期得以维持。在新时期，国际社会倡导和平、发展、公平、正义、民主、自由的共同价值观，全球生态文明建设理念倡导根据各国有差异的能力和水平，各国承担有区别的责任。生态文明共同价值观为国际秩序的整合与规范提供了一整套可遵循、认可度高、具

---

1 高奇琦：《现实主义与建构主义的合流及其发展路向》，《世界经济与政治》2014 年第 3 期。

2 ［美］亚历山大·温特：《国际政治的社会理论》，秦亚青译，上海：上海人民出版社，2014 年版。

3 冯黎明、刘科军：《文化视域的扩展与文化观念的转型——对当前文化理论创新问题的考察》，《中国文化研究》2010 年第 1 期。

有普遍意义的价值理念，不仅能够引领国际体系各主体对全人类命运的关注与思考，而且能够强化国际主体对国家生态身份的认同与认知，这个过程体现了建构物对建构者的反向建构性。[1]

从建构主义的角度来看，生态共同价值观是在尊重国际关系格局基础上形成的共建共享的国际文化价值观念，体现了国际主体之间的社会性特征以及互动性特征，全球生态文明建设能够为国际社会行为体提供科学系统的价值体系，促进国际合作，引领大多数国家致力于构建生态共同体，共同关注并致力于解决全球生态问题，形成友好和谐的国际关系。[2]

生态建构主义的形成经历了理念鲜明化、主体多元化、渠道丰富化的过程。在对生态文明理念建构认识方面，从最初国际社会以追求经济发展为目标，导致粗放式的发展造成环境污染与生态破坏，社会精英呼吁有组织地进行环境保护行动，逐渐发展为承担环境保护的责任成为国际社会行为体的一种道德规范，拒绝承担生态环境保护责任的行为体在生态道德方面的国家形象和声誉会受到损害，从而进一步影响国家战略资本。

建构主义的核心是文化的选择。温特认为，国际体系文化是结构最主要的特征，信仰、规范、观念等都属于国际体系文化的内容，建构了国际政治基本结构。观念的分配是深层的结

1 秦亚青：《国际关系理论：反思与重构》，北京：北京大学出版社，2012 年版。

2 刘晋飞：《共同价值观的建构主义分析》，《特区实践与理论》2019 年第 5 期。

构，赋予物质结构以社会意义。[1] 国家之间通过互动加强或削弱私有观念，并开始形成共有，这些观念随着交往的加深不断内化，最终形成了国际体系文化。实践活动使这样的结构和意义得以再造和加强，实践既构建了社会共同体，又构建了共同体成员。[2] 在相互依存的国际环境中，国家间互动始终存在，合理的、科学的观念和主张可以在互动中被其他国家所接受和理解，并在国际体系层次中创造出新的体系文化，国际体系文化是一个动态变化的过程。[3]

国际共同生态观念的形成与国际体系文化建设的日益生态化能够减弱权力和利益等物质因素的影响，国家加深共同理念，形成新的国际体系生态文化。国家之间的合作服务于全球人民的共同利益、整体利益与长远利益，在主权平等的原则下呼吁各国参与全球治理，共同解决人类发展中面临的生态环境问题等突出问题。温特认为，只有当共同命运是客观条件的时候，才能构成集体身份形成的原因，因为同舟共济的主观意识是集体身份的建构因素，而不是原因因素。[4] 生态文明从私有观念上升为共同观念以及新的国际体系文化的过程受到各国互动的影响。全球共同文化的建设意味着更多的价值认同，认

---

1 秦亚青：《权力制度文化》，北京：北京大学出版社，2005 年版。

2 Peter J Katzenstein，ed，*The Culture of National Security Norms and Identity in World Politics*，New York，Columbia University Press，1996.

3 ［德］菲迪南·滕尼斯：《共同体与社会》，林容远译，北京：商务印书馆，1999 年版。

4 ［英］赫德利·布尔：《无政府社会：世界政治秩序研究》，张小明译，北京：世界知识出版社，2003 年版。

同是一个认知的过程，在这一过程中，“自我”与“他者”的界限变得模糊起来，并在交界处产生超越，自我被归入他者。争取国际认同的构建体现在认同能够化解国家间的猜疑，增强彼此的政治互信，在国家间利益高度融合的基础上发展出共同的价值观和诉求，对全球生态文明形成过程中收益的预期产生认可，进而提供更加有力的支持。[1]

第二次世界大战后，不同国家身份与文化观念的主权国家加入国际体系，国家互动形式发生重要转变，国家间的互动体现出合作与竞争交融的复合互动形式。共同价值能够引领不同的国际互动观念和互动形式，科学的、系统的普遍性价值观念对国际体系的健康有序发展具有重要意义。[2]

生态共同价值观的建构过程是通过国际社会行为体相互理解与平等对话形成的，共同观念反过来又规范着多样化的国际互动行为。生态共同价值观作为共享的价值理念，是国际主体在参与国际事务时的价值共性，是行为体智慧的结晶。[3] 同时，生态共同价值观作为建构的社会性表达，能够有效提升行为体在国际体系中的国家话语权，共同价值的建构是国际主体在共同利益基础上的生态国际话语表达，这个表达过程充满合作、沟通、

1 秦亚青：《国际政治的社会建构——温特及其建构主义国际政治理论》，《欧洲》2001 年第 3 期。

2 ［以］伊曼纽尔·阿德勒、迈克尔·巴涅特：《安全共同体》，孙红译，北京：世界知识出版社，2015 年版。

3 夏安凌、黄真：《文化、合作与价值——建构主义国际合作理论评析》，《当代亚太》2007 年第 5 期。

协商、争论、妥协等国际互动。生态共同价值观在尊重个体差异性和共同性的基础上，宣扬人类整体性的和共性的价值。[1]

共建全球生态文明需要世界各国认同和参与，通过加强国家间的沟通，开展交流，全方位增强国际社会对全球生态文明建设的认同感。温特的建构主义理论是一种弱势的物质主义，并不否认物质性因素的存在，而是认为物质性的因素只有通过社会性基础才能发挥作用。[2] 建构全球生态文明虽然需要观念上的趋同，但合作的物质基础依然重要。因此，全球生态文明建设应寻找与各国更多的利益共同点，培育各国新的利益交汇点，用利益共同体把各国和各地区联成全球生态文明共同体。[3]

在对生态文明形象的主体认识方面，生态文明形象的建构主体大多从国家政府逐渐发展为涵盖非政府组织（NGO）和公众观念等多元主体，在国际生态文明交流中发挥越来越突出的作用，生态文明理念对国际社会各类行为体的影响越来越深。不仅政府的环境政策、措施、能力及环境外交活动在国际社会中获得的评价会对国家生态文明形象产生影响，民众对政府在生态环境问题上的立场、环境政策、处理生态环境问题的能力、全球生态治理的参与以及环境外交活动等各方面因素的认识

1 王正毅：《亚洲区域化：从理性主义走向社会建构主义？——从国际政治学角度看》，《世界经济与政治》2003 年第 5 期。

2 张文喜、李万鹰：《温特建构主义国家利益理论述评》，《国外理论动态》2007 年第 8 期。

3 陆广济：《“人类命运共同体”与国际体系文化的建构——建构主义的视角》，《武汉理工大学学报》（社会科学版）2019 年第 5 期。

也会在另一个维度上建构国家生态形象。同时，政府间组织以及各种非政府组织对生态文明建设的参与过程以及民间交流也在一定程度上塑造了国家生态形象。

国家话语是建构主义的社会性表达形式，生态文明形象的建构是主体性的，建构过程不仅是一个心理过程，而且是一个社会过程，包括合作、沟通、协商、争论、妥协、折中、共识等。[1] 因此，生态文明共同价值观的提出不仅是国际规范层面的建构性表达，还是主权国家、国际组织等行为主体对国际生态共识的表达。生态共同价值观的表达所包含的建构主体本质上是群体性的、社会性的。同时，生态共同价值观是在国际社会行为主体互为参照、互相影响的过程中产生的。因此，生态文明形象建构以及共同价值观的形成是一个主体性的过程。[2]

国际社会成员的构成具有多元性，国际生态规范的形成以及生态文明形象的建构受到不同行为体理念和认识差异的影响，由此展开的政治互动是建构主义理论研究中的重要内容。首先，在概念层面，存在对某一生态规范如何界定与该生态规范是否适用的不同判断，因此不同行为体之间的理念会产生竞争作用。其次，在实践层面，社会行为体的利益纠葛和理念差异影响生态规范的实行。不同行为体对国际生态规范的理念认

1 刘保：《作为一种范式的社会建构主义》，《中国青年政治学院学报》2006 年第 4 期。

2 安维复：《社会建构主义：后现代知识论的“终结”》，《哲学研究》2005 年第 9 期。

识以及话语之间的互动竞争建构了各行为体特色鲜明的生态文明形象。[1]

芬尼莫尔的《国际社会中的国家利益》关注国际组织主体通过传授的视角对社会化过程进行阐述，进而国家会根据被传授者的身份，对自身的利益进行界定，根据界定的利益来行动。国际生态组织指导发展中国家建立维护自然环境的重要技术与文化体系，促使各国善待赖以生存的自然环境，推动一系列生态文明公约的成立。[2] 可见世界生态组织的传授与教导促使不同的国家产生相同的利益偏好，验证了建构主义利益因身份不同而不同，而身份由规范构成，世界生态组织对国家生态形象的建构与塑造发挥重要作用，国家、国际组织与非政府组织生态规范的传播与接受进一步推动着国际关系的绿色化发展。[3] 同时，国际社会环境对行为主体的作用体现在将规范传授给行为体的宏观过程和具体行为体接受规范的微观过程，其中有模仿（mimicking）、说服（persuasion）和社会影响（social influence）三种机制。[4] 国际社会行为体对全球生态文明制度建设的参与就体现了模仿效应，说明世界生态组织能够通过

1 李智：《国际政治的文化建构——对建构主义方法论的一种解读》，《东南学术》2006 年第 4 期。

2 Martha Finnemore and Kathryn Sikkink，International Norm Dynamics and Political Change，*International Organization*，Vol. 52，No. 4，1998，pp. 887-917.

3 Robert Audi，*The Cambridge Dictionary of Philosophy*，Cambridge，Cambridge University Press，1999.

4 Jeffery Checkel，International Institutions and Socialization in Europe：Introduction and Framework，*International Organization*，Vol. 159，No. 14，2005，pp. 801-822.

话语的规劝等方式改变对象的思想、观点和态度。

接受国际生态观念的具体过程和机制也存在差异，切克尔提出了将国内结构分为国家主义、国家主导、法团主义和自由主义四种类型，将规范传播区分为自下而上、自上而下过程以及精英学习和社会压力机制。[1]

表 2-2 国际社会行为体形成生态认识过程

国内结构	国家主义
	国家主导
	法团主义
	自由主义
生态观念传播过程	自下而上
	自上而下
生态观念传播机制	精英学习
	社会压力

不同的国内结构对生态观念传播过程与机制产生重要影响。国家主义和国家主导的国内结构中，精英学习是最重要的规范传播机制，而在自由主义和法团主义的国内结构中，社会压力则是更加重要的传播机制。[2] 生态国际规范在不同行为体中的传播效果存在差异，国际生态观念与行为体话语体系、法律体系以及机构规范的匹配与一致程度与观念被行为体接受

1 Jeffery Checkel，Norms，Institutions，and National Identity in Contemporary Europe，*International Studies Quarterly*，Vol. 43，No. 1，1999，pp. 83-114.

2 吴文成：《组织文化与国际官僚组织的规范倡导》，《世界经济与政治》2013年第11期。

的程度紧密相关。[1] 一致程度越大，行为体内部的阻力越小，生态观念被行为体接受的程度越高。在行为体接受国际生态观念的同时，不完全维持被动状态，而是主动地进行选择与转化。[2] 因此，国际生态文明形象建构过程不仅受到国际生态共同观念的影响，还折射出国内行为体的偏好差异性。整个国际生态形象建构过程不仅强调了体系规范对单元的影响，也折射出国家、国际组织以及非政府组织等在规范的接受、转变以及实践方面的自主性，国际生态形象是体系与多元化的行为体之间互动的结果。[3]

在形象建构渠道的认识方面，从生态信息的传递限于广播、报刊、电视等传统媒体形态，到通过社交媒体等多种媒介进行表达，生态文明话语的传播渠道越来越广，大众舆论对生态文明表达的参与越来越多、影响越来越大，国际社会行为体之间的交流形式也越来越多样，国际生态形象的建构也成为多层次因素相互交织的结果。

对于生态建构主义理论所强调的国家生态身份的研究，语言在其中发挥了至关重要的作用。在国际关系的研究领域中，许多学者将生活世界的概念引入，他们认为国际关系是无政府

1 朱立群、聂文娟：《社会结构的实践演变模式：理解中国与国际体系互动的另一种思路》，《世界经济与政治》2012 年第 1 期。

2 朱立群、林民旺：《国际规范的国内化：国内结构的影响及传播机制》，《当代亚太》2011 年第 1 期。

3 田野：《建构主义视角下的国际制度与国内政治：进展与问题》，《教学与研究》2013 年第 2 期。

状态的，这种无政府状态本身就是一个生活世界，生活世界并不完全等于预设拥有共同知识（common knowledge），即使在纯粹的无政府状态中，行为体也可以通过指涉共同经验、共同历史记忆等来建设生活世界，通过交往行动形成共同知识。建立生态身份不仅需要生活世界，还需要共同的生态文明知识，并且通过语言符号等工具进行互动。[1]

语言学理论对国际关系理论的发展产生重要影响。奥努夫根据赛尔所划分的断言性、指令性和承诺性言语行为，提出了三种规则，即指导性规则、指令性规则和承诺性规则。[2] 根据这三种规则，他进一步演绎了对国际政治的一系列三分分析法。从维特根斯坦的语言游戏理论出发，国际关系受到规则的支配，表现为三个特点：第一，依赖于遵守规则；第二，这些规则必须被游戏的参与者了解和共享；第三，这些规则在模式化的游戏活动中建构了客体和行动意义。[3] 而在温特对身份的研究中，采用符号互动论作为国家之间交往的工具；在这一过程中，只要行为体之间的互动持续一定的时间，双方就可以进行调整，从而形成相对稳定的关于“自我”和“他者”的理解。[4]

---

1 Thomas Risse，“Let’s Argue!” Communicative Action in World Politics，*International Organization*，Vol. 54，2000，p. 16.

2 Nicholas Onuf，*World Of Our Making*，South Carolina，University of South Carolina Press，1989，pp. 87-88.

3 K M Fierke，Links Across the Abyss：Language and Logic in International Relations，*International Studies Quarterly*，Vol. 46，2002，pp. 332.

4 ［美］亚历山大·温特：《国际政治的社会理论》，秦亚青译，上海：上海人民出版社，2000 年版。

奥努夫和克拉托奇维尔关注了建构主义中语言的作用，但未能在语言和身份之间建立明确的关系。这两位语言学转向的先驱吸收、借鉴了维特根斯坦和奥斯汀等的思想，将言语行为同规则或是规范联系起来。哈贝马斯式的建构主义学者将语言放在建构身份的核心位置，使用交往行动理论研究导致身份形成和变化的动态话语过程。[1] 建构主义认为，身份在国内社会与国际关系中都是必要的，这样才能够确保最低限度的可预测性和秩序，对国家间关系的可持续预期需要足够稳定的主体间身份作为保障，这些身份确保了国家间可预期的行为模式。行为体之间传递信息的话语、符号以及信息传递的媒体等对身份的形成扮演重要的角色，因此，国家生态身份与形象的形成需要从建构主义中的多种媒体视角进行分析与研究。[2]

综上，国家形象建构的内涵在国际生态文明建设过程中不断丰富，形成了不同维度。从生态文明国家形象建构角度来看，可从一个国家自然生态环境状况在国际舆论中呈现出的形象，国家生态文明建设政策以及外交活动，国家秉持的生态文明观念、意识来考察国家的生态形象。

国家生态形象存在动态性、多向性和建构性，是国际行为

1 ［德］尤尔根·哈贝马斯：《交往行为理论（第一卷）》，曹卫东译，上海：上海人民出版社，2005 年版。

2 赵洋：《语言（话语）建构视角下的国家身份形成》，《世界政治与国际关系理论》2013 年第 5 期。

体之间互动的产物，是本国与他国之间信息博弈的结果。物质力量固然重要，但主体间交往形成的共享观念和身份认同关系也会产生重要影响。[1] 这种建构主义的生态形象概念强调交往互动、观念、文化等的建构意义，为应对“中国环境威胁论”提供了新的思路。[2]

三、影响

生态建构主义理念强调行为体获得国际社会的认同，掌握全球生态文明话语权。第一，生态建构主义丰富了国际体系结构的内涵，强调了生态观念与形象等非物质因素的重要作用，使得对国际生态体系结构的理解呈现出更加多元的形态，国际社会行为体在积极实践生态保护行动的同时，不应忽视生态形象的建构、生态理念的传播、生态文明的认同，国家特色生态形象的建构对提升其在国际社会中的影响力至关重要。第二，生态建构主义超越了对单纯国家行为的研究，从本体论角度、根据行为体生态身份和利益诉求的变化考察生态行为的选择。第三，生态建构主义为人们认识国际生态体系结构与个体的关系提供了新的视角。国际生态体系结构对国家生态身份和利益产生构成性作用，同时，国际社会行为体之间的互动形成了国际生态体系结构，从而形成了一种双向建

1 ［美］亚历山大·温特：《国际政治的社会理论》，秦亚青译，上海：上海人民出版社，2000 年版。

2 郭可：《当代对外传播》，上海：复旦大学出版社，1999 年版。

构的关系。

从我国生态形象与身份建构进程来看，近年来，我国生态文明理论建设和实践取得长足进步，但仍面临实践的成果未能凝练成为系统性的理论、国际影响力还需要提高等困境。生态文明建设需要借鉴国际经验，集中国际关系学、生态学、经济学、生态系统管理学等多个学科的思想精华。[1] 我国应促进中国特色生态文明建立可行标准，加强规范性，加强生态文明建设的国际交流合作，积极参与并推动联合国、世界自然保护联盟（IUCN）、联合国政府间气候变化专门委员会（IPCC）举办国际生态文明建设研讨会等，[2] 提高国际化水平，积极参与国际生态文明制度建设，传播中国声音，使生态文明思想成为我国参与和引领全球生态治理的重要支撑。

中华文化历史悠久，生态文明源远流长，中国特色生态文明一方面为全球生态文明建设合作注入了古人的智慧结晶，另一方面也融合了中国的宝贵实践经验，从而使得中国的生态文明形象日益丰满立体，在中国与其他国家的生态文明外交过程中递出了一张特色鲜明的名片，也为世界各国生态文明形象的建构提供了借鉴。

因此，在国际生态文明建设中，中国作为发展中国家，要

---

1 J Maes and S Jacobs，Nature-Based Solutions for Europe's Sustainable Development，*Conservation Letters*，No. 1，2017，pp. 121-124.

2 *Statement on the 30th Anniversary of the IPCC First Assessment Report*，IPCC（https://www.ipcc.ch/2020/08/31/st-30th-anniversary-far/）.

赢得国际社会的认同，掌握全球生态文明话语权，需要将中国生态话语面向国际，为中国特色发声。目前，国际社会对中国生态环境治理已经给出不少的正面评价，[1] 然而仍有一些西方学者对中国生态文明话语体系持保留态度，甚至认为中国借生态环境问题抢夺国际话语权，展现出了对霸权的野心。中国生态环境治理能力目前还未能得到国际社会的全面认同，能力处于相对弱势地位，“东方生态智慧”实现国际化传播，赢得生态话语的国际主动权至关重要。[2] 全球生态文明建设的研究为中国在生态文明建设中的学术话语权提供了理论支撑；在大数据信息化的全球化时代，国际关系学者应积极构建中国的全球生态文明话语，并加强与西方主流社会的对话，使中国智慧融入世界语境中。[3]

第一，生态文明建设实际行动是国家生态文明形象的基石。形象身份和利益呈现的关键是实践，改变实践将改变构成系统的主体间认知。目前，中国已用行动证明了其在生态文明建设领域作出的重要努力。中国成为世界上利用新能源和可再生能源的第一大国，以及世界上第一个大规模开展 $PM_{2.5}$ 治理的发展中大国，并拥有全世界最大污水处理能力，

1 张超群：《美专家称中国可能成为生态文明建设领导者》，《人民日报》2015 年 6 月 7 日；杨迅等：《“走出一条以绿色发展为导向的高质量发展之路”——国际人士积极评价中国加快推进生态文明建设》，《人民日报》2019 年 3 月 7 日。

2 杜敏：《社科期刊与中国学术话语的国际化传播》，《中国编辑》2020 年第 Z1 期。

3 杨晶：《赢得国际话语权：中国生态文明建设的全球视野与现实策略》，《马克思主义与现实》2020 年第 3 期。

成为全球最大的碳排放交易市场之一。2016 年，中国政府发布《绿色发展指标体系》，从资源利用、环境治理、环境质量、生态保护、增长质量、绿色生活、公众满意程度七个方面评估中国各地区绿色发展水平。[1] 绿色经济指标体系从能源消耗、经济增长和环境质量三个方面考察了中国和世界其他国家的绿色发展水平。[2] 2018 年，中国组建生态环境部，加强生态环境的治理能力。[3]

2019 年，生态环境部发布的《中国生态环境状况公报》指出：2019 年，中国持续实施重点区域秋冬季大气污染治理攻坚行动，北方地区清洁取暖试点城市实现京津冀及周边地区和汾渭平原全覆盖，实现超低排放的煤电机组累计约 8.9 亿千瓦。[4] 开展《中华人民共和国水污染防治法》执法检查，完成农用地土壤污染状况详查，出台《关于进一步深化生态环境监管服务推动经济高质量发展的意见》，长江经济带 11 省（市）及青海省生态保护红线、环境质量底线、资源利用上线和生态环境准入清单成果开始实施，深入推进自然生态保护、修复和监管及生

1 中华人民共和国国家发展和改革委员会：《关于印发〈绿色发展指标体系〉〈生态文明建设考核目标体系〉的通知》，国家发展改革委官网（https://www.ndrc.gov.cn/ fggz/hjyzy/stwmjs/201612/t20161222_1161174.html）。

2 林永生：《绿色经济之中外比较》，《中国经济报告》2016 年第 2 期。

3 蒋金荷、马露露：《我国环境治理 70 年回顾和展望：生态文明的视角》，《重庆理工大学学报（社会科学）》2019 年第 12 期。

4 中华人民共和国生态环境部：《关于印发〈京津冀及周边地区 2019—2020 年秋冬季大气污染综合治理攻坚行动方案〉的通知》，生态环境部官网（http://www.mee.gov.cn/xxgk2018/xxgk/xxgk03/201910/t20191016_737803.html）。

态环境保护督察。[1] 全面落实习近平生态文明思想和全国生态环境保护大会要求，坚持以生态环境为核心，推动污染防治攻坚战取得关键进展。[2]《中共中央关于制定国民经济和社会发展第十四个五年规划和二〇三五年远景目标的建议》提出的2035年远景目标，包括广泛形成绿色生产生活方式，碳排放达峰后稳中有降，生态环境根本好转，美丽中国建设目标基本实现，推动绿色发展，促进人与自然和谐共生。[3]

第二，我国应积极开展中国特色环境外交。环境外交是指国际关系行为体运用谈判、交涉等外交方式处理和调整环境领域国际关系的一切活动，是形成国际共有知识的重要领域。[4] 建构主义视角下，国家形象的塑造是集体观念建构的结果，是以共有知识（即行为体在一个特定社会环境中共有的和相互关联的知识及理解）为纽带的。因此，我国生态文明的建设实践必须与环境外交相结合，才有可能改善国际社会对我国生态形象的认知与评价。[5]

传统文化形成了一个民族的文化生命与文化特质，也是国

---

1 中华人民共和国生态环境部：《关于进一步深化生态环境监管服务推动经济高质量发展的意见》，生态环境部官网（http://www.mee.gov.cn/xxgk2018/xxgk/xxgk03/201909/t20190911_733474.html）。

2 中华人民共和国生态环境部：《2019 中国生态环境状况公报》，生态环境部官网（http://www.mee.gov.cn/hjzl/sthjzk/zghjzkgb/）。

3 《用多元手段促绿色发展》，中国环境网（https://www.cenews.com.cn/opinion/plsp/202102/t20210203_969548.html）。

4 李智：《中国国家形象：全球传播时代建构主义的解读》，北京：新华出版社，2011 年版。

5 张海滨：《环境与国际关系》，上海：上海人民出版社，2008 年版。

际交流与对话的思想源泉。中国传统文化中有许多尊重自然、尊重生命、强调人与自然和谐共处的生态环保思想。[1] 比如儒家的“仁”，道家的“无为”“顺天”，佛家的“慈悲”等。[2] 这些思想为构建中国特色的环保文化、提升国民环保形象、参与国际环保对话奠定了深厚的文化基础。[3]

在当前生态文明建设重要性日益上升的国际局势下，我国积极应对当前生态环保的迫切需要，在生态文明建设方面取得了一定的成效。党的十九届四中全会强调，生态文明制度建设是中国特色社会主义制度体系建设的重要组成部分，根本出发点是满足人们的生态需要。[4] 可以从中国传统文化中的“不违农时，谷不可胜食也；数罟不入洿池，鱼鳖不可胜食也；斧斤以时入山林，材木不可胜用也”“天人合一”[5] 等思想中吸收古人对生态文明思考的智慧结晶。我国古人关于生产和消费关系的思考不仅具有辩证性，而且具有可持续发展的价值性。

墨子的消费思想提倡“故食不可不务也，地不可不力也”。[6]

---

1 丁桂馨：《中华传统生态文化的时代转化》，《河北经贸大学学报（综合版）》2020 年第 3 期。

2 姜莉莉、徐国亮：《中国传统文化中的环保思想及其当代价值探究》，《环境经济》2010 年第 8 期。

3 孙吉胜：《国际政治语言学：理论与实践》，北京：世界知识出版社，2017 年版。

4 邬巧飞：《习近平关于生态文明制度建设重要论述的理论贡献》，《党政论坛》2020 年第 9 期。

5 杨伯峻：《孟子译注》下册，北京：中华书局，1960 年版。

6 徐希燕：《墨学研究》，北京：商务印书馆，2001 年版。

这说明了注重地力的维护，强调可持续生产、固本持久的重要意义，在大自然能承担的限度内积极适度生产。不仅从衣食住行等日常消费角度阐述了节用的生态思想，而且从不同年份的消费角度论证了节用思想，还从纵向的时间角度考察调整不同的生态消费行为，[1] 与经济学“留存量、促增量”的相关观念相互契合，控制存量，积累增量。其思想遵循“万物有灵”，世间的生物和人类一样拥有大自然的灵性，如若人类的消费行为不注重与世间万物的相互平衡，便会使生态链条遭到破坏。[2] 社会和自然的关系需要人类融入自然，用灵魂去感受自然，用与自然共鸣的心消费世间万物的滋养，使消费行为具有大自然生态的特性。[3] 墨子的生态观认为，自然是人类的家园，万物是人类的亲属，人爱人，人爱物，人爱天，天爱人。[4]

中华民族历史悠久，五千多年的文明传承是建立在古代思想家对生态文明的思考与维护及可持续发展的有益实践基础上的。因此，在当前非传统安全问题（如生态安全）对人类生命与健康造成威胁的背景下，更应铭记先人教诲，吸收思想精华，加快我国生态文明建设的步伐，维护经济发展与生态文明的动态平衡，使生态环保为提升人民的生活质量服务，推动生

1 张永义：《墨子》，贵阳：贵州人民出版社，2001 年版。
2 ［美］曼昆：《经济学原理：微观经济学分册》，梁小民等译，北京：北京大学出版社，2012 年版。
3 杨卫军：《墨子的消费观及对生态文明建设的启示》，《学习与实践》2012 年第 2 期。
4 吴毓江：《墨子校注》，北京：中华书局，2006 年版。

态价值与经济价值之间的相互转化。[1]

面对日益严峻的全球生态危机，我国可从文化入手，进一步挖掘中国传统文化中的环保思想及环保智慧的当代价值，通过公共外交将中国生态文明传播给全球公众，提升社会组织和民众的环保意识和主动性，提升国民生态形象。[2] 在悠久的中国历史中，保护环境、尊重自然、与自然和谐相处始终是主流思想，中国将以深厚的文化积淀与涵养来为全球生态文明的建设作出贡献，推动全球可持续发展的进程。[3]

第三，我国应积极参与生态文明建设国际合作。我国日益成为绿色国际公共物品的供给者以及生态文明建设国际合作的倡导者，迄今已和一百多个国家开展环境保护合作，与 60 多个国家以及组织签署了 150 余项环境保护合作文件，发布了《中国落实 2030 年可持续发展议程国别方案》，向联合国交存《巴黎协定》批准文书。[4]

联合国副秘书长兼环境规划署执行主任埃里克·索尔海姆认为："中国在应对全球气候变化方面扮演重要角色，致力于为世界提供生态文明建设国际公共物品，在全球环境治理中发

1 中共中央宣传部：《习近平总书记系列重要讲话读本》，北京：学习出版社、人民出版社，2014 年版，第 121、170 页。

2 张宏斌、黄金旺：《中国传统生态文化及其现实意义》，《中共石家庄市委党校学报》2020 年第 5 期。.

3 光明日报：《中国传统文化中的生态文明智慧》，光明网（https://news.gmw.cn/2018-06/16/content_29308750.htm）。

4 《中方发布〈中国落实 2030 年可持续发展议程国别方案〉》，中国政府网（http://www.gov.cn/xinwen/2016-10/13/content_5118514.htm）。

挥重要作用。”[1] 《生态文明体制改革总体方案》提出“坚持主动作为和国际合作相结合，加强生态环境保护是我们的自觉行为，同时要深化国际交流和务实合作，充分借鉴国际上的先进技术和体制机制建设有益经验，积极参与全球环境治理，承担并履行好同发展中大国相适应的国际责任。”[2] 我国作为负责任的大国，勇于担当，为世界其他国家树立了榜样，彰显了我国“达则兼济天下”的全球生态治理理念。

第四，我国应建设国际化的生态文明话语体系。生态文明建设日益成为国际社会关注的热点问题，生态文明话语在国际话语体系中发挥重要作用。提升生态文明国际话语权是生态文明理念得到别国的更多认同以及由此产生的权力，话语权折射出的是国家的国际地位和综合实力。[3] 全球生态文明建设已经成为世界治理中的重要问题，只有世界各国携手同行，共同面对当前全球性的生态挑战，形成全球生态文明建设解决方案，才能维护人类共同生存的绿色家园。[4]

目前，国际社会存在对我国环境政策和现状的误读，除去意识形态上的分歧和国际利益矛盾等因素外，一个很重要的原

---

1 《新华网独家专访联合国副秘书长、联合国环境署执行主任埃里克·索尔海姆（Erik Sotheim）》，新华网（http://www.xinhuanet.com/world/201609unep/）。

2 中共中央、国务院：《生态文明体制改革总体方案》，北京：人民出版社，2015 年版，第 9 页。

3 Wang Weinan，On the Struggle for International Power of Discourse on Climate Change，*China International Studies*，No. 7，2010，pp. 42-51.

4 廖小平：《论新时代中国生态文明国际话语权的提升》，《湖南大学学报（社会科学版）》2020 年第 3 期。

因在于我国的环境传播视角多是从自身出发，政治化倾向明显，未能融入国际话语体系。[1] 当前环境传播存在的其他问题包括报道片面凸显官方的立场，公众和非政府组织缺位；政策宣传多，生动鲜活的事例较少；信源多元化不足；报道格局和视野狭窄。[2] 因此，转换国际生态文明传播的话语体系，更新环境传播的报道重点和演绎途径是重点。

随着全球化的发展，生产和环境成本的转移使得欠发达地区的生态环境恶化，甚至成为发达国家环境废弃物的倾销地。在环境问题方面，本国和国外公众的关注点正在聚焦重叠，并产生交互影响，曾经的局部问题可能导致全球风险。[3] 在这样的背景下，出现了全球环境主义话语、消费主义与生态危机、环境营销与社会动员、国际环保非政府组织对抗运动等新课题，特别是全球环境主义的话题获得了前所未有的关注。[4] 对环境正义议题的媒体建构不仅关注饱受环境灾害影响的第三世界人民，警示发达国家的环境责任，追踪并声讨跨国企业的生态破坏行动，同时也探讨主流环境运动和环境正义运动合作

1 吴瑛：《中国声音的国际传播力研究》，上海：上海交通大学出版社，2006年版。

2 吴曼迪：《环境议题的媒体建构研究——以 $PM_{2.5}$ 议题报道为例》，郑州大学硕士论文，2014 年。

3 刘景芳：《从荒野保护到全球绿色文化：环境传播的四大运动思潮》，《西北师范大学学报》（社会科学版）2015 年第 3 期。

4 马建英：《中国“气候威胁论”的深层悖论——以“内涵能源”概念的导入为例》，《世界经济与政治论坛》2009 年第 6 期。

的可能性。[1] 这些正是我国环境传播修复与改善国家形象、阐明共同但有区别的责任、发出自己声音的重点领域。

第四节 马克思主义与全球生态文明建设

一、主要观点

生态学马克思主义是指人与自然辩证统一的环境思想，生态环境为人类的生存与发展提供了物质基础，破坏生态环境的同时也会对人类本身造成破坏，人类不应陶醉于对自然界的胜利，因为这种胜利会遭到生态环境的报复，人类应与自然和解，避免过度的生产和消费，环境的破坏往往与经济活动相关。根据生态学马克思主义，在资本主义和社会主义制度长期共存的转型期，人类应当超越现有的工业文明，共同面对生态危机，转变当前的生活方式，以全球生态文明的思维进行生产和生活。

生态学马克思主义构建的人与自然辩证统一的环境思想为众多相关研究奠定了理论基础，生态学马克思主义指出环境破坏实质上是人与自然间物质代谢的破坏，破坏自然的同时也破坏了人本身，生态文明与人的劳动实践息息相关。[2] 作为西

1 L Lester and B Hutchins，The Environment and the New Media Politics of Invisibility，*Australian Journalism Review*，Vol. 34，No. 2，2012，pp. 19-32.

2 中共中央马克思恩格斯列宁斯大林著作编译局：《马克思恩格斯全集（第 23 卷）》，北京：人民出版社，1972 年版，第 552 页。

方马克思主义发展的重要分支，生态学马克思主义产生于 20 世纪六七十年代。生态学马克思主义学者以独特的理论视角，将马克思主义与生态学有机结合，经过不断探索发展，逐渐形成了自己的生态危机理论。[1] 生态危机理论的研究既是探索解决现实社会生态困境的要求，也是生态学马克思主义的理论精髓。该理论主要从制度维度、科学技术维度以及文化维度反思生态危机产生的根源。[2]

二、形成过程

“马克思主义生态文明观”集中体现在《资本论》《共产党宣言》《1844 年经济学哲学手稿》等著作中，其主要观点为：第一，自然力可持续利用是人与自然关系和谐共生的自然基础。第二，资本逻辑造成人、自然、社会之间的矛盾与社会文明形态的更迭。第三，人类社会必须通过社会有机体达成“两大和解”，实现人与自然的和谐共生。[3]

西方马克思主义把论证马克思主义的现实性作为自己理论活动的主题。第一代西方马克思主义学者以卢卡奇和柯尔施

---

1 李慧君：《生态学马克思主义生态危机思想探析》，《西部学刊》2020 年第 23 期。

2 华启和、陈冬仿：《中国生态文明建设话语体系的历史演进》，《河南社会科学》2019 年第 6 期。

3 秦国俊：《习近平生态文明思想与马克思生态观的关系》，《中共宁波市委党校学报》2021 年第 1 期。

为代表。[1] 卢卡奇的“自然即社会范畴”，抓住了自然与社会之间的关系，但是“历史的自然”和“自然的历史”是一种“一可分二、二可合一”的辩证统一关系，不能顾此失彼、偏废其一，只片面地看到某一方面。[2]

第二代西方马克思主义学者以法兰克福学派为代表。霍克海默、阿多诺、马尔库塞、哈贝马斯认识到了生态危机具有的社会属性，将自然问题、科技问题、社会问题联系起来，强调应该与自然达成和解，将人与自然从异化的消费、异化的科学技术里解放出来，认为解决生态危机在于实现自然解放。[3] 这些学者看到了生态问题的社会性，但是这些理论主张夸大了科技、自然解放对人解放的作用，未能从生产力这个根本的角度去思考人与自然的关系。

第三代西方马克思主义学者以生态学马克思主义学派为代表。以高兹、佩珀、奥康纳为代表的生态学马克思主义用生态学来补充马克思主义，大兴解构重建唯物主义之风，以人与自然的矛盾来代替生产力与生产关系的社会基本矛盾，企图仅仅通过科学技术等来改良社会，这种不具革命性的改良未能从制度上彻底实现社会的变革和发展。[4]

---

1 《西方马克思主义与卢卡奇》，中国社会科学网（http://ex.cssn.cn/zhx/zx_wgzx/201611/t20161103_3263355.shtml）。

2 曹琦雪：《宰制与抗争——生态危机根源的生态学马克思主义考量》，《辽宁工业大学学报》（社会科学报）2021 年第 1 期。

3 王雨辰：《生态批判与绿色乌托邦——生态学马克思主义理论研究》，北京：人民出版社，2009 年版。

4 余谋昌：《生态哲学》，西安：陕西人民教育出版社，2000 年版。

恩格斯对生态学马克思主义中如何解决人与自然之间的矛盾进行了思考与论述，在生态学马克思主义中，恩格斯的“自然报复论”作为经典生态思想之一，发挥了重要作用。[1] 恩格斯的著作中最早明确涉及“自然报复”的文本是写于 1872 年 10 月至 1873 年 3 月的《论权威》，其中指出：“如果说人们靠科学和创造天才征服了自然力，那自然力也对人进行报复，按利用自然力的程度使它服从一种真正的专制，而不管社会组织怎样”。[2]

当恩格斯开始着手编撰《自然辩证法》之时，恩格斯的生态观变得更加明晰，恩格斯对人与自然之间的关系越来越自觉地给予高度关注。1875—1876 年，恩格斯在《自然辩证法》的历史导论部分谈道：“只有人能够做到给自然界打上自己的印记，因为他们不仅迁移动植物，而且也改变了他们的居住地的面貌、气候，甚至还改变了动植物本身，以致他们活动的结果只能和地球的普遍灭亡一起消失。”[3]

依据恩格斯的观点，人是自然界的一部分，自然界为人类社会的生存与发展提供了自然前提和生物基础。因此，当人类对自然界有所伤害的时候，人类本身也会受到伤害。[4] 1876 年，

---

1 李金泽：《恩格斯“自然报复论的生态警示及其当代价值评述》，《南京林业大学学报》（人文社会科学版）2020 年第 6 期。

2 ［德］马克思、恩格斯：《马克思恩格斯文集：第 3 卷》，中共中央马克思恩格斯列宁斯大林著作编译局编译，北京：人民出版社，2009 年版。

3 ［德］恩格斯：《自然辩证法》，中共中央马克思恩格斯列宁斯大林著作编译局编译，北京：人民出版社，2015 年版。

4 《不可过分陶醉于人类对自然界的胜利》，人民网（http://military.people.com.cn/n1/2017/1013/c1011-29585199.html）。

产生了后来大家所公认的关于“自然报复论”经典论述。恩格斯在其著名论文《劳动在从猿到人转变过程中的作用》中指出：“我们不要过分陶醉于我们人类对自然界的胜利。对于每一次这样的胜利，自然界都对我们进行报复。每一次胜利，起初确实取得了我们预期的结果，但是往后和再往后却发生完全不同的、出乎预料的影响，常常把最初的结果又消除了。”[1] 并提出“人类同自然的和解以及人类本身的和解”[2] 这一观点。因此，生态学马克思主义主张人与生态环境应保持和谐共处的关系。

人与自然和谐共处的根本建立在生产力可持续发展的基础上。从生产力角度出发，生态学马克思主义理论家旗帜鲜明地提出资本主义制度是生态危机产生的根源，他们透过自然与人的矛盾，更深刻地挖掘自然与社会、人与社会之间的矛盾，[3] 指出资本主义制度具有逆生态性，资本主义社会科学技术控制自然理念并造成其异化发展，资本主义消费方式造成人的异化，导致生态危机的发生。[4]

第一，资本主义生产同外部自然相矛盾，马克思通过对资本主义经济的发展方式进行研究，揭露了资本主义生产社会化和生产资料私人占有之间存在的矛盾。奥康纳着眼于资本主义

---

1 ［德］恩格斯：《自然辩证法》，中共中央马克思恩格斯列宁斯大林著作编译局编译，北京：人民出版社，2015 年版。

2 张贝丽：《岩佐茂环境伦理思想研究》，博士学位论文，山西大学，2020 年。

3 李慧君：《生态学马克思主义生态危机思想探析》，《西部学刊》2020 年第 23 期。.

4 张夺：《一致与异质：生态学马克思主义理论逻辑的内在张力》，《理论学刊》2021 年第 1 期。

的生产关系、生产力以及生产条件被利用的过程，强调在资本主义自我扩张的过程中造成了生产条件的政治化，生产由国家进行管理，更多的资本进入了生产领域，再加上生产费用上升，可能会引发资本生产不足，生产不足导致的危机会使生产形式和生产关系形式更为社会化，对自然环境进行掠夺开发，导致资本主义的“第二重矛盾”。[1]

资本主义的扩张与可持续发展背道而驰。福斯特对自然和社会的关系进行反思，批判资本主义的扩张不符合自然的可持续发展性。生态环境系统具有新陈代谢功能，这种新陈代谢可以扩展到人与自然的实践活动中。资本自我扩张的生产逻辑不断扩大生产规模，打破了生态环境的可持续发展状态。资本主义扩张对土地、森林、空气等自然资源造成严重的损害，超出了地球本身的承载能力，加剧了人与生态之间的矛盾。[2]

资本主义与生态理性之间存在矛盾，收益利润与效率注重商品的交换价值，在一定程度上加深了资本对人的控制，加深了人异化的程度。超过限度的生产会破坏生活的基本要素，降低生活质量，资源能源的浪费将会导致生态危机。日本的生态学马克思主义学者岩佐贸的《环境思想的先驱——蕾切尔·卡

1 王雨辰：《生态批判与绿色乌托邦——生态学马克思主义理论研究》，北京：人民出版社，2009 年版。

2 ［美］保罗·巴兰、保罗·斯威齐：《垄断资本》，上海：商务印书馆，1977 年版。

逊》《环境的思想和马克思主义》等著作对环境与经济发展的关系进行了论述。[1] 在《环境思想的先驱——蕾切尔·卡逊》中，他指出，环境破坏主要是经济活动引起的，所以应该把引起环境破坏的应有的经济活动方式作为伦理问题进行研究。[2]

第二，从科技发展层面来看，资本主义社会科学技术的发展成为资本谋求利润的工具，不兼顾绿色生产方式的科技能够大幅度提升劳动生产率，加速资本积累，同时加速了资源的耗尽和生态环境污染。[3] 在资本主义制度下，技术是非理性运用的，因此技术无法帮助人类摆脱生态危机，反而会使生产规模扩大而加剧生态危机。“控制自然”的人类中心主义价值观对技术进行异化，对自然进行征服欲支配的技术逐渐成为资本家统治的工具，包括人在内的世界成为资本控制的工具，不仅对生态危机造成影响，还会加强人对人的政治控制，加强人的异化。[4]

第三，从消费方式来看，资本主义为了维护其存在的合理性，采取了异化消费的方式。资本家运用大量广告宣传以及投入新的科技等手段向人们提供新的商品，诱使人们不断将追求新的消费作为最大的需要，以获得虚假的满足感与幸福感，进

---

1 ［日］岩佐贸：《环境思想的先驱——蕾切尔·卡逊》，冯雷译，《马克思主义与现实》2005 年第 2 期。

2 ［日］岩佐贸：《环境的思想与伦理》，冯雷、李欣荣、尤维芬译，北京：中央编译出版社，2011 年版。

3 ［加］威廉·莱斯：《自然的控制》，重庆：重庆出版社，1993 年版。

4 曹琦雪：《宰制与抗争——生态危机根源的生态学马克思主义考量》，《辽宁工业大学学报》（社会科学报）2021 年第 1 期。

而消除人们对于资本主义制度的不满。[1] 过度的生产和消费必然会打破人与自然协调发展的平衡，一旦失去大自然这个“无机的身体”，就不会存在源源不断的物质财富以及日益丰富的精神文明，只会反噬到人类自身，从而陷入生态危机。[2]

从生态学马克思主义关于资本主义生产与生态环境的关系的论述出发，20 世纪 70 年代，以马克思主义理论为主的环境经济学被中国学界关注，学者们探索人与自然物质变换的论述。同时，借鉴西方经济学理论中的福利经济学、工程经济学与运筹学，通过费用效益分析理论进行研究。[3] 环境经济学的基本问题之一是经济增长对社会福利的影响，有学者结合马克思主义理论相关内容与社会主义本质特征，探讨了经济增长与社会福利两者的关系。[4] 20 世纪 80 年代中后期，国内环境经济学研究学者逐渐增多，并出版了一些著作和会议集，如姜学民的《生态经济学概论》[5]、张忠谊的《环境与经济发展学》[6]、全国环境与发展学术讨论会会议集《经济发展与环境》[7] 等。

1 方世南：《马克思恩格斯的生态文明思想——基于〈马克思恩格斯文集〉的研究》，北京：人民出版社，2017 年版。

2 ［美］约翰·贝拉米·福斯特：《生态危机与资本主义》，耿建新译，上海：上海译文出版社，2006 年版。

3 徐渤海：《中国环境经济核算体系（CSEEA）研究》，博士学位论文，中国社会科学院，2012 年。

4 刘业础：《关于环境经济理论与应用的几个问题》，《重庆环境保护》1984 年第 2 期。

5 姜学民：《生态经济学概论》，武汉：湖北人民出版社，1985 年版。

6 张忠谊：《环境与经济发展学》，呼和浩特：内蒙古大学出版社，1987 年版。

7 中国科协学会工作部：《经济发展与环境：全国环境与发展学术讨论会论文集》，1988 年。

中国生态经济学的倡导者和奠基人许涤新的生态经济思想是对马克思主义生态经济思想的继承和延续。许涤新在研究中国生态经济问题之初，就自觉地以马克思主义为指导思想。他于 1981 年 11 月 9 日在中国社科院经济研究所主持第二次生态经济座谈会，会后成立了专题小组，研究“马克思恩格斯有关自然环境的论述”。[1] 1983 年，发表《马克思与生态经济学》一文，[2] 系统论述了马克思对生态经济学的贡献。之后，在《生态经济学探索》和《生态经济学》等著作中多次谈到马克思主义生态经济思想是中国生态经济学的一个重要理论来源，指出在人与自然关系上，马克思认为二者是相辅相成、不可分割的共同体。[3] 一方面，人是自然界的一部分，从大自然中获取生存发展所必需的物质资料。另一方面，人类活动也可能对自然环境产生影响，这种影响可能是积极的，也可能是消极的，关键在于尊重自然规律，科学理性地利用自然为人类生产生活服务，人类“绝不能像征服者统治异族人那样搜刮掠夺自然界，否则会遭受大自然的报复”。[4] 在社会制度与生态经济关系上，马克思认为社会主义制度在发展生态经济方面比资本主义制度更有优势。原因在于资本主义生产方式在追求利益的过程中会罔

---

1 程福祜：《第二次生态经济座谈会在京召开》，《生态学杂志》1982 年第 2 期。

2 许涤新：《马克思与生态经济学——纪念马克思逝世一百周年》，《社会科学战线》1983 年第 3 期。

3 许涤新：《生态经济学的几个理论问题》，《生态经济》1987 年第 1 期。

4 [德] 马克思、恩格斯：《马克思恩格斯选集：第 3 卷》，中共中央马克思恩格斯列宁斯大林著作编译局编译，北京：人民出版社，2012 年版。

顾自然规律，从本质上破坏人与自然的物质交换关系，造成生态矛盾尖锐化。[1] 相反，社会主义制度则从人们的长远利益出发，合理地调节人类经济活动与自然生态环境之间的关系。[2]

随着生态学马克思主义环境经济思想的不断发展，国内涌现出许多运用环境经济学的理论来探寻经济增长与环境保护关系的环境经济学家。董宛书借鉴西方环境经济学思想，将环境经济学的基本理论分为环境资源论、环境价值论以及环境生态论。其中，环境价值论来源于西方经济学的“效用价值论”以及马克思主义政治经济学中的“劳动价值论”。[3] 夏光结合西方经济学思想，将福利经济学与微观经济学结合起来为环境经济学提供理论来源，环境经济学最常用理论工具即福利经济学中的“外部性”。[4] 此外，宏观经济学将环境经济学的理论研究进一步扩展，通过国民收入对环境污染消耗的资本和增值定量进行均衡分析。经济增长与生态环境的平衡过程需要加强对低碳经济的发展。低碳经济是一种应对生态环境危机，维护地球生态安全，减少经济发展过程中碳排放量的新经济发展方式。低碳经济的发展建立在保障全球生态利益的前提下，通过改变人类的生产和生活方式来减少温室气体排放，保护生态环境。

1 敖永春、张振卿：《批判与超越——生态学马克思主义对资本主义消费方式的扬弃》，《社科纵横》2020 年第 11 期。

2 田耀祯：《生态经济思想及时代价值研究》，《现代商业》2020 年第 32 期。

3 董宛书：《环境经济学的三大理论支柱》，《浙江社会科学》1993 年第 2 期。

4 夏光：《环境经济学在中国的发展》，《中国人口 · 资源与环境》1999 年第 1 期。

大自然是资本的出发点，并不是其归宿处。资本在无限扩张的过程中只会逐渐走向自我否定，因此，有必要将历史的发展趋势引导到一个新的方向。[1] 近代以来，世界人民对生态环境的恶化有目共睹，人类历史的步伐不会停止，危及人类生存发展关键的生态极限正在一步一步迫近，人类需要作出改变。而生态学马克思主义关于生态危机根源的思想观点为人类实现这种改变提供了一定的理论借鉴。[2]

三、影响

首先，生态学马克思主义在将世界资本主义发展引入全球生态文明研究，从资本积累与生态无产阶级的形成，以全球生态和社会革命的角度，分析探究全球生态关系方面提出了卓越的洞见，对全球生态关系拥有独特的解释力，丰富了全球生态文明的理论内涵。其次，在面临严峻的生态问题的背景下，生态学马克思主义基于对资本主义生产方式与生态文明建设之间的矛盾性的认识，对人类未来生产力发展的变革提供了启迪，促进国际社会行为体形成人类作为生态系统整体的一部分，目前的生活方式需要重构，应转向以全球生态文明的思维进行生产和生活的发展理念，全球生态文明潮流成为当前风起

---

1 敖永春、张振卿：《批判与超越——生态学马克思主义对资本主义消费方式的扬弃》，《社科纵横》2020 年第 11 期。

2 曹琦雪：《宰制与抗争——生态危机根源的生态学马克思主义考量》，《辽宁工业大学学报》（社会科学报）2021 年第 1 期。

云涌的国际局势下的必然趋势。[1]

此外，马克思生态思想对中国特色生态文明的建设提供了宝贵的精神财富。在全球宏大的生态叙事话语下，习近平生态文明思想综观目前国家情势与世界情势的变化，吸收中外先进的文明成果，创造性地发展马克思在《自然辩证法》等著作中对人与自然关系的论述，为世界贡献了中国智慧。

习近平生态文明思想既与马克思生态思想一脉相承，又与时俱进。社会整体解放的历史视野、人类关怀精神、永续发展理念、实践指向是习近平生态文明思想从马克思生态思想中承接的理论之脉、价值之脉、发展理念之脉。[2] 从世界历史的角度来看，习近平生态文明思想在某种程度上是对现有工业文明的批判与超越，新时代正处于走向生态文明社会的转型期。在这个转型期内，资本主义和社会主义两种制度将会长期共存。[3] 习近平提倡的建设生态文明，提出了共谋全球文明建设之路的共赢全球观。[4]

有学者认为，当前生态文明建设的关键在于中国是否会在自发保护生态环境的推动下，再次作出巨大的改变。中国能否像一些学者和实践者所建议的那样，在农村重建和放弃当前的

1 迟学芳：《走向生态文明：人类命运共同体和生命共同体的历史和逻辑建构》，《自然辩证法研究》2020 年第 9 期。
2 《习近平系列重要讲话读本》，北京：人民出版社，2014 年版。
3 柴艳萍、王晓路：《习近平生态文明思想对马克思主义文明观的丰富和发展》，《理论视野》2020 年第 4 期。
4 《以习近平生态文明思想为指导，坚决打好打胜污染防治攻坚战》，中国共产党新闻网（http://theory.people.com.cn/n1/2018/0615/c40531-30061476.html）。

超工业化道路的基础上发起一场生态革命？能否在生态文明建设中扮演全球领导的角色？中国如何突破资源不平衡等极端特征，从根本上汲取社会力量来实现这种转变？作为世界大国，中国面对生态环境挑战的行动至关重要。为更为平等和生态上可持续的世界提供动力。正如马克思在 19 世纪所指出的那样，“毁灭还是革命”将是未来道路上的口号。[1] 目前需要形成更深层次的对话交流机制与合作机制，从而在全球层面上实现公共治理，通过生态文明建设来应对文明危机。

作为开放包容、内外兼修的科学理论体系，习近平生态文明思想吸收马克思主义生态文明观，立足当下，面向世界，不仅为国内生态环境治理提供指导，也为中国深度参与全球生态环境事务提供纲领性的原则与理念。[2] 以建设美好世界为目标，倡导绿色发展，契合时代价值，聚焦世界各国在生态文明议题方面的共同利益，促成最大公约数，引领全球生态新秩序的建设。[3]

---

1 John Bellamy Foster，The Earth-System Crisis and Ecological Civilization：A Marxian View，*International Critical Thought*，No. 4，2017.

2 董亮：《习近平生态文明思想中的全球环境治理观》，《教学与研究》2018 年第 12 期。

3 崔青青：《习近平生态文明思想的世界意义》，《思想理论教育导刊》2020 年第 2 期。

参考文献

阿德勒，巴涅特，2015．安全共同体［M］．孙红，译．北京：世界知识出版社．

安维复，2005．社会建构主义：后现代知识论的“终结”［J］．哲学研究（9）：60-67．

敖永春，张振卿，2020．批判与超越——生态学马克思主义对资本主义消费方式的扬弃［J］．社科纵横，35（11）：37-43．

巴殿君，全金姬，单天雷，2020．建构主义视角下新型国际关系文化的构建［J］．新视野（1）：116-122．

巴兰，斯威齐，1977．垄断资本［M］．北京：商务印书馆．

布尔，2003．无政府社会：世界政治秩序研究［M］．张小明，译．北京：世界知识出版社．

曹琦雪，艾志强，2021．宰制与抗争——生态危机根源的生态学马克思主义考量［J］．辽宁工业大学学报（社会科学版），23（1）：19-21．

曾贤刚，2019．中国特色社会主义生态经济体系研究［M］．北京：中国环境出版集团．

柴艳萍，王晓路，2020．习近平生态文明思想对马克思主义文明观的丰富和发展［J］．理论视野（4）：48-54．

陈俊，王蕾，2011．《纽约时报》涉华环境报道的批评性话语分析［J］．编辑之友（8）：126-128．

陈岳，2010．国际政治学概论［M］．北京：中国人民大学出版社．

陈拯，2015．建构主义国际规范演进研究述评［J］．国际政治研究，36（1）：135-153．

程福祜，1982．第二次生态经济座谈会在京召开［J］．生态学杂志（2）：62．

初冬梅，2020．绿色经济：俄罗斯的认知与行动［J］．欧亚经济（2）：44-59，127-128．

邓建国，2010．误导舆论的美国涉华环境报道［J］．对外传播（9）：21-22．

第一财经日报．中美天津回合：京都议定书 VS 哥本哈根协议［EB/OL］．（2020-12-02）．https://news.qq.com/a/20101013/000892.htm．

丁桂馨，2020．中华传统生态文化的时代转化［J］．河北经贸大学学报（综合版），20（3）：20-24．

董亮，2020．协同治理：2030 年可持续发展议程与应对气候变化的国际制度分析［J］．中国人口·资源与环境，30（4）：16-25．

董宛书，1993．环境经济学的三大理论支柱［J］．浙江社会科学（2）：10-13．

杜敏，2020．社科期刊与中国学术话语的国际化传播［J］．中国编辑（Z1）：76-79．

恩格斯，2015．自然辩证法［M］．北京：人民出版社．

方世南，2005．生态现代化与和谐社会的构建［J］．学术研究（3）：10-13．

方世南，2017．马克思恩格斯的生态文明思想——基于《马克思恩格斯文集》的研究［M］．北京：人民出版社．

冯黎明，刘科军，2010．文化视域的扩展与文化观念的转型——对当前文化理论创新问题的考察［J］．中国文化研究（1）：168-174．

冯馨蔚，2020．习近平生态经济学思想对全球生态治理的有益启示［J］．环境科学与管理，45（11）：17-21．

福斯特，2006．生态危机与资本主义［M］．耿建新，译．上海：上海译文出版社．

高福海，2010．环境气候问题：下一个外宣主战场［J］．对外传播（4）：23-24．

高盼盼，2015．关于罗尔斯顿“自然价值论”的哲学认知［J］．经济研究导刊（12）：308-309．

高奇琦，2014．现实主义与建构主义的合流及其发展路向［J］．世界经济与政治（3）：87-110，158-159．

光明日报．习近平同志主持召开党的新闻舆论工作座谈会［N］．光明日报，2016-02-19．

光明日报．中国传统文化中的生态文明智慧［EB/OL］．(2021-02-16)．https://news.gmw.cn/2018-06/16/content_29308750.htm．

光明网．以绿色发展助推产业转型升级［EB/OL］．(2021-02-01)．https://theory.gmw.cn/2018-04/28/content_28548912.htm．

郭可，1999．当代对外传播［M］．上海：复旦大学出版社．

郭小平，2010．西方媒体对中国的环境形象建构——以《纽约时报》“气候变化”风险报道（2000—2009）为例［J］．新闻与传播研究，18（4）：18-30，109．

郭小雨，2021．人性的现实与体系的现实：从摩根索到沃尔兹的现实主义国际政治理论［J］．史学月刊（1）：19-23．

哈贝马斯，2005．交往行为理论：第一卷［M］．曹卫东，译．上海：上海人民出版社．

韩立新，2006．美国的环境伦理对中日两国的影响及其转型［J］．中国哲学史（1）：43-45．

郝淑双，2018．中国绿色发展水平时空分异及影响因素研究［D］．武汉：中南财经政法大学．

华启和，陈冬仿，2019．中国生态文明建设话语体系的历史演进［J］．河南社会科学，27（6）：24-28．

基欧汉，2011．霸权之后：世界政治经济中的合作与纷争［M］．苏长和，译．上海：上海人民出版社．

基欧汉，奈，2012．权力与相互依赖［M］．第4版．门洪华，译．北京：北京大学出版社．

纪莉，陈沛然，2016．论国际气候变化报道研究的发展与问题［J］．全球传媒学刊，3（4）：51．

姜莉莉，徐国亮，2010．中国传统文化中的环保思想及其当代价值探究［J］．环境经济（8）：38-41．

姜学民，1985．生态经济学概论［M］．武汉：湖北人民出版社．

蒋金荷，马露露，2019．我国环境治理70年回顾和展望：生态文明的视角［J］．重庆理工大学学报（社会科学），33（12）：27-36．

莱斯，1993．自然的控制［M］．岳长龄，译．重庆：重庆出版社．

李杭辉，2018．美国主流媒体网站构建的中国形象研究［D］．长沙：湖南大学．

李慧君，2020．生态学马克思主义生态危机思想探析［J］．西部学刊（23）：32-34．

李金泽，包庆德，2020．恩格斯“自然报复论”的生态警示及其当代价值述评［J］．南京林业大学学报（人文社会科学版），20（6）：34-47．

李晓西，夏光，蔡宁，2015．绿色金融与可持续发展［J］．金融论坛，20（10）：30-40．

李学丽，1999．生态现代化的哲学探讨［J］．自然辩证法研究（4）：3-5．

李志青．如何打造全球生态文明 2.0？［N］．中国环境报，2015-04-15．

李智，2006．国际政治的文化建构——对建构主义方法论的一种解读［J］．东南学术（4）：63-67．

李智，2011．中国国家形象：全球传播时代建构主义的解读［M］．北京：新华出版社．

李周，2008．中国生态经济理论与实践的进展［J］．江西社会科学（6）：7．

联合国．《联合国气候变化框架公约》京都议定书［EB/OL］．（2020-12-02）．http://unfccc.int/resource/docs/convkp/kpchinese.PDF．

联合国环境规划署．迈向绿色经济：通往可持续发展和消除贫困的各种途径——面向决策者的综合报告（2011 年）［EB/OL］．（2021-03-04）．https://sustainabledevelopment.un.org/．

联合国开发计划署．2030 年可持续发展议程［EB/OL］．（2020-12-02）．https://www.cn.undp.org/content/china/zh/home/sustainable-development-goals/resources.html．

廖小平，董成，2020．论新时代中国生态文明国际话语权的提升［J］．湖南大学学报（社会科学版），34（3）：9-17．

林民旺，朱立群，2011．国际规范的国内化：国内结构的影响及传播机制［J］．当代亚太（1）：136-160，135．

林永生，2016．绿色经济之中外比较［J］．中国经济报告（2）：62-65．

刘保，2006. 作为一种范式的社会建构主义［J］. 中国青年政治学院学报（4）：49-54.

刘继南，何辉，2006. 镜像中国——世界主流媒体中的中国形象［M］. 北京：中国传媒大学出版社.

刘晋飞，2019. 共同价值观的建构主义分析［J］. 特区实践与理论（5）：18-22.

刘景芳，2015. 从荒野保护到全球绿色文化：环境传播的四大运动思潮［J］. 西北师大学报（社会科学版），52（3）：102-109.

刘克英，2005. 生态经济学发展前沿问题透视［J］. 前沿（2）：44.

刘坤喆，2010. 英国平面媒体上的“中国形象”——以“气候变化”相关报道为例［J］. 现代传播（9）：57-60.

刘业础，1984. 关于环境经济理论与应用的几个问题［J］. 重庆环境保护（2）：48-52.

陆广济，2019. “人类命运共同体”与国际体系文化的建构——建构主义的视角［J］. 武汉理工大学学报（社会科学版），32（5）：19-25.

罗丽艳，2003. 关于人口、资源、环境经济学的若干思考［J］. 经济学家，4（4）：67-72.

罗荣渠，1996. 20 世纪回顾与 21 世纪前瞻——从世界现代化进程视角透视［J］. 战略与管理（3）：91-95.

马建英，2009. 中国“气候威胁论”的深层悖论——以“内涵能源”概念的导入为例［J］. 世界经济与政治论坛（6）：1.

马克思，恩格斯，1995. 马克思恩格斯选集：第 4 卷［M］. 中共中央马克思恩格斯列宁斯大林著作编译局，译. 北京：人民出版社.

马克思，恩格斯，2012. 马克思恩格斯选集：第 3 卷［M］. 中共中央马克思恩格斯列宁斯大林著作编译局，译. 北京：人民出版社.

曼昆，2012. 经济学原理：微观经济学分册［M］. 梁小民，译. 北京：北京大学出版社.

莫创荣，2005. 生态现代化理论与中国的环境与发展决策［J］. 经济与社会发展（10）：24-27.

潘琳，2018. 人民网雾霾报道与国家环保形象建构［D］. 杭州：浙江传媒学院.

钱文婷，2010. 联合国全球环境治理的制度建设［D］. 北京：外交学院.

秦国俊，2021. 习近平生态文明思想与马克思生态观的关系［J］. 中共宁波市委党校学报，43（1）：24-32.

秦静，2018. 国外纸媒涉华气候变化报道中的中国国家形象研究（2007—2017 年）［D］. 上海：华东师范大学.

秦亚青，2001. 国际政治的社会建构——温特及其建构主义国际政治理论［J］. 欧洲（3）：4-11，108.

秦亚青，2005. 权力制度文化［M］. 北京：北京大学出版社.

秦亚青，2006. 建构主义：思想渊源、理论流派与学术理念［J］. 国际政治研究（3）：1-23.

秦亚青，2012. 国际关系理论：反思与重构［M］. 北京：北京大学出版社.

全球互联网发展合作组织. 中国“全球能源互联网”倡议及行动计划，助推实现全球可持续发展目标［EB/OL］.（2020-12-02）. http://world.people.com.cn/n1/2017/1104/c1002-29627071.html.

人民网. 不断提升“人民命运共同体”的国际话语权［EB/OL］.（2020-11-19）. http://theory.people.com.cn/n1/2018/0806/c40531-30210447.html.

人民网. 不可过分陶醉于人类对自然界的胜利［EB/OL］.（2020-10-25）. http://military.people.com.cn/n1/2017/1013/c1011-29585199.html.

人民网. 黄宏：生态文明背后的理论支撑［EB/OL］.（2020-12-02）. http://theory.people.com.cn/n/2012/1227/c112851-20032693.html.

人民网. 联合国经社部发布《可持续发展目标 2017 年自愿国家审议综合报告》［EB/OL］.（2020-12-02）. http://world.people.com.cn/n1/2017/1108/c1002-29634366.html.

人民网. 绿色发展描绘美丽中国新画卷［EB/OL］.（2021-02-01）. http://env.people.com.cn/n1/2021/0118/c1010-32003083.htm.

申韬，徐静怡，2020. 国内环境经济学研究进展综述［J］. 西部经济管理论坛，31（6）：8-14.

沈满洪，2016. 生态经济学［M］. 北京：中国环境出版社.

史丹，杨彦强，2010. 低碳经济与中国经济的发展［J］. 教学与研究（7）：38-42.

史小今，郝栋，2014. 中国亟待新的生态外交战略［J］. 中国党政干部论坛（11）：66-68.

斯特兰奇，2006. 国家与市场［M］. 杨宇光，等，译. 上海：上海人民出版社.

宋新宁，田野，2020. 国际政治经济学概论［M］. 北京：中国人民大学出版社.

孙吉胜，2017. 国际政治语言学：理论与实践［M］. 北京：世界知识出版社.

索南菲尔德，摩尔，2011. 世界范围的生态现代化——观点和关键争论［M］. 张鲲，译. 北京：商务印书馆.

滕尼斯，1999. 共同体与社会［M］. 林容远，译. 北京：商务印书馆.

田海龙，2014. 批评话语分析：阐释、思考、应用［M］. 天津：南开大学出版社.

田耀祯，2020. 生态经济思想及时代价值研究［J］. 现代商业（32）：52-56.

田野，2013. 建构主义视角下的国际制度与国内政治：进展与问题［J］. 教学与研究（2）：55-62.

王柏杰，周斌，2018. 货物出口贸易、对外直接投资加剧了母国的环境污染吗？——基于"污染天堂假说"的逆向考察［J］. 产业经济研究（3）：77-89.

王常则，2004. 孟子［M］. 太原：山西古籍出版社.

王克强，赵凯，刘红梅，2015. 资源与环境经济学［M］. 上海：复旦大学出版社.

王孔雀，胡仪元，2004. 生态经济的制度机制研究［J］. 生态经济（S1）：76.

王文峰，2018. 联合国气候大会上中国环保形象的建构［D］. 杭州：浙江传媒学院.

王雨辰，2009. 生态批判与绿色乌托邦——生态学马克思主义理论研究［M］. 北京：人民出版社.

王正毅，2003. 亚洲区域化：从理性主义走向社会建构主义？——从国际政治经济学的角度看［J］. 世界经济与政治（5）：4-10，77.

王梓元，2020. 道德与声望：摩根索的权力政治学说再探讨［J］. 国外理论动态（5）：73-81.

威廉斯，2016. 关键词：文化与社会的词汇［M］. 刘建基，译. 北京：生活·读书·新知三联书店.

韦杰克曼，2018. 翻转极限：生态文明的觉醒之路［M］. 魏伯乐，译. 上海：同济大学出版社.

魏小薇，2017. 形象及权力关系的话语建构——环保报告披露过程的批评话语分析［J］. 话语研究论丛（2）：76-87.

温特，2000. 国际政治的社会理论［M］. 秦亚青，译. 上海：上海人民出版社.

翁青青，2013. 气候外交话语中隐喻和身份构建——以英国、加拿大、中国在历次气候大会上的发言为例［J］. 当代亚太（5）：139-156.

邬巧飞，2020. 习近平关于生态文明制度建设重要论述的理论贡献［J］. 党政论坛（9）：14-17.

吴曼迪，2014. 环境议题的媒体建构研究［D］. 郑州：郑州大学.

吴文成，2013. 组织文化与国际官僚组织的规范倡导［J］. 世界经济与政治（11）：96-118，159-160.

吴瑛，2006. 中国声音的国际传播力研究［M］. 上海：上海交通大学出版社.

吴毓江，2006. 墨子校注［M］. 北京：中华书局.

夏安凌，黄真，2007. 文化、合作与价值——建构主义国际合作理论评析［J］. 当代亚太（5）：14-20.

夏光，1999. 环境经济学在中国的发展［J］. 中国人口·资源与环境（1）：22-26.

新华网. “平语”近人——习近平如何向人大代表诠释五大发展理念［EB/OL］.（2021-02-01）. http://www.xinhuanet.com//politics/2016-03/02/c_128766082.htm.

新华网. 环境问题影响国家形象中国崛起需跨“环保门”［EB/OL］.（2020-12-11）. http://news.qq.com/a/20090828/001327.htm.

新华网. 新华网独家专访联合国副秘书长、联合国环境署执行主任埃里克·索尔海姆（Erik Sotheim）［EB/OL］.（2020-10-24）. http://www.xinhuanet.com/world/201609unep/.

徐渤海，2012. 中国环境经济核算体系（CSEEA）研究［D］. 北京：中国社会科学院.

徐希燕，2001. 墨学研究［M］. 北京：商务印书馆.

许涤新，1983. 马克思与生态经济学——纪念马克思逝世一百周年［J］. 社会科学战线（3）：50-58.

许涤新，1987. 生态经济学的几个理论问题［J］. 生态经济（1）：2-8.

许勤华，2010. 低碳经济对大国关系的影响［J］. 教学与研究（7）：33-38.

杨伯峻，1960. 孟子译注：下册［M］. 北京：中华书局.

杨吉平，2020. 继承与创新：沃尔兹新现实主义理论定位再探讨［J］. 国际论坛，22（1）：104-115，159.

杨晶，2020. 赢得国际话语权：中国生态文明建设的全球视野与现实策略［J］. 马克思主义与现实（3）：83-89.

杨若玉，2019. 加藤尚武环境伦理思想研究［D］. 太原：山西大学.

杨通进，韩立新，肖巍，2005. 究竟什么是应用伦理学？［J］. 河北学刊（1）：95-100.

杨惟任，2015. 气候变化、政治与国际关系［M］. 台北：五南图书出版股份有限公司.

杨卫军，2012. 墨子的消费观及对生态文明建设的启示［J］. 学习与实践（2）：122-126.

杨迅等，2019. “走出一条以绿色发展为导向的高质量发展之路”——国际人士积极评价中国加快推进生态文明建设［N］. 人民日报，2019-03-07.

余谋昌，2000. 生态哲学［M］. 西安：陕西人民教育出版社.

张贝丽，2020. 岩佐茂环境伦理思想研究［D］. 太原：山西大学.

张超群，2015. 美专家称中国可能成为生态文明建设领导者［N］. 人民日报，2015-06-07.

张夺，2021. 一致与异质：生态学马克思主义理论逻辑的内在张力［J］. 理论学刊（1）：123-131.

张海滨，2008. 环境与国际关系［M］. 上海：上海人民出版社.

张宏斌，黄金旺，2020. 中国传统生态文化及其现实意义［J］. 中共石家庄市委党校学报，22（5）：25-30.

张丽君，2010. 气候变化与中国国家形象：西方媒体与公众的视角［J］. 欧洲研究（6）：19-31.

张文喜，李万鹰，2007. 温特建构主义国家利益理论述评［J］. 国外理论动态（8）：78-81.

张永义，2001. 墨子［M］. 贵阳：贵州人民出版社.

张忠谊，1987. 环境与经济发展学［M］. 呼和浩特：内蒙古大学出版社.

赵聪聪，2019. 生态现代化的"和谐"发展研究［D］. 锦州：渤海大学.

赵莉，2017. 环境传播与国家环保形象：建构主义视角的解读［J］. 对外传播（8）：35-37.

赵洋，2013. 语言（话语）建构视角下的国家身份形成——基于建构主义和后结构主义的研究［J］. 国外社会科学（5）：12-22.

郑保卫，2011. 气候传播理论与实践——气候传播战略研究［M］. 北京：人民日报出版社.

中共中央，国务院，2015. 生态文明体制改革总体方案［M］. 北京：人民出版社.

中共中央宣传部，2014. 习近平总书记系列重要讲话读本［M］. 北京：学习出版社，人民出版社.

中国共产党新闻网. 习近平谈"十三五"五大发展理念之三：绿色发展篇［EB/OL］.（2021-02-01）. http://cpc.people.com.cn/xuexi/n/2015/1112/c385474-27806216.html.

中国共产党新闻网. 以习近平生态文明思想为指导，坚决打好打胜污染防治攻坚战［EB/OL］.（2021-02-01）. http://theory.people.com.cn/n1/2018/0615/c40531-30061476.html.

中国环境网. 用多元手段促绿色发展［EB/OL］.（2021-02-03）. https://www.cenews.com.cn/opinion/plsp/202102/t20210203_969548.html.

中国科协学会工作部，1988. 经济发展与环境：全国环境与发展学术讨论会论文集［C］.

中国科学院可持续发展战略研究组，2010. 2010 中国可持续发展战略报告——绿色发展与创新［M］. 北京：科学出版社.

中国气象局. Bali Road Map［EB/OL］.（2020-12-02）. http://2011.cma.gov.cn/en/speeial/20110218/20111124/2011112404/201111/t20111125_154835.html.

中国社会科学网. 西方马克思主义与卢卡奇［EB/OL］.（2021-02-16）. http:// ex.cssn.cn/zhx/zx_wgzx/201611/t20161103_3263355.shtml.

中国生态文明网. 美国学者称赞中国生态文明建设新发展［EB/OL］.（2020-11-19）. http://www.cecrpa.org.cn/llzh/xsjl/201705/t20170504_637358.shtml.

中国现代化战略研究课题组，2007. 中国现代化报告 2007，生态现代化研究［M］. 北京：北京大学出版社.

中国政府网. 中方发布《中国落实 2030 年可持续发展议程国别方案》［EB/OL］.（2020-10-24）. http://www.gov.cn/xinwen/2016-10/13/content_5118514.htm.

中华人民共和国国家发展和改革委员会. 关于印发《绿色发展指标体系》《生态文明建设考核目标体系》的通知［EB/OL］.（2021-03-04）. https://www.ndrc.gov.cn/fggz/hjyzy/stwmjs/201612/t20161222_1161174.html.

中华人民共和国生态环境部. 2019 中国生态环境状况公报［EB/OL］.（2020-11-01）. http://www.mee.gov.cn/hjzl/sthjzk/zghjzkgb/.

中华人民共和国生态环境部. 关于进一步深化生态环境监管服务推动经济高质量发展的意见［EB/OL］.（2020-11-02）. http://www.mee.gov.cn/xxgk2018/xxgk/xxgk03/201909/t20190911_733474.html.

中华人民共和国生态环境部. 关于印发《京津冀及周边地区 2019—2020 年秋冬季大气污染综合治理攻坚行动方案》的通知［EB/OL］.（2020-11- 02）.

http://www.mee.gov.cn/xxgk2018/xxgk/xxgk03/201910/t20191016_737803.html.

周宏春，2019. 改革开放40年来的生态文明建设［J］. 中国发展观察（1）：5-10.

周宏春，管永林，2020. 生态经济：新时代生态文明建设的基础与支撑［J］. 生态经济，36（9）：13-24.

周宏春，刘文强，郭丰源，2018. 绿色发展经济学概论［M］. 杭州：浙江教育出版社.

朱立群，聂文娟，2012. 社会结构的实践演变模式——理解中国与国际体系互动的另一种思路［J］. 世界经济与政治（1）：5-18，155.

ABBOTT K W，2014. Strengthening the transnational regime complex for climate change［J］. Transnational Environmental Law，3（1）：60.

ALEXANDER D E，1999. United Nations Conference on Environment and Development（UNCED）［M］. Netherlands：Springer.

Anon. Transforming our world：the 2030 agenda for sustainable development. Sustainable development goals knowledge platform［EB/OL］.［2020-11-26］. https://sustainabledevelopment.un.org/post2015/transforming our world.

ARCHER M，BHASKAR M，COLLIER R，et al，1998. Critical realism：essential readings［M］. Oxon：Routledge.

AUDI R，1999. The Cambridge dictionary of philosophy［M］. Cambridge：Cambridge University Press.

AXELROD R，KEOHANE R，1985. Achieving cooperation under anarchy：strategies and institutions［J］. World politics，38（1）：226-254.

BACON F，REES G，2004. The Instauratio Magna part II：novum organum and associated texts［M］. Oxford：Clarendon Press.

BANNON B E，2014. From mastery to mystery：a phenomenological foundation for an environmental ethic［M］. Athens：Ohio University Press.

BAUER A M，ELLIS E C，2018. The Anthropocene divide obscuring

understanding of social-environmental change [J]. Current Anthropology (59): 209-227.

BENTON T, 1989. Marxism and natural limits: an ecological critique and reconstruction [J]. New Left Review (178): 51-86.

BETTINI G, KARALIOTAS L, 2013. Exploring the limits of peak oil: naturalizing the political, de-politicizing energy [J]. Geographical Journal (179): 331-341.

BHASKAR R, 1983. Materialism [M] //A dictionary of Marxist thought. Oxford: Blackwell.

BONNEDAHL K, HEIKKURINEN P, 2018. Strongly sustainable societies: organizing human activities on a hot and full earth [M]. New York, London: Routledge.

BOOKCHIN M, 2005. The ecology of freedom: the emergence and dissolution of hierarchy [M]. Chico: AK Press.

CHECKEL J T, 1999. Norms, institutions, and national identity in contemporary Europe[J]. International studies quarterly, 43(1): 83-114.

CHECKEL J T, 2005. International institutions and socialization in Europe: introduction and framework [J]. International organization, 159 (14): 801-822.

Climate action tracker. The climate action tracker [EB/OL]. [2020-12-02]. https://climateactiontracker.org/about/.

Climate change. Sustainable Development Goals Knowledge Platform [EB/OL]. [2020-12-16]. https://sustainabledevelopment.un.org/topics/climatechange.

COLLIER A, 1999. Being and worth [M]. London: Routledge.

DALY H E, 1996. Beyond growth [M]. Boston: Beacon Press.

DE JONGE E, 2011. An alternative to anthropocentrism: deep ecology and the metaphysical turn [M] //Anthropocentrism: humans, animals, environments. Boston: Brill.

DUYCK S, 2015. MRV in the 2015 climate agreement: promoting compliance through transparency and the participation of NGOs [J]. Carbon and climate law review，8（3）：175-176.

Energy & Climate Intelligence Unit. Net Zero Emissions Race [EB/OL]. [2020-12-24]. http://eciu.net/netzerotracker.

FAIRCLOUGH N，1992. Discourse and social change [M]. Cambridge：Polity Press.

FALKNER R，2016. The Paris Agreement and the new logic of international climate politics [J]. International affairs，92（5）：1107.

FINNEMORE M，SIKKINK K，1998. International norm dynamics and political change [J]. International organization，52（4）：887-917.

FOSTER J B，2000. Marx's ecology：materialism and nature [M]. New York：Monthly Review Press.

German Development Institute/Deutsches Institut für Entwicklungspolitik（DIE）and Stockholm Environment Institute（SEI）. Connecting climate action to the sustainable development goals [EB/OL]. [2020-12-16]. https://klimalog.die-gdi.de/ndc-sdg/.

Global Reporting Initiative. Towards comprehensive corporate reporting [EB/OL]. [2020-12-02]. https://www.iasplus.com/en/resources/sustainability/gri/.

GORZ A，1980. Ecology as Politics [M]. New York：Black Rose Books.

GUNN-WRIGHT R，HOCKETT R. The Green New Deal：mobilizing for a just，prosperous，and sustainable economy：New Consensus [EB/OL]. [2020-11-20]. https://s3.us-east-2.amazonaws.com/ncsite/new_conesnsus_gnd_14_pager.pdf.

GUPTA A，2008. Transparency under scrutiny：information disclosure in global environmental governance [J]. Global environmental politics，8（2）：1-7.

GUPTA J，2002. Global sustainable development governance：institutional challenges from a theoretical perspective [J]. International environmental agreements，2（4）：361-388.

HEIKKURINEN P，2019. Degrowth：a metamorphosis in being［J］. Environment and Planning E：Nature and Space，2（3）：528-547.

HEIKKURINEN P，RINKINEN J，JARVENSIVU T，et al，2016. Organizing in the Anthropocene：an ontological outline for ecocentric theorizing［J］. Journal of Cleaner Production（113）：705-714.

HEIKKURINEN P，RUUSKA T，KUOKKANEN A，et al，2019. Leaving productivism behind：towards a holistic and processual philosophy of ecological management［J］. Philosophy of Management.

HEIKKURINEN P，RUUSKA T，WILÉN K，et al，2019. The Anthropocene exit：reconciling discursive tensions on the new geological epoch［J］. Ecological Economics（164）.

HICKEL J，KALLIS G，2019. Is green growth possible？［J］. New political economy.

HOLDEN E，LINNERUD K，BANISTER D，2014. Sustainable development：our common future revisited［J］. Global environmental change（26）：130-139.

HUNTER D B，2014. The emerging norm of transparency in international environmental governance［M］//Research handbook on transparency. Cheltenham：Edward Elgar Publishing.

ILLICH I，1981. Shadow work［M］. Boston：Marion Boyars.

IPCC. The dual relationship between climate change and sustainable development，climate change 2007：Working Group III：mitigation of climate change［EB/OL］.［2020-11-26］. https://www.ipcc.ch/publications_and_data/ar4/wg3/en/ch2s2-1-3.html.

IPCC. Integrating Sustainable Development and Climate Change in the IPCC Fourth Assessment Report［EB/OL］.［2020-12-15］. https://www.ipcc.ch/publication/integrating-sustainable-development-and-climate-change-in-the-ipcc-fourth-assessment-report/.

IPCC. Statement on the 30th anniversary of the IPCC First Assessment Report［EB/OL］.［2020-11-19］. https://www.ipcc.ch/2020/08/31/st-30th-anniversary-far/.

KATZENSTEIN P J，1996. Introduction：alternative perspectives on national security［M］//The culture of national security：norms and identity in world politics. New York：Columbia University Press.

KATZENSTEIN P J，1996. The culture of national security norms and identity in world politics［M］. New York：Columbia University Press.

KIM R E，2013. The emergent network structure of the multilateral environmental agreement system［J］. Global environmental change，23（5）：980-981.

KLEIN N，2019. On fire：the（burning）case for a green new deal［M］. New York：Simon & Schuster.

KREBBER A，2011. Anthropocentrism and reason in dialectic of enlightenment：environmental crisis and animal subject［M］//Anthropocentrism：humans，animals，environments. Boston：Boddice.

LAL R，2004. Soil carbon sequestration impacts on global climate change and food security［J］. Science，304（5677）：1623-1627.

LESTER L，HUTCHINS B，2012. The environment and the new media politics of invisibility［J］. Australian journalism review，34（2）：19-32.

LORD K M，2006. The perils and promise of global transparency［M］. New York：State University of New York Press.

MAES J，JACOBS S，2017. Nature-based solutions for Europe's sustainable development［J］. Conservation Letters（1）：121-124.

MAGDOFF F，FOSTER J B，2011. What every environmentalist needs to know about capitalism［M］. New York：Monthly Review Press.

MALM A，2018. The progress of this storm：nature and society in a warming world［M］. London：Verso.

MARTINEZ-ALIER J，2002. The environmentalism of the poor：a study of ecological conflicts and valuation [M]. Cheltenham: Edward Elgar Publishing.

MEAD L. Online tool and database analyze NDC-SDG links [EB/OL]. [2020-12-02]. http://sdg.iisd.org/news/online-tool-and-database-analyze-ndc-sdg-links/.

MEADOWS D H, Club of Rome, 1972. The limits to growth: a report for the Club of Rome's project on the predicament of mankind [M]. New York: Universe Books.

MERLEAU-PONTY M, 2013. Phenomenology of perception [M]. London: Routledge.

MITCHELL R B, CLARK W C, CASH D W, et al, 2006. Global environmental assessments: information and influence [M]. Boston: MIT Press.

MOORE J W, 2015. Capitalism in the web of life: ecology and the accumulation of capital [M]. New York: Verso.

MORGENTHAU H J, 1993. Politics among nations [M]. New York: Knopf.

MORGENTHAU H J, 2005. Politics among nations: the struggle for power and peace [M]. Beijing: Peking University Press.

NAESS A, 1973. The shallow and the deep, long-range ecology movements [J]. Interdisciplinary Journal of Philosophy (16): 95-100.

NAESS A, 1989. Ecology, community and lifestyle [M]. Cambridge: Cambridge University Press.

OBERTHUR S, GROEN L. Explaining goal achievement in international negotiations: the EU and the Paris agreement on climate change. Journal of European public policy [EB/OL]. http://dx.doi.org/10.1080/13501763.2017.1291708.

OCASIO-CORTEZ A. Resolution: Recognizing the Duty of the Federal Government to Create a Green New Deal [EB/OL]. [2020-11-19]. https://www.congress.gov/116/bills/hres109/BILLS-116hres109ih.pdf.

ONUF N，1989. World of Our Making［M］. South Carolina：University of South Carolina Press.

PARRIQUE T，BARTH J，BRIENS F，et al，2019. Decoupling debunked：evidence and arguments against green growth as a sole strategy for sustainability［M］. Brussels：European Environmental Bureau.

PERELMAN M，2000. The invention of capitalism：classical political economy and the secret history of primitive accumulation［M］. London：Duke University Press.

POLANYI K，1968. The great transformation［M］. Boston：Beacon Press.

RISSE T，2000. "Let's argue!" Communicative action in world politics［J］. International organization，54：16.

RITCHIE H，ROSER M. Our World in Data-Land Use［EB/OL］.［2020-11-21］. https://ourworldindata.org/land-use.

RIXEN T，VIOLA L A，ZÜRN M，2016. Historical institutionalism and international relations：explaining institutional development in world politics［M］. Oxford：Oxford University Press.

ROSE S K，RICHELS R，BLANFORD G，et al，2017. The Paris Agreement and next steps in limiting global warming［J］. Climate change，142（1-2）：255-256.

RUUSKA T，2017. Capitalism and the absolute contradiction in the Anthropocene［M］//Sustainability and peaceful coexistence for the Anthropocene. London，New York：Routledge.

RUUSKA T，2018. Reproduction revisited：capitalism，higher education and ecological crisis［M］. North of England：Mayfly Books.

RUUSKA T，HEIKKURINEN P，WILÉN K，2020. Domination，power，supremacy：confronting anthropolitics with ecological realism［J］. Sustainability，12（7）：1-20.

SNYDER G，1990. The practice of the wild［M］. Berkeley：Counterpoint.

SOPER K，1995. What is nature? Culture，politics and the nonhuman［M］.

Oxford：Blackwell.

SPANGENBERG J H，2017. Hot air or comprehensive progress? A critical assessment of the SDGs [J]. Sustainable development，25（4）：311-321.

UNDERDAL A，2016. Climate change and international relations（after Kyoto）[J]. International affairs，92（5）：1107.

UNDP. 2030 Agenda for Sustainable Development [EB/OL] [2020-12-16]. https://www.undp.org/content/undp/en/home/2030-agenda-for-sustainable-development.html.

UNFCCC. Decision 1/CP. 17，Establishment of an Ad Hoc Working Group on the Durban Platform for Enhanced Action [EB/OL]. [2020-12-16]. https://unfccc.int/sites/default/files/resource/docs/2012/cop18/eng/l13.pdf.

UNFCCC. Climate transparency：lessons learned，the center for climate and energy solutions [EB/OL]. [2020-12-02]. http://www.c2es.org/docUploads/unfccc-vlimate-transparency-lessons-learned.pdf.

UNFCCC. Further advancing the Durban platform [EB/OL]. [2020-12-16]. https://unfccc.int/documents/7620.

UNFCCC. Report of the conference of the parties on its sixteenth session，held in Cancun from 29 November to 10 December 2010. Addendum. Part two：Action taken by the Conference of the Parties at its sixteenth session [EB/OL]. [2020-12-18]. https://unfccc.int/ documents/6527.

UNFCCC. The Lima-Paris Action Agenda：promoting transformational climate action [EB/OL]. [2020-12-18]. https://unfccc.int/news/the-lima-paris-action-agenda-promoting-transformational-climate-action.

UNFCCC. The Paris Agreement [EB/OL]. [2020-12-16]. https://unfccc.int/process-and-meetings/the-paris-agreement/what-is-the-paris-agreement.

United Nations Climate Change. Climate Dialogues Set to Increase Momentum for Greater Climate Ambition [EB/OL]. [2020-12-02]. https://unfccc.int/news/climate-dialogues-set-to-increase-momentum-for-greater-climate-ambition.

WALLERSTEIN I，2004. World-systems analysis：an introduction［M］. London：Duke University Press.

WALTZ K，1979. Theory of international politics［M］. New York：Random House.

WANG W，2017. On the struggle for international power of discourse on climate change［J］. China international studies（7）：42-51.

WENDLING A，2009. Karl Marx on technology and alienation［M］. London：Palgrave Macmillan.

WOOD E M，2002. The origin of capitalism：a longer view［M］. London：Verso.

WWF. Living Planet Report：aiming higher［EB/OL］.［2020-11-22］. https://wwf.panda.org/knowledge_hub/all_publications/living_planet_report_2018/.

YOUNG O R，2016. On environmental governance：sustainability，efficiency，and equity［M］. London：Routledge.

ZELLI F，MOLLER I，ASSELT H，2017. Institutional complexity and private authority in global climate governance：the cases of climate engineering，REDD and short-lived climate pollutants［J］. Environmental politics，26（4）：669-693.

第三章　全球生态文明建设与新型国际秩序构建

第一节　新型国际秩序的构建

世界格局是反映特定国际力量对比状况与利益要求的合法化与制度化的国际利益平衡关系与分布格局，而国际秩序是反映和维护特定国际利益平衡关系的规范体系与运行保障机制。[1] 这两个范畴分别反映了国际关系的表里特点：世界格局主要展现国际关系在特定历史时期的外部形态特征，国际秩序

1 Bruce Jones，Carols Pascual and Stephen John Stedman，*Power and Responsibility：Building International Order in an Era of Transnational Threat*，Beijing，World Affairs Press，2009，p. 34.

主要体现国际关系在特定外在形态下的内在运动方式和变化规律。单极化和多极化代表了两种不同的世界格局和国际秩序，二者之间的矛盾从表面看是世界格局变化的冲突，从实质看是国际秩序变化的冲突。[1]

一、新型国际秩序的要求

新型国际关系是新时代由中国倡导的应对全球治理危机、推动构建人类命运共同体发展潮流的国际政治模式；欧洲、美国很长时间处于近现代国际关系的中心，而亚非拉国家长期处于国际体系的边缘。[2] 同时，权力对抗和文明冲突的理念处于国际关系的核心，各国之间的关系是竞争发展。但是冷战结束后，新兴大国群体崛起标志着国际政治的一系列新变化，日益走近世界舞台中央的新兴大国意味着由西方主导的国际机制将实现转型，新兴大国会在其中发挥重要作用。[3] 新型国际关系的形成和国际关系新秩序的构建，其主要推动力来源于全球化背景下的政治多极化和经济社会制度多样化。权力不再掌握在一个国家或极少数国家手中，而是相对均衡地分散到更多的

1 徐坚：《国际新秩序的规范制度建设与过渡时期国际关系的特点》，《国际问题研究》2001 年第 2 期。

2 李慧明：《全球气候治理与国际秩序转型》，《世界经济与政治》2017 年第 3 期。

3 韦宗友：《新兴大国群体性崛起与全球治理改革》，《国际论坛》2011 年第 2 期。

国家和非国家行为体手中。[1] 考虑到各国不同的文明背景，及期待推进发达国家、发展中国家合作发展的共同心愿，实践开放、包容、普惠、平衡、共赢的发展理念势在必行。

在当今全球化时代，新兴大国崛起，生态文明成为国际社会的重要议题。一方面，发达国家和发展中国家以及政府间非政府组织等多种国际社会行为体均对生态环境治理提出相应的利益诉求，生态环境治理的跨国性质在一定程度上对民族国家的边界形成挑战；另一方面，生态环境治理凝聚国际社会行为体共同利益，国际关系形态不能被限制于权力利益争夺的思维框架内，不能依靠单一传统国际关系理论对当今形势多变的国际关系现实进行解释，传统国际关系理论需要跟随当前国际关系绿色化和低碳化与时俱进。因此，新型国际秩序的构建需要融合多种治理思想，以多种文明构建新的治理体系。[2]

第一，以多元主义的思想构建国际秩序。当今国际社会是多元的和多维的，对这种多元世界，多元主义能够避免使用单一理念与复杂的国际秩序现实之间存在的冲突与片面之处，以多元治理的概念取代霸权治理或垄断治理的概念。只有树立多元主义的思想，才能建立多元治理的体系，从而对全球性的问题提出切实可行的解决方案。

---

1 李文：《告别霸权时代：新型国际秩序的四个重要特点》，《人民论坛·学术前沿》2017 年第 4 期。

2 ［美］亨利·基辛格：《世界秩序》，胡利平译，北京：中信出版社，2015 年版，第 6 页。

多元治理具有多样性、包容性和互补性。多元治理更契合当今国际社会西方国家与非西方国家均需发挥重要作用的现实情况。对多样性的认可是多元治理模式的基础，也是全球治理的合法性基础。多元统一不仅是一个口号，而是对现实的准确认知。[1]

包容性意味着融合来自不同行为体的不同观念和实践，以便形成有效的国际治理。包容性意味着能够分辨和界定不同行为体在全球治理中的不同理念，并试图将这些理念中的合理成分结合起来。包容性治理的对立面是霸权治理，是强行实施某种单一的管理模式，即将自己认为正确的或有益的东西强加于他国。在当今日益多样化的世界中，强加于他国的做法是没有合法性基础的。

互补性在某种意义上更加重要，如果承认世界的多元化和文明的多样性，承认强加的霸权治理不具合法性，那么互补就是在全球层面实现有效治理的重要途径。互补性不仅承认世界的多样性，而且自觉地相信不同文明的理念、价值、规范不是冲突的，而是互补的，并认为源自不同文明的思想和实践可以通过平等对话、相互融合并形成新的合体。平等对话的实现需要实施互补原则，不仅涉及利益上的互惠，也包含理念上的相互融合。一些西方学者已经深刻批判了文明冲突或文明优劣等

1 Peter Katzanstein，ed，*Civilization in World Politics：A Plural And Pluralistic Perspective*，London and New York，Routledge，2010.

持有偏见的观点，提出了多元文明观和多维文明观。

第二，以伙伴关系理念认识国际秩序。伙伴关系是对全球范围内行为体关系的一种再定位，伙伴关系界定包括国家在内的国际行为主体不应当是现实主义世界的敌对关系，也不完全是自由主义描述的那种仅仅为利益展开合作或竞争的利益攸关方。伙伴关系是一种关系治理方式。而西方学者更趋于提出利益攸关方的理念，认为这是一种理性主义的概念，是现有国际关系思维的主导话语，也是规则治理的基本假定。利益攸关方与规则治理的方式主要考虑个体利益，但往往不能从对方的立场思考问题。利益攸关方也强调双赢结果，但这种双赢结果是一种博弈意义上的双赢。如果一方不能够保证自身利益的实现，就不会考虑另外一方的输赢。绝对收益和相对收益只是一个表层现象，即使行为体考虑的是绝对利益，这种绝对利益也必须是对自己有价值的利益。这样一来，势必产生一个高度竞争态势，身处其中的行为体只能力求实现自身利益的最大化。[1]

但伙伴关系的概念是不同的，伙伴关系的基本参照不是利益得失，而是相互关系的协调和整体氛围的营造。关系治理将全球治理视为一种对相互之间关系的塑造、协调和管理过程，将塑造关系身份视为治理的要素，将协商过程视为治理的根本

1 Joseph Grieco，Anarchy and the Limits of International Cooperation：A Realist Critique of the Newest Liberal Institutionalism，*International Organization*，Vol. 42. No. 3.1989，pp. 485-508.

所在。[1] 关系治理与利益攸关方的一个根本不同点是关系治理的基本机制在于协调行为体之间的关系，使之朝着信任和“我们感”的方向发展，而利益攸关方的观点仍然强调个体的利益得失。关系治理作为一种有益的治理方式，可以弥补规则治理的诸多不足。关系治理的成功与否在很大程度上基于全球伙伴关系的培育与发展，伙伴关系是一种关系身份而不是一种个体身份，关系治理总是把行为体视为关系中的行为体。[2]

关系治理更多地来自中国的思维方式，也是中国传统治理实践的组成部分，是在一个文化共同体中经过几千年实践形成和发展起来的。在这种治理方式中，关系性被视为社会的一个基本概念，行为体之间的关系是基本分析单位，因此治理也被界定为管理、协调、平衡与和谐关系的过程。换言之，关系治理将行为体之间的关系而不是行为体个体作为社会的关键所在，强调和谐关系是治理的重要内涵。根据这种思维方式，整体利益而不是个体利益就成为良治的关键目标。伙伴关系是一个关系性概念，行为体可以通过建构伙伴关系来形成一种集体身份，共同应对全球公地所面临的挑战。[3] 伙伴关系从根本

---

1 Yaqing Qin, International Society as Process: Institutions, Identities, and China's Peaceful Rise, *The Chinese Journal of International Politics*, Vol. 3, No. 2, 2010, pp. 129-153.

2 Yaqing Qin, Rule, Rules, and Relations: Towards a Synthetic Approach to Governance, *The Chinese Journal of International Politics*, Vol. 4, 2011, pp. 117-145.

3 秦亚青：《全球治理失灵与秩序理念的重建》，《世界经济与政治》2013 年第 4 期。

上否认自我和他者或是“既有”和“反面”的一分为二世界观，而是强调利益和价值的互补性。和谐关系需要相互信任，这也是伙伴关系的实质所在。根据这些基本的观点，关系治理的理想模式是一个信任社会，其中有规则制度，也有关系认同，更有道德规范。对国际社会的治理而言，规则是十分重要的，但管理和发展良好的关系也十分重要。在一个关系良好的环境中，社会治理的有效性就会大大提升。国际秩序的共同进化建立在国际社会行为体积极参与的基础上。国家或其他国际社会行为体通过相互借鉴与学习，共同参与国际社会，共同进化，才能形成伙伴关系，以真正多元主义的理念参与国际关系实践。[1]

二、全球生态文明建设与新型国际秩序构建

当前，生态环境问题是影响人类社会根本的全球性问题，臭氧层破坏、气候变暖、危险废物越境转移等全球性的生态环境危机必须通过国家与其他自主行动主体的合作来得到处理，从而对新型国际关系构建提出了要求。国际地缘关系正在被不同国家在国际环境议题中的不同角色重新塑造，传统国家能力、地理关系等主要因素与气候变化、能源市场等日益壮大的影响构成两股交织的力量，重塑“国家版图”。[2] 日益加剧的全

1 David Kang，*China Rising：Peace，Power，and Order in East Asia*，New York，Columbia University Press，2007.

2 Daniel Yergin，*The New Map*：*Energy*，*Climate*，*and the Clash of Nations*，London，Penguin Press，2020.

球生态环境危机是新时代确定的政治经济问题之一，有关“国家”的问题受到学界和政策界的关注，为研究生态环境政治和国家转型的政治经济学提供了富有成果的汇聚点。[1] 国家及其与生态环境危机的关系问题，以及与之相关的更广泛的政治经济之间的关系成为学术热点。国际规范体系和机制架构是世界格局与国际秩序中基础性的构成因素，国际秩序以国际法为基础，多边贸易机制以世贸组织为基石，而全球生态文明建设同样基于国际规则秩序的构建。生态环境问题对国际社会规范秩序的影响将以与传统国家间关系不同的形态嵌入国家自身宪法和行为的方式，通过生态环境管理，并组成全球国际社会的治理机构，从而使生态环境管理成为全球国际社会的持久机制。[2]

从议题、行为主体方面来看，全球化与生态环境社会议题相互影响，代表社会和生态环境问题的跨国行为体被纳入国际政治经济全球化的分析之中，有关生态环境和政治经济的任何辩论都需要考虑全球化语境，全球化对社会的正面与负面影响被广泛传播，对环境、生态等议题的关注不可避免地嵌入全球化分析的整体中。[3] 在气候变化研究中，世界政治中权威模式的变化在气候变化的政策领域尤为明显，出现了全球气候治理

1 Martin Craig，Greening the State for a Sustainable Political Economy, *New Political Economy*，Vol. 25，No. 1，2020，pp. 1-4.

2 Robert Falkner and Barry Buzan，The Emergence of Environmental Stewardship as a Primary Institution of Global International Society，*European Journal of International Relations*，Vol. 25，No. 1，2019，pp. 131-155.

3 Gabriela Kutting，*Globalization and the Environment：Greening Global Political Economy*，New York，SUNY Press，2004.

中的权力转移[1]。跨国治理安排的出现（例如城市网络、私人认证计划和企业自我监管）都对各种跨国气候倡议与政府间层面之间的不同类型的相互作用产生影响，次国家行为体和非国家行为体在全球气候政策制定中已经获得了一些权威性职能。全球气候治理中的权力不断重组，使得全球治理将产生诸多新问题。各国政府为建立空缺的国际机构付出诸多努力，但是否这些机构的授权剥夺了国家政府制定或实施政策的能力？[2] 例如，联合国森林论坛、哥本哈根气候变化大会和联合国可持续发展委员会。这些机构的政治功能是否会成为国家角色的障碍？在过去的 10 年中，《联合国气候变化框架公约》从对减缓的强烈关注转向越来越多地致力于推动实践。气候变化不再仅仅是减少排放，还使各国能够应对气候变化影响。但是《联合国气候变化框架公约》在多大程度上使国家适应规则和承诺合法化，[3] 这类关乎人类文明未来的问题不可避免要面对全球有极大争议的公共利益分配问题，而非“一揽子交易”。

在新型国际秩序构建过程中，地球的命运是全世界各国政府最关注的一个问题，成为国家行政管理议程上的优先事项。比如，作为气候中和承诺的一部分，欧盟气候目标计划提议将

1 Thomas Hickmann，The Reconfiguration of Authority in Global Climate Governance，*International Studies Review*，Vol. 19，No. 3，2017，pp. 430-451.

2 Radoslav Dimitrov，Empty Institutions in Global Environmental Politics，*International Studies Review*，Vol. 22，No. 3，2020，pp. 626-650.

3 Nina Hall and Åsa Persson，Global Climate Adaptation Governance：Why is it not Legally Binding？，*European Journal of International Relations*，Vol. 24，No. 3，2018，pp. 540-566.

2030年的目标从1990年的水平提高到40%～55%的净减排量。[1]在应对全球性的生态环境危机时，推动国际公约的履约和各国的积极行动尤为重要，将对世界和中国生态环境安全和社会经济发展产生重大影响。以气候变化议题来说，虽然发达国家和发展中国家主张各异、利益各异，但是推动和引导建立公平合理、合作共赢的全球气候治理体系符合各国根本利益，也对彰显中国负责任大国形象、推动构建人类命运共同体具有重要意义。[2] 在“全球性监管”这一概念的启发下，有学者指出发展型国家（对经济发展进行投资的国家）可以成为全球环境法规的来源，通过产业政策，发展中国家可以以两种方式促进和支持全球监管政策的污染部门的结构性经济变化。[3] 发展中大国的角色尤为重要。通常会要求大国承担特殊责任，以解决全球事务中的重大关切。随着气候变化和新的可持续发展目标所涵盖问题的重要性和紧迫性日益提高，发展中大国的新角色需要改变当前要求或承认重大权力责任的规范，进而对国际秩序提出新要求。[4]

---

1 Maria Grasa Carvalho，EU Energy and Climate Change Strategy，*Energy*，Vol. 40，No. 1，2012，pp. 19-22.

2 丁金光、张超：《“一带一路”建设与国际气候治理》，《现代国际关系》2018年第9期。

3 Jonas Meckling，The Developmental State in Global Regulation：Economic Change and Climate Policy，*European Journal of International Relations*，Vol. 24，No. 1，2018，pp. 58-81.

4 Steven Bernstein，The Absence of Great Power Responsibility in Global Environmental Politics，*European Journal of International Relations*，Vol. 26，No. 1，2020，pp. 8-32.

三、中国生态文明理念与构建新型国际秩序

中国对新型国际秩序构建贡献重要力量。当今，中国进入新的发展阶段，党的十九届五中全会强调，要高举和平、发展、合作、共赢旗帜，积极营造良好外部环境，推动构建新型国际关系和人类命运共同体。当今世界是各国人民的世界，世界面临的困难和挑战需要各国人民同舟共济、携手应对，和平发展、合作共赢才是人间正道。任何国家都不能从别国的困难中谋取利益，从他国的动荡中收获稳定。要树立你中有我、我中有你的命运共同体意识，跳出小圈子和零和博弈思维，坚持合作共赢理念，信任而不是猜忌，携手而不是挥拳，协商而不是谩骂，以各国共同利益为重，推动经济全球化朝着更加开放、包容、普惠、平衡、共赢的方向发展。[1]

随着霸权主义、强权政治、新干涉主义抬头，全球经济发展受阻，气候变化、疾病传染、恐怖主义等非传统安全问题日益尖锐，无疑从总体上反映出要适应新的国际格局与时代潮流，必须对新型国际秩序观进行构建。新型国际秩序观的构建建立在普遍安全的世界与坚持共建共享理念的基础上，当各种传统安全问题与非传统安全问题相互交织、互相影响的情况愈发普遍，人类的生活甚至生存都面临着严峻威胁的情况下，在

1 花勇：《论习近平全球治理观的时代背景、核心主张和治理方略》，《河海大学学报》（哲学社会科学版）2020 年第 2 期。

全球化时代，各国安全相互联系与影响，不可能做到行为体之间的完全隔绝，各国之间的安全状况相互影响、相互联系，对其他国家的威胁也将可能成为对本国的挑战。

中国应当坚持摒弃将自身安全建立在他国的混乱与动荡之上、对别国进行政治经济干预的绝对安全观。随着当今世界的安全挑战越来越多元化、复杂化，任何国家都不可能单独实现应对所面临的一切安全挑战。在世界各国利益相互交融的国际关系变革时期，谋求安全与发展是国际社会行为体的重要诉求。尽管传统安全问题和非传统安全问题目前正在相互融合渗透，但稳定与安全是人心所向，维护和平的力量必会战胜破坏和平的势力。

安全是世界经济繁荣发展的基础，习近平主席呼吁各国"单则易折，众则难摧"，世界各国应当联合起来，共同转向并努力实践共同、综合、合作、可持续的安全观。追求世界各国安全利益的最大公约数，在维护自身安全的同时，也保障他国安全。习近平主席指出："人类生活在同一个地球村里，生活在历史和现实交汇的同一个时空里，越来越成为你中有我、我中有你的命运共同体。"中国政府提出建设持久和平、普遍安全、共同繁荣、开放包容、清洁美丽的世界，这是人类社会发展的共同美好愿景，是新时代全球化发展的大势所趋。[1] 朝着

1 阮晓菁、郑兴明：《论习近平生态文明思想的五个维度》，《思想理论教育导刊》2016 年第 11 期。

新型国际关系的发展，生态环境治理的全球失衡问题才有可能被解决。中国乘势而上开启全面建设社会主义现代化国家的新征程，这一征程也将成为与世界各国互利共赢、共同繁荣发展的新征程，对人类利益深刻交织的环境议题来说尤为如此。

世界各国应把对话与协商的途径融入当今生态环境危机与冲突的破解过程，共同统筹应对传统和非传统安全威胁，实现“共建、共享、共赢”的新型安全之路。习近平外交思想为新时期解决世界各种传统安全问题和非传统安全问题提供了中国方案，建立了普遍安全的新型国际秩序观。

在生态文明建设推进的背景下，新型国际秩序的建构立足于注重绿色发展，建构清洁美丽的世界。随着工业现代化的快速推进，人们的生活水平得到了大幅提升，整个人类社会也实现了巨大的进步。然而，当前工业社会对于生态资源的掠夺式发展模式对自然环境造成了严重的危害，并且引发了一系列全球性的环境问题与生态危机，给人类生存环境带来了严峻挑战。随着经济全球化的不断发展，生态安全已经超越了国界与地区，成为人类共同面临的重大难题，区域性的生态环境破坏会向其他地区蔓延扩散，成为全球范围内危害人类生存的重要因素。

习近平生态文明思想将马克思主义自然观运用于新时代中国的具体实践，和中国“道法自然”“天人合一”的优秀传统自然思想相融合，形成以“绿水青山就是金山银山”为核心内容的新自然观，为新时代中国的生态文明建设指明了实践方向。习近平生态文明思想倡导“尊重自然、顺应自然、保护自然的意识”，践行绿色、低碳、循环、可持续的生产生活方式，在实践中坚持推进《2030 年可持续发展议程》以及全面落实《巴黎协定》，不断开辟推进生产力快速发展以及生活富裕、生态良好的文明发展道路。建设绿色低碳、环境友好的美丽清洁世界也是习近平生态文明思想的创新性反映，有益于推动世界各国在生态文明建设与治理方面的合作，使各国共同面对生态环境危机，为建立新型国际生态秩序提供了中国方案。[1]

第二节 新型国际秩序的演进

国际秩序一直处于延续和变革的过程中，其转型是一个复杂的概念。国际秩序演进存在不同程度的差异，可能是对既有国际秩序的颠覆，即关键国际制度结构与国际角色发生变化，也可能是细微调整，即次要国际制度与角色发生变化。[2] 正如“最坏的政府也好于无政府”的说法，布尔说：“在世界政治中，秩序不仅是有价值的，而且其价值是超过其他目标的，比如超

1 王浩斌、陶廷昌：《习近平新型国际秩序观的建构逻辑与当代价值》，《中共山西省委党校学报》2019 年第 5 期。

2 G J Ikenberry，The Future of Liberal Order in East Asia，*The Future of East Asia*，edited by P Hayes and C Moon，Singapore，Palgrave Macmillan，2018，p. 98.

过了正义的价值。”[1] 国际秩序的演进往往由于国际社会行为体权力对比发生变化，国际秩序需要适应权力上升的国家的利益诉求，或是衰落的霸权国家放弃对国际秩序的支持使其丧失合法性。阎学通指出，国际秩序是国家依据国际规范采取非暴力方式解决冲突的状态，其构成要素为国际主流价值观、国际规范和国际制度安排。导致国际秩序变化的原因是国际格局的变化，但国际格局是国际秩序的形成基础。建立国际新秩序的实质是国际格局的再塑造、是国际权力的再分配，即国际制度再安排的核心内容。由于国际秩序主要是由大国建立的，因此大国的国际秩序观影响着国际规范的类型。[2]

一、新型国际秩序的演进基础

从纵向上看，国际格局是实力对比的体现，其构成要素为大国实力对比和大国间的战略关系，国际格局基本形态的演变是国际秩序变迁的主要因素。均势思想对国际秩序有着重大影响，从17—19世纪国际体系的权力平衡到此后的国际条约，维护均势成为国际关系的基本原则的代名词。虽然第一次世界大战后，美国总统威尔逊提出以法治与自决原则取代秘密结盟与均势原则，但大国协调原则仍被沿用。“二战”后的国际秩序是以《联合国宪章》的宗旨和原则为基础、以联合国为核心的

---

1 Hedley Bull，*The Anarchical Society：A Study of Order in World Politics*，Beijing，Peking University Press，2007，p. 21.

2 阎学通：《无序体系中的国际秩序》，《国际政治科学》2016 年第 1 期。

规范与机制。“二战”后国际秩序的本原设计旨在固化世界反法西斯战争的胜利成果，体现了国际正义的原则和国际社会的愿望，国家武力扩张行为受到空前制约，人类基本价值对国际规范的影响大幅增加，非西方国家的诉求得到更多的重视。[1] 虽然“二战”后国际秩序的本原设计反映了各国对主权平等、集体安全、大国协调等重大原则的普遍认同，但在强权政治和垄断资本的共同作用下，“二战”后国际秩序的许多原则在实践中被架空或遭到破坏，从而导致现行国际秩序出现了诸多弊端。[2] 20 世纪 80 年代末至 90 年代初，国际格局快速从两极转变为单极，但是国际秩序仍然处于战争与对峙形态。传统的地缘政治格局和联盟关系也正在深化和拓展。2010 年的一场由突尼斯骚乱引发的“阿拉伯之春”成为世界政治的关注焦点，以美国为首的西方国家、俄罗斯乃至中国都不同程度地卷入其中，引发了一系列新的问题，冷战结束以来的国际秩序受到自“9·11”恐怖主义袭击之后的又一次严峻挑战，国际体系正在无所不在的人道主义干预阴影下呈现出新的碎片化的取向。[3] 对应到当今国际秩序，有学者指出不确定性是国际世界秩序的新特点，英国“脱欧”、换届等重大国际事件，传统挑战与非传统挑战依次涌现，人类面临着一个形势变动复杂、充满

1 姚遥：《中国的新国际秩序观与战后国际秩序》，《国际问题研究》2020 年第 5 期。

2 同上。

3 骆明婷、刘杰：《“阿拉伯之春”的人道干预悖论与国际体系的碎片化》，《国际观察》2012 年第 3 期。

不确定性和国际秩序面临深刻调整的时代。未来，随着世界政治力量对比的深刻变化，力量对比与既有权力架构间的错位将更加严重，并进一步加剧各大力量间的猜忌、戒备甚至摩擦。尽管“斗而不破”仍会是大国关系的主要基调，但各大力量间的竞合博弈势必会升级升温，由大国竞争与权力真空导致的世界政治“碎片化”风险也在加大。现存国际秩序将进一步受到考验，而新的国际秩序与机制的形成并非一蹴而就，从混乱、失序的空窗期，到完善和再生的纠结、磨合乃至达成共识，也将是艰难曲折的。[1]

由于国际秩序可能存在的弊端以及国际关系不断变化的现实情况，国际秩序处在不断调整、演进的过程中，国际秩序的演进也是国际关系理论流派研究的重要问题之一。现实主义从体系结构变迁角度来解释和描述国际秩序转型，但其流派内部不同的理论分支对于秩序演进的观点也有细微的差异。根据权力转移理论，大国兴衰与国际秩序变迁之间存在紧密联系，其历史观是循环的，国家的崛起会建立新的国际秩序；与之相对，国家的衰落会导致其所建立的国际秩序走向终结；在世界历史上，权力转移可能会导致霸权战争的发生。根据进攻性现实主义理论，随着国家之间的权力转移，实力最强的国家会试图建立以自身为中心的霸权秩序。现实主义从权力对比的角度

1 傅梦孜、付宇：《变化的世界，不确定的时代——当前国际秩序演变的趋势》，《人民论坛》2017 年第 7 期。

分析国际秩序的演进，虽然权力对比是影响地区秩序稳定的重要因素，但是权力对比的情况并不能够完全决定未来国际秩序演进的走向。除了权力地位强的大国，中小国家在国际秩序演进中也发挥一定的作用，并可能成为大国维持均势的工具。此外，国家之间的对抗与合作互动往往受到复杂的动力驱使，权力结构并不能够全面解释国际秩序的演进原因。

新自由制度主义从进化的角度解释国际秩序演进。不同历史阶段国际秩序的合理成分会得以延续，并成为新的国际秩序的基础。国际秩序包括制度、规范和规则，既有的国际秩序框架会经历不断修正的过程，最终形成新的国际秩序，对利益分配和权力结构进行制度性安排。[1] 英国学派从国际社会的角度分析国际秩序转型，新兴国家的崛起会在不同领域内影响国际秩序。根据英国学派的观点，霸权秩序由社会契约、社会结构和社会进程这三个社会性要素构成，社会契约的稳固性和社会结构的复杂性决定了霸权秩序在特定领域内的厚度，进而决定崛起国顺从或挑战霸权秩序的社会进程。国际秩序是一个社会性概念，“如果国家意识到它们具有某些共同的利益和价值观念，从而组成一个社会，同时它们认为彼此之间的关系受到一套共同规则的制约并且一同确保共同制度的运行，那么国际社会就形成了”。霸权体系只有在获得合法性、形成国际社会结

1 G J Ikenberry，The End of Liberal International Order？，*International Affairs*，Vol. 94，No. 1，2018，pp. 7-23.

构的条件下才意味着建立了霸权秩序，霸权秩序在不同领域存在的厚度也是不同的。[1]

国际秩序转型中，若既有安全秩序内部的角色结构和社会契约得到强化，会使安全秩序得以延续并强化，既有经济秩序会发生深刻变革。不同国际角色争取合法性能力的不同导致了国际秩序变迁的差异性。[2] 因此，对国际秩序演进中不断变化的国家或地区问题进行研究时往往会面临十分复杂的问题，需要综合不同的理论视角进行不同层次的理论解释与分析。学界提出的国际秩序构成要素主要包括四个方面的内容：一是主要行为体的实力对比、政治经济关系与管理机制；二是行为体的目标、行为规则与保障机制；三是主要大国的核心观念与分配；四是原则、规范、目标、手段、运行机制与整体态势。由于国际秩序的复杂性，众多因素被列为国际秩序的构成要素。

二、新型国际秩序的演进过程

随着全球化的深入发展，国际社会正面临着一系列超越传统主权国家界限和地区边界、牵动人类整体安全与发展的新型重大议题，其中包括生态文明建设。生态环境问题不仅改变着当代国际关系的内容与基本形式，也在重新塑造着国际关系的

1 李泽：《东亚地区秩序转型的复杂动态——基于角色理论的分析》，《当代亚太》2020 年第 4 期。

2 G J Ikenberry，Why the Liberal World Order will Survive？，*Ethics & International Affairs*，Vol. 32，No. 1，2018，pp. 17-29.

新规则与新机制。与传统国际关系议题不同，新型全球性议题无论从存在空间还是影响后果上都具有全球维度，对其的解决也只能通过国际社会的共同努力。在此情况下，这些新议题的涌现势必会加大现有全球治理需求与治理能力间的巨大差距，成为当前国际秩序调整中面临的重大课题。美国外交关系协会主席理查德·哈斯甚至明言，世界秩序已从早期对主权国家保护的世界秩序 1.0 转向了国家间具有相互义务的 2.0 时代。同时，国际力量格局的变化催生世界政治、经济权力的再分配与国家间围绕权力再分配的博弈，影响国际秩序的形成与演变。随着新兴大国群体性崛起态势愈加清晰，既有的主要形成于第二次世界大战后的权力架构显然已不能适应世界的现实变化。气候变化既是一个环境问题，也是一个地缘政治问题。如果安理会要成功地在全球范围内维持和平与安全，那么就必须调动整个联合国机构和组织作出迅速的和有效的反应，曾被认为是“三驾马车”的美国、欧盟、日本已然让位于“基础四国”（巴西、南非、印度、中国）与美国、欧盟的三足鼎立。自 1979 年第一届世界气候大会正式提出大气中的二氧化碳含量增加将会导致气候变暖以来，已经过去了 40 多年。国际社会对气候变暖问题的政治共识虽已形成，并在 2016 年达成《巴黎协定》，但围绕气候变暖的外交和政治角力却从未停止。过去十多年中，联合国安理会就气候变暖带来的安全风险举行过五次公开辩论：分别是 2007 年、2011 年、2018 年、2019 年和 2021 年。

然而，各方争议仍然着重在两个方面：一是气候变化是安全问题还是经济发展问题；二是安理会究竟该不该在气候问题上有更大的作为。如果安理会确定气候问题威胁全球安全，必须有所行动，那么安理会的五大常任理事国和其他非常任理事国，除了会被要求提高减排目标，还会面对更大的义务和责任，面临更大的出资压力。

随着生态文明成为国际秩序中的一个重要影响因素，从现实主义角度来看，国际关系中的利益诉求、分配格局、力量对比等均发生变化；从新自由制度主义角度来看，在国际体制内和体制外，在全球范围或是地区范围内，促进国际规范与制度的更新、改进和完善也是国际秩序建构的重要任务。在国际秩序变化过程中，围绕不同国际矛盾的变化也随着国际规范和制度的调整而展开。当今世界，在世界格局问题上，国际主要力量“一超”和“多强”在利益立场方面存在一定的差异，因此，“一超”和“多强”之间在世界格局发展方向上的矛盾构成了冷战后国际秩序中的主要矛盾。因此，当前国际关系秩序架构虽然内核是基本合理的，但仍然需要进行自我完善以适应不断变化的国际形势。另外，世界的主题是和平与发展，因此对国际秩序的变革应通过和平与渐进的方式进行，避免旧国际秩序中的破坏性因素激发国际矛盾，使得局势走向对抗与冲突。“共同但有区别的责任”原本是针对气候变化问题的原则，是一种照顾弱者的反向双重标准规范，对于当今国际秩序变迁也具有启发之意，主权平等原则在赋予中小国家与大国同等权力的同时，也要求所有国家承担相同的国际责任。冷战后的全球化发展产生了全球治理问题，这不是对权力的分配，而是对国际责任的分担，适用于多个领域。

现行国际秩序是以西方的价值观作为主导，有诸多不合理之处。西方中心主义的双重标准规范不但缺乏足够的正义性，而且是当前国际秩序不稳定的重要原因之一。西方中心主义的价值观阻碍了国际社会建立依据实力变化调节国际权力的机制，致使国际权力分配与国际格局的不对称性加深，从而导致冲突加剧。全球性的制度安排和西方国家参加的区域性机构多数是由西方国家主导的。由于美国具有超强的实力，在绝大多数全球性机构中，美国都拥有极大的影响力。在地区性国际机构中，由西方国家组成的北约和欧盟的国际影响力超越了欧洲地区；而在由发展中国家组成的区域组织中，除石油输出国组织（Organization of the Petroleum Exporting Countries，OPEC）外，其他组织的影响力基本上都局限于本区域之内，如东南亚国家联盟、非洲联盟、阿拉伯国家联盟、拉美和加勒比国家共同体、上海合作组织、欧亚经济联盟、南亚区域合作联盟等。在多数全球性的国际论坛上，西方国家也经常占据主导地位与话语权，如在亚太经济合作组织、东亚峰会、二十国集团峰会等。西方国家之所以能在国际论坛中经常占据主导地位，主要原因是代表西方的美国具有超强的实力。由西方中心主义主导的制度安排，使西方国家拥有超过其实际能力的国际权力，而非西方国家的国际权力则低于其实力，改革安理会的呼声是对西方主导国际安全制度的不满，而现行国际经济秩序缺乏稳定性，无力保障全球可持续发展更体现在此起彼伏的国际金融冲突中。

三、中国对新型国际秩序的贡献

建立国际经济新秩序的思想萌芽于 1955 年的万隆会议。于 1964 年 10 月召开的第二次不结盟运动首脑会议提出了建立国际经济新秩序的口号。1974 年，联合国大会第六届特别会议和联合国大会第二十九届会议先后通过了关于建立国际经济新秩序的三个纲领性文件，即《建立新的国际经济秩序宣言》《建立新的国际经济秩序行动纲领》和《各国经济权利和义务宪章》。中国于 20 世纪 80 年代后期提出建立国际政治新秩序的主张。[1] 美国的霸权衰落，新兴大国和发展中国家经济持续增长，为世界经济发展注入新的强劲动力，使国际力量对比朝着有利于和平与发展的方向发生变化。[2] 多极化的发展进程将会是长期的，新的世界力量对比关系与国际利益分配格局形成将会有一个相当长的过渡时期。面对新的国际形势，中国提出

1 廖凡：《全球治理背景下人类命运共同体的阐释与构建》，《中国法学》2018 年第 5 期。

2 李文：《告别霸权时代：新型国际秩序的四个重要特点》，《人民论坛・学术前沿》2017 年第 4 期。

“两个构建”——构建新型国际关系和构建人类命运共同体。但由于主导国家和非主导国家的政治目标和价值标准是不同的，于是主导国家所建立起来的秩序难以被非主导国家接受。随着中国实力地位的上升，中国的国际权力不可避免地会增加，其他大国特别是美国的国际权力将减少，而建立国际新秩序的本质又是国际权力再分配的问题。在这种客观形势下，向世界提供中国的国际秩序观后，其他国家会从正面理解我国不寻求世界主导权的善意，抑或从反面认为我国渴望国际权力，态度的选择构成重大挑战。

在气候议题中，全球气候治理愿景明确，但模式和路径存在巨大不确定性。中国如何在大变局中应对气候变化挑战并把握其带来的机遇，在确保中国发展道路和发展空间的同时，引导应对气候变化国际合作并推动全球生态文明建设，需要清晰的、坚定的全球气候治理长期战略。中国能源格局在快速向清洁化转变，煤炭在能源消费的占比快速下降。改革开放 40 多年来，中国能源行业发生巨变，取得了举世瞩目的成就，能源生产和消费总量跃居世界首位，能源基础设施建设突飞猛进，能源消费结构持续优化。随着国家和民众对大气污染防治、应对气候变化的关注度迅速提升，作为大气污染物和温室气体主要排放来源的煤炭的消费近年来受到严格控制。多年来，中国提出国际关系和全球治理的新理念、新方案，超越了传统西方国际关系理论，为国际政治文明进步带来了机遇。当今世界，人类迫切需要培育新的国际政治文明，以克服“霸权主义”“零和博弈”等陈旧理念。从打造遍布全球的伙伴关系网络，到提出“一带一路”倡议，从推动达成气候变化《巴黎协定》，到平衡推进《2030 年可持续发展议程》，中国在伙伴关系、安全格局、经济发展、文明交流、生态建设等方面做出的积极努力，打破了一些人对中国发展“国强必霸”的偏见。中国倡导的和平、发展、合作、共赢等价值观同和平共处五项原则精神一以贯之，更与当今世界对更加合理公正的国际秩序的追求高度一致。

第三节　新型国际秩序的特点

赫德利·布尔提出，当多个国家的关系受到一套共同规则制约，并且这些国家一起确保共同制度的运行时，国际社会就形成了。在任何一个社会中，秩序的维持都需要有一个前提，即在成员之间至少是主要成员之间，形成追求基本目标或主要目标的共同利益观念。而世界秩序则是指人类活动的格局或布局，追求人类整体社会生活的基本目标或主要目标。[1] 新型国际秩序为各行为体提供了在国际社会中交往、沟通、活动的基本格局或布局，并形成了与旧国际秩序明显不同的特点。总体

1 ［英］赫德利·布尔：《无政府社会：世界政治中的秩序研究》，张小明译，上海：上海人民出版社，2015 年版。

来看，其特点主要体现在以下几个方面。

第一，各国内部关于可持续发展的共识是新型国际秩序建立的基础，共同的目标利益是维持国家间秩序的第一步。在旧国际秩序中，虽然西方普遍倡导平等、公正、民主、法治等价值观，试图将其运用到国际关系中，并且在一定程度上也取得了一些成效，但强权政治和霸权主义仍然是其推行这一秩序逻辑的行为基础。特别是在殖民地问题的处理上，将相关价值与发展模式强加于部分欠发达国家，未考虑各国的实际发展情况，造成了部分国家内政混乱、经济增长乏力，甚至导致了极端民族主义的产生。冷战结束后，国际社会开始进入新型国际关系和国际关系新秩序的构建期。主要表现在人类社会的发展明显从对立、矛盾与冲突过渡到和平、合作与和谐的新阶段；对抗与冲突不再是国家间关系的主要方面，[1]“零和博弈”思维已经不再适应当今的世界格局，世界各国以国际制度相互协作，开放包容成为新型国际秩序的基本特征，合作共赢成为国际社会主流思想。

在此背景下，中国提出的新型国际关系逐渐成为全球范围内的国际共识。党的十九大报告提出推动建设相互尊重、公平正义、合作共赢的新型国际关系。可以说，相互尊重、公平正义、合作共赢就是新型国际关系的基本理念和应遵循的原则。[2] 新

1 李文：《告别霸权时代：新型国际秩序的四个重要特点》，《人民论坛·学术前沿》2017 年第 4 期。

2 刘建飞：《新型国际关系“新”在哪里》，《学习时报》2018 年 4 月 16 日。

型国际关系与联合国《2030 年可持续发展议程》存在内在的一致性。随着《2030 年可持续发展议程》的开启，可持续发展共识逐渐成为全球各国的共同利益目标。联合国《2030 年可持续发展议程》于 2016 年 1 月 1 日启动，该议程呼吁各国采取共同行动，为今后 15 年实现 17 项可持续发展目标而努力。议程提出，应采用统筹兼顾的方式，从经济、社会和环境这三个方面实现可持续发展。“相互尊重、公平正义”强调了对经济和社会可持续的要求，关注国与国之间的差异性与平等性，对于形成良好的全球治理机制与健康的伙伴关系提出了要求。“合作共赢”则关注了人的最基本需求，以绿色的方式推动可持续的经济与社会发展，妥善处理人与自然的关系，强调共同行动与面对，实现经济发展、社会繁荣与环境保护。

新型国际关系的构建需要各国增进共识、深化合作、共同努力。各国应建立平等的战略合作伙伴关系，尊重其他国家的历史文化、发展模式和价值观念。中国始终重视国际制度的开放性与包容性。改革开放以来，中国选择融入现有国际秩序，在尊重现有国际制度规则与规范的同时，对国际制度体系进行改革和完善。因此，中国并未推翻或颠覆既有的国际秩序，而是致力于维持和建立各种全球性、地区性国际机制，为相互合作提供多领域、多层次、多渠道的交流平台，成为世界范围内国际秩序变革的重要动力，通过结构创新与改革为建立更加开放包容的国际体系作出了中国贡献。[1] 新型国际关系是“世界秩序重构的中国方案”，秉承相互尊重、公平正义、合作共赢的国际关系原则，展现合作、共赢、共享的全球视野。需要各国联手应对和解决时代性和发展性问题，确保发展的公平性、包容性、共享性。由于当前国际社会在应对气候变化、能源资源安全等全球性挑战问题上尚未形成共识，网络、太空、极地和深海等新空间的相关空间规则正在议定中，数字化、智能化时代的到来对国际秩序同样形成了巨大的挑战，世界各国应加强协作，共商共建全球新秩序。[2]

第二，合作共赢是新型国际秩序的核心和根本特征。新型国际关系是在“旧”国际关系基础上演化而来的。在传统国际关系理论视野下的国际秩序体系中，由于缺少国际政府，国际社会的主权行为体作为理性的个体会追求权力，将自身利益最大化。而随着冷战结束，以美国为首的西方发达经济体在全球权力结构中的影响力日益下降，世界多极化、经济全球化、社会信息化、文化多样化深入发展，新兴大国群体性崛起。国际权力结构出现了从发达经济体向发展中经济体转移、权力从国家行为体向非国家行为体的扩散，[3] 全球治理的传统模式出现

1 李文：《告别霸权时代：新型国际秩序的四个重要特点》，《人民论坛・学术前沿》2017 年第 4 期。

2 陈须隆：《在世界大变局中推动国际秩序演变的方略和新视角》，《太平洋学报》2021 年第 1 期。

3 蔡亮：《试析国际秩序的转型与中国全球治理观的树立》，《国际关系研究》2018 年第 5 期。

转变。一方面，这一崛起过程没有延续西方传统的殖民扩张及武力途径，而是通过和平发展的方式，特别是中国的和平崛起，运用了权力转移进程的非战争方式。另一方面，新兴大国和发展中国家在经济上的崛起与发展在为全球经济增长注入动力的同时，增加了不同制度、不同类型国家在国际治理机制中的参与机会，在扩展原有治理体系覆盖范围的基础上，为治理方式带来了不同的实践方案与思路。西方数百年来形成的政治经济旧逻辑越来越无法与新格局相适应，难以满足新的治理需要，为世界和平与稳定也带来了不安定的因素。因此，符合更多行为体利益，实现国际公平与正义，满足全方位、多层级的互利共赢的国际秩序亟须建立。中国作为新兴国家的代表，在自身实践的基础上提出推动全球治理体制变革的“中国方案”也就具有了时代必要性。

传统国际秩序的本质是将建立在西方的政治经验和价值判断等推广至全球，构筑由单一霸权国家主导国际公共产品供给的全球治理模式和格局。在这一秩序下，竞争是各国间关系格局的主要表现形式，相互合作的交往方式虽然也存在，甚至有时相当广泛和深入，但主体仍是以竞争为目的的合作，不仅没有减轻国家间的竞争，有时还会促使竞争表现得更加激烈。而新型国际秩序则适应了新兴国家的群体性崛起，以“合作共赢”为其核心和根本。在新型国际秩序中，各国秉持共商共建共享原则，以构建人类命运共同体、实现共赢共享为目标。“合作共赢”强调全球治理在认可价值多元和价值平等的基础上，坚持“多元共生、包容共进”，与世界各国共同推动国际政治经济秩序朝着更加公正合理的方向发展。合作共赢是相互尊重与公平正义的基础，没有合作共赢，就谈不上相互尊重，也谈不上公平正义。在合作共赢的基础上，全球范围内的各国利益都得到了充分的考虑，各方成为利益共同体的参与者、责任共同体和命运共同体的获益者，[1] 休戚与共的命运是各方得以互相尊重、相互理解的前提。同时，合作共赢也意味着在这一国际秩序中，发展中国家的影响力和权力得到了充分的重视，发展中国家作为国际事务中的利益相关者均可以实现对治理的有效参与，权力得到了相对均衡的分散，国际关系中的平等和民主水平得到了明显提升，在进一步推动全球经济发展的同时，也使发展中国家提升了制度自信，并为人类社会的发展提供了新的方向。同时，在新型国际秩序中，主权国家仍然是秩序的主要参与者和行为体，国家间关系仍然是秩序的基础。在新冠肺炎疫情的影响下，全球经济出现了“碎片化”和逆全球化趋势，各类保护主义措施升级，这更要求各国间，特别是发展中国家间实现合作共赢。在多中心的全球化背景下，对单一发展标准的打破是推进以经济增长为发展目标的模式逐渐向以人为中心的发展模式转变的动力，各国将充分结合自身发展阶段与背景，实现绿色发展与绿色复苏的共同合作

1 刘建飞：《新型国际关系“新”在哪里》，《学习时报》2018 年 4 月 16 日。

与应对。

第三，“结伴”成为国家间互动的主要方式，区域性治理机制蓬勃发展。在旧秩序下，“结盟”关系是国家间关系的主要格局。几乎所有的联盟都具有控制与受控的不平等色彩和对其他国家的排斥性与敌对性。“结盟”立足于冲突对抗，是传统秩序下国际关系力量分化重组的主要手段。在国际关系史上，不论是第一次世界大战中的同盟国与协约国，还是第二次世界大战中的轴心国与同盟国，“结盟”的目的都在于赢取战争的胜利、掠夺更多的资源、挤占更大的生存空间和赢取霸权。“结伴”与“结盟”则存在根本不同。“结伴”立足于合作共赢，其目的是实现和平与发展。现行的以中国为基轴的伙伴关系网络为“结伴”关系提供了实践模板。伙伴关系是彼此友好合作的关系，强调不奉行“零和博弈”，不针对第三方，与旧秩序中的强权政治、均势政治和集团政治存在根本的不同。其目的是实现包容性和建设性发展，合作共赢是伙伴关系的内核。这一方面意味着在伙伴关系中，平等是合作的基础，各国以自身发展需要为衡量标准来建立伙伴关系，形成更加合理的合作方式，提升合作机制的有效性，解决当前国际治理中“有效制度供给不足”的问题。另一方面，发展是建立伙伴关系的目的，这体现在经济的快速增长上，通过伙伴关系的建立，实质性地参与地区治理和全球治理，从多种全球性伙伴关系机制中获得与外交使命和综合国力相匹配的规则权、话语权，推动建立相互尊重、公平正义和合作共赢的新型国际关系及其相应的世界秩序，符合新兴国家及发展中国家对参与国际治理机制及完善相关制度发展的需要。[1]

区域性治理机制是伙伴关系的有效载体。相近的地理位置是拓展伙伴关系的重要方向，相似的地理环境、较易达成的联通条件与较一致的发展需要为以合作为核心的伙伴关系发展提供了必要基础，也为区域性治理机制的形成提供了条件。在区域基础上，合作关系逐渐对外辐射，并促使更大范围内伙伴关系的形成与构建。当前，不同地区为适应新形势的发展，已建立了诸多区域性的机制，如欧盟、东盟等合作机制。促进国际秩序向更加公正合理的方向发展，需要调整、更新和优化各因素的作用以及相互间复杂的关系，对以往国际秩序中的不合理、不适应和有缺陷之处进行改革。就中国而言，区域层面的上海合作组织在维护边境地区稳定、增强战略互信、打击“三股势力”[2]、禁毒等安全领域开展了有效合作，所有成员国遵循一律平等、主权和领土完整、奉行不结盟、不针对其他国家和组织的对外开放原则，国情差异极大的国家秉承互信、互利、平等、协商、尊重多样文明、谋求共同发展等“上海精神”，与新型国际关系的基本理念完全契合。相较于北约和七国集团，上合组织在平等、包容、和平的基础上促进了亚洲安全观

1 郭树勇：《新型国际关系：世界秩序重构的中国方案》，《红旗文稿》2018 年第 4 期。

2 “三股势力”指暴力恐怖势力、民族分裂势力、宗教极端势力。

的形成与推广，开展了有效的安全合作。而在经贸合作上，《区域全面经济伙伴关系协定》（Regional Comprehensive Economic Partnership，RCEP）的签署标志着人口最多、经贸规模最大、转型需求最高的自由贸易区正式启动，成员间在平等合作的基础上，建立了全面、现代、高质量和互惠的自贸协定，不仅实现了对区域现有经贸资源平台的整合与升级，还保持着开放性与包容性，体现在成员纳入、合作内容与协商方式等各个方面，为区域内经贸关系的治理与协调提供了新的解决方案。

而在更大范围内，“一带一路”倡议已形成具有世界影响的新型开放性国际合作平台。以和平合作、开放包容、互学互鉴与互利共赢为核心的丝路精神与新型国际关系基本理念具有天然的结合点。[1] 以合作共赢为落脚点，中国作为合作倡议国，与所有参与国相互尊重，根据相关国家的发展需要和发展阶段共同确定具体实施项目，促进沿线欠发达地区的发展，为其提供必要的资金与技术支持。截止 2022 年 12 月，中国已与 150 个国家、32 个国际组织签署 201 份共建“一带一路”合作文件。2020 年，中国对“一带一路”沿线国家进出口 9.37 万亿元，增长 1%，[2] 根据央视网，2023 年前两个月，中国对“一

1 宋效峰：《新型国际关系：内涵、路径与范式》，《新疆社会科学》2019 年第 2 期。

2 《2020 年我国对“一带一路”沿线国家进出口 9.37 万亿元》，中国自由贸易区服务网（http://fta.mofcom.gov.cn/article/rcep/rcepgfgd/202101/44284_1.html）。

带一路”沿线国家进出口 2.12 万亿元，同比增长 10.1%。与沿线国家在抗疫物资及疫苗援助等方面的合作也在持续开展。通过彼此发展战略的对接，实现超越文明差异、社会制度和意识形态差异的政策沟通、设施联通、贸易畅通、资金融通与民心相通。

第四，联合国在全球治理架构中的核心地位进一步提升，打造人类命运共同体成为未来的努力方向和目标模式。联合国体系仍然是全球性的规范体系与机制架构的基础：安全上提倡集体主导的国际和谐与共同安全理念，政治上强调主权平等原则，经济上追求基于市场经济和自由贸易的共同繁荣发展，并通过世贸组织、世界银行、国际货币基金组织、联合国大会、联合国安理会等国际机构，在全球安全、政治、经济事务中发挥核心作用，这些因素对推动国际关系正常发展仍在发挥积极作用。因此，国际社会针对国际安全、政治和经济秩序提出的一系列基本原则、规范和保障措施具有一定的合理性，能够对国际社会秩序产生一定的协调统筹作用。联合国体系是旧国际关系演进的重要分水岭，[1] 强权政治和霸权主义在一定程度上受到了制约，《联合国宪章》奠定了战后国际秩序的法理基础，地区冲突得到缓和，和平方式成为解决矛盾的首要手段。在法律上，中小国家与大国拥有了在国际法上的平等地位；第二次世界大战后，联合国完成非殖民化进程，加强国际社会法治，

1　刘建飞：《新型国际关系“新”在哪里》，《学习时报》2018 年 4 月 16 日。

促进和保护人权，努力实现主权平等和国际关系的民主化。[1] 同时，各国也拥有了更加公平的发展机会，对欠发达国家进行了必要的援助与资源倾斜，促进国际社会的共同发展，国际关系有了明显的进步。在新型国际秩序合作共赢的核心目标的影响下，联合国的作用将得到进一步的发挥。

同时，在联合国的合作基础上，一些新兴的多边合作机制也为构建国际关系新秩序提供了着力点。亚洲基础设施投资银行（以下简称“亚投行”）的成立为整合发达国家与发展中国家的资源并加以优化配置、实现多方面的合作共赢提供了机遇，突出体现了新型国际关系的理念。与发达国家主导的传统金融机构不同，亚投行与其他机构一起联合放贷，优先满足欠发达国家对基础设施和连通性的重要发展需求；同时，以绿色基础设施投资作为重点，大力推进能够改善当地环境和致力于实现气候行动的项目，包括可再生能源和低碳公共交通，更好的水管理和环境卫生、污染控制以及提升生态系统服务等；到2025年，亚投行50%的资金将用于气候融资。亚投行已经对哈萨克斯坦的扎纳塔斯100MW风力发电厂、尼泊尔的Trishuli-1河上水电站项目、菲律宾的马尼拉大都会洪水管理项目、斯里兰卡的减少滑坡脆弱性项目等进行了投资。[2] 这不仅满足了相

1 张贵洪：《联合国与新型国际关系》，《当代世界与社会主义》2015年第5期。

2 Green Infrastructure，Asian Infrastructure Investment Bank（https://www.aiib.org/en/about-aiib/who-we-are/infrastructure-for-tomorrow/green-infrastructure/index.html）.

关国家的融资需求，也为发展中国家不走发达国家“先污染、后治理”的老路，获得清洁饮水和卫生措施、廉价和清洁能源，创建可持续城市和社区，推进气候行动的完成，保护水下生物与陆地生物，最终实现绿色和可持续增长提供了必要基础，促进了整个区域范围内的绿色发展与合作共赢。

在多边合作的基础上，构建人类命运共同体是新型国际秩序的目标模式。2015 年 9 月 22 日，习近平主席在访美前夕接受美国《华尔街日报》书面采访时说：“中国愿同广大成员国一道，推动建设以合作共赢为核心的新型国际关系，完善全球治理结构，共同构建人类命运共同体。”可见，构建人类命运共同体是新型国际关系的最终实现目标。人类命运共同体强调了差异观和整体观的结合，是在尊重、承认不同国家文明、民族与发展差异的基础上，强调人类的整体性。构建人类命运共同体，关键在行动，国际社会要从伙伴关系、安全格局、经济发展、文明交流、生态建设等方面作出努力，坚持对话协商，建设持久和平的世界；坚持共建共享，建设普遍安全的世界；坚持合作共赢，建设共同繁荣的世界；坚持交流互鉴，建设开放包容的世界；坚持绿色低碳，建设清洁美丽的世界。[1] 一方面，构建人类命运共同体与联合国可持续发展思想具有连续性，易被世界范围内的各国接受并建立共识。经济发展、社会

1 《习近平：共同构建人类命运共同体》，新华网（http://www.xinhuanet.com/politics/leaders/2021-01/01/c_1126936802.htm）。

繁荣与环境保护是实现可持续发展的三大支柱，人类命运共同体在促进经济持续增长，建设和平、安全、包容的社会环境，实现环境的保护与清洁发展方面均提出了相应要求。另一方面，人类命运共同体也是对可持续发展的综合与完善，提出了更高要求的未来发展方向。人类命运共同体强调人类只有一个地球、宇宙只有一个星球适合人类生存，呼吁携手建设更加美好的地球家园，共建万物和谐的地球家园；[1] 倡导开放、包容、普惠、平衡、共赢的全球化和共商共建共享的全球治理观；妥善处理“斗”与“和”的关系，寻求人类安全、发展与进步的最大公约数；确认“和平、发展、公平、正义、民主、自由的全人类共同价值”。[2] 倡导绿色、低碳、循环、可持续的生产生活方式，采取行动应对气候变化，保护好人类赖以生存的地球家园。推动全球治理体系更好地反映国际格局的变化，更加平衡地反映大多数国家特别是新兴市场国家和发展中国家的意愿和利益，更为有效地应对全球性挑战。[3]

1 陈须隆：《在世界大变局中推动国际秩序演变的方略和新视角》，《太平洋学报》2021 年第 1 期。

2 习近平：《携手构建合作共赢新伙伴 同心打造人类命运共同体——在第七十届联合国大会一般性辩论时的讲话》，《人民日报》2015 年 9 月 29 日第 2 版。

3 《中国关于联合国成立 75 周年立场文件》，中华人民共和国外交部网站（https://www.mfa.gov.vn/web/zyxw/t1813750.shtml）。

第四节 新型国际秩序下的全球治理

人类生活在同一个地球，休戚相关，命运与共，因此要保护好人类赖以生存的地球家园，采取相互理解、相互帮助和通过合作而不是对抗的方式解决当代世界所面临的问题。在以人类命运共同体引导的新型国际关系体系中，建立全球伙伴关系网络将有效解决全球环境治理中“有效制度供给不足”的问题。建立公正合理且有效的制度必须对现有国际社会的制度体系进行超越，“有效制度”尤为重要。[1] 人类命运共同体理念将引向一种不同于以往的关系模式，强调彼此友好合作的关系，超越零和规则，体现出与旧国际秩序截然不同的特点，建构起真正的伙伴关系。在实质性地参与地区治理和全球治理的过程中，相互尊重、公平正义和合作共赢的新型国际关系及其相应的世界秩序将为全球生态治理提供必要的制度保障。全球治理必须在国际法原则的约束下进行，而具体的国际法制度和机制成为特定领域下进行全球治理的主要工具。

一、新型国际秩序下的全球生态环境治理

正如习近平主席在博鳌亚洲论坛 2018 年年会开幕式上的

1 O R Young, *International Cooperation: Building Regimes for Natural Resources and the Environment*, Ithaca, Cornell University Press, 1989.

呼吁，“坚定维护以联合国宪章宗旨和原则为核心的国际秩序和国际体系”。[1] 20 世纪 90 年代以来，以《京都议定书》《巴黎协定》为代表的气候治理文件、以《生物多样性公约》为代表的物种保护文件等均获得了国际社会的广泛支持，为相关事业做出了重大贡献。2012 年联合国可持续发展大会（“里约+20”峰会）的成果文件就是世界各国共同达成的、是以联合国特别是联合国环境规划署为核心的全球环境治理体系的重要成果。在“里约+20”精神引导下，全球环境治理体系得以稳固并不断发展。[2] 在这些成果的激励下，全球各地区推出了一系列区域性的环境保护国际机制，如澜沧江—湄公河区域建立了澜沧江—湄公河合作机制等多个包含环境治理绿色发展等的合作机制，环地中海区域建立了以《地中海海岸带区域综合管理议定书》为代表的众多成果。世界范围内逐渐形成了全球—区域的全球环境治理网络。

此外，全球环境问题也对当代国际关系产生了广泛的、深远的影响。全球环境问题引发了对当代国家主权和国家间关系特征的调整。主权国家作为最重要的国际行为体，在解决生态环境问题方面肩负着重大历史使命，承担着主要的责任。但是面对全球化的生态环境问题，加强各国际行为主体间的合作和

---

1 习近平：《开放共创繁荣，创新引领未来——在博鳌亚洲论坛 2018 年年会开幕式上的主旨演讲》，人民网（http://politics.people.com.cn/n1/2018/0411/c1024-29917875.html）。

2 张洁清：《国际环境治理发展趋势及我国应对策略》，《环境保护》2016 年第 21 期。

强化各种国际机制与组织的作用十分关键。其中涉及的主权让渡和主权干涉的形式对国家主权构成了新的挑战。[1] 众多致力于生态环境保护的非政府组织在应对全球性环境议题中发挥愈加重要的作用，弥补了国家角色的不足。如在气候议题中，在《巴黎协定》签署后，美国非国家行为体联盟“我们仍在”（We Are Still In）宣布成立并签署了《我们仍在宣言》，旨在通过网络联系并聚集更多的社会力量和市场力量，支持《巴黎协定》中美国各项目标的实现，涵盖了数千个成员，将公共部门、私营部门和市民社会的努力汇聚在一起。[2] 又如，在区域一体化程度相对滞后的东北亚地区，中国、日本、韩国三国非政府组织共同构建的东亚大气行动网（Atmospheric Action Network East Asia）、东亚酸沉降监测网（EANET）等有力弥补了三国政府间合作的不足。[3] 同时，国家也通过政策支持等方式为非政府组织发挥作用提供了必要的资源条件，帮助这些组织发展壮大，更好地实现国际环境合作。在全球环境治理中，国家主体的角色正在进一步从领导者转向协调者，组织协调国内各主体的力量以实现国家自主承诺目标。[4] 这

---

1 James McCarthy, Scale, Sovereignty, and Strategy in Environmental Governance, *Antipode*, Vol. 37, No. 4, 2015, pp. 731-753.

2 李昕蕾：《美国非国家行为体参与全球气候治理的多维影响力分析》，《太平洋学报》2019 年第 6 期。

3 薛晓芃：《东北亚环境治理现状——非国家行为体的作用评估》，《理论界》2014 年第 4 期。

4 庄贵阳、周伟铎：《非国家行为体参与和全球气候治理体系转型——城市与城市网络的角色》，《外交评论（外交学院学报）》2016 年第 3 期。

种参与也使国家主体以更丰富的方式来实现环境治理的目标，充分激发企业、环境组织、科研机构甚至个人等主体的创造力，提升积极性，以更低的成本实现更高的环境效益。全球环境问题呼唤全球环境治理，世界各国亟须共同行动起来，推动建立一种有利于解决国际社会重要环境问题的新型国际关系。

二、中国特色全球治理观和实践

中国作为在世界范围内具有重要影响力的大国，提倡建立以“合作共赢”为核心的新型国际关系，坚持“正确义利观”，构建“人类命运共同体”，推动“共商共建共享”，中国特色全球治理理念日益丰富。[1]“共商”指全球治理的基本原则、重点领域、规则机制、发展规划等应由参与各方共同协商并达成共识，“共建”指发挥世界各国优势和潜力，共同推动全球治理体系的变革与创新，“共享”指参与各方平等享有全球治理的成果和收益。[2] 中国特色全球治理理念是中国对国际关系思想理论的巨大贡献，以中国古老的智慧和中华人民共和国成立以来的外交理念与经验为基础，极大地丰富和完善了国际关系理论的体系。这种理论的践行充分调动了世界各国尤其是广大发展中国家的积极性和能动性，也体现了各方关切和诉求，维护各方正当权益，让所有参与全球治理体系变革的国家拥有

1 习近平：《习近平谈治国理政》，北京：外文出版社，2014 年版。
2 陈向阳：《习近平总书记的全球治理思想》，《前线》2017 年第 6 期。

更多获得感。[1]“一带一路”倡议就是中国构建新型国际关系、聚焦发展合作的重大实践。在新型国际关系的指导下，“一带一路”倡议成功构建了多元协商的合作体系，构建包容、开放、普惠的世界经济体系和以可持续发展为核心的人类命运共同体。[2]

习近平总书记在谈到全球治理理念时提出：“不仅事关应对各种全球性挑战，而且事关给国际秩序和国际体系定规则、定方向；不仅事关对发展制高点的争夺，而且事关各国在国际秩序和国际体系长远制度性安排中的地位和作用。”[3] 从而彰显了中国特色全球治理理念的世界意义。中国倡导普惠精神，以中国为代表的新兴国家有更强大的实力和更强烈的意愿为国际社会提供公共产品。中国在基础设施发展方面具有优势，发展经验丰富且多元化，在新兴技术领域具有巨大发展潜能，能够对全球治理进程起到引领作用。[4] 作为世界第二大经济体和拥有重要影响力的国际社会行为体，中国能够利用自身的政治影响力和经济实力，推动新旧治理主体在一些全球性治理议题（如生态文明治理等）方面进行合作，增进国际社会行为体之间的战略互信，为世界稳定和平提供制度规则保障，实现全球治理权力的和

1 吴志成：《习近平全球治理思想初探》，《国际问题研究》2018 年第 3 期。
2 秦亚青、魏玲：《新型全球治理观与“一带一路”合作实践》，《外交评论（外交学院学报）》2018 年第 2 期。
3 习近平：《习近平主持中共中央政治局第二十七次集体学习的发言》，央广网（http://china.cnr.cn/news/20151014/t20151014_520138694.shtml）。
4 张宇燕：《全球治理的中国视角》，《世界经济与政治》2016 年第 9 期。

平转移。[1]

当今世界正处于百年未有之大变局中，国际局势不确定性增加，全球性问题不断涌现，单边主义和民粹主义也卷土重来。面对如此错综复杂的新形势、新问题，中国作为新兴的发展中大国，迫切需要提出新的外交理念，提出应对这些问题的“中国方案”。塑造中国特色大国外交，需要有与时俱进的外交理论创新、更具全球视野的大战略布局，也需要有彰显中国精神和中国气度的大国责任。中国更积极地参与全球事务，更加全面深入地参与全球治理，在推动世界经济增长、实施国际发展援助、维护国际安全以及应对全球气候变化等议题上，承担了与自身实力和国际影响大体相称的国际责任。人类命运共同体理念对实现全球环境治理更具重要意义。超越传统国际关系理论，2014 年年底，习近平主席提出“构建以合作共赢为核心的新型国际关系”不仅对《联合国宪章》宗旨和原则是继承与发扬，更对国际社会具有重要启示意义。建设人类命运共同体的具体途径将为国际关系的发展提供新理念、开辟新愿景，有利于推动营造对世界都更为有利的地区秩序，迈向亚洲命运共同体，推动建设人类命运共同体。“构筑尊崇自然、绿色发展的生态体系”作为人类命运共同体总体布局的五个落脚点之一，描绘了世界新格局的美好前景。人类命运共同体理念涵盖政

1 仇华飞：《习近平推进和引领全球治理体系变革理论与实践研究》，《陕西师范大学学报》（哲学社会科学版）2021 年第 1 期。

治、经济、文化、生态等多重领域。从利益共同体理念出发，塑造责任共同体，最终实现价值共同体。运用到全球气候治理议题上，“人类命运共同体”理念以实现环境正义为价值诉求，以走科技创新为主导的包容、共享和可持续的绿色发展道路[1]。

改革开放以来，中国不断深入参与全球环境治理，在全球生态文明建设和全球环境议题中发挥了引领性作用。在气候变化等环境议题中，中国作为一个有担当的大国，贡献出具有中国特色的中国理念和中国方案，从而以一个更新的中国角色逐步步入全球环境治理议题的聚光灯中央。[2] 中国积极参与《巴黎协定》的谈判与协调，以新兴大国的身份与超级大国美国形成“气候中美轴心”，并且创造性地提升了新兴国家的参与度。[3] 中国的参与和积极作用是《巴黎协定》能够顺利签署、实现全球气候治理重大突破的关键所在。2020 年，习近平主席在第七十五届联合国大会一般性辩论上发表讲话时，作出“中国将提高国家自主贡献力度，采取更加有力的政策和措施，二氧化碳排放力争于 2030 年前达到峰值，努力争取 2060 年前实现‘碳中和’”[4] 的庄严承诺，获得国际社会的一致赞赏。

党的十八大以来，中国外交的重大创新经验之一就是不断

1 李金惠：《为全球环境治理贡献中国智慧》，《环境与生活》2020 年第 5 期。

2 Joy Y Zhang and Michael Barr，Green Politics in China：Environmental Governance and State-Society Relations，London，Pluto Press，2013.

3 I R Pavone，The Paris Agreement and the Trump Administration：Road to Nowhere？，*Journal of International Studies*，Vol. 11，No. 1，2018，pp. 34-49.

4 习近平：《习近平在第七十五届联合国大会一般性辩论上的讲话》，求是网（http://www.qstheory.cn/yaowen/2020-09/22/c_1126527766.htm）。

深化与世界各国的国家治理经验交流，共同分享国家发展经验，以此推动各国提升治理能力、解决其发展面临的若干难题并独立自主地探寻适合自身发展的道路和模式。中国外交理念和实践的创新与发展，以中国智慧回答破解了困扰中国外交、国际政治和世界发展的若干重大难题。中国选择和平发展道路，得益于爱好和平的文化传统。习近平总书记出席中国国际友好大会暨中国人民对外友好协会成立60周年纪念活动并发表重要讲话时说："中华民族的血液中没有侵略他人、称霸世界的基因，中国人民不接受"国强必霸"的逻辑，愿意同世界各国人民和睦相处、和谐发展，共谋和平、共护和平、共享和平。"以中国经验助力发展中国家解决其面临的发展难题并探寻各具特色的发展道路和发展模式，以追求国际公平正义、实现国际体系更为公正合理的发展。

推动构建新型国际关系和人类命运共同体是立足当下、面向未来的时代命题，其理论体系、战略布局和政策举措日臻完善且仍在不断创新和发展，将在全球生态环境治理中发挥日臻重要的作用。通过日趋成熟的环境外交理论与实践，中国已经完成了卓有成效的顶层设计，为"一带一路"倡议下继续推进环境外交工作打下了坚实的基础，建立起多层次、多领域的"一带一路"环境合作体系。[1] 而中国已有较多积累的环境技术与

1 颜欣：《"一带一路"视域下的中国环境外交》，《江南社会学院学报》2020年第1期。

工程能力也与“一带一路”沿线各国迫切的绿色需求形成有效对接，中国在全球生态环境治理中正扮演着越来越重要的角色。着眼于 21 世纪上半叶实现“两个一百年”奋斗目标和中华民族伟大复兴的中国梦，实现“十四五”规划和 2035 年远景目标，中国创新实践有望继续在全球生态环境治理中得到更深入的推进。

三、“一带一路”倡议与全球生态环境治理

伴随着“一带一路”倡议，人类命运共同体理念积极推广，中国将在全球生态环境治理中发挥更加重要的作用，推动全球生态环境治理朝着更加公平合理、合作共赢的方向发展。[1] 习近平主席指出，要“践行绿色发展理念，加大生态环境保护力度，携手打造‘绿色丝绸之路’”。[2] 2017 年，环境保护部、外交部、国家发展改革委、商务部联合发布了《关于推进绿色“一带一路”建设的指导意见》，明确了绿色“一带一路”的重要意义和发展导向。2019 年，“一带一路”绿色发展国际联盟于第二届“一带一路”国际合作高峰论坛绿色之路分论坛上启动。2020 年 9 月 26 日，首届“一带一路”绿色发展大会举行。这一系列重要文件的发布和具有重大意义的会议的召开，都说

1 解然：《绿色“一带一路”建设的机遇，挑战与对策》，《国际经济合作》2017 年第 4 期。

2 《习近平主席在乌兹别克斯坦最高会议立法院的演讲》，央广网（http://news.cnr.cn/native/gd/20160623/t20160623_522473078.shtml）。

明全世界对生态环境治理议题越来越关注，有识之士也对“一带一路”建设所能发挥的积极作用抱有很高的期待。在世界各国都在迫切找寻应对棘手的环境议题的新方法的今天，绿色“一带一路”无论从理念上还是实践上都是史无前例的，该倡议正在以中国的智慧为全球生态环境治理作出重要的贡献。人类命运共同体的理念通过“一带一路”倡议正在由点及面，逐渐得到落实。人类命运共同体理念所倡导的新型国际权力观、共同利益观、可持续发展观和全球治理观在环境治理中体现得尤其明显。“一带一路”沿线关键 65 个成员国分布在亚欧大陆以及非洲大陆的部分区域，绿色“一带一路”的建设对全球环境的改善具有重大作用。“一带一路”沿线国家以发展中国家为主，生态环境复杂而脆弱，很多国家的矿产资源相对丰富，普遍存在加速经济发展、提升国家工业化水平和国民生活水平与保护生态环境的矛盾。很多国家仍然处于工业化相对初级阶段，部分国家存在经济发展模式粗放、资源有效利用率低、技术相对落后、企业与国民环境保护意识较差、缺乏环境治理保护经验等多重不利因素。部分国家高能耗、重污染产业为主的粗放型发展方式会加剧地区环境经济承载力的恶化，不利于可持续发展；而另一些国家受制于技术与资本的不足，对实现经济发展与环境保护协调统一的目标有心无力。

中国作为一个新兴大国，在工业化与环境治理平衡的道路上有着丰富的经验与深刻的教训，对很多后发的发展中国家有着很好的借鉴意义。而中国的技术与资本积累同样可以弥补这些国家“有心无力”的遗憾，可以通过投资可再生能源、发展绿色经济的方式来帮助这些国家实现理想中的经济效益与环境效益双丰收的目标。随着“一带一路”倡议的继续推进和人类命运共同体理念的不断拓展，中国将通过发挥大国担当，梳理生态环境议题无国界区别的理念，促进全球生态环境治理体系发展，使得自身创建环境友好和资源节约型国家的经验在世界范围内更加深入人心。结合各国现实国情，提供更加行之有效的绿色方案，实现更广泛的文明互鉴。通过环境议题拉近各国间的关系，实现“五通”的目标。

2017年4月24日，环境保护部、外交部、国家发展改革委、商务部四部门联合发布了《关于推进绿色“一带一路”建设的指导意见》，系统阐述了建设绿色“一带一路”的重要意义，要求以和平合作、开放包容、互学互鉴、互利共赢的“丝绸之路精神”为指引，牢固树立创新、协调、绿色、开放、共享发展理念，坚持各国共商、共建、共享，遵循平等、追求互利，全面推进“政策沟通”“设施联通”“贸易畅通”“资金融通”和“民心相通”的绿色化进程。[1] 此后，绿色“一带一路”逐渐深入人心，成为“一带一路”倡议的关键组成部分。“一带

1 环境保护部、外交部、国家发展改革委、商务部：《关于推进绿色“一带一路”建设的指导意见》，中华人民共和国生态环境部网站（https://www.mee.gov.cn/gkml/hbb/bwj/201705/t20170505_413602.htm）。

一路”倡议是对全球生态环境治理新范式与国际合作的创新，“一带一路”建设的“共享生态文明，推动绿色发展”的内在要求是中国为践行人类命运共同体理念的努力，更是与各沿线国家共享健康发展成果、实现经济全面转型升级的重要举措。“一带一路”不断向着更加绿色、更加可持续的方向演进。“一带一路”的绿色化不仅成为推动“一带一路”高质量发展的关键领域，也成为完善全球生态环境治理体系的新实践。“一带一路”倡议有着将绿色贯彻到底的坚定观点，是绿色“一带一路”建设不可或缺的理论指引。

在世界亟须构建国际新秩序、谋求和平与发展的重要历史转折点上，中国作为全球生态文明建设重要参与者、贡献者、引领者，提出的“一带一路”倡议为国际社会搭建了有力的绿色发展合作共赢平台。习近平主席指出的“要坚持绿色发展，致力构建人与自然和谐共处的美丽家园”[1] 是一项掷地有声的庄严承诺。将“一带一路”倡议打造成新时期区域经济转型升级的桥梁，中国与沿线各国共谋绿色发展，这不仅是绿色“一带一路”建设的宏观战略与初衷，更是中国为解决环境危机，应对环境挑战，重塑人类绿色发展而贡献的“中国智慧”和“中国方案”。

推动建立完善基础设施系统是实现“一带一路”沿线国家

---

1 习近平：《坚持可持续发展 共创繁荣美好世界》，人民网（http://politics.people.com.cn/n1/2019/0608/c1024-31125369.html）。

经济持续增长和绿色转型的重中之重，也是推进绿色“一带一路”的重点难点。传统基础设施建设的绿色化转型将对区域发展具有深刻影响，从而实现潜在生态收益和现实经济回报的“双赢”结局。[1] 中国对于自身国内各地基础设施项目的绿色创新型改造和建设主要集中在新能源投资领域，且已取得初步成效，绿色金融也得到了一定的发展，绿色信贷量从零起步不断攀升，绿色债券发行额一度位居世界第一。全国碳交易市场在2017年年底建立后发展迅速，从2021年1月1日起，全国碳市场发电行业第一个履约周期正式启动。绿色金融的创新与发展为绿色发展提供了更加丰富的工具和更加充足的资本支持，是绿色“一带一路”必不可少的保障。

在下一阶段的发展中，在充分考虑“一带一路”沿线国家独特地理区位条件的基础上，进一步发展多种清洁能源及可再生能源，[2] 加快相关先进技术的投入和研究，并联合相关金融部门推动绿色金融在该区域与当地政府部门的协同合作，为区域内绿色基础设施以及其他项目提供坚实的保障和支持。[3] 绿色合作机制和交流平台建设将对宣传和普及绿色发展、生态优先的时代理念提供便利。同时，绿色产业评估体系及其细化标准的完善更将推动各产业层面的绿色规范化建设。随着绿色

1 张继栋、潘健、杨荣磊等：《绿色“一带一路”顶层设计研究与思考》，《全球化》2018年第11期。

2 李昕蕾：《“一带一路”框架下中国的清洁能源外交——契机、挑战与战略性能力建设》，《国际展望》2017年第3期。

3 王文、曹明弟：《绿色金融与“一带一路”》，《中国金融》2016年第16期。

“一带一路”建设逐步推进，中国将继续与世界各国携起手来，在环境保护与绿色发展领域不懈努力，面对未来不断发展和变化的生态环境领域的新挑战，通过多角度推进绿色“一带一路”的具体路径，“中国智慧”和“中国方案”将为全球生态文明建设谱写新篇章。在习近平外交思想和习近平生态文明思想的指导下，全球生态环境治理将展现更加广阔的前景。

参考文献

布尔，2015．无政府社会：世界政治中的秩序研究［M］．张小明，译．上海：上海人民出版社．

蔡亮，2018．试析国际秩序的转型与中国全球治理观的树立［J］．国际关系研究（5）：25-38，152-153．

陈须隆，2021．在世界大变局中推动国际秩序演变的方略和新视角［J］．太平洋学报，29（1）：35-42．

丁金光，张超，2018．“一带一路”建设与国际气候治理［J］．现代国际关系（9）：53-59，43．

郭树勇，2018．新型国际关系：世界秩序重构的中国方案［J］．红旗文稿（4）：17-19．

海关总署，2021．2020 年我国对“一带一路”沿线国家进出口 9.37 万亿元．中国自由贸易区服务网［EB/OL］．（2021-3-12）．http://fta.mofcom.gov.cn/article/rcep/rcepgfgd/202101/44284_1.html．

何建坤，2013．我国应对全球气候变化的战略思考［J］．科学与社会，3（2）：46-57．

花勇，2020．论习近平全球治理观的时代背景、核心主张和治理方略［J］．河海大学学报（哲学社会科学版），22（2）：1-8，105．

基辛格，2015. 世界秩序［M］. 胡利平，林华，曹受菊，译. 北京：中信出版社.

李慧明，2015. 全球气候治理制度碎片化时代的国际领导及中国的战略选择［J］. 当代亚太（4）：128-156，160.

李慧明，2017. 全球气候治理与国际秩序转型［J］. 世界经济与政治（3）：62-84，158.

李文，2017. 告别霸权时代：新型国际秩序的四个重要特点［J］. 人民论坛·学术前沿（4）：17-24.

李泽，2020. 东亚地区秩序转型的复杂动态——基于角色理论的分析［J］. 当代亚太（4）：65-94，157-158.

廖凡，2018. 全球治理背景下人类命运共同体的阐释与构建［J］. 中国法学（5）：41-60.

刘建飞，2018. 新型国际关系“新”在哪里［N］. 学习时报，2018-4-16（1）.

秦亚青，2013. 全球治理失灵与秩序理念的重建［J］. 世界经济与政治（4）：4-18，156.

阮晓菁，郑兴明，2016. 论习近平生态文明思想的五个维度［J］. 思想理论教育导刊（11）：57-61.

宋效峰，2019. 新型国际关系：内涵、路径与范式［J］. 新疆社会科学（2）：65-71，145.

王浩斌，陶廷昌，2019. 习近平新型国际秩序观的建构逻辑与当代价值［J］. 中共山西省委党校学报，42（5）：12-16.

韦宗友，2011. 新兴大国群体性崛起与全球治理改革［J］. 国际论坛，13（2）：8-14，79.

习近平，2014. 习近平在“加强互联互通伙伴关系”东道主伙伴对话会上的讲话. 新华网［EB/OL］.（2014-11-8）. http://www.xinhuanet.com/world/2014-11/ 08/c_127192119.htm.

习近平，2015. 携手构建合作共赢新伙伴，同心打造人类命运共同体［N］. 人民日报，2015-09-29（2）.

习近平，2019．齐心开创共建“一带一路”美好未来［N］．人民日报，2019-4-27（3）．

习近平，2021．习近平：共同构建人类命运共同体．新华网［EB/OL］．（2021-3-16）．http://www.xinhuanet.com/politics/leaders/2021-01/01/c_1126936802.htm．

徐坚，2001．国际新秩序的规范制度建设与过渡时期国际关系的特点［J］．国际问题研究（2）：18-22．

郇庆治，李宏伟，林震，2014．生态文明建设十讲［M］．北京：商务印书馆．

姚遥，2020．中国的新国际秩序观与战后国际秩序［J］．国际问题研究（5）：5-18．

张贵洪，2015．联合国与新型国际关系［J］．当代世界与社会主义（5）：103-111．

张海滨，2009．气候变化正在塑造21世纪的国际政治［J］．外交评论（外交学院学报），26（6）：5-12．

中国外交部，2021．中国关于联合国成立75周年立场文件．中华人民共和国外交部网站［EB/OL］．（2021-3-16）．https://www.mfa.gov.vn/web/zyxw/t1813750.shtml．

Asian Infrastructure Investment Bank，2021．Green Infrastructure［EB/OL］．（2021-3-15）．https://www.aiib.org/en/about-aiib/who-we-are/infrastructure-for-tomorrow/green-infrastructure/index.html．

BERNSTEIN S，2020．The absence of great power responsibility in global environmental politics［J］．European journal of international relations，26（1）：8-32．

BULL H，2007．The Anarchical Society：a study of order in world politics［M］．Beijing：Peking University Press，16（3）：21．

CRAIG M PA，2020．Greening the state for a sustainable political economy［J］．New political economy，25（1）：1-4．

DA GRAÇA CARVALHO M，2012．EU energy and climate change strategy［J］．

Energy，40（1）：19-22.

DIMITROV R S，2020. Empty institutions in global environmental politics [J]. International studies review，22（3）：626-650.

FALKNER R，BUZAN B，2019. The emergence of environmental stewardship as a primary institution of global international society [J]. European journal of international relations，25（1）：131-155.

GRIECO J，1989. Anarchy and the limits of international cooperation：a realist critique of the newest liberal institutionalism [J]. International organization，42（3）：485-508.

HALL N，PERSSON Å，2018. Global climate adaptation governance：why is it not legally binding? [J]. European journal of international relations，24（3）：540-566.

HICKMANN T，2017. The reconfiguration of authority in global climate governance [J]. International studies review，19（3）：430-451.

IKENBERRY G J，2018. The end of liberal international order [J]. International affairs，94（1）：7-23.

IKENBERRY G J，2018. The future of liberal order in east Asia [J]. Political science：98.

IKENBERRY G J，2018. Why the liberal world order will survive [J]. Ethics & international affairs，32（1）：17-29.

JONES B，PASCUAL C，STEDMAN S J，2009. Power and responsibility：building international order in an era of transnational threat [J]. World affairs press，2009（7）：34.

KANG D，2007. China rising：peace，power，and order in East Asia [M]. New York：Columbia University Press.

KATZANSTEIN P，2010. Civilization in world politics：a plural and pluralistic perspective [M]. London and New York：Routledge.

KUTTING G，2004. Globalization and the environment：greening global political economy [M]. New York：SUNY Press.

MECKLING J，2018. The developmental state in global regulation：economic change and climate policy［J］. European journal of international relations，24（1）：58-81.

QIN Y，2010. International society as process：institutions，identities，and China's peaceful rise［J］. The Chinese journal of international politics，3（2）：129-153.

QIN Y，2011. Rule，rules，and relations：towards a synthetic approach to governance［J］. The Chinese journal of international politics（3）：117-145.

YERGIN D，2020. The new map：energy，climate，and the clash of nations［J］. Penguin UK.

第四章　全球生态文明建设的国际关系理论研究

第一节　从现代性困境中突围探寻生态文明的未来

人类进入 21 世纪的第三个十年，世界范围内的国际格局变动、政局动荡、民族宗教矛盾、生态危机加剧等各类挑战依旧持续。一切犹如二十年前英国生态研究者乔纳森·贝特（Jonathan Bate）在千禧之年的感叹："公元第三个千年刚刚开始，大自然已经危机四伏……环境已经完全变了，我们必须再次提出那个老问题：我们究竟从哪里开始走错了路？”[1] 20 世纪，在实体哲学（entity philosophy）[2] 思维的影响下，人类科技迅猛发展，社会财富急剧增加，社会图景发生巨变。信奉“人是万物的尺度”的现代人将自然视为自己的仆从，把自然客体化、低级化，将大自然资本化为可供索取的“资源”，加大了对其征服的步伐，最终造成了自 20 世纪延续至今的生态灾难。此外，人类不仅将自然客体化，人类也将自身划分为“自我”与“他者”的对立，现代人普遍的焦虑感、无所适从等无一不是这种二元化思维的后果。[3] 最终，社会资本的增加

---

1 Jonathan Bate，*The Song of the Earth*，Cambridge，Harvard University Press，2002.

2 实体哲学最基本的观念是“实体”。按西方现代哲学之父笛卡尔的界定，“实体”就是某种独立不依、永恒不变的东西，它自己就可以存在，无须依靠别的什么东西。实体拥有三大特性：一是独立自主、不受他者影响，不受变化影响。实体之间的联系或关系被看作是“偶然的”“外在的”，它们不构成对实体的任何影响。二是分离性。成为实体，意味着我必须是某种分离的东西。实体本真地与分离联系在一起。三是不变性。实体有一个本质，该本质是始终如一、保持不变的。我的本质每时每刻都是同一的。正是在这种哲学观念的基础之上，现代工业文明成为一种个人主义的文明、二元对立的文明、人类中心主义的文明、以经济主导的文明、消费主义的文明，也是一种依赖于化石燃料的文明、强调竞争的文明。简言之，它是一种内含自毁基因的文明，一种不可持续的文明。而这一切的源头，均可以在现代西方哲学的实体观念中发现其端倪。——［法］笛卡尔：《哲学原理》，关文运译，北京：商务印书馆，1958。樊美筠：《生态文明是一场全方位的伟大变革——怀特海有机哲学的视角》，《国际社会科学杂志（中文版）》2020 年第 2 期，第 70-79 页。

3 法兰克福学派（Frankfurt School）对工业文明进行了最猛烈的批判，试图从西方社会高度富裕和高度自由的外表下揭示出它对个人的统治和压制，而它能够从事这种批判在极大的程度上依赖于精神分析理论。社会的政治、经济和文化意识形态对个人心理健康具有重大影响；反过来说，个人心理健康状态也反映了社会的政治、经济和文化意识形态的性质。大量的个人心理失调表现了整个社会的结构失调，精神病的发生水平标志着社会的压抑水平。反过来看，个人心理疾病的治疗也是社会整体治疗的一部分，而心理疾病的最终消除则有赖于建立一个非压抑性的文明社会。心理疾病的发生、治疗和康复都与社会现实特别是政治现实息息相关，因此，在发达工业社会中，心理学问题同时就是政治问题。——姚大志：《对工业文明的批判：精神分析与法兰克福学派》，《吉林大学社会科学报》1996 年第 3 期。

带来的后果是人与自然的对立、人自身的异化及人与社会的紧张，大到国际关系层面，这种思维将人类置于切切实实的文化冲突、文明对抗、全球战争等灾难性危险中，如“修昔底德陷阱”命题的热议、“新冷战”思维的重现等对抗性话语无一不受“现代性幽灵”（The Specters of Modernity）的驱使。如何反思“现代性”，重新认识人自身、人与自然的关系、人与社会的关系，如何在共同体理念中看待国家间关系、文明相处模式，对于当下的我们，不仅是迫切的现实需求，更应该是自觉的意识。

一、重审现代性和现代社会危机

生态危机是人类步入工业革命之后产生的。从本质来看，生态问题是现代性关于人与自然关系界定的后果，因此，只有在现代性这一语境下对生态危机进行探讨才具有意义。

何谓现代性？关于这一概念，卡尔·马克思（Karl Marx）、马克斯·韦伯（Max Weber）、米歇尔·福柯（Michel Foucault）、安东尼·吉登斯（Anthony Giddens）、伊曼纽尔·沃勒斯坦（Immanuel Wallerstein）、尤尔根·哈贝马斯（Jurgen Habermas）、皮埃尔·布迪厄（Pierre Bourdieu）等思想家专门进行过论述，但对学界现代性并未形成一个明确的概念和统一的共识，这与现代性内涵的复杂性有着深刻关联——现代性的延伸范围涉及人、经济、政治、文化、社会、生态等诸多方面，与人类社会众多领域相互交织在一起，大范围解释空间的存在导致很难对现代性作出一个明确的界定。[1] 从观念史来看，现代性观念缘起 17—18 世纪欧洲的启蒙运动。在当时的语境下，为了突破中世纪神学的束缚，启蒙思想家们提倡自由与理性，强调现代理性以示与封建传统的决裂。作为资本主义发展的思想成果，现代性观念与现代化进程相互交织又相互影响，随着工业革命在全球范围内的扩张而传播到各地，逐渐延伸到人类社会生活的各个层面。

客观来看，现代性观念是人类社会发展到特定阶段的产物，这一理念曾为人类社会的发展做出了历史性贡献，但也带来了一系列严重问题。尤其在当代，世界政治经济秩序正处于大变革和大调整时期，人类相处模式、人与自然的相处模式成为当前我们需要共同面对的重大问题之一。

在哲学层面，自近代以来面对现代性带来的种种问题的批判从未停止。马克思是第一位在批判现代性方面形成完整理论的思想家，他在历史唯物主义的基础上对资本主义现代性问题进行了深刻批判。在马克思看来，现代性作为现代社会的产物，体现着资本主义社会的基本运行规则。现代社会遵循市场扩张的客观规律，不受道德考虑和伦理说教的影响，市场最原始的规则就是不断发展，以免败在它的竞争者手里，资本的生存法

1 周璇：《马克思现代性批判视域下国家治理现代化的反思》，《福州党校学报》2020 年第 5 期。

则是不断地扩张，是投资能获得更多利润的、更进一步的扩张，最终形成了当前资本主义社会的基本面貌：不断扩大的市场、阶段性经济危机、社会等级和阶级、国际分工的等级，以及基于交换而非补充和互助的分配制度。而当资本所支配的现代发展观念遍及各地并主导人类社会各方面的规则时，则必然对人类生存环境产生破坏性的生态影响。

在马克思看来，资本对自然的占有和征服是其内在属性的体现，即“生产过程从简单的劳动过程向科学过程的转化，也就是向驱使自然力为自己服务并使它为人类的需要服务的过程的转化，表现为同活劳动相对立的固定资本的属性”。[1] 而合乎生态正义的自然观念应该是一种“人化的自然”，即超越资本主义的生态观，这意味着从“资本化的自然”向“人化的自然”的观念转变和提升。从这个层面来看，如何理解“人的存在”构成了问题的关键，概言之，正义自然观必须对资本逻辑下人的异化进行批判，重新构建出一种“生态社会人”。关于“生态社会人”的描述，马克思认为它是从现代社会生态危机的现实中生长出来的，“生态社会人”的基本内涵被描述为“人与自然是生命共同体，人类必须尊重自然、顺应自然、保护自然”“坚持人与自然和谐共生”[2]，“像对待生命一样对待生态环

1《马克思恩格斯全集》第 31 卷，北京：人民出版社，1998 年版，第 95 页。

2 ［德］马克思：《1844 年经济学哲学手稿》，北京：人民出版社，2000 年版，第 56 页。

境”。[1] 马克思在构想“生态社会人”概念的同时也塑造了一种符合生态正义的“新人”，并为“新人”制定了一种全新的、合乎自然的生活方式和行为目的。马克思关于“生态社会人”的构想对现代人的自然观念提出了新的要求。在“生态社会”观念中，大自然不是人类索取的“资源库”和“垃圾堆”，而是必须被重新纳入人类社会的有机组成部分。“自然界，就它自身不是人的身体而言，是人的无机的身体……自然界是人为了不致死亡而必须与之不断交往的、人的身体”。[2] 即人与自然存在内在一体的联系，大自然的限度就是人类社会的限度。“在人类历史中，即在人类社会的形成过程中生成的自然界，是人的现实的自然界”，而在现代社会已事实上形成了人与自然的分离，自然“对人来说是异己的本质，变成维护他的个人生存的手段”[3]，“人越是通过自己的劳动使自然界受自己支配……人就越是会为了讨好这些力量而放弃生产的乐趣和对产品的享受”[4]。因此，当代哲学需要超越资本主义资本异化一切的现实，认识到大自然是人类社会存在论和价值论的基础，而不是人类前进道路上的利用、征服对象。

1 ［德］马克思：《1844 年经济学哲学手稿》，北京：人民出版社，2000 年版，第 57 页。
2 ［德］马克思：《1844 年经济学哲学手稿》，北京：人民出版社，2000 年版，第 58 页。
3 ［德］马克思：《1844 年经济学哲学手稿》，北京：人民出版社，2000 年版，第 60 页。
4 ［德］马克思：《1844 年经济学哲学手稿》，北京：人民出版社，2000 年版，第 89 页。

继马克思之后，以对资本主义批判为原点，法兰克福学派对工业社会人与自然的异化进行了批判。法兰克福学派认为当代工业社会拥有超强的物质生产能力，处于最能支配、奴役自然的时期，在此基础上建立起适应工业文明的政治体制，并许诺给予人前所未有的自由，但这种努力并未使人变得更自由，而是更不自由。法兰克福学派更为看重的是统治当代社会的意识和无意识，即工业社会的人自以为拥有以往社会都不曾有过的“自由”，无法意识到人被控制和被压抑的现实，在持续进行着的现代化过程中，工业社会统治方式也现代化了。社会批判的终极目标是关心人类本身。作为法兰克福学派社会批判理论的重要代表人物之一，赫伯特·马尔库塞（Herbert Marcuse）在吸收马克思与海德格尔哲学以及弗洛伊德思想的基础上，拓展了法兰克福学派的社会批判理论。马尔库塞一生致力于批判资本主义社会弊病和揭示发达工业社会人的异化现象，并为探索工业社会病的根源，解除异化、寻求人的解放作努力。从“单向度的人”（One-Dimensional Man）的核心概念入手，马尔库塞在揭示人的全面异化的同时，以实现人的全面自由和总体解放为最终归宿，来建构其人本主义批判理论。[1] 马尔库塞关于人的主体性、人的解放等的论述对当代政治建设、经济建设、文化建设、社会建设和生态建设提供了思想借鉴。

---

1 ［德］马尔库塞：《单向度的人：发达工业社会意识形态研究》，刘继译，上海：上海译文出版社，2018 年版。

在关于现代的建构层面，后现代主义（postmodernism）是对现代性的突破和对新思想寻求的结果。后现代主义与西方马克思主义都追求人的自由和解放，虽然理论路径和理论旨趣迥然相异，非确定性和非实践性却成为两者殊途同归的结局。在理论建构模式上，后现代主义消解了传统哲学主客二分的理性主义传统，而西方马克思主义仍遵循这种传统，坚守着人的理性，用新理性来替代被异化的理性，以此重建现代性。

二、从现代困境中走向生态社会

在现代观念中，人的身体被作为一架生物机器，自然界被看成现代经济的外壳，“地方观念”（local consciousness）成了世界主义者眼中未开化之物，强行造成了人与自然界、自我与他者、心灵与身体之间的破坏性断裂。[1] 后现代生态观（ecological-view of postmodernism）批评现代性的核心点——人类处于一个整体的生态环境中，一切有无生命的被造物都不是孤立存在的，而是彼此紧密联系在一起的。因此，当代人要系统地、生态地、有差异地、联系地、动态地、非线性地看待宇宙、自然和人类的相互作用，回归生命体的“真实”状态。人类若要继续存在下去，就必须关爱“他者”，关爱其他被造之物，

1 ［美］查伦·斯普瑞特奈可：《真实之复兴：极度现代的世界中的身体、自然和地方》，张妮妮等译，北京：中央编译出版社，2001 年版，第 2 页。

只有如此才能实现一个生态一体化世界，人类也才可能得到真正的解放。深生态主义（Deep Ecology）理论认为，自启蒙运动以来过度强调的个人主义和人类中心主义是地球环境恶化并出现生态危机的根本原因。深生态主义提倡以非二元对立的整体观审视世界，反对将人类与自然对立的观念，认为人类与非人类都有其内在性，而这一内在性与是否能服务于人类没有丝毫关系，人与自然应该是和谐共生的关系，而非冲突对抗的关系。生态后现代主义（Ecological Postmodernism）认为“在地球共同体上，每一个宇宙生命的形式都是以它自己的方式来到世上的，然而它们之中没有一个是孤立地到来的。无论有生命的，没有生命的，都是我们的亲戚，都在我们周围存在”。[1]

在理论建构层面，以默里·布克金（Murray Bookchin）为代表的美国社会生态学（Social Ecology）坚持有机整体世界观以及物质环境对人类健康与行为的影响，批判工业文明以来占据主导地位的人与自然分裂的二元论意识形态，认为人类不仅应归入自然，实际上也是一个漫长的自然进化产物。[2] 布克金在 1970 年出版的《生态学与革命思想》一书中正式提出社会生态学的概念。社会生态学认为生态危机的实质是社会哲学和政治哲学问题，其本质根源不是传统形而上学和伦理学的失

1 ［美］查伦·斯普瑞特奈可：《真实之复兴：极度现代的世界中的身体、自然和地方》，张妮妮等译，北京：中央编译出版社，2001 年版，第 233 页。

2 陈世丹、吴小都：《社会生态学：走向一种生态社会》，《河南师范大学学报》（哲学社会科学版）2010 年第 2 期。

误，而是社会生活模式的弊端。社会生态学认为生态问题之所以是“社会的”，是因为“社会与自然之间的区分深植于社会领域，也就是深植于人类与人类之间根深蒂固的冲突”。[1] 如果人类不坚决地处理社会中的问题，当前的生态问题就不能得到清楚的认识，更不能得到有效的解决。[2] 用布克金的话说：“‘人必须统治自然’的观念直接来自人对人的统治……但是直到有组织的社会关系分解为市场关系，地球这颗行星本身才被变为开发的资源。这种历史悠久的倾向在现代资本主义制度下得到了恶化的发展。由于其内在的竞争本质，资产阶级社会不仅使人与人斗，而且使人类大众与自然界斗。正像人转变为商品一样，大自然的每一方面也都被转变为商品，变成一种被肆意制造和买卖的资源……市场对人类精神的掠夺与资本对地球的掠夺同时进行。”[3] 布克金认为，工业文明不可避免地与自然环境竞争，人类从自然环境获取生存所需品。实际上，具有理性和技术特点的文明被看作是一种对自然的再破坏。而将自然世界排除在人类社会本质和内在结构之外的思想隐喻着现代性社会的两个基本价值理念：一是人类社会与自然之间主—奴关系的结构。在这一关系结构中，人类社会处于绝对的主人地位，而自然世界处于绝对的奴隶地位，“人为自然立法”是这一关

1 陈世丹、吴小都：《社会生态学：走向一种生态社会》，《河南师范大学学报》（哲学社会科学版）2010 年第 2 期。

2 Murray Bookchin，*Society and Ecology*，The Anarchist Library，2009.

3 Murray Bookchin，*Post Scarcity Anarchism*，Chico，CA，AK Press，2009.

系结构的内在逻辑。二是人类社会对待自然世界的技术功能主义心态，以及由此心态滋生的现代工具主义价值理念。[1]

布克金主张“我们必须创造一种新的文化，一种并非仅仅旨在消除我们所面临危机的具体特征而不触及其根源的运动。我们也必须根除我们心理架构的等级制取向，而不仅仅消除体现社会支配关系的制度。文化与个性的改变与我们实现一个生态社会的努力同步—— 一个基于用益权、互补性和不可简约的最低保障的社会，同时承认一种普遍人性的存在和个体的权利要求。在一种不平等中的平等原则指导下，我们在实现社会内部和谐和社会与自然和谐的过程中，将做到既不忽视个性的领域，也不忽视社会的领域；既不忽视家庭的领域，也不忽视公共的领域”。[2] 后现代主义思想家、生态后现代主义主要代表人物查伦·斯普瑞特奈克（Charlene Spretnak）认为，“不仅所有的‘存在’在结构上通过宇宙联系之链而联系在一起，而且所有的‘存在’内在地是由与他人的关系构成的。”“代替将我们自己视作人类社会中与其他孤立原子相冲撞、相结合的社会原子，人被看作是处在一个联系的链条之中的。”[3]

为更好地理解现代与后现代，我们将后现代生态文明与现

1 曹孟勤：《从人类社会走向生态社会》，《南京林业大学学报》（人文社会科学版）2007 年第 3 期。
2 陈世丹、吴小都：《社会生态学：走向一种生态社会》，《河南师范大学学报》（哲学社会科学版）2010 年第 2 期。
3 王治河：《斯普瑞特奈克和她的生态后现代主义》，《国外社会科学》1997 年第 4 期。

代工业文明进行如下比较（详见表 4-1）：

表 4-1　后现代生态文明与现代工业文明比较*

Civilization type/文明类型	Postmodern Ecological Civilization/后现代生态文明	Modern Industrial Civilization/现代工业文明
Science/科学	Quantum Theory/量子力学	Newtonian Mechanics/牛顿力学
Philosophy/哲学	Philosophy of Organism（Quantum Field or qi）/有机哲学（量子场或气）	Philosophy of Mechanism（Substance）/机械哲学（实体）
Way of Thinking/思维方式	Comprehensive/综合	Fragmental/碎片式
World View/世界观	Organic holism/有机整体主义	Anthropocentrism/人类中心主义
Future/前景	Bright future/光明前景	No future/没有未来
Energy/能源	Regenerative energies/再生能源	Fossil Fuel/化石燃料
Psychology/心理	Compassion/共情心	Reason/理性
Physiology/生理	The whole brains/全脑（我体验故我在）I experience therefore I am	Left brain/左脑（我思故我在） I think therefore I am
Economics/经济	For the common good GDP/GDH（共同福祉）Living Economic	Time is money 利润/Time is life
Politics/政治	Democracy with Dao/道义民主	Western Democracy/西式民主
Education/教育	Wisdom/智慧	Knowledge/知识
Agriculture/农业	Organic agriculture/有机农业	Industrialized agriculture/工业化农业
City/城市	Eco-city/生态城市	Modern city/现代城市
Life style/生活方式	Simple life/简单型	Consumerism/消费型
Society/社会	Community/共同体	Individualism/个人主义

Civilization type/文明类型	Postmodern Ecological Civilization/后现代生态文明	Modern Industrial Civilization/现代工业文明
Tradition/传统	Tradition with open mind/传统与时俱进	Abandonment of tradition/抛弃传统
Relationship/关系	Harmony and intrinsic/和谐、内在	Competitive and external/对立、外在
Value/价值	Intrinsic/内在价值	External/外在价值
Beauty/美	Emphasizing/重视	Neglecting/忽视
Spirituality/精神	Aim at spirituality/旨在精神境界的提升	Aim at material possession/旨在财富占有

*本表摘录自樊美筠:《生态文明是一场全方位的伟大变革——怀特海有机哲学的视角》,《国际社会科学杂志》(中文版)2020 年第 2 期,第 70-79 页。

生态后现代主义认为，人不能再将自然看作是生产生活的基本和必要条件，而应该将自然作为人有意识的、自觉的生命活动的对象，将人类内在的尺度运用于社会发展中的自然，实现人的内在尺度与自然尺度的一致。在此过程中，人从对自然的社会性反思和整体性建构的关系中自察到人的本质，找到自由而全面的发展道路。生态后现代主义提倡的人与自然的有机整体论并不是一种基于人本主义的伦理悬设和道德批判，而是将现代社会发展的客观逻辑纳入人与自然的关系中进行反思，在现代社会进程中理解“生态社会人”对自然的全新态度。生态后现代主义在反思自然观念的基础之上，要求人们重新考察“生态社会人”的概念，意识到人与自然关系在于二者的统一性。

在马克思历史唯物主义看来，人类社会的实践被视作由需求刺激引起的创造性活动，同时人类对客观世界的需要又被实践活动所左右。马克思历史唯物主义将生态环境比作人的生命，启示我们要超越人类中心主义的狭隘观念，“联系生物圈内其他生物体的需要来理解人类的需要”[1]。全面而理性地理解并规划人的需求与自然生态之间的关系。

三、在共同体中践行生态文明

2020 年，人类从各种灾难中走了过来。联合国减少灾害风险办公室（United Nations Office for Disaster Risk Reduction，UNDRR）发布的《灾害的代价 2000—2019》报告指出，在 21 世纪的前 20 年，全球共发生 7 348 起重大自然灾害，远多于 1980—1999 年的 4 212 起；总计导致 123 万人遇难，相当于平均每年近 6 万人被灾害夺去生命，贫困国家的因灾死亡率比富裕国家高出 4 倍多。灾害影响 42 亿人口，造成约 2.97 万亿美元的经济损失。

生态灾难呈现剧增趋势。与之相比，全球在上一个 20 年（1980—1999 年）报告的自然灾害数量为 4 212 起，死亡 119 万人，受灾人数超过 30 亿，经济损失总额为 1.63 万亿美元。数据显示，上一个 20 年间，全球的洪水灾害数量从 1 389 起上升到 3 254 起，占灾害总数的 40%，影响人数达 165 万。其次

1 ［加］威廉·莱斯：《满足的限度》，李永学译，北京：商务印书馆，2016 年版，第 117 页。

是风暴灾害，发生数量从 1 457 起上升到 2 034 起，占灾害总数的 28%。此外，干旱、山火、极端天气以及地震和海啸等自然灾害的发生次数均显著上升。回顾工业革命至今的现代化历程，新型病毒、生产事故、核安全事故及其他各类生态灾难始终困扰着人类，人类的现代化进程为此付出了惨重代价（详见表 4-2）。

表 4-2　现当代生态灾难、安全生产事故、病毒及核安全事故*

类别	事件	类别	事件
生态灾难	1. 切尔诺贝利事故	安全生产事故	1. 哈利法克斯大爆炸
	2. 印度博帕尔毒气泄漏案		2. 印度比哈尔铁轨事故
	3. 莱茵河污染事件		3. 本溪湖煤矿爆炸
	4. 英国海域石油污染事件		4.“泰坦尼克号”事故
	5.“埃克森·瓦尔迪兹”号油轮漏油事故		5. 法国科瑞尔斯矿难
	6. 阿玛斯号货轮油污事件		6. 得克萨斯城灾难
	7. 拉夫运河事件		7. 特内里费空难
	8. 消失的咸海		8. 莱茵河污染事件
	9. 意大利塞维索化学污染事故		9.“威望”号油轮事故
	10. 日本水俣病事件		10. 北海大爆炸
流行病毒	1. 新型冠状病毒	核灾难	1. 切尔诺贝利事故
	2. 马尔堡病毒		2. 福岛核事故
	3. 埃博拉病毒		3. 三哩岛核事故
	4. 登革热病毒		4. 戈亚尼亚核事故
	5. 肝炎病毒		5. K-431 核潜艇事故
	6. 艾滋病毒		6. 加卡平地核事故
	7. 狂犬病毒		7. 图勒核事故
	8. SARS 病毒		8. 帕利马雷斯氢弹事故
	9. 汉坦病毒		9. 托木斯克核事故
	10. 甲型流感病毒		10. 东海村核事故
	11. 西尼罗河病毒		

*本表系笔者据 UNDRR 发布的相关数据编制。

生态灾难威胁全人类的生存已是不争的事实，但这一切为什么会发生，以及为何我们任其发生？关于面对这一近在咫尺的灾难时人类的心态，生态学马克思主义者、著名过程哲学家大卫·格里芬（David Griffin）打过一个比喻："几十年以来，我们都认为我们的文明会被核战争毁灭，这是一个非常严重的问题。但生态危机甚至更为严重。为什么？因为核冬天是人们做某事的结果——如果他们想发动核战争。但生态危机无须任何人做任何事情就能终结文明：我们可以仅仅通过继续'一切照旧'就能终结文明。"因此，今天的生态危机、社会危机、经济危机、心理危机、政治危机、文化危机、伦理危机和精神危机，知识的碎化难辞其咎，"最终，是我们的理念，而非科技，决定将来"（伯奇，2015）。正如小约翰·柯布（John Cobb）所说："我们是被我们的哲学所塑造的。"在柯布看来，"若没有某种恰当的综合统一的洞察力，我们的社会就会走向严重的灾难"。英国哲学家阿尔弗雷德·诺尔司·怀特海（Alfred North Whitehead）认为"一系列的哲学想法不仅仅是专门的研究。它塑造了我们的文明类型。"（White head，1968）。

生态文明因其观念与工业文明迥然不同，建立在生态之上的文明愿景是对以往农业社会文明、近现代工业文明成果的继承和升华。生态文明是对工业文明的超越。因生态文明建设涉及文明基石的改变，在性质上与以往的环境保护有本质区别。生态文明是变革，而非改良，是一场从理念到实践的、全方位的、深层次的变革。从以往文明类型中寻找生态文明图景建构的哲学基础，“共同体”（gemeinschaftund）理念备受重视。孕育于 19 世纪欧洲社会的“共同体”理论在一定程度上能够成为我们讨论生态文明建构的理论工具。

“共同体”概念最早出自 1887 年德国古典社会学家斐迪南·滕尼斯（Ferdinand Tönnies）的《共同体与社会：纯粹社会学的基本概念》(Gemeinschaftund Gesellschaft: Grundbegriffeder Reinen Soziologie）一书。在该书中，滕尼斯抽象概括出人类群体生活的两种基本结合类型——共同体和社会。在滕尼斯看来，无论是经验水平上的社会纪实，还是理论水平上的应用社会学，都需要一个对应的概念体系。且这个概念体系不是一般性的概念分类，而是类似理想类型（ideal-type）的东西，即滕尼斯所说的标准概念（Normal Concept)。滕尼斯认为“共同体”主要体现在原生自然基础之上的群体里，这种群体具有家庭、宗族等血缘关系，“共同体”也可能在小的、历史形成的联合体里实现，即村庄、城市等地缘共同体，也可能在思想联合体里实现，如友谊关系、师徒关系等精神共同体。总之，滕尼斯的“共同体”建立在血缘、地缘及共同记忆等基础之上。而血缘共同体、地缘共同体、信仰共同体等作为共同体基本形式，不仅是各组成部分之和，而且是浑然有机生长在一起的整体。[1]

1 Ferdinand Tönnies，*Community and Civil Society*，translated by J Harris and M Hollis，edited by J Harris，Cambridge，Cambridge University Press，2001.

滕尼斯的“共同体-社会”理想类型不仅启发了后世学者、使其不断发展人类社会研究的类型，也启发后来者、使其不断推进关于“共同体”的理论研究。

在滕尼斯“共同体”的基础上，诞生了埃米尔·涂尔干（Émile Durkheim）的“机械团结”（mechanical solidarity）与“有机团结”（organic solidarity）概念。涂尔干的机械团结论和有机团结论是对滕尼斯“共同体”理论的解构，也是一种发展。涂尔干共同体标准中的机械团结是原始社会、古代社会及现代一些“不发达”社会的一种社会联结方式，它通过根深蒂固的集体意识将同质性的诸多个体凝结为一个整体。这样的社会里团结“来源于相似性，它将个人与社会直接联系起来”[1]。而有机团结的共同体是由发达的社会分工及社会成员之间的异质性所决定的，其典型的代表是近代工业社会。在这种社会联结形式下，分工导致的专门化增强了个体间的相互依赖：一是分工越细致，个人对他人或社会的依赖越深；二是每个人的行动越专门化、个性越鲜明，越能摆脱集体意识的束缚，“正是分工，越来越多地承担起原来由共同意识承担的角色”[2]。

对比来看，滕尼斯的共同体侧重传统的聚居体，个体之间关系密切，生活于其间的群体有着共同的信仰和价值观、相同

1 周晓虹：《西方社会学历史与体系：第一卷》，上海：上海人民出版社，2002年版，第251页。
2 周晓虹：《西方社会学历史与体系：第一卷》，上海：上海人民出版社，2002年版，第269页。

的习俗、较强的集体意识等，成员之间的依赖性较低，整个社会高度一致，社会依靠传统力量来维持。在涂尔干看来，滕尼斯“千人一面”的群体生活模式是一种机械团结，而基于社会分工的工业社会才是一个真正的有机共同体，是有机团结的共同体。涂尔干认为工业社会由于专业分工的发展，群体成员之间的差异越来越大，社会价值观日益多元化，整个社会如同有机体一样被分解为不同的个体，而每个个体都为整体社会服务，整体中的个体虽然是独立的，但无法脱离整体社会。与滕尼斯对传统社会（社区）田野牧歌般的怀念不同，涂尔干清楚地意识到了有机团结的出现是历史发展的必然。[1] 然而，随着全球化的迅速扩展和社会流动性的日益加剧，从国际社会的格局和发展来看，滕尼斯狭义上的共同体已失去功能意义，现代民族国家的建立使传统共同体消亡。而从涂尔干共同体的角度审视当今国际社会存在的问题，仿佛能为当前的全球格局提供某种理论解释：当前世界变得越来越“共同”，但这个“共同体”建立在全球化利益分配不公、发达国家挥舞剪刀来“剪羊毛”、发展中国家沦为原材料供应地和产品倾销地且难以在国际分工体系中出头的基础上，发达国家需要的“共同体”对发展中国家来说可能是灾难，最终造成的后果是全球共识的破裂、价值冲突的加剧和全球组织的松散无力，国际社会的共同

1 周晓虹：《西方社会学历史与体系：第一卷》，上海：上海人民出版社，2002年版，第 252 页。

体理念逐渐被削弱。

纵观当前全球化进程，全球利益分化加剧，国与国之间、国际集团之间、不同文明群体之间产生了重大的利益分歧。当全球化进程有利于西方大国、大资产阶级利益时，资本就会不遗余力地鼓吹自由贸易以推进全球化的发展；当全球化进程出现不利于西方、大资产阶级利益苗头时，逆全球化、保守主义和孤立主义的声音和政策开始出现。

对于资本主导下涂尔干式的“虚假共同体”，马克思的批判最深刻以及最富洞见。马克思主要从两个层面对资本主导的“虚假共同体”进行揭露：一是普遍利益和特殊利益层面。马克思认为资本虽然号称要给全世界带来利益，但这种表面的普遍利益实际上是为了维护资本家的特殊利益，除了资本家以外的其他人的实际利益是受损的。二是人对人的本质的占有。马克思强调“真正的共同体”中自由人的联合，马克思所指的自由是社会中每个人全面而自由地发展，要求社会个体要充分占有自身的本质。在关于共同体中个体认知方面，滕尼斯强调人的自然意志，马克思强调人的本质解放。马克思在《德意志意识形态》一文中论述未来社会时，认为“个体”与“真正的共同体”“在真正的共同体条件下，每个人在自己的联合中并通过这种联合获得自由。”[1] 概言之，马克思关于共同体的论述更

1 ［德］马克思、恩格斯：《马克思恩格斯选集》第 1 卷，中央编译局译，北京：人民出版社，2012 年版，第 99 页。

强调历史视野，也更具有世界意义。“真正的共同体”依赖社会中每个个体的自由联合，而每个个体的自由发展也只能在“真正的共同体”中才能实现。马克思“真正的共同体”与“个体”是一种世界历史性的存在，它意味着个体同整个世界发生直接的、实际的联系。

从生态维度看，马克思“真正的共同体”中联合起来的生产者不仅要按照每个人自身的需要来调节与自然之间的物质变换，也要顾及后代和整个生命共同体的可持续来调节二者关系。马克思主义生态观将人类与自然看作一个整体，将人类实践过程中的需求同自然界的考量结合在一起，当人以自然理性的方式看待自然时，自然才能以共存的方式回馈人。马克思主义坚持人与自然和谐共生启示我们应该以生态危机作为全新的契机，以人与自然的和谐统一关系作为现代文明发展的基点，努力实现在生态文明的要求下政治经济制度的全方位、根本性变革。最终达到马克思指明的生态目标：“通过人并且为了人而对人的本质的真正占有；因此，它是人向自身、向社会的合乎人性的复归”[1]。

生态议题作为当今社会最为重大的课题之一，从现实层面揭示并批判当下以生态危机为主要表现形式的社会危机；从理论层面反省并寻求危机背后深层次的精神危机；从逻辑层面重

1 ［德］马克思：《1844 年经济学哲学手稿》，北京：人民出版社，2000 年版，第 81 页。

审并梳理生态危机与精神危机的共生关系，当下的生态危机的实质是精神危机、社会危机与生活危机的综合。

从人的共同体到人与自然的生命共同体再到人类命运共同体，国家是承担并实践这一时代任务的基本单元。近代以来，国际关系层面的国家交往暴露出局限于个体主体和国家主体的狭隘性。生态学马克思主义学者约翰·福斯特（John Foster）在《生态革命》一书中，用“生态帝国主义”揭示这种国家间在生态问题上的不平等和不正义现象，并总结出它的五种表现：①国家间的资源掠夺及其对生态系统的破坏；②大规模的人口与劳动转移；③利用他国生态脆弱性进行帝国主义控制；④倾倒生态废弃物；⑤全球性新陈代谢断裂。[1] 因此，人类的危机更需要一些西方发达国家抛弃国际关系层面的依附理论的霸权思维，用全球正义的视野来解决全球性生态危机，向人类命运共同体转型。在全球化时代，面对共同的挑战，只有各个国家同心协力、相互尊重、平等协商，才能保护好地球家园。

1 ［美］约翰·贝拉米·福斯特：《生态革命——与地球和平相处》，北京：人民出版社，2015 年版。

第二节 传统国际关系理论应对生态治理的不足与反思

一、全球生态文明建设的新结构和新问题

1. 国际合作层面

合理的国际合作机制以及得到认可的全球治理范式是一切全球性集体行动的必要条件。然而，全球治理理论的发展落后于全球化发展，落后于全球化问题涌现的速度，更落后于全球化主体和矛盾变迁的速度。从现实层面上看，近年来越来越多的问题涌现在国际合作中，不少学者甚至将其称为“失灵的全球治理”。从理论层面上看，这些问题缺乏成体系的理论框架的指导和方向性的、公认的研究议程。

国际合作的首要问题就是治理的主体问题，而这些问题包括许多不同的方面。新的全球治理体系是由谁来领导的？是一个国家、几个国家、国际组织，还是一个集体？如果以国家作为行为主体，那么在合作中应该在多大程度上让渡自己的主权？

Weiss（托马斯·玮斯）指出，如果当下的主要国际合作平台仍然是联合国，那么这一组织的机制化程度并不足以弥合国家间分歧并助力达成有效合作。[1] 首先，表现在《联合国宪章》

1 Thomas G Weiss， Governance，Good Governance and Global Governance：Conceptual and Actual Challenges，*Third World Quarterly*，Vol. 21，No. 5，2000，pp. 795-814.

中的联合国目标与现实的世界体系差距过大。不论凯恩斯主义与布雷顿森林体系的信奉者如何鼓吹国际组织的作用，现实的国际政治仍然处于无政府状态，因此不存在一个绝对权威下的永久和平秩序。秦亚青[1]提出，权力是任何一种国际秩序的核心因素，但从历史上看，仅凭强权支撑和维持秩序的社会从来都无法长治久安。因此，在没有“世界政府”且不接受唯一强权的前提下，解决全球治理众多问题的关键便是如何应对集体行动带来的公共物品供应问题。依据集体行动的逻辑，个体理性并不是集体理性的充分条件。[2]

除了主体问题之外的另一个问题是治理标准与治理方式的问题，即如何治理、如何定义“好”的全球治理、治理应当着重解决哪些方面的问题。

全球治理的目标是通过各个层次的国际合作解决全球性问题，以避免世界出现体系危机和动荡危机，而达到这一目标的具体手段方式以及完成程度缺乏理论支撑。学者 Young[3] 和 Weiss 都提出，全球治理和国家内部治理的背景、目标并不完全一致，那么评价标准也不能简单从国家层面延伸至国际层面，一个理想化的全球治理应该有独立、均衡和有说服力的理

1 秦亚青：《全球治理：多元世界的秩序重建》，《世界知识》2019 年第 14 期。

2 Mancur Olson，*The Logic of Collective Action：Public Goods and the Theory of Groups*，Cambridge，Harvard University Press，2003.

3 O R Young，*International Governance：Protecting the Environment in a Stateless Society*，Ithaca，Cornell University Press，1994.

论支撑。[1] 如何建立客观的、独立的全球治理体系评价标准，是通往有效合作和机制建设的重要理论问题。

在行为主体和治理标准之外的最后一个待解决的问题是全球治理的对象和受益者是谁，即应该为谁的利益而治理。

要回答这个问题，一方面需要明确各行为主体存在利益和诉求上的区别，即涉及对象复杂性时应具体问题具体分析；另一方面要认识到，在集体行动中各国的权责难以真正统一，即便可以统一，也涉及诸多规则建设与制裁机制的方法和道德困境。为谁治理的问题从根本上涉及治理的动机、方式和重点，与“由谁领导”和“评价标准”互相影响。只有回答了这个问题，前两个问题才能有更明确的答案。

2. 生态文明层面

世界环境与发展委员会提出，可持续发展问题是政治和经济之外另一个关乎人类发展的重要方面，而管理需要的手段是跨领域、跨国界的，呈现与其他问题高度的互动性和依赖性。[2] 全球范围内的国际环境治理（International Environmental Governance，IEG）包括协议、国际组织、政策工具、融资机制、规则、程序和规范。IEG 不仅影响环境，还影响全球治理

1 Thomas G Weiss， Governance，Good Governance and Global Governance：Conceptual and Actual Challenges，*Third World Quarterly*，Vol. 21，No. 5，2000，pp. 795-814.

2 The Department of Economic and Social Affairs of the United Nations Secretariat，*Global Governance and Global Rules for Development in the Post-2015 Era：Policy Note*，United Nations，2014.

的其他领域，如国际贸易。

基于此，如何平衡生态环境与经济发展、政治稳定之间的关系，成为亟待解决的一大理论难题。

特别地，理论应当着重关注解决生态与不平等的问题，例如，如何兼顾发达国家与发展中国家的生态环境建设，如何兼顾资源匮乏地区人民的生存权、发展权和生态文明建设。费伊（Fahey）和普拉勒（Pralle）通过对 2012 年至 2015 年发表的大量文章和书籍的分析发现，环境政策学者倾向于采用治理的概念来解释环境问题中的解决方案，但对各种行为体和机构的关注不够全面，例如现有环境政策文献忽略了大部分发展中国家和落后地区的政策反馈过程，在理论层面留下了巨大空白。[1]

二、传统国际关系理论与生态治理：运用与反思

国际关系学在第一次世界大战之后从多重学科交叉演进成长为一门独立学科，其理论呈现日趋丰富与多元化的特点。然而，虽然因解释不断变化的现实政治的需要而衍生出许多理论分支，但国际政治学科的主要流派仍然可以分为三大主义：现实主义、自由主义和建构主义。

1. 现实主义

现实主义以马基雅维利和霍布斯等近代现实主义政治哲

1 Bridget K Fahey and Sarah B Pralle，Governing Complexity：Recent Developments in Environmental Politics and Policy：Governing Complexity，*Policy Studies Journal*，Vol. 44，No. 1，2016.

学家的思想为基石，主张国家中心主义，强调权力政治，认为权力政治是一切国际关系的核心。现实主义的基本原则是国际体系处于无政府状态中；主权国家是国际体系的主要行为者；国家是为自身利益行动的理性行为者，其首要目标是自身的安全与存续；而权力是国家安全最好的保障。在基本假设上，现实主义又根据分析层次的不同分为古典现实主义、新古典现实主义和结构现实主义，将个人、国家和体系层次都囊括于分析当中。[1] 其中，新现实主义更加强调国际政治经济的相互依存关系，认为在一个系统中，结构限制和塑造了行为体和机构，而且尽管行为体和机构的目的和努力存在差异，结构还是使其运动趋向产生同质的结果。

传统现实主义理论主要聚焦于“如何应对其他国家的威胁”，因此其解释力在国家间竞争和博弈、安全陷阱和冲突政治中得到最大发挥。然而，这种“零和博弈”的思想无法有效运用在非传统安全领域；在 21 世纪，更多国家面对的是“没有威胁者的威胁”，[2] 即并非来自地缘政治竞争的威胁，而是来自人类与环境的互动，如气候变化、自然资源短缺和流行病等。冷战后的威胁和安全发生了三大变化：①不仅来自其他国家，也可能来自本国或非国家行为体；②单一军事上的政策不再能

---

1 李德元、董建辉：《西方国际关系理论流派的演进》，《国外社会科学》2011 年第 2 期。

2 Gregory F Treverton，et al，Threats without Threateners? Exploring Intersections of Threats to the Global Commons and National Security，RAND Corporation，2012.

解决问题，而是需要综合手段进行管理；③传统军事盟友不足以解决问题，而是需要多国家、多主体的全面合作伙伴。传统现实主义在克服这些威胁上未能提供有方向性的指导，因为在其假设中，人与环境或自然的关系是稳定的和未被关注的，国际政治中唯一的动态来自人类之间以安全问题为首的竞争。另外，对传统现实主义的批判还认为其“无政府主义”假设过于模糊和含义不明确，[1] 而且未能将其他关键变量——例如动态的合作密度和敌对程度——加入假设之中，使得在现实主义的假定下合作成为信息完全并且基于同一标准的，这很显然不符合现实情况。在生态问题中，这种批判的力度更为显著，即国家和个人关于生态问题的知识和对生态问题的认可度是影响其利益界定的关键因素，例如哪些国家的利益与其具有一致性，将何种国家作为生态问题上的“盟友”等。而这种认可度又是变化的和可塑造的，并不是先验的和一成不变的。

基于传统现实主义的假设，“生态现实主义”作为一种将现实政治与生态文明结合的理论被提出。这个理论认为保护生物圈是一国核心利益和国家安全政策中心目标之一。生态现实主义并不否认国家利益的概念，而是将国家利益的范围扩大，超出了对军事、经济和技术实力的短期追求，包括了一项更长期的任务：维持自然环境的正常运转。生态现实主义同样扩大

---

1 Helen Milner，The Assumption of Anarchy in International Relations Theory：A Critique，*Review of International Studies*，Vol. 17，No. 1，1991，pp. 67-85.

了国家安全的概念，包括所谓的“自然”安全，或人类生存和繁荣的生态先决条件。以气候变化为例，其影响可分为三个阶段：第一阶段是地表平均温度的直接变化，天气模式的变化会产生更多的极端事件；第二阶段是气候变化对水、农业和疾病等关键人为因素的影响；这些一阶效应和二阶效应将推动人类社会对其作出反应，从而产生三阶效应——社会、政治、经济和制度变革，进而影响地区和国际的经济和环境安全。[1] 生态现实主义的进步之处在于其认识到除了传统安全威胁之外的生态问题对国家利益的威胁，认识到了生态问题本身的复杂性，并且特别强调国家之间在生态问题上存在广泛的、需要通过合作来维护的共同利益。

虽然生态现实主义提供了一种新的视角并为保护生态环境的国家行为提供了合理的理性动机，但它难以回答同样作为国家利益的经济、军事和政治利益在多大程度上应当为生态利益让步的问题。另外，可能造成国家安全问题的最明显的政治和社会影响是由资源短缺引起的，可能会引起群体之间的竞争、城市居民的无序迁移，从而挤占一些地区原有居民的生存资源。一方面，移民们可能会发现自己被困在各种警戒线和围栏之外；另一方面，可能会有边境保护问题出现，以及在“目

1 The Case for Ecological Realism，*World Politics Review*（https://www.worldpoliticsreview.com/articles/28926/the-case-for-ecological-realism）.

的地”原有居民的本土主义反弹。[1] 郭树勇提出，国际关系理论既要解决问题，也要关心人类解放；建设世界共同体有必要限制战略理性，提倡沟通理性，而战略理性化与新自由主义密不可分[2]。如果仍然将国家利益作为分析中心，则必须承认各国之间在动机和环境问题严峻程度上的差异，因此各国之间势必很难达成使彼此都满意的合作，从而阻碍了人类设定一个基于“共同同意”原则的全球目标。[3]

基于上述建设共同体对政治与道德双重要求的需要，国际关系界提出了“道义现实主义”思想，认为应该在现实主义有关实力、权力和国家利益假定的基础上，从个人层面再发现道义在国际政治中的作用[4]。这一理论的提出，关键大国的道义或战略信誉可以提高其国际政治动员力，从而通过对国际事务的影响以至建立新的国际规范和秩序。就国家内部建设而言，王逸舟也提出从“经济大国”向“仁智大国”转变，应当探索大国目标与互鉴互融。[5] 道义现实主义在一定程度上弥补了现实主义中价值理性缺失的部分，在国家之间力量分配的基础上

1 Gregory F Treverton，et al，Threats without Threateners? Exploring Intersections of Threats to the Global Commons and National Security，RAND Corporation，2012.

2 郭树勇：《国际关系研究中的批判理论：渊源，理念及影响》，《世界经济与政治》2005 年第 7 期。

3 David Hulme，et al，Governance as a Global Development Goal? Setting，Measuring and Monitoring the Post-2015 Development Agenda，*Global Policy*，Vol. 6，No. 2，2015，pp. 85-96.

4 阎学通：《道义现实主义的国际关系理论》，《国际问题研究》2014 年第 5 期。

5 王逸舟：《从“经济大国”到“仁智大国”》，《中央社会主义学院学报》2019 年第 4 期。

构建影响力及其正确用途，在生态文明建设中有发挥自身更大优势的潜力，但理论目前还处于较为初级的阶段。

2. 自由主义

自由主义国际关系理论以 17—18 世纪启蒙运动中的理性主义和自由主义为基石，将个人的权利与自由和国家体系中的国家与个人进行类比，认为保障个人自由可以约束政府的外交政策，从而实现和平；相应地，国际社会可以通过制度安排和民主国家合作来避免战争和侵略。与现实主义相反，自由主义强调国家间合作以及一体化进程，在此基础上衍生出功能主义和理想主义等流派。20 世纪 80 年代之后，自由主义中的新自由制度主义影响力逐渐扩大，约瑟夫·奈（Joseph Nye）和基欧汉（Robert Keohane）等学者通过对跨国关系和国家间的相互依赖的研究，提出国际机制通过干预结构形成可以减轻国际社会无政府状态的消极影响。在国家间合作与相互依赖加深的情况下，新自由制度主义认为建立合理的国际制度可以促进信息的流动，形成对未来合理的预期，使得国家能够通过谈判来降低交易成本。国际制度还可以为解决国家之间的争端提供合法程序，使得国家更加注重声誉，促进合作。

新自由制度主义在国际生态文明制度建设上提供了一定的指导性，因其认为进行全球性的合作制度建设可以推动不同的国际社会行为体在环境保护议题上进行合作，而现实中生态文明议题合作也确实被以联合国为首的国际组织提上议程，

《巴黎协定》的达成和《2030 年可持续发展议程》等纲领性文件的制定也证明了多边合作的可能性与有效性。国际制度的建立提供了各国在环境问题上协同治理的平台，使得国际社会在会议上能够达成政治承诺，并且为落实政策提供了跨国合作的代理机构，促进了国际合作的深入发展。与现实主义或生态现实主义的国家中心论不同，新自由制度主义路径主张加强跨国机构在生态文明问题上的合作，主张领导的组织应当加强各个机构之间的联系，加强协调和协作，支持管理团队较弱的非政府组织并鼓励能够弥补治理缺口的新机构进入这个“机制网络”[1]。在这种情况下，一个跨国的机构复合体能够“避开”各国政府管控而直接与国家内部的各个层级社会行为体进行合作，且提高一些对于全球生态文明治理事务缺乏参与的国家的积极性。

虽然新自由制度主义的路径通过对机制建设的强调推动了全球治理议题的普及，但其不可避免地在现实实施层面和理论层面上产生了四个矛盾。首先，将跨国组织网络作为治理的核心机构必然会引发国家主权和全球合作之间的矛盾。诚然，环境保护主义催生的国际机构网络在某种程度上与以国家为中心的国际关系相契合，但同时它导致了民族国家的去中心化。特别地，非政府组织“绕过”政府层面直接干涉社会事

1 Kenneth W Abbott，Strengthening the Transnational Regime Complex for Climate Change，*Transnational Environmental Law*，Vol. 3，No. 1，2014，pp. 60.

务本身就是对于主权的威胁和政府治理能力的否认，一方面难以得到合法性的支撑，另一方面也会因为无法得到政府在资金和管理上的支持而困难重重。其次，新自由制度主义无法回答如何设置治理标准和尺度的问题。多重机构的合作中，很可能产生“委托—代理”纠纷，即多重委托机构和代理机构因为在信息资源上的不对称从而出现不一致的执行标准，且在跨国组织中，没有一个具有强制力的“国家机器”进行有效约束和监督。再次，跨国性的组织牵涉多层级的管理，难以保证跨国治理网络中各个机构的利益与诉求一致，也即“为谁治理”问题因为主体的复杂性和合作对象的多样性而变得难以协调和统筹。若以次国家行为主体的各自利益为准，则很难实现长期的、持续性强的“全球治理目标”。而若以国家及国家以上行为体的利益为准，则难以保证自由主义强调的“个人利益”在地方层面的充分实现。最后，新自由制度主义提出的制度建设和合作涉及的“正义”和“道德”问题相对难以协调。对于某些发展中国家人民来说，生存权是发展权的首要因素，而发达地区制定的生态正义标准与其利益取向并不一致。

3. 建构主义

与现实主义不同，建构主义用社会学的眼光来审视国际社会，认为国际行为体的行为和观念是通过建构而存在的，而非完全由权力对比与物质基础决定。建构主义提出，除了行为体的实力分配之外，国际社会的信仰、规范与观念等文化性因素塑造着国际关系，而国家间的认同便是促成国际合作的原因。另外，建构主义强调一种双向的塑造作用，即国际行为体通过现实的互动产生了共有观念，促成对自身身份和利益的建构，而这种建构又反作用于国家间的互动过程。因为国家自身不同的身份认同产生价值取向，外部基于物质力量对于国家利益的推测通常是不可信的，国家间模式性的行为应该被理解为经济或物质基础与意识形态和主体共同努力的结果。正因为这种假设，安全困境就不应该成为所有国际关系分析的出发点，而应该看到共同观念的力量。[1]

德里希·克拉托斯维尔（Fredrich Kratochwil）认为，建构主义的问题在于它是一种方法，而不是一种理论。[2] 如果它是一种理论，那它只是一种过程理论，而不是实质结果理论。传统建构主义作为一种过程理论，并没有规定其主要的因果关系和构成要素（身份、规范、实践和社会结构的存在），甚至是确切的性质或价值。建构主义只是在理论上说明了互动关系，提供了对过程和结果的理解，但没有预测与假设。虽然它对其他理论中的实质性元素的说明具有开放性，但建构主义是缺乏同一性的因果理论。如果没有统一标准和因果推断过程，

---

1 T Hopf，The Promise of Constructivism in International Relations Theory，*International Security*，Vol. 23，No. 1，1998，pp. 71-200.

2 Yosef Lapid and Friedrich Kratochwil，*The Return of Culture and Identity in IR Theory*，Boulder，Lynne Rienner Publishers，1997.

那么建构主义的解释力和现实指导性将会被削弱。

在生态领域，建构主义中的问题也同样存在。首先，建构主义被作为国家身份和利益的“绿色化”的理论途径被引入“生态中心主义”思想中，从而为解决国际社会的绿色合作提供指导。埃克斯利（Eckersley）提出，不应该忽视国家在生态治理中的作用，而应当建设“一个民主国家，其监管理想和民主程序是由生态民主而不是自由民主提供的”，从个人观念和体系架构上都成为一个“对生态负责的国家”。[1] 这种政治系统需要把自然视为超验结构，即生态是不可被改变和完全被人类所工具化的，而是作为一种目标和主体。另外，学者们还认为这种建构也应该被应用到国际社会的政治建构中，延伸到国际组织和合作平台的理念中，即通过加强环境多边主义，在国家边界内外建立一个绿色的自由民主宪法秩序。这种“生态中心建构主义”忽略了生态文明上“知识的共同体”，也是基于现实政治体系和经济利益的，即如果不能很好地将利益驱动作为工具，那么文化与知识的长久性和深入性可能受到质疑。例如，一些欧洲国家的“绿党”可以算作生态中心主义制度化的产物，然而反对者并没有因此加入生态中心主义阵营，反而会因为经济问题的激化引起国内的政治冲突。

另外，建构主义在生态文明建设中的应用也特别体现在其

1 Robyn Eckersley，*The Green State：Rethinking Democracy and Sovereignty*，Cambridge，MA，MIT Press，2004.

对于生态文明话语权和文化建设的关注上。生态文明话语权指国际行为体自身生态文明理念在国际社会的认同度和实施度，一方面是理论架构水平和宣传水平的差异，另一方面也是国家国际地位和综合实力的反映。[1]由于建构主义认为国家生态形象也是国家与其他国际行为体互动形成的，是相互建构共有知识的结果，那么对于国家在生态文明建设上可能会因为各国在国际性主流媒体竞争力上存在巨大差异而落入一种非真实主义。[2]目前国际传播的介质仍然是大众媒体，而大众媒体发展程度的差别决定了一些发展中国家的利益与话语权被“消音”，而另一些把持议程设置权力的国家的声音却被过度强调。以中国为例，前些年因为缺乏对于国际传播的关注，导致西方媒体“刻板印象”式的媒体建构在很大程度上被塑造成了“只要发展不要环境”的形象，无法客观反映真实的生态文明成果。而对于另一些经济较为不发达的国家，其利益和诉求也很难被平等地代表和建构。因此，这一理论在生态文明建设的实际运用中无法公正地回答“为谁治理”的问题，也无法客观地设置共同同意的全球性标准。另外，建构主义的过程性而非结论性使得“文化建设”的成效与对生态文明建设的实际推动作用难以被量化和客观估计。如果运用建构主义来对国家、集体和个人进行利

1 Wang Weinan，On the Struggle for International Power of Discourse on Climate Change，*China International Studies*，No. 7，2010，pp. 42-51.

2 杨惟任：《气候变化、政治与国际关系》，台北：五南图书出版股份有限公司，2015 年版。

益和身份上的重新建构，那么首先需要一个复杂的机制来达成，其次要使得重建进程能被掌握，那么需要整个社会广泛而多样的证据。如果要将文化作为建设的重要部分，那么必须辅助其他理论来达到标准化和理性化。

三、生态危机背景下传统国际关系的总体理论欠缺与局限

上文主要分析了现有国际关系理论与需求不符的矛盾。首先，分析当今全球生态文明建设在国际关系理论上需要回答的问题、需要解决的矛盾和亟待规划的路线时，本章重点强调了三个内容：首先是治理的主体，即“谁来治理”的问题；其次是治理的标准，即“如何治理”的问题，最后是治理面对的对象与目标，即“为谁治理”，将什么群体作为主要服务对象的问题。接着，本章分析了传统国际关系理论的三大流派，以及他们在生态文明建设或生态环境问题上的应用和传统理论的不足。

通过总结上文传统国际关系理论与现实生态文明建设需要的差距，可以总结出这些不足主要由三个方面的变化所导致：行为主体变化、国际社会价值取向变化以及问题本身变化。

第一，行为主体发生了变化。传统的国际关系理论所涵盖的主要行为体是主权国家与国际组织，而在当今国际社会，国际行为体极大丰富化与多样化，不仅包括主权国家和以主权国

家为主要成员的国际组织，还包括非政府组织和跨国公司等非国家行为体。这些行为体的加入使得全球治理更加复杂化。王义桅在对人类命运共同体的内涵与使命的论述中，提出目前的国际格局要求超越国家狭隘的利益差异，建立共商共建共享的世界命运共同体。[1]以生态文明建设为例，根据自由主义的思想，跨国的非政府组织应该成为主要行为体，直接对地方的生态问题进行干预；而这一点却与以国家利益为首要目标的现实主义产生了极大的冲突，现有国际关系理论并未对这两种争端形成一种调和性的结论。出于自愿原则建立的国际联盟改善了沟通与协商的问题，通过制度化实现了责任与义务的统一，但无法从根本上解决威胁进一步合作与集体行动的“搭便车”“不作为”以及“适应性解决”行为。行为主体的变化产生于国际社会成员能力和话语权对比上。传统国际关系学科具有“西方中心论”的特点，而在当今多极化的国际体系中，中国与更多发展中国家在发挥越来越大的作用，非西方国际关系学界的声音逐渐增强。如何面对这样的多元化和国际社会主角的“转移”与“分散”并将其应用到生态文明建设中去，是传统国际关系理论未能回答的。

第二，国际社会价值取向或主流范式产生了变化。传统现实主义国际关系思想以竞争和国家生存为主要目标，而为了更

1 王义桅：《人类命运共同体的内涵与使命》，《人民论坛·学术前沿》2017 年第 12 期。

好地应对人类共同面对的问题，国际社会在多元思想的基础上更加提倡共生共享与合作。然而在生态文明建设问题上，各国之间在多方面有本质的差异，难以一概而论；这种区别和同一性并未被传统国际关系理论全面地强调。另外，对于生态文明建设的关注使得传统国际关系中对于国家和群体利益的衡量产生了新的标准，即需要将生态问题也纳入考量的范围，需要将人与自然的互动纳入考量，需要更好地平衡眼前与长远的利益，这些重要的理论问题也亟待解决。进一步来讲，国际社会价值取向的更新需要新的理论调和现实与理想、个体理性与整体公正、当下资源与长期发展的问题，需要一方面关注现实主义中强调的国家利益与传统的权力定义，另一方面关注建构主义提出的观念互动与共同体建设，也需要进一步推进新自由制度主义所提出的国际合作的制度与平台建设。

第三，问题本身也正随着人类社会经济和科技的发展产生日新月异的变化，即生态文明建设正在与越来越多的问题产生相关性，如区域内冲突，地方性经济发展与产业布局规划等。以传统理论为基础的研究大多关注国家行为和跨国治理机制，但忽略了生态问题本身是否对国际社会产生了更深层次影响的问题，例如资源的短缺会导致不稳定甚至暴力冲突，贫困加深、大规模移民、加剧社会分裂和削弱原有制度，对国家本身的概念形成挑战。另外，环境保护主义的潜在变革性也需要系统性的理论研究，即绿色国际社会的长期过程如何作为一种深层次的规范变化带来国际结构上的影响。[1] 对于生态文明目标的追求可能会影响生产方式、国际贸易和经济增长的政策制定，而这些政策的改变有可能会在国际关系中引入新的机制，需要被理论抽象化地总结和梳理。

除了理论本身存在的局限性，传统国际关系理论的不足还体现在分析路径单一化与包容性不足上，需要加强联系性分析，引入多种分析方法。随着生态文明问题的复杂化，生态文明建设的理论需要与多学科进行交叉，形成复合型、专业化以及适应性强的理论，而并不需要局限于政治学内部。这一学科交叉的需求不仅体现在具体知识上的交叉与采用，更体现在思维上的吸纳与更新，在关注“权力”之外吸取其他学科的分析路径与关注问题。例如，环境科学之“建设”取代“修复”的可持续发展的核心思想，经济学的兼顾效率与成本的思想，人类学的个别案例分析的思想，以及社会学中关注的话语互动、环境动员和联合跨国网络问题。联系性分析还需要对全球国际政治的性质变化、生态问题广泛的间接影响以及气候变化、水资源短缺和流行病等问题之间本身的相互联系充分关注与认识。如果不能将多学科、多方法和多思想进行整合利用，则很难产生有效的实践指导。

不断更新的生态问题的需求挑战了传统国家政策的制定方法，而新的生态文明建设的需求也挑战了传统国际关系理

---

1 Robert Falkner，Global Environmentalism and the Greening of International Society，*International Affairs*，Vol. 88，No. 3，2012，pp. 503-522.

论。本章通过梳理生态文明建设需要回答的理论问题，分析现实主义、自由主义和建构主义理论流派在生态问题上的运用，指出了传统国际关系理论在生态文明建设中的不足之处。第一，传统现实主义思想存在对于国家利益的零和博弈关系设定过于僵化以及关注点过于局限的问题。生态现实主义在一定程度上通过将生态建设纳入国家利益弥补了这一缺陷，但仍然因为以国家为单一分析单位而难以解决合作中利益争端、共同目标制定和共同体建设问题；道义现实主义[1]有潜力弥补以上问题，但目前理论仍处于较为初级的发展阶段，在概念界定与理论运用上仍有待加强。第二，自由主义流派中的新自由制度主义推动了国际合作的制度化与规范化，但其在生态文明建设中对于跨国网络治理的强调引发了国家主权和全球合作之间的矛盾，并且复杂的参与者间的利益难以有效调和。第三，建构主义注重观念与现实之间互动的结果，但在生态问题上对于观念只是共同体的关注从而忽视了经济和政治的基础；另外，建构主义作为一种“过程性”而非“结果导向”的理论架构本身也遭到了批评，被认为从经验主义的角度无法设立统一可操作化的标准。

环境责任对当代国际社会的主要机构，特别是原有的主权、国际组织、国际法和市场构成了挑战。从理论方面来看，生态文明建设可以被视为国际社会一种新的准则，在迈向团结

1 详见阎学道、张旗：《道义现实主义与中国的崛起战略》，北京：中国社会科学出版社，2018 年版。

一致的国际社会的进程中可能发挥先锋作用。同时，如果一种新兴的规范与现有的规范框架产生共鸣，或者存在新的理论进行支撑，那么这种规范上的变革更有可能会成功。因此，虽然传统国际关系理论和现有的国际制度有诸多不足之处，新的理论仍然应当在其基础上进行建设和扬弃，循序渐进地进行改革与推进。随着环境观念在国际关系中的深入，生态文明建设也会与全球经济秩序和政治格局相适应。弥补传统国际关系理论的不足将是一个长期的过程，也是与新的国际规范、主流价值体系与主体不断适应调和的过程。

第三节　绿色国际关系与多元生态治理趋势

在资本主义生产方式向全球扩展的过程中，出现了人口过度增长、资源枯竭、生态环境破坏、核武器威胁等具有全球性的重大危机和挑战。自 20 世纪中叶以来，我们赖以生存的地球进入新地质时代——“人类世”（Anthropocene）。[1]其基本特征是人类的活动已经成为地球系统动态变化的主要驱动力，伴随着工业文明的不断发展和资本主义的扩展，经济增长带来的环境外部性问题日益凸显，以马尔萨斯人口论假说为代表的理

1 《自然》杂志 2019 年 5 月 21 日报道，国际地层委员会第四纪地层分会下属的权威科学小组“人类世工作小组”投票决定，认可地球已进入一个全新的地质年代——人类世，并指出 20 世纪中叶是“人类世”的起点。人类活动已经对地球造成了重大影响，甚至可能改变地球的演化方向。

论（即认为人口的极限增长是导致资源匮乏的关键因素）是人们关注环境问题因何而生的开端。国际社会对环境问题广泛的争论旨在探究日益恶化的环境问题的社会根源，从人口规模与技术水平的单因素争论拓展到了政府治理、文化背景、消费行为等多因素的讨论。

一、环境问题的国际化与综合化

1971 年，埃尔利希（Ehrlic）和霍尔德伦（Holdren）发表了著名的环境影响 IPAT 模型，可用方程式 $I=PAT$ 表示，其中 I 代表影响（impact），P 代表人口（population），A 代表富裕（affluence），T 代表技术（technology）。而我们面临的形势是（根据《2010 年世界人口状况报告》预测）到 2050 年，世界人口总量将超过 90 亿，这意味着人类的存活量在整个地球范围内将成为主要影响因素。纵观历史，人类的生活水平不断提升，富裕意味着物质消耗水平的提升，但也会带来更多的全球性问题，如气候变化和生物多样性的丧失。在这个过程中，技术往往扮演了双向的角色，一方面新技术可以让我们减少化石能源消耗，或者帮助我们直接跨越使用化石能源阶段；另一方面技术发明与应用成为推动和强化人类对地球系统控制的力量。依赖技术可以解决社会生态问题，但依赖技术产生的新问题，可能与原本其欲解决的问题同等严重。著名环境治理学者奥兰·扬认为“在人类世复合系统的世界里，若想设计出一些有效的治理安排，必须从星球的维度来考虑地球系统动态变化受人类影响的程度”。[1]

人类解决环境问题的努力随着其对环境问题认识的不断深入，经历了从变革国内政治经济体制到改变世界秩序诉诸国际合作与良政治理的阶段，以及经历了从地区性上升为国际性和全球性的飞跃。环境事务日益凸显全球化，主要体现在两个方面：一是环境问题的全球化，如跨国界环境问题（跨界污染、污染转移）、超国境环境问题（如南极的污染及利用）以及全球环境问题（如温室效应）；二是解决环境问题的全球合作机制，环境问题的复杂性使得国家无法单独解决，需要诉诸国际社会的广泛合作。值得深思的是，应对人类世日益复杂的“人与环境系统”（Human-Environment System），我们不仅面临环境影响本身从区域性向全球性的转变，也看到环境治理体系迫切需要制度创新（Institutional Innovation）和跨国转变（Transnational Transformation），从而赋予全球生态环境治理主体更多的治理权力和作用。与此同时，人们解决全球环境问题的措施也经历了从局限于环境问题本身，以局部调整、补偿与保护，到实行战略性、全球性规划，将环境问题纳入人类社会整体发展模式的演变中。[2] 1972 年和 1992 年的“联合国人类环境会议”

1 ［美］奥兰·扬：《复合系统：人类世的全球治理》，上海：上海人民出版社，2019 年版。

2 黄淼、方莉：《从发展援助视角看全球环境问题治理》，《世界环境》2006 年第 3 期。

标志着国际社会诉诸全球性的合作来应对全球环境问题和将环境保护议题提升到了“全球性峰会”的高度。

面对全球环境危机，首先要回答的问题是何谓“治理”？“治理”（governance）与“统治”（government）的区别是治理需要权威，但这个权威不一定是政府机关；统治的主体一定是社会公共机构，但治理的主体可以是公共机构，也可以是私人机构，还可以是两者的联合。治理是政治国家与公民社会的合作、政府与非政府的合作、公共机构与私人机构的合作。[1] 全球治理理论的重要创始人詹姆斯·罗西瑙指出“一系列活动领域里的管理机制，他们虽未得到正式授权，却能有效发挥作用。治理指的是一种由共同目标支持的活动，这些管理活动的主体未必是政府，也无须依靠国家的强制来实现，它包括政府机制，同时也包括非正式的、非政府的机制。”[2] 因此，治理是多元主体间合作的结果，而非片面强调某一特定主体的角色和作用。理解这一点是理解多元化全球生态环境治理主体的角色与作用的前提，全球治理委员会（Commission on Global Governance）作出的定义则是“治理是各种公共的、私人的机构、个人管理其共同事务的各种方式的总和。它是能够调和相互利益冲突并采取联合行动的协调过程。治理既包括有权迫使人们服从的正

1 俞可平：《全球治理引论》，2002 年 2 月，转引自俞可平、张胜军：《全球化：全球治理》，北京：中国社会科学出版社，2003 年版，第 6-7 页。

2 ［美］詹姆斯·罗西瑙：《没有政府的治理》，张胜军、刘小林等译，南昌：江西人民出版社，2001 年版。

式制度和规则，也包括各种人们同意或以为符合其利益的非正式安排。”[1] 这两个经典的定义都包括了“正式的”和“非正式的”制度与机制。

“全球治理”（Global Governance）则是指“在已有国际机制失灵的情况下，试图在全球层次上通过改革重建一套全新的更有效的管理和解决全球性问题的国际机制和国际制度”。学者俞可平则定义为“所谓全球治理，指的是通过具有约束力的国际规则解决全球性冲突、生态、人权、移民、毒品、走私、传染病等问题，以维持正常的国际政治经济秩序。”全球治理委员会给出的定义是“治理在世界一级一直被主要视为政府间的关系，如今则必须看到它与非政府组织、各种公民运动、跨国公司和世界资本市场有关。”[2] 国际社会对全球环境治理的需求则包括：①对全球环境状况及相关信息的收集、解释与评估；②提供全球环境政策的论坛，构建治理主体之间的合作框架，并且发挥协调的功能；③促进多边环境协议的遵守和履行，应对具体的环境问题；④筹集和分配环境治理资源；⑤调解和仲裁环境冲突的功能。全球环境治理体制的核心要素是全球环境治理主体、多边环境协议和全球环境治理的资金机制。[3]

---

1 Commission on Global Governance，*Our Global Neighborhood*，Oxford，Oxford University Press，1995，pp. 2-3.

2 钟茂初、史亚东、孔元等：《全球可持续发展经济学》，北京：经济科学出版社，2011 版，第 107 页。

3 钟茂初、史亚东、孔元等：《全球可持续发展经济学》，北京：经济科学出版社，2011 版，第 111 页。

二、环境治理结构的多元化

从治理方式来看，国际环境关系中的主要行为体仍是主权国家和国际组织，其中国际组织格外活跃，以联合国系统为代表的国际组织为推动全球环境合作做出了重要贡献，1970 年以来建立的 7 个最重要的国际环境协定都是在联合国环境规划署主持下制定的。一些非政府的国际环境组织活动频繁，影响日增，如绿色和平组织成员逾百万，遍布五大洲。各国通过协商与合作解决人类共同关心的问题的机会增加，亦有利于国际政治经济新秩序的形成。国家虽然在很多时候成为全球环境治理的对象，但是国家作为国际环境合作的重要主体，依然发挥着重要作用，如自 1972 年以来，各国纷纷建立环境部门等专门机构，就是其治理功能的重要体现。此外，公民社会的各主要群组，包括非政府组织、私有部门、媒体、科学界等，也是全球环境治理的重要参与者。[1] 这种“三分法”基本遵从了超国家层次、国家层次、次国家层次（或公民社会层次）的层次界定法。

全球环境治理主体日益多元化，国内有学者已经进行了较全面的总结：一是包括政府间国际组织。全球层次上的这类组织主要包括联合国大会、联合国环境规划署、联合国可持

1 钟茂初、史亚东、孔元等：《全球可持续发展经济学》，北京：经济科学出版社，2011 版，第 111 页。

续发展委员会以及联合国开发计划署等，二是专门机构包括联合国粮农组织、世界卫生组织、联合国教科文组织、世界气象组织，此外还有世界银行、世界贸易组织。地区或次地区层次上的政府间国际组织，如欧安组织、欧盟等。此外，还包括地区金融机构，如地区发展银行等。而著名学者彼得·哈斯（Peter Hass）则更多地从参与环境事务的功能角度将环境治理主体分为“国家、国际组织、非政府组织、跨国公司、科学界（scientific communities）”五大类。[1]

多元的治理主体的相互合作离不开一个有效的体系结构。国内学者归纳了“国际环境治理架构”（如图 4-1）并指出“国际环境组织机构、环境法律体系、资金机制形成了关于国际环境治理的稳定的三角结构……结构中的三个要素互相呼应、互动、传递，形成了国际环境治理的有机联系的统一整体”。[2]

---

1 Peter M Hass，Addressing the Global Governance Deficit，*Global Environmental Governance*，Vol. 4，No. 4，2004. 引用自杨晨曦：《全球环境治理的结构与过程研究》，博士学位论文，吉林大学，2013 年，第 92 页。

2 俞海、周国梅、程路连：《国际环境治理与联合国环境署改革》，载杨洁勉主编：《世界气候外交和中国的应对》，北京：时事出版社，2009 年版，第 152-174 页。

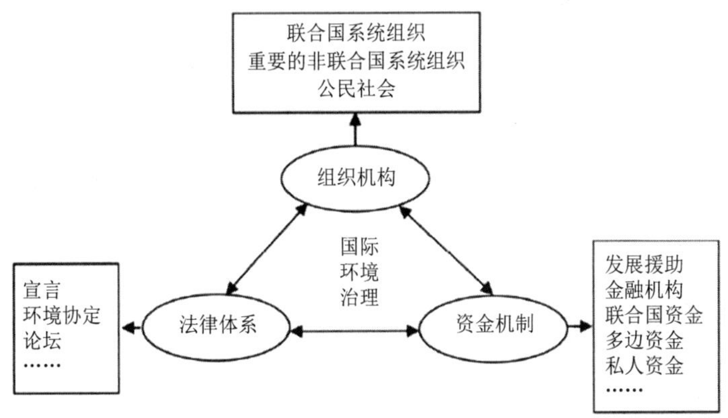

图 4-1 国际环境治理架构（俞海，等，2009）

这种“国际环境治理架构”明确了环境治理中的几个重要的要素以及每个要素所包含的重要主体，且说明了这些要素之间是互动的。有学者在这个静态的架构之上，进一步探讨了全球环境治理的过程和阶段：“问题界定（Issue Definition）、事实发现（Fact Finding）、谈判阶段（Bargaining Stage）、强化机制（Regime Strengthening）。”[1] 不同的环境治理主体在以上四个治理过程中往往发挥不同的作用和功能。

彼得·哈斯（Peter M. Hass）界定了 12 类环境治理功能，包括发现问题（Issue linkage）、议程设置（Agenda Setting）、知识发展（Developing usable knowledge）环境监测（Monitoring）、

1 杨晨曦：《全球环境治理的结构与过程研究》，博士学位论文，吉林大学，2013 年。

制度制定（Rule making）、建立规范（Norm development）、政策核实（Policy Verification）、强制执行（Enforcement）、技术转移（Technology transfer）、能力建设（Organizational skills）、推进贯彻（Promote vertical linkage）和资金供给（Financing）12 个方面，如表 4-3 所示（根据彼得·哈斯原文翻译）。

表 4-3　环境治理功能和实现功能所通过的主体角色[1]

功能	正式/直接	非正式/间接
议程设置	✓ 通过国际政府间谈判 ✓ 通过科研进程产生的信息 ✓ 通过资金机制（GEF） ✓ 通过国际组织（《全球环境展望》报告）	✓ 通过科学家 ✓ 通过企业/工业
建立框架	✓ 通过国际组织或成员国 ✓ 通过科学家	✓ 通过非政府组织 ✓ 通过媒体 ✓ 通过科学家
知识发展	✓ 通过科学家	✓ 通过科学家 ✓ 通过非政府组织 ✓ 通过企业/工业
环境监测	✓ 通过国际组织 ✓ 通过国际环境公约秘书处提名的委员会 ✓ 通过国际环境公约履约国	✓ 通过非政府组织 ✓ 通过科学家
制度制定	✓ 通过政府间谈判 ✓ 通过非政府组织	✓ 通过企业/工业（实际执行的标准） ✓ 通过非政府组织

1 Peter M Hass，Addressing the Global Governance Deficit，*Global Environmental Governance*，Vol. 4，No. 4，2004.

功能	正式/直接	非正式/间接
建立规范	✓ 通过方法学的演化	✓ 通过非政府组织 ✓ 通过企业/工业
政策核实	✓ 通过政府	✓ 通过非政府组织 ✓ 通过国际组织
强制执行	✓ 通过法律 ✓ WTO 和国际环境公约条款	✓ 非政府组织的运动
技术转移	✓ 通过官方技术援助 ✓ 通过商业/工业 ✓ 通过科学界（教育与培训）	✓ 商业/工业（合资企业）
能力建设	✓ 通过国际组织 ✓ 通过非政府组织 ✓ 通过科学界（教育与培训）	✓ 通过商业/工业
推进贯彻	✓ 国际组织系统 ✓ 国家与地区政府体系	✓ 非政府组织 ✓ 科学机构
资金供给	✓ 政府提供官方援助资金 ✓ 区域发展银行 ✓ 多边金融机构	✓ 商业/工业

国内学者则将哈斯的十二类功能简化为九类功能，主要包括议程设置、建立框架、环境监测、履约核查、规则制定、建立规范、强制执行、能力建设、资金供给九个方面，并根据五类治理在这九类功能的作用主体划分了“理想权威分配矩阵”[1]（也有学者将其称为“权威场域”sphere of authority[2]），本章则

1 杨晨曦：《全球环境治理的结构与过程研究》，博士学位论文，吉林大学，2013 年，第 94 页。

2 James N Rosenau，Global Governance as Disaggregated Complexity，*Contending Perspectives on Global Governance：Coherence，Contestation and World Order*，edited by A D Ba and M J Hoffman，New York，Routledge，2005，p. 133.

根据杨晨曦的研究进一步作了简化并省略了“理想权威分配矩阵”中具体实现功能的手段信息，仅突出各主体在九类功能上是否能够实现，如表 4-4 所示。

表 4-4　全球环境治理的理想权威分配矩阵（简化）[1]

治理功能	国家	国际组织	跨国公司	非政府组织	学术机构
议程设置	有	有	有	有	有
建立框架	有	有	有	有	仅监测框架
环境监测	有	有	有	有	有
履约监管	有	有	有	有	有
制定规则	有	有	有	有	有
建立规范	有	有	有	有	无
强制执行	有	多数没有	有	多数没有	无
能力建设	有	有	有	有	有
资金支持	有	有	有	无	无

环境保护参与机制成为国际关系重要特点，表现在国际层面上，是国际关系运行机制的转变，绿色外交兴起和区域性组织的加强。环境安全上多元行为主体的涌现使传统的政府一元决策机制被打破，向“政府制定、民间介入、国际影响”三元决策机制转化，这体现在各国能平等参与国际事务在环境安全治理中变为现实，是各类国际协调机制成为国际环境治理的运行主轴。面对人类的“极限”，霸权地位、领导者形象弱化，

1　引用并简化自杨晨曦：《全球环境治理的结构与过程研究》，博士学位论文，2013 年，吉林大学，第 94 页。

军事作用在下降，面临共同的环境问题，国际关系层面的动力机制也随之改变，传统的权力角逐和安全追求已不再适合当今国际社会在科技、生态等方面共同发展的要求。

三、国际关系理论的绿色化转向

“生态，已经成为全人类最大的共同议题，并已经成为超越经济与发展的人类三大问题之首。地球生态是一个整体，生态环境资源被全球配置，收益被全球共享，一个国家或地区对生态环境资源的使用往往会影响世界各国民众的福祉。”[1] 随着环境问题的全球化和国际化发展，相应的国际关系及全球治理理论也开始兴起，诞生于20世纪60年代的生态政治理论，正是对环境问题全球化及其治理机制的反思。生态政治理论对当时世界的发展模式，即西方资本主义和苏联社会主义均进行了强有力的批判，认为西方和苏联的道路本质上是相同的，区别只在于工业化的实践路径。生态政治理论学派对以工业化为代表的现代化生产方式的批评，对自由理论和社会理论大流行的政治理论形成强有力的挑战，促使国际关系学界对传统扩张的现代化路径有了更深刻的价值反思。

从参与环境治理的规模和范围看，当今国际社会的环境外交才真正具有全球性。世界绝大多数国家积极参与环境外

1 摘自国际在线生态中国频道《中国生态文明建设的发展》栏目全球荒野基金会首席执行官、世界荒野大会主席万斯 • 马丁（Vance Martin）的专访。

交，170多个国家设立了专门的环境机构且涉及内容极为广泛，不仅囊括了全球性环境问题，而且涉及和平发展等全球性政治、经济、军事等问题。与此同时，环境外交的规模和层次也大为提高。最终，环境问题的日益严峻和环境影响的日益扩大，促进了国际关系的绿色化，极大丰富了传统国际关系的内涵，促使国际关系从过去的完全以主权国家为中心朝着人与国家并重、国家行为体与非国家行为体并重的“多元化”方向发展。

国际关系中的环境问题随着不同的研究角度开始细化，国际关系理论相应地出现了绿色理论（Green Theory）。首先是新自由制度主义的学者提出了国际机制理论用来分析环境问题。1977年，约瑟夫·奈（Joseph Nye）和罗伯特·基欧汉（Robert Keohane）出版了《权力与相互依赖》一书，对全球生态环境问题进行了专门的理论探讨，《权力与相互依赖》认为“对联盟、国际经济体系、为工业污染物持续增加所威胁的生态体系而言，采取集体行动预防灾难是必要的。”[1] 1983年厄恩斯特·哈斯（Ernst Hass）提出国际机制理论的“生态进化”和“生态变革”理论，哈斯认为生态理论不单单是自然科学概念，也是国际社会及国际关系发展的一条重要原则。[2] 此后，国际制度理论逐

---

1 ［美］罗伯特·基欧汉、约瑟夫·奈：《权力与相互依赖》，门洪华译，北京：北京大学出版社，2002年版，第10页。

2 倪世雄：《当代西方国际关系理论》，上海：复旦大学出版社，2011年版，第372页。

渐成为全球环境治理的核心理论。同时，国际制度理论有关环境治理议题的讨论也促使国际政治经济学的绿色化转向，1978年丹尼斯·皮雷奇斯（Dannis Pirages）的《全球经济政治学：国际关系的新内容》中首次提到“国际政治经济学”应向“世界政治经济学”转向，皮雷奇斯提出“世界政治经济学”的研究对象应包括世界经济、生态、技术、伦理等问题。[1] 1989年英国经济学家大卫·皮尔斯（David Pierce）撰写了“绿色经济蓝图”报告，第一次提出了“绿色经济”[2]的概念。在此基础上，2008年世界金融危机期间，联合国环境规划署在全球展开了“绿色经济”和“绿色新政”的倡议，随之大量关于环境和生态问题的研究论文开始出现在国际政治经济学领域。同时，安全学科研究也开始重视环境问题，1987年第42届联合国大会通过了世界环境与发展委员会提交的《我们共同的未来》报告认为：“传统上理解的安全——从对国家主权的政治和军事威胁的角度来认识的概念……必须加以扩大，以便包括日益增长的环境压力的影响……地方的、全国的、区域的和全球的影响。”[3] 该报告宣称，关于安全概念的定义必须扩展，要超出当前对国家主权的政治和军事威胁，把环境恶化和生态条件遭到

1 Dennis Pirages，*The New Context for International Relations：Global Ecopolitics*，New York，Duxbury Press，1978.

2 David Pearce，et al，*Blueprint for a Green Economy*，London，Earthscan Publications Ltd，1989.

3 世界环境与发展委员会：《我们共同的未来》，王之佳等译，长春：吉林人民出版社，1989年版，第23页。

破坏也包括进来，报告第一次使用了“环境安全”的概念。另外，丽塔·弗洛伊德（Rita Floyd）所著《环境安全：途径和议题》一书，从更高的角度对环境安全及其治理提出了见解，丽塔认为当前环境安全的研究已呈现出碎片化取向，缺乏总体上的把握。因此，她主张将环境安全领域内的各项研究进行系统化整合。

20世纪中后期，生态环境问题日益严重，已出现跨国、跨地区的全球化发展趋势，这一时期的生态理论更加重视对生态问题的核心概念和治理机制的研究，产生了关于环境正义概念的理论阐释，如环境民主、环境权利、环境行动主义、环境公民关系及生态国家等。这一时期的国际关系理论趋向于把生态问题置于已有理论框架去讨论，国际关系理论界的新建构现实主义与现实建构主义都将环境问题视为“低级政治”问题，新自由主义学派则趋向于运用行政方式处理跨边界和全球环境问题。与此相应，生态理论家指出，现有环境问题产生的全球性危机和环境制度，并不能约束现有国家利益的追逐。因此，面对环境问题的全球化，原有的以国家为中心的国际关系理论缺乏有效的理论和治理模式，急需发展出一种可替代的建设性理论来代替现有理论。

生态政治理论学者摒弃以国家为中心点的理性主义国际关系理论，转而研究全球生态恶化与环境不公正的跨国根源，生态政治理论认为当前过于关注国家或国家竞争其实是一种误导，他们认为是全球资本主义的竞争而非国家间的竞争导致了环境危机，全球资本主义用专横的方式分解了全球生产和消费，在全球范围内对人类社会不同阶层和生态体系造成了不同冲击，对于一些地区和社会来说留下了远超出西方的“生态足迹”，而对这些行为几乎没有受到惩罚。对此，生态国际关系理论认为需要对跨国商品链，包括投资、资源开采、生产、广告、零售、消费和处理进行监管和分配，以便维护人类共同的生态安全。

1990 年加拿大学者 J. 麦克尼尔发表了《国际关系的绿色化》一文，从可持续发展的角度阐述了国际环境保护方面的需求与合作，是最早提及绿色国际关系理论的文章。这一时期西方学者极其偶然地使用过“生态文明”术语，但没有形成系统化的思想观念。进入 21 世纪后，随着全球形势的变化，全球环境治理成为国际关系研究的重点之一，许多新的视角和研究对象被引入国际关系领域，对全球治理的思考与分析在国际关系中得到了进一步的发展。生态危机的全球治理是对环境问题具有地区性、跨国性、全球性等基本特征的回应，是全球治理理念与环境领域的交叉。目前，全球环境治理已发展出政治科学、国际关系、公共政策、法律和环境研究等学科，并有自己的核心刊物如《全球环境政治》，有核心理论支撑，例如加勒特 • 哈丁（Garrett Hardi）的“公有地的悲剧”[1]，同时也有重

1 Garrett Hardin，The Tragedy of the Commons，*Science*，Vol. 162，1962，pp. 1243-1248.

点研究的关注领域，如面对全球环境问题，国际关系的两大主流理论——现实主义和新自由主义都对环境治理问题有各自的解释。现实主义者关注权力的产生以及权力是怎样被非国家行为体使用的（霸权国家在环境问题中发挥的作用）。而新自由主义则关注如何通过合作及确立制度来解决国家间的冲突，也就是重视国际机制的作用。

环境问题演变为重大的国际关系问题离不开环境外交的日益兴起，进入 21 世纪以来，世界多极化、经济全球化深入发展，文化多样化、社会信息化持续推进，全球合作向多层次全方位拓展，全球环境治理主体从国家政府走向国家政府、国际组织、科学团体等共同参与，以气候变化为代表的全球环境问题正在前所未有地塑造 21 世纪的国际政治，全球气候变暖的加剧将带来国际竞争的重心发生新变化，全球环境治理主导权也将拥有最大的国际影响力。[1] 面对复杂多变的国际形势，为提高国家国际环境话语权、占领国际舆论和道义制高点，环境治理成为国际话语权、领导力和国际形象提升的重要着力点。

生态危机因其超越国家边界，一国难以独立应对，例如，《联合国气候变化框架公约》的多轮气候谈判以及如何落实《巴黎协定》各项条款要求，自下而上的“国家自主贡献”以及“共

1 张海滨：《气候变化正在塑造 21 世纪的国际政治》，《外交评论》（外交学院学报）2009 年第 6 期。

同但有区别的责任”。因此不论在全球层面、区域层面还是国家层面，包容性、跨区域性的环境治理伙伴关系都不可或缺，非国家组织和地方政府也可以帮助或承担各国政府的气候目标，对全球气候治理的贡献和作用日益凸显。[1] 联合国《2030年享有尊严之路》报告指出，“发展依赖新的议程激发和调动重要行为体、新的伙伴关系和更广泛的全球公民的力量”[2]，其中，环境智库是政府、企业和公众三者的互动纽带，是全球环境治理与可持续发展的纽带，因此需要优化各自应对环境治理优势资源组合，塑造相互融合的全球环境治理有机体，加强全球环境治理互联互通机制。全球环境治理也越来越需要来自专业智库的智力和学术支持，需要学者对环境问题的长期研究和政策聚焦，还要拥有与时俱进的全球环境治理的专业知识和人才储备。此外，随着全球环境治理的日益复杂化，特别是国际关系、国际法和全球治理理论等成为环境智库新内容，环境智库成为环境专业、国际关系和全球治理之间的知识纽带。

四、全球环境治理的趋势

全球环境治理呈现出深刻变革的态势，治理主体日益多元

1 Angel Hsu，Niklas Höhne，et al，A Research Roadmap for Quantifying Non-state and Subnational Climate Mitigation Action，*Nature Climate Change*，Vol. 9，No. 1，2009，pp. 11.

2 UN Secretary-General，The Road to Dignity by 2030：Ending Poverty Transforming all Lives and Protecting the Planet，2014.

化，治理关系日益复杂化。[1] 全球环境治理的竞争性、专业性和复合性态势持续深化。

第一，环境智库更加专业性和全球性，与非政府组织联系更加密切。1972 年在瑞典首都斯德哥尔摩召开了由各国政府代表团及政府首脑、联合国机构和国际组织代表参加的第一次“人类与环境会议”，会议通过了《联合国人类环境会议宣言》，决定将每年的 6 月 5 日作为世界环境日（World Environment Day），成立了联合国环境规划署。2002 年的可持续发展世界首脑大会，2012 年联合国可持续发展大会也相继召开。2015 年，193 个联合国会员国在联合国可持续发展峰会上正式签署的《2030 年可持续发展议程》，提出了 17 项可持续发展目标，其中多数可持续发展目标与环境密切相关。环境智库的发展起源于现实的环境问题，在国家环境治理、全球环境治理和《2030 年可持续发展议程》中发挥了知识传播、理念倡导、政策推动和行动创新等多重功能，特别是在国际领导力、话语权、国际形象和责任上展现出了重要的影响力。科学和知识是全球环境治理的重要组成部分，学科间的差异化和文献数量日益庞大是环境治理日益难以形成共识的原因，而科学性组织作为“认知权威”（Epistemic Authority）具有以科学共识推动

---

1 Commission on Global Governance，*Our Global Neighborhood: The Report of the Commission on Global Governance*，Oxford，Oxford University Press，1995.

环境治理进程的内在属性。[1] 环境智库与非政府组织的联系更加密切，两者显现出日益深入的融合性和协作性，例如，气候行动网络（Climate Action Network）是一个由 120 多个国家的 1300 多个非政府组织和环境智库等共同组成的全球性网络，致力于促进政府和个人采取行动，相互促进，将气候变化限制在生态可持续的水平上。

第二，环境智库是从政策研究到行动设计的角色融合。以美国为代表的智库具有很强的旋转门（Revolving Door）机制，从研究者变为政策制定者，这种学者和官员之间的流通使智库保持了活力和有效性，使知识与权力有效地结合，也使智库成为政府培养和储备人才的港湾。环境智库的专业性强，在学术研究、政策设计和人才供给上占据优势，也成为全球环境治理研究、决策和执行的重要环节。智库参与决策过程时在政治倡导方面变得更加娴熟。[2] 专业性知识和人才本身就是一种无形力量，人才是环境智库的核心竞争力和未来发展的驱动力。而智库的一个重要功能就是培养和输送人才，这一功能不仅扩大了智库的影响力，而且吸引和激励更多的人才加入智库，形成智库的良性发展。智库向实践性智库（Do Tank）转型和深化的态势明显，在影响公众、参与政府决策、塑造国际影响力等方面

1 董亮：《科学与政治之间：大规模政府间气候评估及其缺陷》，《中国人口·资源与环境》2018 年第 7 期。

2 Donsld E Abelson，Old World，New World：The Evolution and Influence of Foreign Affairs Think-Tanks，*International Affairs*，Vol. 90，No. 1，pp. 125-142.

更加强势、富有适应性和创造性，环境智库自身往往也承担诸多实践性事务和项目，其研究性和实践性呈现融合的状态，甚至直接影响到个人、企业层面等。

第三，环境智库成为全球环境治理规则规范的一部分。全球治理日益强调国际交流和互动，强调行为者的多元化和多样性，以实现共同利益为目标，实际是不同主体间联系、协商和合作的过程。[1] 全球性环境问题日益严重，环境治理的方式和手段在不断创新，全球环境规则规范的重要性不断提升，正在向着有利于国际交流合作的方向发展，环境智库日益成为全球环境治理规则规范的重要组成部分。在 2017 年第三届联合国环境大会召开之前，联合国环境规划署向联合国环境大会提交了题为《迈向零污染地球》（Towards a Pollution-Free Planet）的报告，强调多利益相关方伙伴关系及合作有助于实现创新、知识共享和跨学科研究，呼吁政府、企业、民间社会和个人采取行动减少污染足迹，共同保护、净化我们的家园。[2] 在联合国《2030 年可持续发展议程》环境目标的确立过程中，环境智库也发挥了智力支持、深化联系、加强协作等重要功能。[3]

环境问题具有跨国、跨地区乃至涉及全球的后果，环境

---

1 Commission on Global Governance，*Our Global Neighbourhood: The Report of the Commission on Global Governance*，Oxford，Oxford University Press，1995.

2 United Nations Environment Programme，Towards a Pollution-Free Planet Background Report，2017.

3 董亮、张海滨：《2030 年可持续发展议程对全球及中国环境治理的影响》，《中国人口·资源与环境》2016 年第 1 期。

问题的解决依靠于全球协商和国际合作，环境智库是全球环境问题“认知共同体”（Epistemic Community）的塑造者，是由在环境领域具有相互认同的专业技术和能力，和在环境事务范围内具有政策相关知识和权威主张的人和机构等组成的网络，是全球环境治理规则规范的新内核。2006 年美国皮尤全球气候变化中心发布“气候行动议程”（Agenda for Climate Action），是美国第一个温室气体排放研究报告，为美国应对全球气候问题提供了科学的计划。[1] 在特朗普政府宣布退出《巴黎协定》、全球气候风险增大的新背景下，环境智库在一定程度上有效阻止了全球气候治理摩擦进一步扩大，发出积极的智库声音。总体来看，面对全球规模日益庞大的智库体系，对智库的管理、评价和使用成为全球治理、国际和平与发展的新着力点。

生态理论的兴起直观反映了全球环境危机所引发的国际关系领域调整。生态理论对原有国际关系关于生态研究及其治理的批评，使新理论对传统现代化的扩张、现代化路径有了更深刻的价值反思。20 世纪中期以来，生态政治理论与国际关系的联系日益紧密，使国际关系领域有关生态环境研究的内容不断增加，最终发展出了生态理论领域内的理论假设、研究领域、分析框架和核心价值。这一时期的生态理论注重批评与反思环

1 V Arroyo，*Agenda for Climate Action*，Pew Centre on Global Climate Change，2006.

境问题产生的核心政治概念和环境治理机制的跨国路径，直接催生出了一个全球环境正义生态流派。这一时期的生态学者认为，面对日益深入的经济全球化，在国家和国际层面主导的新自由主义学说使生态问题更加难以解决，国际社会需要通过集体行动来解决跨国和全球生态问题。20 世纪中后期以来，国际关系领域重点关注了非国家角色在环境危机层面的治理，并形成了从跨国环境下的非政府合作组织到工业及金融公司等相互合作和多元治理的实践经验，这些新的理论将全球环境问题的治理置于更复杂的多层次、多体系、多元化图景之中，超越了典型的民族（主权）国家制度治理形式，使国际关系研究转向更为绿色化的方向。

第四节　生态文明思想与全球环境治理的中国方案

一、中国环境治理思想的提出过程

改革开放以来，中国经济的高速增长取得了举世瞩目的成就，与此同时，高消耗、高排放、低效率的粗放式增长方式，带来了一系列严重的资源、环境、生态及社会民生问题。[1] 如何

1 金涌、[荷] 阿伦斯：《资源 • 能源 • 环境 • 社会——循环经济科学工程原理》，北京：化学工业出版社，2009 年版。

处理经济增长与环境保护之间的关系，实现高效、清洁、低碳、循环和可持续发展模式，促进工业文明与生态文明的和谐共生，是中国社会发展亟待解决的现实问题。

中国的环境治理思想始于20世纪70年代，早期主要借鉴西方发达国家的环境治理经验，中国特色生态哲学研究肇始于20世纪80年代，发展于90年代，在译介西方生态学者的“动物权利论”“生物中心主义”“生态中心主义”等思想的基础上，开展“走进还是走出‘人类中心主义’”大讨论，为我们理解“人类中心主义”和“生态中心主义”的内涵以及生态保护的意义提供了思想资源。而生态文明作为一个整体的发展理念，是党的十七大之后逐渐形成、确立和丰富发展起来的。

生态哲学与环境问题自 20 世纪中后期兴起后，至今仍是哲学与伦理学讨论的热点问题。特别是生态文明作为一种“更为先进的文明形态被提出，乃至被世界范围所认可的时候”[1]，生态哲学与环境伦理学更是被国内学者从不同角度加以阐释。同时，中国学者结合中国传统文化思想，为生态哲学提供了多角度的思想元素与理论基点[2]。近年来，生态哲学无论是以学派划分还是针对具体问题的研究，都提及中国传统文化的价值。但是，这种研究路径至少在哲学内在逻辑层面，不可

1 路强：《边界与阐释：中国传统哲学思想生态演绎的反思》，《学术研究》2021年第1期。

2 同上。

能直接对现代意义上的生态环境问题产生彻底的反思。无论是生态哲学还是环境伦理学，其产生的背景一方面是生态学本身的出现，另一方面则是在人类的实践活动中，生态环境危机已然显现为对整个人类生存产生影响的问题。[1] 因而，对生态环境进行的整体性反思不会早于 19 世纪。生态危机及其哲学思想只有在工业革命之后讨论才具有意义。从学术史的角度而言，生态哲学产生于 20 世纪后半叶，1967 年，美国历史学家林恩 • 怀特（Lynn White）在《我们的生态危机的历史根源》一文中，首次从世界观和价值观的角度探讨了西方生态危机的深层根源。受怀特思想的启发，西方学者相继从精神和价值观层面展开对西方环境危机的研究，以及对如何克服环境危机的路径进行了讨论。基于学术史的证据，在怀特提出生态危机的观点之前，将历史上所出现的类似思想成果或者只言片语冠以生态哲学或环境伦理，并不符合历史事实与理论逻辑。

历经了 20 世纪六七十年代的大讨论之后，西方学界尤其是生态学马克思主义逐渐发展成一个“明确包含着对资本主义生态环境问题深层原因和未来绿色社会主义解决途径的系统性分析以及政治过渡战略的理论话语体系”。“生态学马克思主义不断实现其理论话语体系化以及未来发展的一个重要进路，

[1] 路强：《边界与阐释：中国传统哲学思想生态演绎的反思》，《学术研究》2021 年第 1 期。

是批判性总结与反思资本主义社会条件下一直进行着的各种‘浅绿色’努力及其所提出的挑战性问题。”[1] 随着其内容不断扩展，生态学马克思主义已经不能被简单化地理解为一个西方学术流派，生态学马克思主义的中国化或当代中国的生态学马克思主义等概念为我们分析中国生态文明理论与实践提供了一个重要的话语语境或视域。

党的十八大以来，以习近平同志为核心的党中央立足新时代国内外生态现状，把马克思、恩格斯生态思想同中国生态的具体实践进行有机融合，实现了马克思、恩格斯生态思想的中国化，明晰了中国化马克思主义生态理论生成于实践又指导实践的中国化逻辑。习近平总书记指出，“国际上这些发展思想和发展理念，是人类十分宝贵的文化财富。但是，这些发展理论还是不系统的、不完善的，有许多是基于发达国家面临的问题提出的，并没有充分反映发展中国家的要求。”[2] 2018 年 5 月，在全国生态环境保护大会上，习近平总书记发表重要讲话，对全面加强生态环境保护，坚决打好污染防治攻坚战，作出了系统部署和安排，确立了习近平生态文明思想。

1 郇庆治：《生态马克思主义的中国化：意涵、进路及其限度》，《中国地质大学学报》（社会科学版）2019 年第 4 期。

2 习近平：《干在实处走在前列——推进浙江新发展的思考与实践》，北京：中共中央党校出版社，2006 年版，第 20 页。

二、习近平生态文明思想的基本内涵和实践指南

党的十八大以来，习近平总书记继承和发展马克思主义关于人与自然关系的思想理论，深刻把握新时代人与自然关系的辩证关系，开创了具有根本性和长远性的生态文明工作部署，推动生态文明建设从认知到实践领域发生了历史性变化，形成了习近平生态文明思想。“欠发达地区只有以科学发展观为统领，贯彻落实好环保优先政策，走科技先导型、资源节约型、环境友好型的发展之路，才能实现由‘环境换取增长’向‘环境优化增长’的转变，由经济发展与环境保护的‘两难’向两者协调发展的‘双赢’转变；才能真正做到经济建设与生态建设同步推进，产业竞争力与环境竞争力一起提升，物质文明与生态文明共同发展”[1]。

习近平生态文明思想的基本内涵包括：①主要回答了“为什么建设生态文明”“建设什么样的生态文明”以及“怎样建设生态文明”等重大的理论和实践命题。②习近平生态文明思想集中体现了生态兴则文明兴的历史观念中人与自然和谐共生的自然观、“绿水青山就是金山银山”的发展观、良好生态环境是最普惠的民生福祉的民生观、山水林田湖草是生命共同体的系统观以及实行最严格生态环境保护制度的法治观和共同建设美丽中国的全民行动观与共谋全球生态文明建设之路的全

1 习近平：《之江新语》，杭州：浙江人民出版社，2013 年版，第 223 页。

球观。习近平生态文明思想深刻把握人与自然的发展规律，是新时代生态文明建设的根本遵循，为推动生态文明建设提供了思想指引和实践指南。

针对生态文明思想的实践要求，习近平总书记提出："第一，要坚持人与自然的和谐共生。坚持节约优先、保护优先、自然恢复为主的治理方针，多谋打基础、利长远的善事，多干保护自然、修复生态的实事，多做治山理水、显山露水的好事，让群众望得见山、看得见水、记得住乡愁，让自然生态美景永驻人间，还自然以宁静、和谐、美丽。"[1] "第二，'绿水青山就是金山银山'的理念。"习近平提出，"必须贯彻落实创新、协调、绿色、开放、共享的发展理念，加快形成节约资源和保护环境的空间格局、产业结构、生产方式、生活方式，把经济活动、人的行为限制在自然资源和生态环境能够承受的限度内，给自然生态留下休养生息的时间和空间，要加快划定并严守生态保护红线、环境质量底线、资源利用上线三条红线。"[2] "第三，良好生态环境是最普惠的民生福祉的理念。"习近平总书记提出要，"坚持生态惠民、生态利民、生态为民，重点解决损害群众健康的突出环境问题，加快改善生态环境质量，提供更多优质生态产品，努力实现社会公平正义，不断满足人民日益增长的优美生态环境需要。要增强全民节约意识、环保意

1 摘自《新时代党员干部学习关键词（2020 版）》，北京：党建读物出版社，2020 年版。
2 同上。

识、生态意识，培育生态道德和行为准则，开展全民绿色行动，动员全社会都以实际行动减少能源资源消耗和污染排放，为生态环境保护作出贡献。”[1] “第四，山水林田湖草是生命共同体理念。”习近平总书记提出要，“从系统性和全局角度寻求新的治理之道，统筹兼顾、整体施策、多措并举，全方位、全地域、全过程地开展生态文明建设。”[2] “第五，以最严格制度、最严密法治保护生态环境。要求加快制度创新，增加制度供给，完善制度配套，强化制度执行。要严格用制度管权治吏、护蓝增绿，有权必有责、有责必担当、失责必追究，保证党中央关于生态文明建设决策部署落地生根见效。”[3] “第六，共谋全球生态文明建设理念。提出要深度参与全球环境治理，增强我国在全球环境治理体系中的话语权和影响力，积极引导国际秩序的变革方向，形成世界环境保护和可持续发展的解决方案。要坚持环境友好，引导应对气候变化国际合作。推进‘一带一路’建设顺利实施，让生态文明的理念和实践造福沿线各国人民。”[4]

三、中国是生态文明的践行者、全球气候治理的行动者

社会主义生态文明及其建设的国内和国际维度的统一性

[1] 摘自《新时代党员干部学习关键词（2020 版）》，北京：党建读物出版社，2020 年版。

[2] 同上。

[3] 同上。

[4] 同上。

主要不是理论问题，更多的是一个实践层面上的问题。也就是说，由于现实国际政治经济格局中存在发达工业化国家和发展中国家之间的明显区别，因而，即便是致力于社会主义生态文明建设的发展中国家，比如中国，也有理由要求发达工业化国家履行自己，尤其是与历史原因相关的特殊国际生态环境治理与合作责任，以及依据自身的经济社会现代化水平与能力来渐次提升其在国际生态环境治理与合作中的义务责任，也即在国际社会中逐渐达成共识的“共同但有区别的责任原则”。客观地说，中国对国际生态环境治理与合作的参与立场也的确大致经历了这样一个逐渐提高的变化过程，从 20 世纪 70 年代初的明确承担道德责任到 90 年代初及之后的明确承担政治责任，再到 2015 年以后的主动承担法律责任，而这样一种演进反映了我国自身发展阶段的变化和世界经济政治格局的变化。但从社会主义生态文明理论及其实践的视角来说，实现这种国内与国际维度的一致性就有着更为特殊的重要性。一方面，国际维度与国内维度的强烈反差将会直接影响国内层面上那些先进或积极政策的贯彻落实，甚至会影响执政党和政府的政治公信力与合法性；另一方面，国际维度上的生态环境治理与合作表现将会直接影响到我们与世界各国包括广大发展中国家在其他诸多政策议题上合作共治的政治可信性和说服力。换句话说，社会主义生态文明及其建设的理论阐释固然非常重要，但最终能够检验和证实理论的有效性与科学性的还是实践，尤其是地方、国内和国际层面上具有核心理念、制度构架和战略政策内在契合性的实践。这方面最典型的实例当属我国政府对于《巴黎协定》谈判及其落实的更积极立场，以及它所带来的我国在全球气候变化政治中国际形象的重大改变。无论《巴黎协定》在贯彻落实过程中会遭遇什么困难和曲折，我国在国际环境政治舞台上的形象的确是大幅度提升了。

这两个维度的趋合或统一，不仅会大大改进我国全球生态文明建设参与及其宣传的效果，而且会借助正向的外部反馈反过来推动国内层面上的生态文明建设。比如，我们不仅已做到向欧美国家学者甚至驻华机构来宣讲习近平生态文明思想，而且能够在国际学术交流与对话场合自主评述像浙江安吉美丽乡村建设、内蒙古库布其沙漠治理、山西右玉生态环境恢复、河北保定“未名公社”等一系列社会主义生态文明建设的生动案例。总之，这些都是非常积极的信号，是一个良好的开端，而我们社会主义生态文明研究学界还有大量的工作可以做。

过去几十年，从国际分工和发展程度衡量，我们认为全球环境治理各国应该是“共同但有区别的责任”，即发达国家已经完成了工业化和产业升级，而发展中国家正在进行工业化步伐，因此两者需要面对的环境责任是不一样的，我们主张环境治理过程中发达国家应该承担更多的责任。党的十八大以后，在生态文明建设方面，我国积极参与全球生态治理，强调重视共同的责任和义务，并积极提供环境治理援助，倡导环境治理的互助协力模式，充分体现了中国在全球治理中的作用和担当。在推动国际环境问题政策制定及理念普及方面贡献了中国智慧。

人类文明经历了原始社会、农业社会、工业社会，而生态文明社会是工业社会发展到一定阶段的必然产物。资本主义生产方式和全球市场开创了人类文明的全球化进程，同时也深刻改变了之前社会中人与自然、人与人、人与社会的关系，工业革命以来的生产方式掠夺了大量自然资源，造成了日益严重的全球生态危机。“人类社会巨大的生产力创造了少数发达国家的西方式现代化，但已威胁到人类的生存和地球生物的延续。西方工业文明是建立在少数人富裕、多数人贫穷的基础上的；当大多数人要像少数富裕人那样生活，人类文明就将崩溃。当今世界都在追求的西方式现代化是不可能实现的，它是人类的一个陷阱。所以，必须在科学发展观指导下，探索一条可持续发展的现代化道路。”[1] 同时，新型科技革命使人类形成一个“你中有我、我中有你”的利益共同体，面临环境危机，对人类保护地球家园的严肃性和紧迫感提出了更高的要求。

当前，全球环境治理体系呈现出新的态势。一方面，原有的治理机制碎片化、合作和协作缺乏、合规与执法能力不足、

1 习近平：《之江新语》，杭州：浙江人民出版社，2013 年版，第 118 页。

执行效率低下、主权国家与其他治理主体间权力关系发生变化、环境承诺国受到国内政治影响执行不力，各类新型挑战不断涌现；另一方面，清洁技术的出现与应用，使得全球层面的污染控制、大数据、管理智能化、绿色城镇化与智慧交通等环境与发展的新兴议题需求度不断上升，对全球环境治理体系要求不断提高。

当今时代，生态危机已成为人类社会面临的巨大威胁，各国携手治理生态环境，保护全球生态安全，共建全球生态文明，共创人类美好家园，实现自身的可持续发展。习近平从全球生态文明建设出发，重点阐述了“人类与自然关系”以及“为什么要推动全球生态文明建设”的问题，提出“人与自然是生命共同体，人类必须尊重自然、顺应自然、保护自然”[1] 的理念，阐明全球生态文明建设关乎各国利益和人类未来的发展，并在推动全球生态治理体制变革和全球生态治理层面进行了体系创新。中国在全球生态文明建设领域的角色由过去的追随者转变为全球治理的深度参与者、全球议题的塑造者、全球治理规则的制定者、全球治理机制的创新者和全球生态文明理念的引领者，在国际上发挥与自身体量和国家地位相符的积极作用，全面提升了中国在全球环境治理体系中的话语权，为全球环境治理体系改革贡献了中国智慧，受到了国际社会广泛关

1 中共中央文献研究室编：《习近平关于社会主义生态文明建设论述摘编》，北京：中央文献出版社，2017 年版。

注，对全球生态治理产生了重大而深远的影响。

四、以生态文明理念构建全球生态环境治理新格局

在解决国内环境问题的同时，我国积极参与全球环境治理，积极履行全球环境公约，已批准加入 30 多项与全球生态治理相关的公约和议定书，并积极履行环境治理承诺，大力推进绿色"一带一路"的建设，开展了区域环境合作和南南环境合作新模式，建立起"一带一路"生态环保大数据服务平台、推动成立"一带一路"绿色发展国际联盟，组织实施绿色丝路使者计划，与广大发展中国家分享环境治理经验，将我国的绿色技术和绿色标准与国际社会共享，有力维护了全球生态安全。

全球生态治理是一个复杂、艰巨和长期的系统工程，习近平主席从世界史高度和人类文明发展的视野，提出创设"全球生态文明建设"的国际话语权，阐明推动全球生态环境治理的基本原则和发展方向——"没有哪个国家能够独自应对人类面临的各种挑战，也没有哪个国家能够退回到自我封闭的孤岛"。[1]在全球层面提倡推动全球生态文明建设、高举人类可持续发展的旗帜，提出根据各国的实际情况，坚持共同但有区别的原则、公平原则、各自能力原则，共同应对全球生态问题的挑

1 中共中央文献研究室编：《习近平关于社会主义生态文明建设论述摘编》，北京：中央文献出版社，2017 年版。

战。敦促发达国家做全球生态治理的表率，承担更多更大的历史责任。

全球生态文明建设是一场观念领域的彻底变革。中国倡导推动全球生态文明建设，打造人类生命共同体进而打造人类命运共同体，实现人类与自然的和谐永续发展，不仅符合自然规律与人类社会发展规律，也符合各国人民的共同利益和人类未来发展要求，是应对全球生态危机，实现人与自然和谐永续发展的正确主张和行动指南。2013 年 9 月，习近平主席在哈萨克斯坦纳扎尔巴耶夫大学发表演讲，首次向世界阐述了“绿水青山就是金山银山”的生态文明理念，习近平主席指出：“我们既要绿水青山，也要金山银山。宁要绿水青山，不要金山银山，而且绿水青山就是金山银山。”[1] 2016 年 5 月，联合国环境规划署发布《绿水青山就是金山银山：中国生态文明战略与行动》的报告，充分肯定了中国在生态文明建设方面的举措和成就。2017 年 6 月 5 日，在第 46 个世界环境日时，中国将“绿水青山就是金山银山”的理念确定为环境日主题，将我国的生态文明思想逐步向世界传递。习近平指出“我们要解决好工业文明带来的矛盾，以人与自然和谐相处为目标，实现世界的可持续发展和人的全面发展”。[2]

1 中共中央文献研究室编：《习近平关于社会主义生态文明建设论述摘编》，北京：中央文献出版社，2017 年版。

2 中共中央文献研究室编：《习近平关于社会主义生态文明建设论述摘编》，北京：中央文献出版社，2017 年版。

针对国际社会应对全球生态环境危机存在的问题，习近平在气候变化巴黎大会开幕式上发表了题为《携手构建合作共赢、公平合理的气候变化治理机制》的重要讲话，指出“大会形成的协议能够引领绿色循环低碳发展，实现经济发展和气候变化与治理的双赢；同时为了实现这种双赢，必须秉持人类命运共同体理念，以此为纽带形成全球生态治理的团结局面。”“对气候变化等全球性问题，如果抱着功利主义思维，希望多占点便宜、少承担点责任，最终将是损人不利己。巴黎大会应该摒弃‘零和博弈’的狭隘思维，推动各国尤其是发达国家多一点共享、多一点担当，实现互惠共赢。”[1]

习近平呼吁国际社会应该携手同行，共谋全球生态文明建设之路。习近平指出，中国将高举和平、发展、合作、共赢的旗帜，在和平共处五项原则基础上发展同各国友好合作，推动建设相互尊重、公平正义、合作共赢的新型国际关系。[2] 中国坚持正确的国际义利观，秉持平等、互利、公平、正义等原则，呼吁改变全球生态环境治理中不平等、不公正、不合理的现象，提高发展中国家的代表权、话语权和参与权，强调国际社会应当更加关注发展中国家生态环境保护方面的正当权益，改善其生态环境，提高其治理能力，敦促发达国家多作表率履行其历

---

1 习近平：《携手构建合作共赢新伙伴，同心打造人类命运共同体》（2015 年 9 月 28 日），载《十八大以来重要文献选编》（中），北京：中央文献出版社，2016 年版，第 697-698 页。

2 中共中央文献研究室编：《习近平关于社会主义生态文明建设论述摘编》，北京：中央文献出版社，2017 年版。

史责任，推动全球生态文明建设。积极推动中国特色大国环境外交，加强生态环境保护国际合作，共建全球生态文明。“建设生态文明关乎人类未来，国际社会应该携手同行，共谋全球生态文明建设之路。”[1] 为此，习近平呼吁二十国集团成员继续履行承诺，提供资金技术支持，增强发展中国家应对气候变化能力。中国兑现减排承诺，帮助发展中国家减缓和适应环境治理的变化[2]。尽中国所能提供国际生态环境保护的公共产品，帮助国际社会解决生态环境问题。在推动全球生态文明理念的落实层面，中国秉持共商、共建、共享的全球治理观，在联合国框架内打造多边生态环境合作平台，为积极推动全球生态治理变革贡献了中国智慧和中国方案，成为推动全球生态治理体系变革顶层设计和制度创新的重要参与者、建设者和贡献者。

习近平生态文明理念统筹国际国内两个大局，立足当今世界的实际，积极实施中国应对全球气候变化国家战略，是马克思主义生态文明学说在当代的新发展，其世界意义主要体现为生态与文明密切关联的历史观，指明了人类社会发展的绿色化方向，确立了全球生态文明思想的绿色发展观，为全球生态治理提供了中国理念和中国方案，为人类共谋全球生态文明建设

1 习近平：《携手构建合作共赢新伙伴，同心打造人类命运共同体》（2015 年 9 月 28 日），载《十八大以来重要文献选编》（中），北京：中央文献出版社，2016 年版，第 697-698 页。

2 中共中央文献研究室编：《习近平关于社会主义生态文明建设论述摘编》，北京：中央文献出版社，2017 年版。

提供了共赢的价值观念，推动形成了全球生态治理新格局。为推动和引导建立公平、合理、合作、共赢的全球生态治理体系提供了中国智慧和中国贡献，是对当代中国马克思主义和 21 世纪马克思主义生态文明理论的创新发展，对于维护全球生态安全、共谋全球生态文明发展、深度参与全球生态环境治理，具有十分重大的现实意义和历史意义，赢得了全球范围的关注与认同。

参考文献

贝特，2000. 大地之歌［M］. 剑桥：哈佛大学出版社.

曹孟勤，2007. 从人类社会走向生态社会［J］. 南京林业大学学报（人文社会科学版）(3)：5-10.

陈世丹，吴小都，2010. 社会生态学：走向一种生态社会［J］. 河南师范大学学报（哲学社会科学版），37（2）.

笛卡尔，1958. 哲学原理［M］. 关文运，译. 北京：商务印书馆.

樊美筠，2020. 生态文明是一场全方位的伟大变革——怀特海有机哲学的视角［J］. 国际社会科学杂志（中文版）(2)：70-79.

福斯特，2015. 生态革命——与地球和平相处［M］. 刘仁胜，李晶，董慧，译. 北京：人民出版社.

郭树勇，2005. 国际关系研究中的批判理论：渊源，理念及影响［J］. 世界经济与政治（7）：10-12.

李德元，董建辉，2011. 西方国际关系理论流派的演进［J］. 国外社会科学（2）：115-122.

罗西瑙，2001. 没有政府的治理［M］. 张胜军，刘小林主编. 南昌：江西人民出版社.

马尔库塞，2018．单向度的人：发达工业社会意识形态研究［M］．刘继，译．上海：上海译文出版社．

马克思，2000．1844 年经济学哲学手稿［M］．北京：人民出版社．

马克思，恩格斯，1998．马克思恩格斯全集（第 31 卷）［M］．北京：人民出版社．

秦亚青，2019．全球治理，多元世界的秩序重建［J］．世界知识（14）：71．

斯普瑞特奈可，2001．真实之复兴：极度现代的世界中的身体、自然和地方［M］．张妮妮，等，译．北京：中央编译出版社．

王逸舟，2019．从“经济大国”到“仁智大国”［J］．中央社会主义学院学报（4）：45-47．

王治河，1997．斯普瑞特奈克和她的生态后现代主义［J］．国外社会科学（4）：50-56．

习近平，2006．干在实处走在前列——推进浙江新发展的思考与实践［M］．北京：中共中央党校出版社．

习近平，2013．之江新语［M］．杭州：浙江人民出版社．

习近平，2017．携手构建合作共赢新伙伴，同心打造人类命运共同体［A］// 中共中央文献研究室．习近平关于社会主义生态文明建设论述摘编．北京：中央文献出版社．

阎学通，2014．道义现实主义的国际关系理论［J］．国际问题研究（5）：4-5．

杨惟任，2015．气候变化、政治与国际关系［M］．台北：五南图书出版股份有限公司．

姚大志，1996．对工业文明的批判：精神分析与法兰克福学派［J］．吉林大学社会科学学报（2）：39-44．

俞可平，2003．全球治理引论［M］．北京：社会科学出版社．

中共中央文献研究室，2017．习近平关于社会主义生态文明建设论述摘编［M］．北京：中央文献出版社．

钟茂初，史亚东，孔元，等，2011．全球可持续发展经济学［M］．北京：

经济科学出版社.

周晓虹，2002. 西方社会学历史与体系：第一卷［M］. 上海：上海人民出版社.

ABBOTT K W，2014. Strengthening the transnational regime complex for climate change［J］. Transnational environmental law（1）：60.

ECKERSLEY R，2004. The green state：rethinking democracy and sovereignty［M］. Cambridge：MIT Press.

FAHEY B K，PRALLE S B，2016. Governing complexity：recent developments in environmental politics and policy：governing complexity［J］. Policy studies journal，44（S1）：S28-S49.

FALKNER R，2012. Global environmentalism and the greening of international society［J］. International affairs，88（3）：503-522.

HOPF T，1998. The promise of constructivism in international relations theory［J］. International security，23（1）：171-200.

HULME D，et al，2015. Governance as a global development goal? Setting，measuring and monitoring the post-2015 development agenda［J］. Global policy，6（2）：85-96.

LAPID Y，KRATOCHWIL F V，1997. The return of culture and identity in IR theory［J］. Lynne Rienner Publishers.

MILNER H，1991. The assumption of anarchy in international relations theory：a critique［J］. Review of international studies，17（1）：67-85.

MURRAY B，2009. Society and Ecology［A］. 2009-02-22.

OLSON M，2003. The logic of collective action：public goods and the theory of groups［M］. Cambridge：Harvard University Press.

TÖNNIES F，2001. Community and civil society［M］. Trans. by HARRIS J，HOLLIS M，ed. by HARRIS J. Cambridge：Cambridge University Press.

TREVERTON G，et al，2012. Threats without threateners? Exploring intersections of threats to the global commons and national security［J］.

RAND Corporation.

WANG W，2010. On the struggle for international power of discourse on climate change [J]. China international studies（7）：42-51.

WEISS T G，2000. Governance，good governance and global governance：conceptual and actual challenges [J]. Third world quarterly，21（5）：795-814.

YOUNG O R，1994. International governance：protecting the environment in a stateless society [M]. Ithaca：Cornell University Press.

第五章　全球生态文明建设与主要治理议题

第一节　生态文明与《2030 年可持续发展议程》对接

著名历史学家阿诺德·汤因比（Arnold Joseph Toynbee）晚年将研究目光投向生态环境问题，着眼于人类文明的性质与走向，他认为工业化、现代化进程和技术进步加大了人类疯狂开发生物圈的力度，人类与自然界正处于一种冲突状态，并提出人类与生物圈的相互依存关系。[1] 汤因比教授试图以文明（civilization）作为考察人类历史的基本单位，用文明的概念解

1 Arnold Toynbee，*Mankind and Mother Earth*，Oxford，Oxford University Press，1976.

释人类发展的模式，启迪人类进行可持续发展。长期以来，人类阻止全球环境恶化、生物多样性丧失和遏制全球变暖等的集体努力成效不彰、矛盾不断，地球对人类的反噬持续加强，并与经济、安全与信任等方面治理赤字的负面的全球趋势相互叠加。联合国作为当今世界最具普遍性、代表性、权威性的国际组织，体现各国的共同意愿和人类集体利益，并在协调各国关系中发挥引领作用。2015 年，联合国 193 个成员国在可持续发展峰会上正式通过《2030 年可持续发展议程》，旨在从 2016 年到 2030 年解决社会、经济和环境三个维度的问题，兼顾人类、地球、繁荣、和平、伙伴关系的总体要求。《2030 年可持续发展议程》已经成为指导国际社会发展的主要纲领性文件，从 2016 年到 2030 年，实现《2030 年可持续发展议程》及其 17 项可持续发展目标是当前国际社会发展领域最主要、最紧迫的任务。

从全球来看，美国、欧盟、日本等主要经济体普遍围绕《2030 年可持续发展议程》展开了不同方式、不同程度的国内、区域和全球安排。国际制度和国内层面互动研究方兴未艾，[1] 并且本土理念、方案的国际对接、全球（化）意义被广泛重视，

1 Ellen Comisso and Joel Migdal，*Internationalization and Domestic Politics*，Cambridge，Cambridge University Press，1996；Jeffrey T Checkel，International Norms and Domestic Politics：Bridging the Rationalist-Constructivist Divide，*European Journal of International Relations*，Vol. 3，No. 4，1997，pp. 473-495；秦亚青、宋德星、张燕生、张晓通、朱锋、鲁传颖：《专家笔谈：大变局中的中国与世界》，《国际展望》2020 年第 1 期；李巍、罗仪馥：《从规则到秩序——国际制度竞争的逻辑》，《世界经济与政治》2019 年第 4 期；田野：《建构主义视角下的国际制度与国内政治：进展与问题》，《教学与研究》2013 年第 2 期；中华人民共和国国务院新闻办公室：《新时代的中国与世界》，《人民日报》2019 年 9 月 28 日第 11 版。

尤其是在环境保护、绿色发展等公域性领域。对中国而言，特别是中国共产党第十八次全国代表大会以来，以习近平同志为核心的党中央高度重视生态文明建设，大力推进国家和全球生态文明建设。2018 年全国生态环境保护大会正式确立习近平生态文明思想，阐明了人与自然的关系、环境与发展的关系、中国与世界的关系等，回答了“为什么建设生态文明、建设什么样的生态文明、怎样建设生态文明”等重大理论和实践问题。中国全面有效落实生态环境相关国际多边公约或议定书，积极参与和引领全球气候变化治理进程并宣布努力争取 2060 年前实现“碳中和”，建设绿色“一带一路”，作为东道主主办以生态文明为主题的联合国《生物多样性公约》第十五次缔约方大会，生态文明建设对世界的影响更加深远。在第 75 届联合国大会上，中国政府发布了《中国关于联合国成立 75 周年立场文件》，强调：“推动人与自然和谐共生，实现经济、社会、环境的可持续发展和人的全面发展，建设全球生态文明”“以开启 2030 年可持续发展目标行动十年为契机，支持联合国相关努力”。[1] 展望未来，生态文明建设的理念和实践，不仅为中华民族永续发展奠基，全球生态文明建设的中国方案，还将为落实《2030 年可持续发展议程》国内实践和国际合作作出新的更大贡献，也将进一步促进中国与联合国、相关国家的国际合作。

---

1 外交部：《中国关于联合国成立 75 周年立场文件》，外交部网站（https://www.fmprc.gov.cn/web/zyxw/W020200910425553975697）。

一、生态文明与《2030年可持续发展议程》对接的发展基础

中国步入日益走近世界舞台中央、日益为全球作出更大贡献的新发展阶段，而世界处于百年未有之大变局，这两者同步交织、相互影响。中国国内生态文明建设具有越来越强的世界贡献和国际影响，世界可持续发展也将为中国发展创造更好的外部条件。

（一）全球发展理念与实践处于大调整时期

生态学马克思主义学者福斯特（John Foster）在《生态革命》一书中，用“生态帝国主义”揭示国家间在生态问题上的不平等和不正义，特别是在西方发达国家与发展中国家之间。[1]第二次世界大战以来，西方发展观及其发展模式长期为世界上大多数国家所效仿，在中心与边缘结构下，发展中国家广泛采用的“赶超型”发展战略，环境污染、资源消耗和气候变化等为代表的全球赤字有增无减。在西方工业化模式下，平衡好人与自然的关系是一道尚未解决的难题，西方国家环境治理走过了“先污染、后治理”的曲折道路；即使在部分西方发达经济体国内环境治理取得良好进展的情况下，发达国家仍将落后的、高污染的产业向发展中国家转移，严重损害了发展中国家

1 John Bellamy Foster, *The Ecological Revolution: Making Peace with the Planet*, New York, Monthly Review Press, 2009.

的环境状况并加剧了全球环境治理赤字。现实政治的跨国界、跨区域和跨部门性，并不能反映地球生态系统的边界。在全球化时代，只有各个国家同心协力、平等协商，才能保护好地球家园。托马斯·库恩（Thomas Kuhn）在《科学革命的结构》中提出，通过背离既往难以应对其自身新问题的旧范式，建立新的范式从而创造新的发展机会。[1] 可持续发展问题是在政治和经济之外另一个关乎人类发展的重要方面，而进行管理需要的手段确是跨领域、跨国界的，与其他问题有高度的互动性和依赖性。[2] 只有在共同的责任、利益和命运背景下，在追求本国利益时兼顾他国合理关切，在谋求本国发展中促进各国共同发展，加强环境、经济和社会协同治理，才能建构一套符合时代发展需求的理念及公共产品。

然而，在全球环境治理与可持续发展进程中，国际社会为化解全球性问题做了大量努力，但实际效果并不明显，其中一个根源性问题在于发达经济体主导供应的理念和公共产品未能有效适应、满足广大发展中国家的现状和发展要求，且现有的国际可持续发展制度的有效性不足等问题使得治理困境凸显，这种不适应、不协调的问题越来越突出，这需要我们从更

1 T S Kuhn，The Structure of Scientific Revolutions，Chicago，University of Chicago Press，2012.

2 The Department of Economic and Social Affairs of the United Nations Secretariat，*Global Governance and Global Rules for Development in the Post-2015 Era*，UN（https://www.un.org/development/desa/dpad/wp-content/uploads/sites/45/publication/2014-cdp-policy.pdf）.

宏大的视野重新认识人与自然、环境与发展、发达国家与发展中国家等之间的关系。如何治理错综复杂的全球性问题，优先方式是经济、政治、文化、社会、生态等各方面的平衡演进和全面发展。[1]《2030年可持续发展议程》是当前国际发展领域的纲领性文件，具有三个突出的特点：从过程上看，所有联合国会员国及相关利益攸关方都参与了讨论；从内容上看，《2030年可持续发展议程》涉及经济、环境和社会三个方面，形成了“三位一体”的目标体系；从适用范围来看，它适用于世界上所有国家，特别是发展中国家。落实《2030年可持续发展议程》是全球发展领域的核心工作，在可持续发展的国际共识走向全球实践的过程中，有几个重大问题影响了《2030年可持续发展议程》的落实进程。

第一，全球生态环境问题在持续恶化，客观上影响了落实《2030年可持续发展议程》的环境目标、经济、环境与社会的协同收益。气候变化等全球环境问题对国际经济、政治和社会具有很强的渗透性和复杂的相互作用。[2] 联合国环境规划署2019年在第四届联合国环境大会期间发布了第六期《全球环境展望》报告，报告由来自70多个国家的252名科学家和专家编写，指出地球已受到极其严重的破坏，如果不采取紧急且更

1 Grzegorz W Kolodko，After the Calamity：Economics and Politics in the Post-Pandemic World，*Polish Sociological Review*，Vol. 210，2020，pp. 137-155.

2 张海滨：《气候变化正在塑造21世纪的国际政治》，《外交评论（外交学院学报）》2009年第6期。

大力度的治理行动来保护环境，地球的生态系统和人类的可持续发展事业将受到更严重的威胁。必须以前所未有的规模采取紧急行动，来制止和扭转这种状况，从而保护人类和环境健康，并维护全球生态系统的完整性。[1] 2016 年联合国环境大会发布了《健康环境，健康人类》主旨报告，提升环境质量已成为人类健康和发展的迫切任务，采用绿色生产生活方式会给人类带来长远利益。生物多样性丧失和生态系统退化对人类生存和发展构成重大风险。[2] 良好的生态环境和有效的全球气候治理不仅是人类赖以生存和发展的重要基础，是最普惠、公平的民生福祉之一，也是维护人类健康和地球安全的前提，这对落实《2030 年可持续发展议程》具有系统性、根本性影响。

第二，根据联合国可持续发展解决方案网络（Sustainable Development Solutions Network，SDSN）近年来对各国落实可持续发展议程的情况及成绩比较，总体上呈现欧美国家领先、新兴经济体追赶和发展中国家垫底的基本态势，这种两极分化依然在加剧。[3] 在如何实现可持续发展方面面临先天基础薄弱不足、后天发展方式失调以及话语失语的困境，在发展依旧是发展中国家的第一要务的实际背景下，发展中国家如何实现跨

---

1 *Global Environment Outlook*，UNEP（https://wedocs.unep.org/ bitstream/handle/20.500.11822/27539/GEO6_2019.pdf?sequence=1&isAllowed=y）.

2 《习近平在联合国生物多样性峰会上发表重要讲话》，《人民日报》2020 年 10 月 1 日第 3 版。

3 *Sustainable Development Report 2020*，Sustainable Development Solutions Network（https://www. sustainabledevelopment.report）；汪万发、蓝艳、蒙天宇：《OECD 国家落实 2030 年可持续发展议程进展分析及启示》，《环境保护》2019 年第 14 期。

越式、创新性发展，并将生态环境置于优先地位、走绿色发展道路将决定全球能否如期实现（接近）《2030 年可持续发展议程》愿景。此外，如何有效度量可持续发展目标是保障可持续发展议程落实的基础环节，这是一个长期性的难题，特别是关于发展中国家落实《2030 年可持续发展议程》的后续行动与评估的相关机制体制建设仍严重缺乏。[1]

第三，新冠肺炎疫情全球性蔓延、大国战略竞争加剧和国际形势的不稳定性、不确定性更加突出，对全球可持续发展进程造成了严重冲击。根据国际货币基金组织（IMF）2020 年 6 月发布的《世界经济展望》报告，再次下调 2020 年全球经济增长率为 –4.9%，报告指出新冠肺炎疫情对 2020 年上半年经济活动的负面影响比预期的更为严重，预计复苏将比之前预测的更为缓慢。[2] 联合国经济和社会事务部于 2020 年 7 月发布的《2020 年可持续发展目标报告》（Sustainable Development Goals Report 2020）认为新冠肺炎疫情所带来的空前危机让 2030 年可持续发展目标的实现遭遇更加严峻的挑战。[3] 新冠肺炎疫情打乱了全人类进入 21 世纪第三个十年之际的发展进程和美好预期。新冠肺炎疫情对全球可持续发展事业的不利影响正在显现，如何防范化解未来的因气候变化、环境破坏与生物多

---

1 张春：《G20 与 2030 年可持续发展议程的落实》，《国际展望》2016 年第 4 期。

2 *World Economic Outlook Update*，IMF（https://www.imf.org/ en/Publications/WEO/Issues/2020/06/24/WEOUpdateJune2020）。

3 *The Sustainable Development Goals Report 2020*，UN（https://unstats.un.org/sdgs/report/2020/The-Sustainable-Development-Goals-Report-2020_Chinese.pdf）。

样性问题等导致的新型全球性传染病也是环境治理的重大方向，迫切要求加强全球环境治理。新冠肺炎疫情告诉人类，人与自然是命运共同体，人类需要在发展中保护，在保护中发展，共建万物和谐的美丽家园。[1] 在新冠肺炎疫情、大国战略竞争，如 2022 年爆发的乌克兰危机等因素的推动下，各种风险加速累积、暴露和交织，国际形势的不稳定性、不确定性更加突出，在后疫情时代加速落实《2030 年可持续发展议程》面临更严峻的挑战，需要继续深化全球绿色关系发展和秩序建构。

第四，来自发展中国家和新兴经济体的经验和治理主张严重不足。全球绿色化、低碳化进程对全球治理具有综合的外溢效应和引导效应，对国际秩序转型和大国关系走向具有重大意义。随着新一轮科技革命和产业变革、经济发展方式加速调整，以国家、国际组织为代表的各个主体都致力于提高自身在全球环境与发展治理中的话语权和影响力。低碳化转型越成功的国家在国际秩序转型进程和未来的低碳时代中就越会占据主导地位。[2] 主要的国际行为体都有体现各自目标和独特实践路径的理念与方案规范的外交政策，也在外交政策实践中丰富和塑造着国际事务的规范。[3] 例如，2021 年 3 月欧洲议会

1 《习近平在联合国生物多样性峰会上发表重要讲话》，《人民日报》2020 年 10 月 1 日第 3 版。

2 李慧明：《全球气候治理与国际秩序转型》，《世界经济与政治》2017 年第 3 期。

3 H Sjursen，Doing Good in the World? Reconsidering the Basis of the Research Agenda on the EU’s Foreign and Security Policy，*RECON*，2007.

通过了一项关于与世界贸易组织兼容的欧盟碳边境调节机制（Carbon Border Adjustment Mechanism，CBAM）的决议，如果一些与欧盟有贸易往来的国家不能遵守碳排放相关规定，欧盟将对这些国家进口商品征收碳关税。[1] 这种基于可持续发展领域的竞争趋势正在强化，中国等发展中国家面临更为严峻的发展规范性压力和高标准要求。中国主张更加平衡地反映大多数国家特别是新兴市场国家和发展中国家的意愿和利益，更为有效地应对全球性挑战。[2] 国际关系学界逐渐认识到，包括理论和方法在内的国际关系学科，往往忽视了西方以外的声音与经验。国际社会有可能从“非西方”的背景和现实中建立不同的替代性理论。[3] 中国发展和环境治理经验引起世界的广泛关注和积极借鉴，以生态文明为代表的中国理念与方案正逐步步入全球治理议题的聚光灯中。基于中国本土经验而同时具有较普遍意义的知识与产品，能够为类似国家的可持续发展提供新的经验和启发。

（二）生态文明建设处于新的历史阶段

生态文明内涵既有国内生态文明建设，也有全球生态文明

1 *European Parliament Resolution of 10 March 2021 towards a WTO-Compatible EU Carbon Border Adjustment Mechanism (2020/2043(INI))*，European Parliament（https://www.europarl.europa.eu/doceo/document/TA-9-2021-0071_EN.html）.

2 《中国关于联合国成立 75 周年立场文件》，外交部网站（https://www.fmprc.gov.cn/web/zyxw/W020200910425553975697.pdf）。

3 Amitav Acharya，Dialogue and Discovery：In Search of International Relations Theories Beyond the West，*Millennium*，Vol. 39，No. 3，2011，pp. 619-637.

建设，强调国内与国际的融通。生态文明已经形成了日益成熟的绿色理念及方案，也成为中国参与、贡献和引领《2030年可持续发展议程》国际合作和人类命运共同体的着力点。

第一，生态文明建设的国家及全球进展

马克思历史唯物主义将生态环境的重要性比作人的生命，启示要联系生物圈内其他生物体的需要来理解人类的需要。[1]人与自然自始至终就是共同体，这一概念随着生态环境问题的突出而显现。随着中国对人与自然关系、现代化的认识不断深入，对生态文明建设规律的把握不断深化，生态文明在党的十八大报告里面首次得到重大权威阐述。[2] 党的十九大报告对生态文明建设进行了全面论述，把生态文明建设融入经济建设、政治建设、文化建设和社会建设的各方面和全过程，推动形成人与自然和谐发展现代化建设新格局。[3] 生态文明的形成，丰富和发展了全球可持续发展理念，体现了中国式可持续发展道路的形成。[4] 生态文明相继写入党的十九大通过的《中国共产党章程（修正案）》和十三届全国人大一次会议第三次全体会议表决通过的《中华人民共和国宪法修正案》。习近平主席在2019年世界园艺博览会发表题为《共谋绿色生活，共建美丽家

1 ［加］威廉·莱斯：《满足的限度》，北京：商务印书馆，2016年版，第117页。
2 胡锦涛：《坚定不移沿着中国特色社会主义道路前进为全面建成小康社会而奋斗——在中国共产党第十八次全国代表大会上的报告》，《求是》2012年第22期。
3 习近平：《决胜全面建成小康社会 夺取新时代中国特色社会主义伟大胜利》，《人民日报》2017年10月28日第1版。
4 孙新章、王兰英、姜艺等：《以全球视野推进生态文明建设》，《中国人口·资源与环境》2013年第7期。

园》的重要讲话，其中的五个追求[1]彰显了中国将继续在生态文明中发挥重要作用的决心，也给出了全球生态文明建设的基本路径。[2] 2021年中央财经委员会第九次会议强调把“碳达峰”“碳中和”纳入生态文明建设整体布局，[3] 生态文明的内涵也在国内外可持续发展实践中持续创新。

近年来，中国在全球治理领域高度重视生态文明建设（表5-1），生态文明是中国在全球绿色秩序领域提出的独树一帜的、核心的理念及公共产品。在理念塑造上，中国向全球发布《共建地球生命共同体：中国在行动》等文件，为其他国家应对类似的经济、环境和社会挑战提供了可借鉴的经验。在政策上，中国积极参与全球环境治理，争取2060年前实现碳中和，积极参与生物多样性治理，打造全球环境伙伴与绿色伙伴，但生态文明建设还需加强国际交流与合作，增强中国在生态文明建设领域的话语权与影响力，并推进生态文明在“主流化”（或普适性）和“国际化”进程中持续创新。联合国环境大会是世界最高级别环境决策机构。在2021年第五届联合国环境大会

---

1 我们应该追求人与自然和谐我们应该追求绿色发展繁荣我们应该追求热爱自然情怀我们应该追求科学治理精神我们应该追求携手合作应对。参见习近平：《共谋绿色生活 共建美丽家园》，《人民日报》2019年4月29日第2版。

2 提出了加快构建生态文明体系，加快建立健全以生态价值观念为准则的生态文化体系，以产业生态化和生态产业化为主体的生态经济体系，以改善生态环境质量为核心的目标责任体系，以治理体系和治理能力现代化为保障的生态文明制度体系，以生态系统良性循环和环境风险有效防控为重点的生态安全体系。参见《用习近平生态文明思想武装头脑指导实践推动工作》，《中国环境报》2020年8月5日第3版。

3 《推动平台经济规范健康持续发展把碳达峰碳中和纳入生态文明建设整体布局》，《人民日报》2021年3月16日第1版。

前夕，联合国环境规划署执行主任英格•安德森（Inger Andersen）高度赞赏中国生态文明建设取得的巨大进步。

表 5-1 习近平主席近年来在多边外交场合关于生态文明的论述（摘选）

场合	关于生态文明的论述
2020 年 9 月在第七十五届联合国大会一般性辩论上的讲话	人类需要一场自我革命，加快形成绿色发展方式和生活方式，建设生态文明和美丽地球
2020 年 9 月在联合国生物多样性峰会上的讲话	“生态文明：共建地球生命共同体”既是昆明大会的主题，也是人类对未来的美好寄语。作为昆明大会主席国，中方愿同各方分享生物多样性治理和生态文明建设经验
2019 年 4 月在世界园艺博览会开幕式上的讲话	只有并肩同行，才能让绿色发展理念深入人心、全球生态文明之路行稳致远
2017 年 1 月在联合国日内瓦总部的演讲	我们要倡导绿色、低碳、循环、可持续的生产生活方式，平衡推进《2030 年可持续发展议程》，不断开拓生产发展、生活富裕、生态良好的文明发展道路
2015 年 9 月在第七十届联合国大会一般性辩论时的讲话	建设生态文明关乎人类未来。国际社会应该携手同行，共谋全球生态文明建设之路，牢固树立尊重自然、顺应自然、保护自然的意识，坚持走绿色、低碳、循环、可持续发展之路

资料来源：笔者自制。

随着中国大力践行生态文明，致力于实现人类、自然和社会协调发展、良性循环的绿色现代化，以及以生态文明为核心的绿色“一带一路”建设为“一带一路”共建国家带来了绿色发展的新经验，国外专家学者、企业家、官员、国际组织负责人等对生态文明的研究、认可也越来越多。[1] 通过生态文明建设引领可持续发展，对人类繁荣发展和共建绿色地球的期盼也越来越强。

第二，共谋全球生态文明的基本手段与愿景

中国愿同世界各国分享发展经验，促进共同发展。总体来看，新时代中国主要通过绿色理念与公共产品并举、国内与国际融通的基本路径推进全球生态文明建设。一是将生态文明建构成一个深入人心的绿色理念。中国将生态文明建设融入经济建设、政治建设、文化建设、社会建设和国际合作等方面，推动生态文明建设在整体中、协调中推进。二是将生态文明打造成一个广受欢迎的公共产品。生态文明是中国向世界供给的公共产品，重视理念塑造、能力建设，特别是推进发展中国家的生产、生活和生态协同治理。三是将生态文明纳入国家主场外交活动的多方面。中国将全球生态文明建设融入主场外交进程中，以自身的示范性、表率性行为改善全球环境治理体系、促进全球绿色发展和加速全球生态文明建设。四是将生态文明融入"一带一路"高质量发展全过程。"一带一路"不仅是经济可持续发展之路，也是绿色发展和生态文明建设之路。中国在"一带一路"建设实践中秉持生态文明理念，增进了"一带一

1 许勤华：《读懂"一带一路"绿色发展理念》，杭州：浙江文艺出版社、外文出版社，2021 年版。

路”沿线民众福祉并提高了绿色发展水平。

总体来看，共谋全球生态文明有三个目标维度：第一，以地球生命共同体塑造共谋全球生态文明的根基和底色。这些来源于自然的挑战要求人类与自然建立共生共荣、相互依存的和谐关系，建设绿色星球和绿色家园是一体的。第二，以绿色发展共同体夯实共谋全球生态文明的路径和方式。环境问题的本质是发展问题，特别是不同国家或地区由于发展基础、阶段、路径不同，环境问题呈现出跨国界性、弥散性的特点，且环境、社会和经济挑战都是相互关联的，要求全主体建立一个绿色发展共同体才能有效解决地球生态问题。第三，以人类命运共同体引领共谋全球生态文明的理念和目标。人类命运共同体理念涵盖政治、经济、文化、生态等多重领域。“构筑尊崇自然、绿色发展的生态体系”是人类命运共同体总体布局的落脚点之一。加强以联合国为核心的多边合作的支持，以及在提升各自贡献的基础上，集体行动以应对全球环境挑战。

二、生态文明与《2030 年可持续发展议程》对接的现实需求

全球可持续发展领域的刚性约束力越来越大，可持续发展的标准越来越高，可持续发展的道义要求越来越高，然而在解决现实问题时，面临的问题却越来越复杂棘手。如何去弥合在愿景和实践之间的张力，是一个关键问题。因此，产生了生态

文明建设与《2030 年可持续发展议程》对接的现实需求。

（一）生态文明建设与《2030 年可持续发展议程》的适配性

美国学者奥兰・扬提出“配适性难题”（Problem of Fit），其基本观点是，那些用以解决环境保护等可持续性问题的治理体系的有效性，取决于相关机制的特征在多大程度上与人类企图治理的生态系统和社会经济系统属性相匹配。好的配适度是治理成功的一个必要条件。[1] 世界上的国家能否协作面对诸多包括环境挑战在内的国际问题，不仅取决于新的协议，还取决于确保哪些协议能成功促进政府、业界和个人采取这些新的行为。[2] 就生态文明建设与《2030 年可持续发展议程》而言，尽管《2030 年可持续发展议程》为全球绿色、高质量发展和建设美好的未来世界提供了向导，但是如何处理复杂的经济、环境与社会治理关系，特别是如何提升发展中国家可持续发展能力等，这些问题并未得到有效解答。而生态文明建设与《2030 年可持续发展议程》的联系不仅体现在面临共同的问题、走向共同的目标等，还体现在理念上、治理方式上的内在关联性和互补性，生态文明建设与《2030 年可持续

1 ［美］奥兰・扬：《复合系统：人类世的全球治理》，杨剑、孙凯译，上海：上海人民出版社，2019 年版，前言。

2 ［美］莉萨・马丁、贝思・西蒙斯：《国际制度》，黄仁伟、蔡鹏鸿等译，上海：上海人民出版社，2018 年版，第 135 页。

发展议程》协同增效的适配性基础日益夯实。

首先，中国与联合国的长期良好互动是生态文明建设与《2030年可持续发展议程》适配的大前提。中国作为联合国常任理事国，也是发展中国家利益的主要代表，坚持联合国在国际体系中的核心地位并主张加强联合国的作用。中国落实《2030年可持续发展议程》和国际合作取得初步成效。中国率先发布落实《2030 年可持续发展议程》的国别方案及进展报告，将落实工作同生态文明建设等国家发展战略有机结合，加快推进《2030 年可持续发展议程》的国内落实；同时，中国也将承担应尽的国际责任，在南南合作框架下积极参与国际发展合作，为全球落实《2030 年可持续发展议程》作出更大贡献。[1] 联合国秘书长安东尼奥•古特雷斯（António Guterres）表示，联合国希望同中国继续加强合作，期待中国发挥领导作用。相信中国完全有能力实现自身发展并为世界作出更大贡献。[2] 中国长期以来积极响应联合国号召，大力推进环境保护、应对气候变化和可持续发展国际合作，在绿色发展等方面积累了丰富的实践经验，也愿为全球贡献和分享中国方案。

其次，生态文明建设与《2030年可持续发展议程》面临挑战的关联性。尽管全球经济总量持续增长，但自然资本流失与生态系统服务功能下降等问题的凸显，需要人们更加关注人类

1 《中国落实 2030 年可持续发展议程进展报告（2019）》，新华网（http://www.xinhuanet.com/world/2019-09/25/c_1210292253.htm）。

2 《习近平会见联合国秘书长古特雷斯》，《人民日报》2020 年 9 月 24 日第 1 版。

与自然界整体福祉的发展。[1] 以生态环境为主的问题制约人类的发展，成为亟待解决的全球性问题。可持续发展是人类生存发展的根本，自 1987 年联合国世界与环境发展委员会的报告《我们共同的未来》中正式提出可持续发展概念以来，人类认识到地球面临的是许多相互关联的、整体的挑战，[2] 开始着重从自然属性、经济属性和社会属性三大方面定义可持续发展，强调三要素协调发展，促进社会的总体进步。

在 2000 年举行的联合国新千年首脑会议、2012 年联合国可持续发展大会、2015 年可持续发展峰会等国际重要会议上，可持续发展理念得到了进一步的创新和发展。与此同时，也是生态文明在中国兴起及实践的过程，生态文明被认为是人类文明发展的一个新的阶段。当前，全球正迎来一场以低碳环保为特征的产业革命和技术竞争，生态文明建设与《2030 年可持续发展议程》都聚焦环境保护、绿色与高质量发展，绿色发展正在成为包括发达国家和发展中国家经济社会发展的重要新动能和战略导向。在《2030 年可持续发展议程》中，环境治理和绿色合作成为基础性、普遍性和引领性的议题（表 5-2）。

---

1 S K Chou，R Costanza，P Earis，et al，Priority Areas at the Frontiers of Ecology and Energy，*Ecosystem Health and Sustainability*，Vol. 4，No. 10，2018，pp. 243-246.

2 United Nations World Commission on Environment and Development，ed，*Report of the World Commission on Environment and Development：Our Common Future*，Oxford，Oxford University Press，1987.

表 5-2 《2030 年可持续发展议程》直接环境目标与生态文明的关联

	《2030 年可持续发展议程》关注的目标	生态文明关注的问题
目标 6	为所有人提供水和环境卫生并对其进行可持续管理	水和环境卫生
目标 7	确保人人获得负担得起的、可靠和可持续的现代能源	绿色能源
目标 9	建造具备抵御灾害能力的基础设施，促进具有包容性的可持续工业化，推动创新	可持续工业化
目标 11	建设包容、安全、有抵御灾害能力和可持续的城市和人类住区	可持续城市
目标 12	采用可持续的消费和生产模式	可持续消费和生产
目标 13	采取紧急行动应对气候变化及其影响	气候变化
目标 14	保护和可持续利用海洋和海洋资源以促进可持续发展	海洋和海洋资源
目标 15	保护、恢复和促进可持续利用陆地生态系统，可持续管理森林，防治荒漠化，制止和扭转土地退化，遏制生物多样性的丧失	陆地生态系统、森林、荒漠化、生物多样性
目标 17	加强执行手段，重振可持续发展全球伙伴关系	绿色发展伙伴关系

资料来源：笔者自制。

环境治理是《2030 年可持续发展议程》的三大支柱之一，良好的环境治理是落实和提升《2030 年可持续发展议程》的关键，且对发展中国家尤其重要。由于人口持续增加、不合理的城市化、不可持续的自然资源利用等相互作用的驱动因素产生复合联动效应，受气候和环境灾害影响的社会事件越来越多见和频繁。各种灾害破坏人类安全和福祉，对生态系统、基础设施等造成严重的损害，且引发一系列难以预测的区域资源冲突、经济衰退等风险。新兴经济体和发展中国家面临的环境治理和经济发展之间的矛盾更为显著。总体来看，在经济发展绿色转型和环境压力等因素的共同作用下，未来不足 10 年的时间不仅是落实《2030 年可持续发展议程》的决定性时期，也是生态文明建设加速发展的关键时期。

再次，生态文明建设与《2030 年可持续发展议程》的治理理念互补性。联合国环境规划署 2021 年在第五届联合国环境大会前夕发布的《与自然和平相处》报告，阐明了地球气候变化、生物多样性和污染这三大环境危机同根同源且相互作用，要求协同治理和应对。[1] 地球是统一的自然系统，是相互依存、紧密联系的有机整体。人类的发展和安全依赖于健康的自然系统，可持续发展归根结底是人的需求促成的。针对环境问题加大对各项政策的投入，可促进人类健康和福祉以及社会繁荣和复原力。[2] 良好生态环境是最公平的公共产品，也是保障民生的基本条件和基础，这就需要动员公众参与到生态文明建设中，只有基于全民的治理行动才能实现生态文明建设的总体目标。山水林田湖草是生命共同体理念，为可持续发展赋予了新内涵。

坚持共谋生态文明是马克思主义在全球环境治理的重要

---

1 *Making Peace With Nature：A Scientific Blueprint to Tackle the Climate，Biodiversity and pollution emergencies*，UNEP（https://www.unep.org/resources/making-peace-nature）.

2 *Global Environment Outlook 6*，UNEP（https://www. unenvironment.org/resources/global-environment-outlook-6）.

发展。[1] 联合国开发计划署 2020 年 12 月发布的《人类发展报告》将各国二氧化碳排放情况等纳入了测算了人类发展与进步的程度的指数中。[2] 生态文明建设是全球治理进程中的一个新概念，不仅体现了人类命运共同体的核心要素和基本要求，也以更为宽广和包容的视角为现有国际关系理论对于全球环境治理解释力不足的问题提供了新的思路和解决方案。发达国家与发展中国家在环境污染历史责任、国家发展阶段、治理能力上存在显著差异，继续强化和坚持各自能力、共同但有区别的责任等原则是夯实全球绿色秩序的理念基础，也是生态文明和《2030 年可持续发展议程》的共同主张。环境治理几乎涉及所有领域，基于生态优先的社会、经济、资源等包容性发展，才能更好兼顾各方面利益。《2030 年可持续发展议程》也强调各国家、各区域、各世代的人享有公平的、平等的发展权，强调人类的经济和社会发展不能超越资源与环境的承载能力，从而真正将人类的当前利益与长远利益有机结合。

最后，生态文明与《2030 年可持续发展议程》治理路径的协同性。解决环境问题不再与孤立的问题有关，而与重组人类与自然系统之间的整体关系有关。[3] 对于全球治理失灵和赤字的

1　生态文明观既源于对马克思主义哲学关于人与自然、人与社会辩证发展规律的深刻认知，也源于几代中国共产党人开展对可持续发展与环境保护的经验总结。

2　*Human Development Reports 2020*，UNDP（http://hdr.undp.org/sites/default/files/hdr2020.pdf）.

3　P Pattberg and O Widerberg，Theorising Global Environmental Governance：Key Findings and Future Questions，*Millennium*，Vol. 43，No. 2，2015，pp. 684-705.

原因，不能应对复杂的相互依存关系等被认为是一个因素。[1] 奥兰·扬认为，治理体系中的碎片化成分可以产生有效互动的关键在于进行互动整合。[2] 生态环境问题涉及社会整体文明建设的方方面面，只有将生态环境保护融入经济社会发展全局，才能有效遏制环境问题。[3]《2030 年可持续发展议程》显著提升了全球的环境保护意识，西方工业国普遍走过了“先污染、后治理”或跨国性污染转移的传统路径，当前如果广大发展中国家再继续走这种道路，原本已脆弱的国家、区域和全球生态系统将难以为继。生态文明带来了发展理念和发展方式的深刻转变，取得了良好的实践效果并形成了一定的经验。生态文明与《2030 年可持续发展议程》可以为全球绿色秩序建构提供良好的价值取向。新一轮科技革命和产业变革深入发展，成为世界创新发展进程的关键一环，也为跨越式发展奠定了新的基石。

生态文明建设与落实《2030 年可持续发展议程》在治理路径上的联系还体现在国家的核心角色上。主权国家是全球环境治理体系的主体。《2030 年可持续发展议程》确立过程由发展中国家与发达国家共同设定，[4] 生态文明建设秉持相互尊重和

---

1 秦亚青：《全球治理失灵与秩序理念的重建》，《世界经济与政治》2013 年第 4 期。

2 O R Young，L A King，and H Schroeder，Institutions and Environmental Change：Principal Findings Applications and Research Frontiers，*Students Quarterly Journal*，Vol. 16，No. 4，2010，pp. 1188-1189.

3 钱俊生、赵建军：《生态文明：人类文明观的转型》，《中共中央党校学报》2008 年第 1 期。

4 叶江：《联合国千年发展目标与可持续发展目标比较刍议》，《上海行政学院学报》2016 年第 6 期。

平等对话的基本要求，充分考虑了发展中国家的发展需求和治理优势，注重基于内生的、后发的发展优势，加强对国际先进理念与技术的借鉴与应用。中国制定并实施《中国落实 2030 年可持续发展议程创新示范区建设方案》，致力于破解制约可持续发展的关键瓶颈问题，增强了可持续发展的示范带动效应。作为实现生态文明建设的重要路径的碳市场建设，中国自 2011 年起探索建立碳排放权交易市场，并在北京、上海等省市开展试点工作，试点范围内的碳排放总量和强度保持双降趋势。当前，全球的制造业布局集中在主要经济体内，这也为解决全球的环境问题提供了新的路径。[1] 全球环境治理成效是各个国家、地区环境治理成效的综合，这要求加强整体治理和内部治理。这将有效化解碳泄漏（Carbon Leakage）和固体废物跨国问题，不让发展中国家成为发达国家的“污染物避难所”。

（二）生态文明建设与《2030 年可持续发展议程》对接框架

联合国经济和社会事务部于 2020 年对外公布落实可持续发展目标良好实践（SDG Good Practices）汇编，整理了全球 513 项良好实践，来自中国的案例为 22 项。[2] 中国通过加强自

1 Z Liu，S J Davis，K Feng，et al，Targeted Opportunities to Address the Climate–Trade Dilemma in China，*Nature Climate Change*，Vol. 6，No. 2，2016，pp. 201-206.

2 UN Department of Economic and Social Affairs，*SDG Good Practices*，UN（https://sustainabledevelopment.un.org/content/documents/26019Information_Brief_on_Good_Practices_Mar20.pdf）.

身环境治理、绿色发展等生态文明建设，以自身的榜样性和示范性，为全球可持续发展议程提供了可能的中国选项，在经济、社会、环境三大领域平衡推进落实工作，涌现出一批可复制、可借鉴的经验及方案。

《2030 年可持续发展议程》与生态文明建设在面临的问题上有诸多相似点，加强生态文明建设与《2030 年可持续发展议程》的联系、对接与协同建设，实现这两者间的“化学反应”，增强两者的关联性和耦合性，将为两者发展注入新动能。当前关于生态文明与《2030 年可持续发展议程》的学术研究主要集中在国际关系和国际环境治理领域。在学术研究上，习近平生态文明思想为中国深入参与全球环境事务提供了纲领性的理念，特别是《2030 年可持续发展议程》等。[1] 在中国落实《2030 年可持续发展议程》的背景下，加强生态文明建设对中国区域有重要协同效应。[2]《2030 年可持续发展议程》实现难度大，且一些目标可能存在相互冲突。[3] 人类世（Anthropos）的到来，新时期的全球环境问题较之以往更加复杂，国际社会需要从系统性、

---

1 董亮：《习近平生态文明思想中的全球环境治理观》，《教学与研究》2018 年第 12 期。

2 邹波、曾云敏：《构建流域协同反贫困与生态文明建设机制——中国落实 2030 年可持续发展议程的战略思考》，《中南林业科技大学学报》（社会科学版）2017 年第 6 期。

3 董亮、张海滨：《2030 年可持续发展议程对全球及中国环境治理的影响》，《中国人口・资源与环境》2016 年第 1 期。

创新性的视角出发。[1,2] 尽管已有研究取得了一定的进展，但理论研究滞后于政策和实践进展，目前研究存在的不足主要有：第一，对生态文明的全球性内涵研究不足，如基于生态文明建设的整体性与关联性的研究较少；第二，《2030 年可持续发展议程》作为当前全球主要发展纲领，对生态文明建设与《2030 年可持续发展议程》的关系研究较少，如何基于全球视野对生态文明建设与《2030 年可持续发展议程》对接研究依然有限。

尽管《2030 年可持续发展议程》具有高度权威性和广泛认同度，但是《2030 年可持续发展议程》缺乏落实的路径和布局的协同，而这是生态文明所具备的。生态文明建设也需要通过落实《2030 年可持续发展议程》得到舆论支持、行为主体支持。生态文明的核心是以生态文明建设为抓手，实现对发展、治理和社会的多重提升。生态文明与《2030 年可持续发展议程》的前提是对生态文明、《2030 年可持续发展议程》进行全面的比较研究，从而为深化对接奠定基础（表 5-3）。

---

1 G Palsson，B Szerszynski，S Sörlin，et al，Reconceptualizing the Anthropos in the Anthropocene：Integrating the Social Sciences and Humanities in Global Environmental Change Research，*Environmental Science&Policy*，Vol. 28，2013，pp. 3-13.

2 2020 年《人类发展报告》认为，随着人类和地球进入一个全新的地质年代，即人类世或人类纪，现在所有的国家都应重新设计各自的发展道路，为人类给地球施加的危险压力负起责任，作出改变。参见 *Human Development Reports 2020*，UNDP（http://hdr.undp.org/sites/default/files/hdr2020.pdf）。

表 5-3 生态文明与《2030 年可持续发展议程》的联系

	《2030 年可持续发展议程》	生态文明
核心价值	可持续发展理念	生态文明理念
主要内涵	经济、环境和社会为支柱，兼顾人类、地球、繁荣、和平、伙伴关系	将生态文明融入经济建设、政治建设、文化建设、社会建设和国际合作中
主要目标	全面且高标准的 2030 年 17 项目标	全面且较高标准的 2035 美丽中国目标基本实现，2050 生态文明全面提升；共谋全球生态文明建设[1]
主要贡献	提供了新理念，特别是全球性目标	提供了新理念兼行动方案，并推动建构全球绿色秩序
主要问题	特别是广大发展中国家缺乏落实的能力及措施	全球性和主流化不足且存在碎片化挑战

资料来源：笔者自制

生态文明与《2030 年可持续发展议程》对接的意义一是创新生态文明发展内涵和外延。总体来看，从国际社会意识到生态文明是一场观念的彻底变革、是一种文明范式变革的人更是少之又少。这种不足，正在成为生态文明建设的巨大障碍。[2] 二是促进《2030 年可持续发展议程》的落实，并丰富落实《2030 年可持续发展议程》的内容、理念和方法，为落实《2030 年可

1 2018 年 5 月，习近平总书记在全国生态环境保护大会上，提出了美丽中国建设三步走的战略目标：到 2020 年坚决打好污染防治攻坚战，全面建成小康社会；加快构建生态文明体系，确保到 2035 年，生态环境质量实现根本好转，美丽中国目标基本实现；到 21 世纪中叶，生态文明全面提升，绿色发展方式和生活方式全面形成，人与自然和谐共生，生态环境领域国家治理体系和治理能力现代化全面实现，建成美丽中国。

2 樊美筠：《生态文明是一场全方位的伟大变革——怀特海有机哲学的视角》，《国际社会科学杂志（中文版）》2020 年第 2 期。

持续发展议程》提供了新的探索方向。三是促进中国与联合国、相关合作国家的国际合作。首先生态文明与《2030年可持续发展议程》对接将促进以联合国为核心的多边合作进程，其次将促进国际社会聚焦发展合作、管控发展分歧，为推动构建人类命运共同体创造良好外部条件。

如何从总体设计上做好生态文明与《2030年可持续发展议程》的对接，首先体现在主体框架、运行基础、发展层次、基本原则四个方面。

第一，主体框架：自主、双边和多边共同、协同采取行动。绿色和可持续发展是世界各国以及各利益相关方的最大利益交汇点。由于各国的社会经济状况、利益、立场以及观念的差异，在对接或试图对接中不可避免地会受到理念、利益分歧等影响。在《2030年可持续发展议程》相关国际治理机制下，各国依据全球共同目标，按照责任分担原则，结合自身实际状况，各尽所能开展国内和国际合作行动，携手应对共同面对的全球性问题和挑战。为此，以自主方式为核心、以双边交流合作为纽带、以多边合作为增长点。在实施主体上，要更加注重实施主体的行为一致性，提高宏观政策的协调性和包容性。中国应在全球可持续发展进程中更加积极主动地发挥国际领导力。

第二，发展层次：地球生命共同体、绿色发展共同体迈向人类命运共同体。总体来看，地球生命共同体、绿色发展共同体、人类命运共同体三者的关系是共生共存、相辅相成的，并且呈现良性互动的复合型发展态势，共同构成了全球生态文明的内涵。共谋全球生态文明适应全球绿色转型、发展趋势，体现了国际社会共建共享地球生命共同体、绿色发展命运共同体和人类命运共同体的总体愿景，彰显了生态文明的世界意义性和广泛适用性，引导共同守护地球生态环境和人类发展未来。生态文明与《2030 年可持续发展议程》对接应首先着眼于地球生命共同体，其次是绿色发展共同体，最后迈向人类命运共同体。

第三，运行基础：国内示范、周边优先迈向全球互动。首先是国内示范：中国应继续深化生态文明建设和全面落实《2030 年可持续发展议程》，将生态文明建设与《2030 年可持续发展议程》更好融合，加快以生态文明建设引领《2030 年可持续发展议程》的落实，加强制度整合和协同发力。其次是周边优先：塑造周边可持续发展共同体，将周边地区打造成生态文明建设与《2030 年可持续发展议程》的优先地区。近年来，习近平主席阐释过的“中国—东盟命运共同体”“亚洲命运共同体”“中巴命运共同体”“中哈命运共同体”“上合命运共同体”等，为周边区域合作指明了方向。聚焦区域共同利益、不断延展可持续发展纽带，是生态文明建设与落实《2030 年可持续发展议程》对接的有效途径。最后是全球互动：中国将生态文明融入“一带一路”建设的全过程和各方面，推动绿色“一带一路”与《2030 年可持续发展议程》有效对接，助力越来越多的“一带一路”共建国家应对复杂的、严峻的发展与环境问题，这将深化全球范围内的生态文明与《2030年可持续发展议程》对接的实践互动。

第四，坚持共商共建共享等基本原则。生态文明与《2030年可持续发展议程》对接的良好效果和前景，将增进生态文明建设吸引力和感染力，从而增强与外部世界的互动性；坚持循序渐进，从区域或全球环境保护等基础性事务做起，从而不断走向绿色发展共同体和命运共同体；应将共商共建共享原则融入对接的方方面面，不断生成更多高质量的公共产品。在南南合作框架内，积极为其他发展中国家落实《2030年可持续发展议程》提供力所能及的帮助，为周边和国际社会的共同福祉作出更大贡献。

三、生态文明与《2030年可持续发展议程》对接的实施路径

在生态文明与《2030年可持续发展议程》对接架构基础上，为有效发挥生态文明的引领性价值，可以从对接机制安排、公共产品供给、民心相通和主场外交等方面推进生态文明与《2030年可持续发展议程》的有效对接。

（一）发挥生态文明建设与《2030年可持续发展议程》政府间双多边机制对接的引导性作用

在习近平生态文明思想指引下，中国已与100多个国家开

展了生态环境国际合作与交流，与 60 多个国家、国际及地区组织签署了约 150 项生态环境保护合作文件。[1] 中国与全球 100 多个国家、地区开展了广泛的能源贸易、投资、产能、装备、技术、标准等领域合作。[2] 这些良好绿色伙伴关系为生态文明建设与《2030 年可持续发展议程》对接奠定了良好基石。为更好推进生态文明建设与《2030 年可持续发展议程》对接，可以在理念塑造、公共产品供给和全球绿色秩序建构等方面加以布局，推动生态文明建设与《2030 年可持续发展议程》的联系从认知型、策略型走向实质性融合发展阶段。中国加入了几乎所有普遍性政府间国际组织，加入了 500 多项国际公约，忠实履行国际义务。[3] 绿色合作成为当前国际社会应对一系列问题的金钥匙。中国坚持高水平对外开放和高质量发展国际合作，“一带一路”作为当前全球最大的合作平台，截至 2020 年 11 月，中国已与 138 个国家、31 个国际组织签署 201 份共建“一带一路”合作文件；[4] 这都将为机制合作创造良好互信基础。机制对接是生态文明建设与《2030 年可持续发展议程》对接高质量发展的政治基础，在推动生态文明建设与《2030 年可持续

1 《环保部举行环境保护国际合作情况新闻发布会》，国务院新闻办公室网站（http://www.scio.gov.cn/xwfbh/gbwxwfbh/xwfbh/hjbhb/document/1559676/1559676.htm）。

2 《新时代的中国能源发展》，国务院新闻办公室网站（http://www.scio.gov.cn/37234/Document/1695111/1695111.htm）。

3 《中国关于联合国成立 75 周年立场文件》，外交部网站（https://www.fmprc.gov.cn/web/zyxw/W020200910425553975697.pdf）。

4 国家发展改革委：《中国已与 138 个国家、31 个国际组织签署共建一带一路合作文件》，中国新闻网（https://www.chinanews.com/gn/2020/11-13/9338135.shtml）。

发展议程》对接总体进程中具有引领作用，应鼓励形成政府、企业、智库包容性、协同性发展模式，加强国际学术网络建设协调，在政策制定、发展合作、国际交流的过程中积极营造所在国的机制基础。面对危机的解决之道，理论上虽然人人都可以参与其中，但仍需要一个基本的参与和互动主体，在当今世界，国家是解决人类共同危机的基本单元，为此应重视政府间机制对接，发挥政府间机制的引导性作用。注重从已有的政府间机制上加强合作，特别是在博鳌亚洲论坛、中国—上海环境合作中心、中非合作论坛、亚洲文明对话大会等多个专业性或区域性、全球性双多边平台融入生态文明理念并完善《2030 年可持续发展议程》合作。

（二）将绿色基础设施等公共产品作为生态文明建设与《2030 年可持续发展议程》对接的着力点

在全球落实《2030 年可持续发展议程》进程中，关于国际性、全人类性的可持续发展目标及其国际公共产品容易产生“搭便车”（Free-rider）、集体行动困境等矛盾，当前这种现状不仅将拖累《2030 年可持续发展议程》的落实，甚至损害已有的经济与社会发展成绩。发达国家和发展中国家处于不同发展阶段，在可持续发展水平及能力方面存在较大差异，在环境问题上的历史责任也存在很大差异。如何提升基于公平公正、科学合理的全球治理要求，塑造发达国家与发展中国家在可持续发展与环境治理的新关系，首要就体现在发达国家加强国际公共产品供应和加强对发展中国家可持续发展能力建设方面，这都迫切要求加强绿色公共产品的建设，从而实现在治理的过程中深化治理势能，实现绿色公共产品和可持续发展能力建设的相辅相成、相互促进。

全球基础设施中心研究估计全球 2040 年基础设施投资需求近 94 万亿美元，其中大部分需求来源于发展中国家。[1] 具体而言，落实《2030 年可持续发展议程》需在各领域加强对可持续基础设施建设的投资（可持续发展目标 6、7、9、11）。在可持续发展能力建设方面，需要提升生态文明宣介、管理的水平，更好地应对错综复杂的经济、环境与社会关系。随着新一轮科技革命和产业革命深入发展，大数据、人工智能等将提升绿色基础设施和可持续发展能力建设进程。2020 年中国宣布将设立联合国全球地理信息知识与创新中心、可持续发展大数据国际研究中心，为落实《2030 年可持续发展议程》提供新动力。在习近平生态文明思想的指引下，中国将生态文明建设与可持续发展议程有机结合，调动政府、企业、社会等各方面力量参与落实工作，将绿色基础设施等公共产品作为着力点，致力于加速落实《2030 年可持续发展议程》并发挥协同增效。例如，中国正在广泛开展双边、多边合作，打造了一批南南环境合作平

1 *Global Infrastructure Outlook*，Global Infrastructure Hub（https://cdn.gihub.org/outlook/live/methodology/Global+Infrastructure+Outlook+-+July+2017.pdf）.

台，例如澜沧江—湄公河环境合作中心、中国—非洲环境合作中心等，加强南南合作框架下的公共产品建设合作，并支持多利益攸关方在公共产品供给进程中发挥更大作用。

（三）坚持不懈打造民心相通和绿色文明互鉴的社会基础

习近平主席在首届“一带一路”国际合作高峰论坛开幕式上的讲话指出，国之交在于民相亲，民相亲在于心相通。[1] 以文明交流互鉴为抓手，深化绿色文明互鉴，可以为深化生态文明建设与《2030 年可持续发展议程》对接打牢根基、注入源源不断动力。中国传统文化就注重和谐共生、立己达人、兼济天下等发展理念，将为生态文明国际交流与合作提供良好的传统文化素材。全球生态文明建设要求中国在世界眼光与人类视野的基础上持续加强国际交流与合作，不断提升全球生态文明建设的互动机制和实践适应能力，不断增强全球生态文明建设的影响力、感召力。在国际上，加强生态文明公共外交，特别是在完善全球生态文明学科研究、加大生态环境保护高层次人才培养力度等各领域广泛开展合作。厚植共商共建共享治理原则，可以指导民心相通实践并促进更加平等、均衡和协作的新型全球发展伙伴关系。各主体在共商共建共享原则下相互借鉴各国落实《2030 年可持续发展议程》经验与方案，将汇聚形成落实《2030 年可持续发展议程》的协同方案。

1 习近平：《携手推进一带一路建设》，《人民日报》2017 年 5 月 15 日第 3 版。

践行《2030 年可持续发展议程》，首先应保证社会各界的积极参与，除了政府部门，还应包含企业、智库、非政府组织、个人等，让更多人了解可持续发展目标的内容，从而参与其中，特别是《2030 年可持续发展议程》确保实现“不让任何一个人被全球发展落下”的目标，也将广泛提升个体的参与度和贡献度。坚持推动构建人类命运共同体是生态文明建设与《2030 年可持续发展议程》对接的理念基石。世界拥有向更可持续发展道路迈进所需的科学、技术和资金，但是发达国家迟迟不愿进行深入的国际环境合作，这决定了全球环境治理的有限性。[1] 各国需要认识到环境治理的新形势和可能面对的重大挑战，谨防环境风险转化成国际经济、政治和社会风险等。生态文明建设和落实《2030 年可持续发展议程》要求坚持共同的责任、利益取向，继续夯实人类命运共同体建设，才能让国际各方长远、全面地合作。

（四）善用国家主场外交和全球绿色复苏等重要契机

中国作为联合国《生物多样性公约》第 15 次缔约方大会的东道国，在建构人类命运共同体的基础上，提出“生态文明：共建地球生命共同体”这一主题，在倡导生态文明这一理念进程中，展现了中国责任与担当。《2030 年可持续发展议程》的

---

1 张海滨：《环境与国际关系：全球环境问题的理性思考》，上海：上海人民出版社，2008 年版，第 287 页。

关键在于理念落实及方法创新。中国可以在此进程中，扎实推进生态文明建设，不断提升可持续发展能力和水平，与国际社会一道共谋全球生态文明建设。2020 年 9 月，中国宣布将提高国家自主贡献力度，努力争取 2060 年前实现“碳中和”。[1] 中国以实际行动成为践行生态文明建设和《2030 年可持续发展议程》的引领角色，勇于承担与中国能力相称的国际义务，具有较强的国际引导性和道义性，在主场外交场合推进生态文明建设与《2030 年可持续发展议程》对接具有议程设置、话语引导和实践试点等多重优势，也可以积累一批对接的实践经验。

当前和今后一段时间，很多经济体面临着统筹推进新冠肺炎疫情防控、经济社会发展与生态环境保护等多重任务，但在推动可持续发展方面拥有共同愿景。发展中国家治理须求实效，推动国际发展合作落地。2020 年新冠肺炎疫情全球大流行以来，触发了人对与自然之间关系的深刻反思，绿色复苏成为许多经济体的重要经济刺激方案。[2] 新冠肺炎疫情对全球经济社会造成了前所未有的冲击，客观上要求国际社会加强绿色转型，大力发展循环经济，才能确保实现“碳中和”及保护地球生态环境愿景。正如习近平主席在 2020 年联合国生物多样性峰会上指出，“新冠

1 《习近平在联合国成立 75 周年纪念峰会上的讲话》，新华网（http://www.xinhuanet.com//politics/leaders/2020-09/22/c_1126522721.htm）。

2 汪万发、张剑智：《疫情下国际绿色复苏政策动向与影响分析》，《环境保护》2020 年第 20 期。

肺炎疫情告诉我们，人与自然是命运共同体；要坚持生态文明，增强建设美丽世界动力等。”[1] 这是生态文明建设与《2030 年可持续发展议程》协同推进、不断探索新的契合点和增长点。新冠肺炎疫情被广泛认为是“二战”以来人类面对的较大危机，在后疫情经济复苏过程中，国际社会应坚持绿色复苏的全球环境治理新思路，特别是在国际多边合作中加强绿色文明互鉴，从而更好落实《2030 年可持续发展议程》。

第二节 “碳中和”时代中国与东盟应对气候变化合作

在 2020 年第 75 届联合国大会一般性辩论举行之际，联合国召开了一次有关气候变化的高级别圆桌会议，秘书长安东尼奥·古特雷斯（António Guterres）指出，从毁灭性的野火到破纪录的洪水，这些气候事件对人类和环境的破坏是巨大的，而且还在不断增长；过去十年是有记录以来最热的十年，并且温室气体的浓度还在持续上升。2019 年，化石燃料和森林大火造成的二氧化碳排放量创历史新高，比 1990 年高出 62%。[2] 气候变化日益演变成气候危机，应对气候变化成为全球治理

1 《习近平在联合国生物多样性峰会上发表重要讲话》，新华网（http://www.qstheory.cn/yaowen/2020-10/01/c_1126565395.htm）。

2 *75th UN General Assembly Spotlights Climate Action*，World Meteorological Organization（https://public.wmo.int/en/media/news/75th-un-general-assembly-spotlights-climate-action）.

的主流议题。全球气候问题是一个复杂的综合性问题，与能源、发展、技术、科学等关系密切，但在当今主要是国际政治问题。

一、"碳中和"正在全球兴起

《巴黎协定》被广泛认为是史无前例的全球行动框架。在具有里程碑意义的《巴黎协定》通过五周年之际，"碳中和"运动正在全球兴起。全球温室气体占比超过65%和世界经济占比超过70%的国家将作出承诺：到21世纪中叶实现"碳中和"。[1] 根据 Net Zero Tracker 网站统计，南美洲的苏里南、亚洲的不丹已经实现了国家"碳中和"。[2]

（一）全球气候治理的"碳中和"导向

全球气候治理的根本任务是将全球公共利益与各国国家利益统合起来，建立和运行一个公平合理、合作共赢的国际制度。《巴黎协定》的达成、签署和生效为全球气候治理注入了新的动力。《巴黎协定》是全球 195 个国家在巴黎气候变化大会上通过的文件，目标是将 21 世纪全球平均气温上升幅度控制在 2℃以内，并将全球气温上升控制在前工业化时期水平之

1 《到 2050 年实现碳中和：当今世界最为紧迫的使命》，联合国（https://www.un.org/sg/zh/content/sg/articles/2020-12-11/carbon-neutrality-2050-theworld%E2%80%99s-most-urgent-mission）。

2 *Net Zero Emissions Race*，Net Zero Tracker（https://eciu.net/netzerotracker）.

上 1.5℃以内。[1]《巴黎协定》将全球气候治理理念进一步确定为低碳绿色发展。全球气候治理实际上是全球从过去依赖化石能源走向绿色发展，但是过程的艰难性和长期性也是人所共知。尽管全球可再生能源有大幅增长，但全球碳排放总量趋势仍在上升（尽管 2020 年全球碳排放因新冠肺炎疫情影响大幅下降）（详见图 5-1），这要求国际社会必须采取更大力度的行动，加快全球性碳达峰进程。

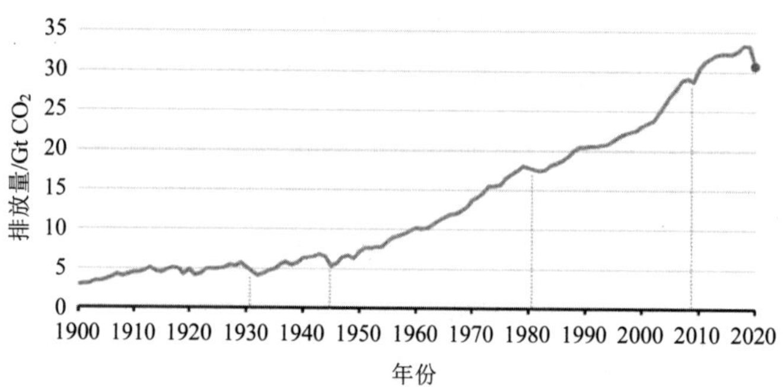

图 5-1 全球与能源相关的排放量年度变化（1990—2020 年）

注：2020 年的预计水平用红色标出 单位：十亿 t 二氧化碳（Gt CO_2）
来源：IEA．Global Energy Review 2020。

2019 年温室气体排放总量（包括土地利用变化）达到了 591 亿 t 二氧化碳当量（Gt CO_2e）的历史新高。[2] 随着人类越

1 *Report of the Conference of the Parties to the United Nations Framework Convention on Climate Change*，United Nations Framework Convention on Climate Change（https://unfccc.int/resource/docs/2015/cop21/eng/10a01.pdf）.

2 *Emissions Gap Report 2020*，UNEP（https://www.unenvironment.org/ emissions-gap-report-2020）.

来越关心气候变化问题和学界关于气候变化国际合作的研究不断深入，全球气候治理的体系和秩序持续发展。首先，就国际体系和国际秩序而言，阎学通提出国际体系是国际行为体的组合及其运动规则，由国际行为体、国际格局和国际规范这三要素构成。[1] 就气候变化国际合作体系和秩序而言，在《联合国气候变化框架公约》下，国家依然是主导的行为体，《巴黎协定》成为各方普遍认可的国际规范，主导价值观是绿色低碳发展（表 5-4）。现有无政府状态的国际社会依然持续挑战全球公共产品的供给，由于全球公共产品供应具有很强的联动效应，[2] 国家之间、区域之间的协同治理是全球气候治理的基础。

表 5-4　当前全球气候治理体系

	行为体	国际格局	国际规范
气候变化	国家为主，多利益攸关方共同参与	发达国家和发展中国家两大阵营，欧盟、美国为首的伞形集团国家、由发展中国家组成的“77 国集团+中国”三大势力对垒的态势	《巴黎协定》为主；美国、欧盟和中国等气候主张也具有重大规范导向性

来源：笔者自制。

1　阎学通：《未来世界谁主沉浮：国际秩序走向》，清华大学（https://news.tsinghua.edu.cn/info/1003/22575.htm）.

2　Scott Barrett，*Why Cooperate? The Incentive to Supply Global Public Goods*，Oxford，Oxford University Press，2007.

全球气候治理机制并非线性连续发展，而是一种停滞与跃升交替出现的间断平衡模式。[1] 随着全球气候治理逐步从危机应对走向长效治理和综合治理，在碳治理时代背景下，新兴大国如何增强崛起动力的可持续性，是新兴大国赶超发展过程中亟待思考的战略问题。[2] 随着美国重新回到《巴黎协定》，中、美、欧这全球三大排放经济体之间的互动将在很大程度上决定全球气候治理和绿色发展进程。

（二）全球“碳中和”加速推进

全球“碳中和”的认知共同体、大国协调和多利益攸关方的多重发展，加速了全球“碳中和”进程。

第一，科学认知共同体引领“碳中和”。“碳中和”是值得全人类共同奋斗的目标，各国已纷纷开展多项具体的研究与落地工作。以科学家、技术官员等具有共同信念目标的专家所形成的科学认知共同体（Epistemic Community）通过提供具有权威性的知识，推动国家在环境问题上政策的转变。权威性知识的生产与提供成为行为体在国际气候治理中领导能力的重要组成。在气候变化领域，以联合国政府间气候变化专门委员会为代表的认知共同体发挥了重要作用。与欧美相比，发展中国家

1 寇静娜、张锐：《疫情后谁将继续领导全球气候治理——欧盟的衰退与反击》，《中国地质大学学报》（社会科学版）2021 年第 1 期。

2 肖洋：《在碳时代中崛起：新兴大国赶超的可持续动力探析》，《太平洋学报》2012 年第 7 期。

在气候知识生产、传播及提供知识的国际接纳等方面仍有很大提升空间。

第二，大国引领“碳中和”进程。全球气候治理需要有影响力的大国发挥协调和引领作用，特别是体现在《巴黎协定》的达成与落实中。党的十八大以来中国以积极的姿态确立了全面参与全球治理和推进国家治理体系与治理能力现代化的战略目标。[1] 2020 年 9 月，中国国家主席习近平在第七十五届联合国大会一般性辩论上讲话提到中国努力争取 2060 年前实现“碳中和”，这为中国应对气候变化、低碳发展提供了方向指引，体现了中国主动承担应对气候变化国际责任、推动构建人类命运共同体的担当。此外，2021 年中国全国碳排放权交易平台正式投入运行。美国总统拜登 2021 年 1 月宣布了一系列应对气候变化的政策，并把应对气候危机置于美国外交政策和国家安全的中心位置，优先推动应对气候变化和清洁能源方面的国际合作。美国拜登政府于 2021 年世界地球日召开气候变化领导人峰会，为加强全球主要经济体气候雄心作出新要求。欧盟 27 国于 2020 年 12 月达成协议，到 2030 年，温室气体排放量在 1990 年水平上至少减少 55%。俄罗斯致力于 2030 年温室气体排放量减少 9 亿 t，约为当前水平的 48%。日本于 2021 年初发布《绿色增长战略》，提出到 2050 年实现“碳中和”，并

1 蔡拓：《全球治理与国家治理：当代中国两大战略考量》，《中国社会科学》2016 年第 6 期。

致力于构建“零碳社会”。

第三，多利益攸关方共同参与“碳中和”。随着近年来气候治理规范向“自下而上”模式变革，多利益攸关方参与全球气候治理的趋势逐步增强。2021 年由联合国开发计划署与牛津大学的一项针对来自 50 个国家的逾 120 万名民众的气候调查结果显示，全球有近 2/3 的人认为气候变化是一项全球紧急危机。[1] 欧盟提出的口号是低碳转型“不能落下一个人”，并为利益攸关的行业、企业和个人提供系统性参与机会。随着越来越多的非国家行为体承诺要实现净零排放，企业等主体正在朝着可持续发展迈进，城市正在努力变得更绿色。

第四，技术创新是“碳中和”的核心驱动力，实现“碳中和”有技术的合理性。随着新一轮科技和产业革命不断深入，“碳中和”技术正在蓬勃发展与创新，特别是新能源、碳捕集和碳封存技术等不断发展，为全球“碳中和”进程提供新动能。

二、中国—东盟应对气候变化合作现状

东南亚国家联盟（下称“东盟”）是亚洲成立最早、一体化水平最高的合作组织，致力于“同一愿景、同一立场、同一联盟”。东盟现有文莱、柬埔寨、印尼、老挝、马来西亚、缅

---

1 UNDP，*Climate Change is a Global Emergency，People Say in Biggest Ever Climate Poll*，United Nations（https://news.un.org/en/story/ 2021/01/1083062）.

甸、菲律宾、新加坡、泰国、越南 10 个成员。东盟是世界人口集聚、发展中国家聚集区域。以政治安全共同体、经济共同体和社会文化共同体三大支柱为基础的东盟共同体（ASEAN Community）于 2015 年成立，强化了东盟作为一个整体出现在国际舞台上的形象。东盟成员 2018 年 GDP 总额超过 3 万亿美元，并成为世界主要经济体之一（图 5-2）。随着 2020 年《区域全面经济伙伴关系协定》（RCEP）取得实质性进展，中国与东盟的全面联系更加深入。正如习近平主席在 2020 年 11 月第十七届中国—东盟博览会和中国—东盟商务与投资峰会开幕式上致辞指出，中国—东盟关系已成为亚太区域合作中最为成功和最具活力的典范，成为构建人类命运共同体的生动例证。[1] 中国企业 2020 年在“一带一路”沿线对 58 个国家非金融类直接投资 177.9 亿美元，同比增长 18.3%，主要投向新加坡、印尼、越南、老挝、马来西亚、柬埔寨、泰国等国家。[2] 随着中国—东盟在“一带一路”发展合作的持续深化，加强应对气候变化和经济社会发展协同共进成为时代要求。

1 《习近平在第十七届中国—东盟博览会和中国—东盟商务与投资峰会开幕式上的致辞》，《人民日报》2020 年 11 月 28 日第 2 版。.

2 《2020 年我对“一带一路”沿线国家投资合作情况》，商务部网站（http://www.mofcom.gov.cn/article/tongjiziliao/dgzz/202101/20210103033292.shtml）。

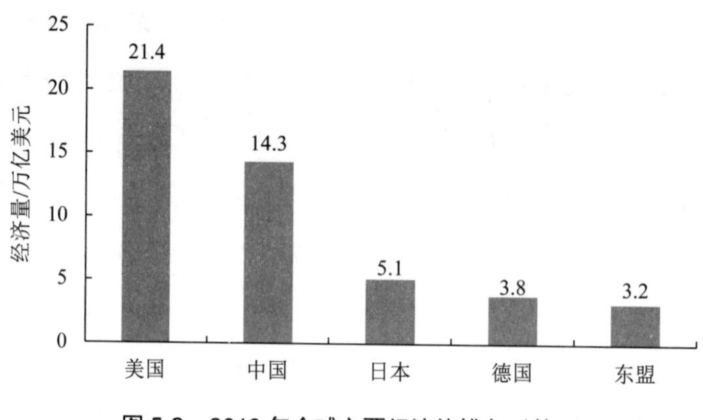

图 5-2　2019 年全球主要经济体排名（前 5）

数据来源：ASEAN Secretariat，ASEAN Stats Database[1].

东盟作为一个整体，其应对气候变化和国际合作的理念及政策受到越来越多的关注。21 世纪以来，东盟成员在工业化进程中严重依赖煤炭和石油等能源、资源，二氧化碳排放量的持续增加（图 5-3），给地球生态系统带来连锁效应。此外，东盟由于其地理位置在热带海洋地区，气候脆弱且敏感，受气候变化威胁大，气候灾害发生频繁，对东盟可持续发展和民众福祉构成长期威胁。东盟是应对气候变化的重要力量：在全球谈判和行动领域，东盟支持《巴黎协定》的达成和履约。在地区合作领域，东盟国家正按照《东盟社会文化共同体蓝图 2025》（ASEAN Socio-Cultural Community Blueprint 2025）采取各项应对气候变化措施，将应对气候变化合作放在战略位置上。东盟

1　ASEAN Secretariat，*ASEAN Key Figures 2020*，ASEAN（https://www.aseanstats.org/publication/akf_2020）.

环境合作的体制框架由东盟环境部长级会议（AMME）、东盟环境高级官员会议（ASOEN）和 7 个附属机构/工作组组成，东盟气候变化工作组（AWGCC）就是 7 个附属机构/工作组之一。在东盟成员国层面，东盟成员普遍制定了积极应对气候变化的政策和行动纲领。

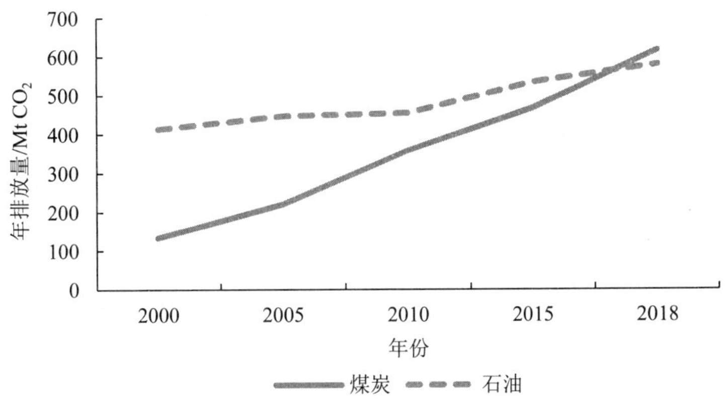

图 5-3　东盟按能源（煤炭和石油）划分的二氧化碳增长走向（2000—2018 年）

数据来源：国际能源署（IEA）数据。[1]

（一）中国—东盟应对气候变化合作国际机制

国际机制通过构建激励（incentives）、约束（constraints）来影响行为体的行为，可以降低交易成本和保持合作的稳定

1　*Global Methane Tracker*，IEA（https://www.iea.org/data-and-statistics?country=MASEAN&fuel=CO2%20emissions&indicator=CO2BySource）.

性。以气候变化为代表的地球生态系统的整体性，构成了全球治理和国际合作的基础。自 1991 年中国与东盟建立对话关系以来，中国和东盟作为世界主要经济体和二氧化碳重要（并持续增长）排放方，气候合作作为中国—东盟关系中的一个领域，经历了从边缘到核心的过程。中国—东盟应对气候变化合作朝着制度化方向发展，气候合作的途径与机制日益增多，成为南南环境合作的成功范式。然而，中国与东盟成员都具有人口众多、生态环境脆弱、能源结构以煤为主、技术水平相对落后的特点，且中国与东盟成员国发展水平不尽相同，受限于环境援助的能力水平，利益诉求不一，协调难度大。[1]

中国与东盟已经建立了较为完善的对话合作机制，主要包括领导人会议、部长级会议等。良好的政治关系为中国—东盟气候合作奠定了坚实的基础。中国充分发挥建设性大国的作用是中国—东盟关系跨越式发展的重要因素。[2] 在 2007 年第 11 届中国—东盟高峰会议上，领导人会议把气候、环境保护国际合作列为中国—东盟加强合作的优先领域之一。2009 年，双方制定并通过了《中国—东盟环境保护合作战略》及其更新版，这是中国—东盟应对气候变化合作的指导性文件。2011 年中国—东盟环境保护合作中心正式成立。此外，中国与东盟还陆续创

1 J Duffield，What are International Institutions？，*International Studies Review*，Vol. 9，No. 1，2007，pp. 1-22.

2 王光厚、刘人龙：《中国—东盟关系跨越式发展的战略启示》，《区域与全球发展》2019 年第 4 期。

建了中国—东盟环境合作论坛、中国—东盟生态友好城市发展伙伴关系、中国—东盟环境信息共享平台、中国—东盟绿色使者计划等一系列平台和机制化合作关系。

中国—东盟应对气候变化合作主要在中国—东盟、澜沧江—湄公河环境保护合作等框架内开展（表 5-5），体现了包含应对气候变化在内的全面合作。在中国—东盟环境保护合作中心、澜沧江—湄公河环境保护合作中心等机构下开展应对气候变化的机制性合作，中国—东盟应对气候变化合作伙伴互动关系持续走深。

表 5-5 中国—东盟环境合作机制

环境合作机制	主要合作内容
中国—东盟环境合作中心	落实《中国—东盟环境合作战略》，推动区域绿色发展和可持续发展，实施中国—东盟绿色使者计划
澜沧江—湄公河环境合作中心	落实《澜沧江—湄公河环境合作战略》，推动澜沧江—湄公河区域六国生态环境保护合作，实施绿色澜湄计划
绿色“一带一路”	“一带一路”绿色发展国际联盟、“一带一路”生态环保国际高层对话等

资料来源：笔者自制。

当前，在《中国—东盟战略伙伴关系 2030 年愿景》指导下，中国和东盟关系进入全方位发展新阶段。2020 年 11 月，中国外交部公布《落实中国—东盟面向和平与繁荣的战略伙伴关系联合宣言的行动计划（2021—2025）》，强调合作减缓和适应气候变化，开展能力建设。总体来看，当前中国与东盟应对气候变化合作的基础发生了新变化：一是中国—东盟合作持续深化，东盟已成为中国第一大贸易伙伴，经济联系更加密切；二是随着中国和东盟民众生活水平的不断提高，能源消耗及碳排放量逐渐扩大的趋势明显，实现减排目标存在一定困难；三是随着全球可持续发展正在进入以绿色经济为主驱动力的新阶段，[1] 中国与东盟应对气候变化合作的紧迫性加强。

（二）中国—东盟应对气候变化合作学术研究及其启发

21 世纪国际关系面临的一个重大挑战是人类生产方式日趋全球化与全球治理体系对此回应不足的矛盾。[2] 全球气候问题具有典型的“全球公域”（global commons）和外部性（externality）问题之一，[3] 全球气候治理要求各国加强国际合作、采取集体行动。总体来看，国家之间、区域之间的协同治理是全球气候治理的基础。气候类的全球公共产品供应具有很强的联动效应。[4] 这要求深化国家之间、区域之间的交流与合作，才能保证全球应对气候变化的可持续性与合理性。地区

1 孙新章等：《以全球视野推进生态文明建设》，《中国人口·资源与环境》，2013 年第 7 期。

2 吴白乙：《推动国际关系学科创新发展》，《人民日报》2020 年 6 月 8 日第 9 版。

3 John Vogler，*The Global Commons：Environmental and Technological Governance*，Chichester，Wiley，2000.

4 Scott Barrett，*Why Cooperate? The Incentive to Supply Global Public Goods*，Oxford，Oxford University Press，2007.

间气候合作在横向上有利于实现全球气候谈判中的绿色权力平衡，在纵向上增加了全球气候治理制度的密度，特别是增进了地区间学习认知进程并强化了一种绿色身份认同。[1] 由于东盟区域内无大国主导性，东盟对外合作致力于维护自身整体性，从而形成了“东盟中心”的对外合作与交流方式。[2] 中国—东盟在应对气候变化合作方面的理论解释与研究进展方面已经取得了一系列进展。

第一，认识到气候问题不仅仅是一个国际环境问题，还是安全与发展的问题。经济合作长期是中国—东盟合作的主要方面，气候合作依然相对不足，气候问题与经济发展具有内在关联性，中国—东盟在生态环境上有十分重要的联系；[3] 区域内的传统安全因素造成了域内国家间关系的紧张，阻碍了在相互信任的基础上的气候有效合作。[4] 第二，认识到中国和东盟在应对气候变化问题上是一个有机整体，是利益攸关方，需要加强合作。东盟通过加强共同体建设逐步扩大共识，强调在国家、区域和全球三个层面强化合作。[5] 中国与东盟成员均容易受到气候变化的不利影响，双方合作应对气候变化的动机既具有内

1 李昕蕾、任向荣：《欧盟—东盟地区间的气候合作》，《国际关系学院学报》2011年第3期。

2 董贺：《关系与权力：网络视角下的东盟中心地位》，《世界经济与政治》2017年第8期。

3 徐进：《略论中国与东盟的环境保护合作》，《战略决策研究》2014年第6期。

4 关孔文、房乐宪：《东亚区域气候治理合作困境分析》，《东北亚论坛》2017年第6期。

5 黄栋、王文倩：《气候共同体：后巴黎时代应对气候变化的东盟方式》，《阅江学刊》2021年第1期。

生性也有外压性。《巴黎协定》生效之后，东盟成员与中国均要按照各自国家自主贡献的规定承担应对气候变化的法律义务。国家自主贡献的提出明确了不同国家应对气候变化的任务和目标，将国际社会合作应对气候变化的深度和广度提升到了史无前例的水平。[1] 中国和东盟在气候问题上是一个有机整体，共同解决气候变化问题是实现自由贸易区可持续发展的重要课题。[2] 第三，认识到中国与东盟应对气候变化问题存在诸多制约因素。中国与东盟都处于快速发展阶段，对国家发展权益的重视远大于气候变化，国家发展利益成为首要考虑因素。资金和技术问题是气候合作的长期挑战，西方发达国家吝于提供资金和技术帮助发展中国家/地区解决环境和生态危机。[3] 中国—东盟环境合作存在拘束力缺乏、执行力低下等问题。[4] 第四，就未来中国—东盟气候合作路径而言，为了使中国—东盟经济增长与环境压力脱钩，中国和东盟国家需要扩大可再生能源的份额，提高能源利用效率，并将绿色发展作为该地区的长期目标。[5] 为当前及未来中国—东盟应对气候变化合作以及应对全

1 龚微、贺惟君：《基于国家自主贡献的中国与东盟国家气候合作》，《东南亚纵横》2018 年第 5 期。

2 齐峰、朱新光：《中国—东盟自由贸易区气候合作探略》，《云南社会科学》2009 年第 1 期。

3 朱新光、齐峰：《浅析中国—东盟气候合作》，《国际问题研究》2009 第 1 期。

4 朱雅妮：《"一带一路" 对外投资中的环境附属协定模式——以中国—东盟自由贸易区为例》，《江西社会科学》2015 年第 10 期。

5 J Zhang，Z Fan，and Y Chen，Decomposition and Decoupling Analysis of Carbon Dioxide Emissions from Economic Growth in the Context of China and the ASEAN Countries，*Science of the Total Environment*，2020.

球气候变化提供相应的理论和政策启发。

近年来，随着“一带一路”倡议、《巴黎协定》和联合国《2030年可持续发展议程》的提出和落地，中国—东盟应对气候变化合作的现实需求更加强烈、未来空间更加开阔、“碳中和”导向更加清晰。在结合中国—东盟应对气候变化合作已有机制和研究的基础上，可以得出，中国—东盟应对气候变化合作要切实有效应对全球气候变化问题，且要以创新的手段加以应对。中国—东盟应对气候变化合作要符合国家利益，包括兼顾气候变化和经济发展、采用共商共建的原则等，合作重点是资金、技术和能力支持。

三、“碳中和”时代中国—东盟应对气候变化合作的动能

中国与东盟的经济体量巨大，同处于经济快速发展的阶段。目前，中国与部分东盟成员已经宣布“碳中和”目标，例如新加坡承诺在21世纪后半叶尽早实现“碳中和”。构建全球“碳中和”是一个长期的且各方都全面参与的过程，有赖于中国与东盟的长期参与、互动。对于“碳中和”时代中国—东盟应对气候变化合作的动能，主要体现在政治上的伙伴关系、发展的需求、实践挑战及以联合国为主的国际机制驱动。

（一）良好的政治与战略关系驱动

气候合作与中国—东盟合作相辅相成。从历史上看，中国—

东盟合作机制以经济合作为重点，并逐渐向政治、文化和社会等领域拓展。气候合作将进一步增强相互间的信任，使中国—东盟合作的深度和广度与双方战略伙伴关系的目标相适应，进而推动地区和平发展与繁荣。中国与东盟成员属于发展中国家，双方的气候合作为“南南合作”开辟了一个新模式。中国与东盟、东盟成员普遍建立了良好的伙伴关系，应对气候变化合作建立在伙伴关系和战略发展的基础上（表 5-6）。中国—东盟应对气候变化合作符合双方和国际社会的共同利益，实现中国—东盟两方力量更好地互联互通，有利于应对气候变化进程的可持续和创新，推动构建气候变化领域中国—东盟命运共同体。

表 5-6　中国与东盟成员、次区域和东盟关系

中国与东盟及其成员关系	合作关系定位
中国—越南	全面战略合作伙伴关系
中国—老挝	全面战略合作伙伴关系
中国—柬埔寨	全面战略合作伙伴关系
中国—缅甸	全面战略合作伙伴关系
中国—泰国	全面战略合作伙伴关系
中国—印度尼西亚	全面战略伙伴关系
中国—马来西亚	全面战略伙伴关系
中国—新加坡	全方位高质量的前瞻性伙伴关系
中国—菲律宾	全面战略合作关系
中国—文莱	战略合作伙伴关系
中国—澜湄	面向和平与繁荣的澜湄国家命运共同体
中国—东盟	面向和平与繁荣的战略伙伴关系

资料来源：笔者自制。

在第21次中国—东盟领导人会议暨庆祝中国—东盟建立战略伙伴关系15周年纪念峰会上发表的《中国—东盟战略伙伴关系2030年愿景》文件，强调中国—东盟构建以政治安全、经贸、人文交流三大支柱为主线、多领域合作为支撑的合作新框架。在后疫情时代，中国与东盟的关系，会持续走深走实。2020年，中国与东盟关系保持平稳上升势头，在共同抗击疫情、恢复经济发展和维护地区稳定方面互信加深、合作深化。2020年，双方首度实现互为最大贸易伙伴的突破。2021年是中国—东盟建立对话伙伴关系30周年和可持续发展合作年，中方视东盟为周边外交优先方向和高质量共建“一带一路”重点地区，[1]中国—东盟应对气候变化合作前景向好，双方关系发展面临新契机。“碳中和”时代中国—东盟应对气候变化合作，有助于打造更高水平的中国—东盟战略伙伴关系，构建更为紧密的中国—东盟命运共同体。

（二）气候灾害与治理赤字的问题驱动

从东盟成员发展上看，加强国际合作才能有效推进可持续发展。从能源使用上看。随着经济快速增长和能源（特别是煤炭）需求上升，国际能源署（International Energy Agency，IEA）发布的《东南亚能源展望2019》报告指出，未来20年

1 《习近平在第十七届中国—东盟博览会和中国—东盟商务与投资峰会开幕式上的致辞》，《人民日报》2020年11月28日第2版。

内，东南亚能源需求增长速度将是全球平均速度的 2 倍，该地区将引领全球能源需求。[1] 从能源视角上看，东盟气候与环境问题非常严峻。“碳中和”进程下，能源生产和消费将发生深刻的革命，以可再生能源为代表的非化石能源利用技术将成为主流。从绿色技术上看，“碳中和”的实现要求在能源、工业等领域推动前所未有的低碳转型。从基础设施上看，中国与东盟国家/区域面临共同的生态环境和气候变化的严峻挑战，也正在共同经历大规模的绿色低碳转型。中国 2060 年前“碳中和”的实现要极大地依托零碳排放技术的跃迁式创新及新型基础设施的规模化建设。从气候多领域合作上看，主要分为气候谈判、适应和碳市场建设等，特别是气候资金合作。据联合国环境规划署发布的《适应差距报告》估算，发展中国家每年的气候适应成本高达约 700 亿美元，到 2030 年这一数字可能达 3000 亿美元，到 2050 年可能达 5000 亿美元。发达国家应继续加大应对气候变化“南南合作”，从资金、能力建设等方面支持发展中国家。

共同面对气候变化的影响和挑战，维护发展中国家共同气候利益。根据联合国减少灾害风险办公室 2020 年发布的《灾害的代价 2000—2019》报告，全球气候灾害数量在 21 世纪的前 20 年快速上升，极端天气已经成为 21 世纪主要的灾害来源。

---

1 *Southeast Asia Energy Outlook 2019*，IEA（https://www.iea.org/reports/southeast-asia-energy-outlook-2019）.

10 个受灾最多的国家中有 8 个位于亚洲，中国居全球首位。[1] 此外，气候变化还加剧了地区安全冲突。2021 年 2 月，联合国安理会就气候变化与和平和安全问题举行了高级别辩论，联合国秘书长古特雷斯在会议上指出气候破坏是危机的放大器和倍增器，气候变化加剧了动荡和冲突的风险。[2] 全球气候变化是当今人类面临的最主要非传统安全威胁之一。2015—2019 年，大气中的二氧化碳水平及其他关键温室气体含量持续上升至历史新高，尤其是 2015—2019 年的碳排放增长率较 2011—2015 年高出近 20%。[3] 气候变化造成的影响正在增加而非减缓，[4] 随着全球气候变化的加剧，气候相关灾难频率提升和强度增大趋势将带来更大的危机，这也将给“一带一路”沿线地区带来外部风险。在碳排放方面，近年来，东盟地区由于煤炭和石油消费持续增加，二氧化碳排放量显著增加。IEA 预计，到 2040 年，东南亚地区化石燃料消费的增加，特别是煤炭消费的增加，将使该地区二氧化碳排放量比当前水平增长

1 *The Human Cost of Disasters：An Overview of the Last 20 Years（2000-2019）*，UNDRR（https://www.undrr.org/publication/human-cost-disasters-overview-last-20-years-2000-2019）.

2 《古特雷斯呼吁全球采取行动遏制气候变化》，新华网（http://www.xinhuanet.com/2021-02/24/c_1127134987.htm）。

3 *WMO Greenhouse Gas Bulletin（GHG Bulletin）-No. 15：The State of Greenhouse Gases in the Atmosphere Based on Global Observations through 2018*，WMO（https://library.wmo.int/index.php?lvl=notice_display&id=21620#.XpRUCvn7SUl）.

4 *Explaining Extreme Events from a Climate Perspective*，American Meteorological Society（https://www.ametsoc.org/index.cfm/ams/publications/bulletin-of-the-american-meteorological-society-bams/explaining-extreme-events-from-a-climate-perspective/）.

2/3，达到 24 亿吨，电力领域碳排放在总排放量中的占比将超过 42%。[1] 应对气候变化将直接影响发展中国家的现代化进程。

（三）联合国多边气候合作机制驱动

《巴黎协定》等国际制度下要加强国际合作。全球气候变化国际谈判主要分发达国家和发展中国家两大阵营，由发展中国家组成的“77 国集团+中国”是气候谈判的代表性力量之一。《巴黎协定》奠定了国际社会 2020 年后加强应对气候变化行动与国际合作的制度基础，确立的国家自主贡献展示了世界各国应对气候变化的决心，国家自主决定的性质和“自下而上”的形式决定了其未来还有较大的提升空间，包括雄心和行动。联合国环境规划署 2019 年 11 月发布《2019 年碳排放差距报告》，是为实现《巴黎协定》而设定的目标，2020—2030 年，全球碳排放每年需减少 7.6%。尽管东盟成员应对气候变化国家自主贡献目标总体上雄心勃勃（表 5-7），但是国家自主贡献是建立在附加条件上的，特别是他国的技术和资金等援助。中国和东盟都是全球重要碳排放经济体，迫切需要共同体加快落实“碳中和”导向的应对气候变化战略，提升对全球碳中和的贡献。要想实现 2℃温控目标，各国的整体减排力度需在现有的《巴黎协定》承诺基础上提升大约三倍，而要遵循 1.5℃减排路径，

---

1 *Emissions Gap Report 2020*，UNEP（https://www.unenvironment.org/zh-hans/emissions-gap-report-2020）.

则需将努力提升至少五倍。[1] 气候变化给东盟成员带来的损失日益加重，东盟峰会和环境部长级会议等逐渐聚焦气候变化问题，东盟成员也普遍将应对气候变化纳入发展和战略议程。东盟成员积极制定本国应对气候变化的战略规划及行动计划，推动应对气候变化政策和措施的有效实施。中国于 2020 年更新了气候目标：力争 2030 年前二氧化碳排放达到峰值，努力争取 2060 年前实现“碳中和”；到 2030 年，中国单位国内生产总值二氧化碳排放将比 2005 年下降 65%以上，非化石能源占一次能源消费比重将达到 25%左右，森林蓄积量将比 2005 年增加 60 亿 m^3，风电、太阳能发电总装机容量将达到 12 亿 kW 以上。[2]

表 5-7 东盟成员应对气候变化国家自主贡献目标

国家	国家自主贡献目标
老挝	到 2030 年，实施多个领域的政策和措施，可再生能源占能源消耗的比例达到 30%
马来西亚	到 2030 年，温室气体排放强度比 2005 年降低 45%，其中 35%是无条件的，另外 10%需从发达国家获得气候融资、技术转让和能力建设之后
新加坡	到 2030 年，碳排放强度降低 36%，碳排放达到峰值
泰国	到 2030 年，温室气体排放量降低 20%
缅甸	到 2030 年，实施多个领域的政策和措施

1 *Emissions Gap Report 2020*，UNEP（https://www.unenvironment.org /emissions-gap-report-2020）.

2 《习近平在气候雄心峰会上发表重要讲话》，《中国环境监察》2020 年第 12 期。

国家	国家自主贡献目标
菲律宾	到 2030 年，温室气体减排 70%，取决于包括技术开发和转让、能力建设在内的财政资源规模
越南	到 2030 年，温室气体排放量无条件减排 8%，如得到双边或多边的国际支持以及实施新的气候变化协定，单位 GDP 排放量可减少至 30%
文莱	到 2035 年，能源消费总量降低 63%，提高可再生能源比重
柬埔寨	到 2030 年，有条件减排 27%，包括能源、交通、制造业和其他领域的减排
印尼	到 2020 年无条件减排 26%，到 2030 年无条件减排 29%。如得到国际合作的支持，到 2030 年这一比例将提高到 41%

资料来源：根据《联合国气候变化框架公约》网站资料数据整理。

“碳中和”进程下，中国—东盟将面临与日俱增的国际气候谈判压力和全球碳容量约束加强等压力。一般联合国气候变化大会，发展中国家集团通常会专门讨论气候问题，形成“一个声音”，发表“立场声明”或共同提出案文等。全球气候谈判中发达国家与发展中国家分立的基本格局并未改变，发展中国家在全球气候谈判中势力代表有“77 国集团+中国”以及立场相近的发展中国家等（表 5-8）。发展中国家集团不仅是发展中国家发声的场所、合作的场所，也是争取主导全球气候谈判进程、制定符合其理念的国际舞台。中国与东盟应对气候变化合作在 UNFCCC 框架下的全球气候变化谈判与合作不断推进。

表 5-8 中国与东盟或成员在发展中国家集团气候合作情况

发展中国家集团	成员	核心诉求
77 国集团+中国	134 个发展中国家	“发展压倒一切”的谈判立场
立场相近的发展中国家	石油输出国组织成员、最不发达国家成员，以及中国和印度	向发达国家施加压力，要求其提供资金和技术支持

资料来源：笔者自制。

中国与东盟应对气候变化合作是国际社会共同落实联合国《2030 年可持续发展议程》的客观要求。联合国《2030 年可持续发展议程》的 17 个可持续发展目标中，“目标 13”为“采取紧急行动应对气候变化及其影响”，在落实联合国《2030 年可持续发展议程》的背景下，中国—东盟应对气候变化合作进展提速，各种政策对话、气候治理能力建设等取得新进展，为地区气候与环境治理奠定了坚实基础。《2030 年可持续发展议程》的落实不能只以单个国家为出发点，鉴于《2030 年可持续发展议程》的整体性，鉴于“不让任何一个人掉队”“减少国家内部和国家之间的不平等”“重振可持续发展全球伙伴关系”等要求，加强中国与东盟气候治理合作符合《2030 年可持续发展议程》的实际要求。

四、“碳中和”进程下中国—东盟应对气候变化合作的发展

气候问题、新冠肺炎疫情和百年变局交织，需要各国以前

所未有的协作共同应对，为推进中国—东盟应对气候变化合作，在研究双方气候合作存在的问题和现实需求基础上，对中国—东盟应对气候变化合作发展提出相关思考。

（一）“碳中和”与气候适应等能力建设是长期着力点

绿色溢价（Green Premium）是指使用零排放的燃料（或技术）的成本会比使用现在的化石能源（或技术）的成本高出多少。实现“碳中和”最关键的就是要千方百计地降低绿色溢价。[1] 就全球气候治理实践而言，治理能力是一个国家最大的优势，当前以气候变化为代表的全球环境问题是对世界各国治理能力的一次大考。面对全球性问题，作为“南南合作”的坚定支持者、积极参与者和重要贡献者，中国将继续承担与自身发展阶段和实际能力相适应的国际责任，促进“南南合作”。中国国际合作和对外援助注重支持发展中国家增强自主发展能力，帮助提升治理能力和行业发展能力等。[2] 在“碳中和”进程下，中国与东盟可以形成以“碳中和”为引领的区域可持续和共同发展的路径，通过加强控制温室气体排放来推动高质量的可持续发展，完善“碳中和”倒逼机制和能力建设。此外，全球适应委员会呼吁各国政府加速应对气候变化并适应其影响，气候适应可以避免未来损失、通过创新产生正向经济收益、

1 Bill Gates，*How to Avoid a Climate Disaster：The Solutions We Have and the Breakthroughs We Need*，New York，Knopf，2021.

2 《新时代的中国国际发展合作》，《人民日报》2021 年 1 月 11 日第 14 版。

额外的社会效益和环境效益。[1] 以科学研究和智力（智库）支撑为代表的能力是气候适应治理的重要因素，目前中国—东盟应对气候变化适应合作研究亟待进一步提升，应继续深化在科学研究和能力建设等气候适应方面的务实合作，在应对气候变化领域打造更多新的合作亮点。

（二）建构发展中国家绿色转型和绿色影响力

气候变化问题归根结底是发展和治理问题。《巴黎协定》展示了各国对发展低碳绿色经济的明确承诺，并向世界发出了清晰而强烈的信号：走低碳绿色发展之路是人类未来发展的必由选择。[2] 应对气候变化合作要解决技术、资金和能源等问题，对各国未来经济发展影响重大。中国—东盟应对气候变化合作不仅可以促进发展中国家绿色发展转型进程，而且将促进区域绿色影响力建构。在区域经济一体化的大背景下，气候安全和贸易等联系将更加密切。在推动中国—东盟命运共同体和共建"一带一路"的进程中，气候安全是重要保障和合作内容之一。各国广泛将气候和环境问题纳入贸易协定和多边合作框架，注重气候治理与经济发展的平衡，这有利于实现可持续发展、气候安全的利益、责任和命运共同体。

---

1 *Adapt Now：A Global Call for Leadership on Climate Resilience*，Global Center on Adaptation（https://gca.org/reports/adapt-now-a-global-call-for-leadership-on-climate-resilience/）.

2 《巴黎协定开启 2020 年后全球气候治理新阶段》，新华网（http://www.xinhuanet.com/world/2015-12/14/c_128528644.htm）。

东盟是21世纪海上丝绸之路的关键枢纽，加强中国—东盟在应对气候变化和低碳发展领域的政策对话和绿色合作，携手推进绿色“一带一路”建设，有助于区域绿色发展共同体建设，并从绿色发展中寻找发展的新动力。中国应继续引导跨国企业参与《履行企业环保责任，共建绿色“一带一路”倡议》，推动企业履行企业环境责任和参与“碳中和”进程，注重发挥“一带一路”倡议对沿线国家共同实现可持续发展目标的协同和助力效应。[1] 海洋对应对气候变化的价值日益凸显，蕴含着应对气候变化的潜力。建立中国—东盟蓝色经济伙伴关系，是《中国—东盟战略伙伴关系2030年愿景》的重要目标之一。为此，可以加快探索建立健全中国—东盟蓝色经济伙伴关系。中国—东盟应着眼全球绿色发展和人类命运共同体，共同实现“碳中和”，特别是加强第26届联合国气候缔约方大会的交流与合作。

（三）绿色复苏、气候变化国际合作和人类命运共同体的协同推进

新冠肺炎疫情触发全社会对人与自然关系的深刻反思，全球气候治理的未来和绿色复苏备受关注。第37届东盟峰会通过《东盟全面复苏框架》（ASEAN Comprehensive Recovery

1 T Feng，Q Kang，and B Pan，Synergies of Sustainable Development Goals between China and Countries along the Belt and Road Initiative，*Current Opinion in Environmental Sustainability*，Vol. 39，2019，pp. 167-186.

Framework）及其实施计划，作为东盟应对新冠肺炎疫情并实现社会经济稳步复苏的指导性文件，东盟经济复苏行动聚焦迈向更可持续和更具韧性的未来。[1] 在新冠肺炎疫情和百年变局交织的复杂局面下，疫情后的绿色复苏有助于将 2030 年的二氧化碳排放量降至接近实现 2℃温控目标所要求的排放水平。为了共同推动《巴黎协定》全面有效地实施，中国提出构建人类命运共同体和新型国际关系，坚持共商共建共享的治理原则，积极参与全球气候治理。新冠肺炎疫情后的绿色复苏，为扩大公平的绿色转型和气候合作提供了契机，这都要求深化新形势下中国—东盟应对气候变化的合作。中国和东盟成员都是发展中国家，要实现“碳中和”需要付出艰苦卓绝的努力，特别是深化应对气候变化合作。塑造低碳的经济发展方式是世界各国实现可持续发展面临的重大命题，迫切要求各国携手推动联合国气候变化格拉斯哥大会取得积极成果，共促《巴黎协定》全面、有效实施，共享全球可持续发展的美好未来。

第三节 中国在国际能源治理中的作用与地位：理论机理、现实描述与实践建议

伴随着经济社会的持续稳定增长，中国能源需求也保持了

1 *ASEAN Comprehensive Recovery Framework*，ASEAN（https://asean.org/asean-comprehensive-recovery-framework-implementation-plan）.

较高的增速，目前中国已经成为世界上第一大能源生产大国和能源消费大国。为了保障中国的能源安全，中国一方面加大国内能源资源的利用，特别是天然气、水电、核电以及可再生能源等清洁、低碳能源的开发；另一方面积极融入国际市场，统筹国内国际两个大局，充分利用境外资源。[1] 20 世纪 90 年代初，中国政府开始积极参与国际能源合作和治理。[2] 进入 21 世纪，随着对外开放的逐步深入和世界能源形势的变化，中国参与的国际治理行动明显增多，参与的双边、多边能源合作呈快速增长态势，与世界上主要的能源生产国、消费国以及国际能源组织建立了广泛的交流合作关系。同时，通过能源合作和气候变化谈判，中国在国际能源市场和应对气候变化的影响力和话语权也不断扩大。但总体来看，中国在国际能源治理的空间有待进一步拓展，特别是在国际能源规则、规章的制定、引导方面有待进一步加强。

一、国际能源治理的概念：要素、对象及基本模式

20 世纪 90 年代，随着“冷战”的结束，全球化进程加速，各种全球性问题的解决已经突破单一国家的界限和范围，需要

---

1 2011 年，中国的石油对外依存度已经达到 56.3%。详见中国石油集团经济技术研究院：《2011 年国内外油气行业发展报告》，内部研究报告，第 10 页。

2 1993 年，中国化工进出口总公司签署了进口沙特石油的协议，中国第一次成为油气产品净进口国。1996 年，中国原油进口量大幅上升，首次突破 2000 万 t 并且超过出口量，成为原油净进口国。当年，原油进口额跃增 45%，达到 34 亿美元，占中国对外贸易进口总额的 2.45%。详见田春荣：《中国已成为原油净进口国》，《广东化工》1997 年第 3 期。

国家和各非国家行为体共同作用，“国际治理”理论便应运而生。[1] 国际治理是指国际社会各行为体通过具有约束力的国际规制解决全球性公共事务以建立或维持正常的国际政治经济秩序。[2] 由此，笔者认为，国际能源治理是指对国际社会各行为主体通过具有约束力或法律基础的国际规则解决国际能源政治及经济事务的行为方式。在此基础上建立起来的治理机制，即为国际能源治理机制。国际能源治理的实质是以全球为基础，而不是以各个国家或经济体的政府为基础；其行为体是一个由不同层次行为个体及其行为构成的复杂系统，具有多元化和多样性特征；其方式是参与、谈判和协调，强调治理行为产生时程序上的基本原则；其基础为国际能源秩序，国际能源秩序包含世界能源政治与经济不同发展阶段的常规化安排，其中一些安排是客观产生的、基础性的，而另一些则是主观的、程序化的。

国际能源治理包括五个方面：一是国际能源治理的价值观，即在全球范围内所要达到的治理能源事务的理想目标，这个目标一般是超越国家、种族、宗教、意识形态、经济发展的，如亚太经济合作组织推出的“低碳城镇”和“智能能源小区”等能源发展新概念；二是国际能源治理的规则，包括用以调节

1 Armin von Bogdandy，Philipp Dann，and Matthias Goldmann，Developing the Publicness of Public International Law：Towards a Legal Framework for Global Governance Activities，*The German Law Journal*，Vol. 9，No. 11，2008.

2 俞可平：《全球治理引论》，《马克思主义与现实》2002 年第 1 期。

国际能源关系和规范国际能源秩序的所有跨国性的原则、规范、标准、政策、协议和程序等，如原来能源宪章对过境能源运输的一些规范性要求；三是国际能源治理的主体，即制定和实施全球规则的组织机构主要有两类，分别为“各国政府、政府部门及亚国家的政府当局”和“各类政府间和非政府间国际能源组织”，后者如国际能源署、石油输出国组织、世界能源理事会、能源宪章和国际能源论坛等；四是国际能源治理的合作机制，包括全球性的和地区性的，如联合国、亚太经济合作组织、东盟+3、上海合作组织、中亚区域能源、大湄公河次区域、东北亚等能源工作组等；五是国际能源治理的经济协调手段，即能源现货市场和能源期货市场。

国际能源治理涉及能源问题的多个领域，其中一些领域具有基础性意义。在这些领域中，国际能源治理最为集中，影响也最为重大，分别为能源资源领域、能源运输领域、能源政治领域、能源经济领域、能源技术领域、能源环境领域，构成了国际能源治理的内容和治理对象。能源资源领域主要是指能源安全保障的供应侧，其中既包括进口来源和燃料的多样化、合约的机动性，也包括国内基础设施完整性或可容量和国内资源开发的参与度等；能源运输是指可靠的运输路线或系统；能源政治主要是指能源秩序状况及能源的地缘政治影响因素，即能源作为国际经济合作的催化剂所具有的缓和国际紧张状态的作用等，也指国家内部的政治体制对能源工业发展的影响程度，是“正”或“负”；能源经济主要是指包括降低价格短暂波动带来的能源安全脆弱性，提高能源利用率，促进市场自由化，使环境问题带来的冲击最小化，以及能源金融、能源财政，如各国内部财政补贴发展能源所引发的国际的博弈；能源技术，如技术转让，发达国家与发展中国家之间关于清洁能源技术发展的资金安排等；能源环境是指因为能源开发和利用引发的环境问题，以及气候变化问题所引发的气候谈判、气候制度和低碳革命等。

依据国际治理的三大理论即新自由制度主义（neoliberal institutionalism）、新中世纪主义（new medievalism）和跨国主义（transgovernmentalism），[1] 国际能源治理的基本模式可分为三类：一是以主权国家为主要治理主体的治理模式。主权国家在彼此关注的能源领域，出于对共同利益[2] 的考虑，通过协商谈判制订一系列国际协议或规则；二是“有限领域治理模式”。即以国际能源组织为主要治理主体的治理模式。在现存的跨组织能源关系网络中，各类行为主体协调目标、调整偏好而展开的合作管理。三是“网络治理模式”。即以非政府间国际能源组织为主要治理主体的治理模式。具体来讲，就是指在现存的

1 ［美］罗伯特·吉尔平：《国际治理的现实主义视角》，曹荣湘译，《马克思主义与现实》2003 年第 5 期。与新自由制度主义一样而与新中世纪主义不一样，跨政府主义承认民族国家的继续存在。但又与新中世纪主义一样，它又假定国家的治理职能可以相互分离并委托给处理特定政策问题的政府间机构或者网络。

2 这里所指的共同利益不只是共同能源利益，因为可以通过能源资源或能源关系谋求国家其他利益，如俄罗斯把石油和天然气、伊朗将霍尔木兹海峡能源运输通道作为其地缘政治工具。

跨组织能源关系网络中，针对特定问题，在信任和互利的基础上，协调目标与偏好各异的行为体的策略而展开的合作管理。[1]上述三类基本模式在当今国际能源治理中同时存在，随着国际能源秩序的发展而发展，从最初以主权国家为主要治理主体的治理模式逐渐向混合型治理模式倚重。国际能源治理的核心问题是治理各方找到利益相关方的共同利益，采取集体行动，实行切实可行的共同能源政策，这也是当前国际能源治理面临的最大难题。采取协调一致的集体行动是当初工业化国家应对第一次能源危机而成立国际能源署的主要目的，如今面临着能源安全的挑战，国际社会更应当建立采取集体行动的应对机制。但从全球治理的角度来看，当前的国际能源治理机制还无法应对世界各国所面临的能源问题。目前还没有一个全球意义上的国际能源组织可以担当起国际能源治理的重任，无论是国际能源署还是石油输出国组织等，对话意义多过实际操作意义。尽管八国集团（Group of Eigth，G8）的确呈现了全球能源治理的价值，但由于其固有的缺陷与不足，G8 的全球能源治理行动难以收到预期成效，缺乏引导全球能源治理的影响力。[2] 国际能源秩序的日益多元化撬动着国际能源治理的基础，国际能源治理正处在转型之中。

---

1 参见许勤华：《中国国际能源战略研究》，广州：世界图书出版广东有限公司，2014 年版。

2 李昕：《G7/G8 参与全球能源治理功能演变和制度缺陷》，《国际展望》2011 年第 1 期。

二、国际能源治理的基础：国际能源秩序的发展

在一个互赖关系日益复杂的国际社会，国家的生存和发展越来越取决于国际秩序的存在。[1] 所谓国际能源秩序，是指各国在一定程度上超越传统的能源地缘政治观，回到能源最初的经济属性，强调其商品性，将其更多地纳入全球市场，由全球性协调机制来提供全球能源安全。国际能源秩序是各国能源利益相互碰撞、相互平衡的产物，是世界无政府状态下的一种较为有序的制度性安排。

国际能源秩序大致经历了三个发展阶段。从 19 世纪下半期到 20 世纪 70 年代为第一发展阶段。在此阶段，西方发达国家在国际能源秩序中占据统治地位，生产和出口石油的殖民地和不发达国家成为被控制、被掠夺的对象。当时的国际能源秩序是以殖民主义性质的“石油租借地”制度及完全由西方国家控制的石油定价制度为基础的。从这个意义上可以说，当时的国际能源秩序是一种极不平等的国际制度安排。

从 20 世纪 70 年代开始至“冷战”结束，为国际能源秩序第二发展阶段，这个阶段的特点是西方国家完全垄断世界石油市场的局面被打破。1960 年 OPEC 建立，经过 20 世纪 70 年代发生的两次石油危机，国际油价完全由西方发达国家和“石油

1 王涛：《社会困境与国际秩序的建构》，《世界经济与政治》2002 年第 10 期。

七姐妹”[1] 决定的时代结束。国际能源秩序的“单中心”格局逐渐被发达的能源消费国和发展中的能源生产国相互对立的“双中心”格局所取代。这是国际能源秩序演进过程中的一次重大变革。1974 年，发达的石油消费国在经济合作与发展组织（Organisation for Economic Co-operation and Development，OECD）框架下，发起并成立了 IEA。这是发达国家反制 OPEC 的重大举措。从此，无论是发展中的石油生产国，还是发达的石油消费国都加强了各自的联合，更加注重通过国际组织进行竞争和合作，以维护对自己有利的能源游戏规则。

从 20 世纪 90 年代开始至今是国际能源秩序发展的第三个阶段。现行国际能源秩序具有两个特点：一方面，国际能源秩序有着较强的不公正和不平等性。美国等发达国家依靠政治、经济和军事的整体实力，以及在投资、金融、技术和运输等领域的综合优势，对国际能源秩序的形成和发展产生重大影响，保持其对国际能源领域游戏规则制定与修改的重大话语权的

1 传统意义上的石油七姐妹包括新泽西标准石油，即后来的埃克森（Exxon）石油公司；纽约标准石油，即后来的美孚（Mobil）石油公司，其于 1998 年与埃克森合并组成埃克森美孚（ExxonMobil）；加利福尼亚标准石油，后来成为雪佛龙（Chevron），2001 年吞并了七姐妹的另外一家德士古（Texaco），名字仍叫雪佛龙；德士古，后被雪佛龙吞并；海湾石油（Gulf Oil），1984 年被雪佛龙（Chevron）收购；英国波斯石油公司，即后来的英国石油公司（British Petrleum or BP），七姐妹在多次合并重组后只剩 4 家。随着新的石油企业兴起，出现了新的石油七姐妹：沙特阿拉伯石油公司（Saudi Aramco）、俄罗斯天然气工业股份公司（Gazprom）、中国石油天然气集团公司（CNPC）、伊朗国家石油公司（NIOC）、委内瑞拉石油公司（PDVSA）、巴西石油公司（Petrobras）和马来西亚国家石油公司（Petronas）。这些公司总共控制着全球近 1/3 的油气生产和超过 1/3 的油气储量。

能力。另一方面，国际能源秩序有着强烈的趋同性。这是在能源问题全球化过程中，世界各国为维护能源安全共同努力的结果，反映了能源生产和消费国际化的客观需要。

全球能源秩序在经历了三个阶段的发展以后，实现了一定程度的去政治化、去意识形态化和去政府化，实现了一定程度的全球能源市场的规范性建设和较高程度的国际合作。但是以“零和博弈理念”为基础的现实主义依然在全球能源秩序的发展过程中占据十分重要的位置，即各国的相互合作是在维护自身国家利益的前提下开展的；全球能源秩序在其发展过程中无论加入任何新元素（如能源安全的维护日益受到其外部性即环境保护等要求的挑战），国家利益永远是关键中的关键。现实国际社会中的低碳发展权力的竞争，也十分清楚地体现出当今及可预见的未来国际能源秩序的现状及特点。

随着经济全球化趋势不断加深，能源在国际关系中的地位大幅上升，国际能源秩序面临新一轮重大变革，变革动力主要表现在以下六个方面：第一，国际能源秩序开始从“双中心”向“多中心”格局发展，出现了俄罗斯等非 OPEC 石油生产大国及中国、印度等非国际能源署石油消费大国。第二，石油定价机制出现多元化趋势。长期以来，纽约和伦敦石油交易所在决定国际油价方面起着决定性的作用。现在，在美国和欧洲以外地区纷纷成立了新的石油交易场所，如伊朗国际石油交易所、俄罗斯石油交易所。它们对国际石油定价机制的重要作用正在逐渐显现。第三，以美元主导的国际石油金融体系面临重大挑战。2006 年 5 月，委内瑞拉总统表示，委内瑞拉正考虑以欧元为出口石油计价。2006 年 7 月，俄罗斯提出在与他国的石油交易中将逐步采用卢布定价制度。2008 年，由美国扩散到世界其他地区的金融危机进一步冲击了美元在国际石油金融体系中的地位。乌克兰危机进一步削弱了石油美元的主导权。第四，与能源有关的气候和环境问题成为大国间合作与竞争的新焦点，联合国气候大会就是这种博弈的最直接的体现。第五，争夺核能和平利用及可再生能源开发规则制定权的斗争进一步展开。第六，建立全球能源新安全秩序的呼声日益高涨。

2008 年国际金融危机爆发以来，一些主要经济体经济增速下滑，一些国家主权债务问题突出，国际金融市场动荡不已，新兴市场国家通货膨胀压力仍然较大，各种形式的保护主义愈演愈烈，西亚、北非局势持续动荡。极端气候和自然灾害频发也给世界经济带来负面影响，世界经济复苏的不稳定性、不确定性突出，风险挑战增多。以上种种情况表明，我们面对的不是一场单纯的经济金融危机，这场危机暴露出若干体制机制、政策理念、发展方式的弊端。世界经济发展正处在何去何从的十字路口，全球经济治理正面临十分艰巨的任务。[1] 世界正处于百年未有大变局中，能源是全球经济治理中最重要的商品之

1 胡锦涛：《合力推动增长 合作谋求共赢》，新华网（http://www.xinhuanet.com/world/hjtcf201110/）。

一，能源治理是全球经济治理中的核心内容。在充分了解全球能源秩序发展规律、现阶段国际能源秩序特点的基础上，找寻一种切实有效的全球能源治理方法，是世界各国和经济体所迫切需要的。中国作为一个快速发展中的新兴经济体，如何在国际能源治理中发挥符合本国地位和利益的作用，是我们需要认真研究和思考的一项重大议题。

三、全球能源转型展望

能源转型的概念最早产生于 1980 年，德国学者 Krause 等提出"能源转型"（EnergieWende）的概念，试图用可再生能源和替代能源降低德国对石油和核能的依赖，并且实现经济增长与繁荣。[1] 能源转型尚没有一个统一的概念界定，主要定义包括世界能源理事会在 2014 年提出的"某个国家能源部门的结构性变化，如可再生能源比重的上升、能源效率的提高以及逐步淘汰化石能源"。[2] 加拿大学者瓦茨拉夫・斯米尔（Vaclav Smil）将能源转型定义为"一次能源供应构成的变化，即从一种特定的能源供应模式升级为一种新的能源供应模式"。[3] 中国学者吴磊将能源转型定义为"在一定的经济技术条

1 Florentin Krause，Hartmut Bossel，and Karl-Friedrich Müller-Reissmann，*Energie-Wende：Wachstum und Wohlstand ohne Erdöl und Uran*, edited by Öko-Institut Freiburg，Frankfurt，S. Fischer.，1980.

2 World Energy Council and A. T. Kearney，*Global Energy Transitions*，2014，p. 3.

3 Vaclav Smil，*Energy Transitions：History，Requirements，Prospects*，Santa Barbara，CA，ABC-CLIO，2010，p. vii.

件下，一次能源消费结构中居主导地位的能源种类被其他能源种类所取代的过程”。[1] 王卓宇则认为能源转型指“传统的能源消费格局逐渐被替代和升级。它既是持续不断的过程，又是指向的目标或达成的结果”。[2] 无论哪种定义，都关注到了能源结构变化这一根本性的特征，有着很强的共性。

人类历史上曾发生过两次大的能源转型，分别是 16—17 世纪从英国开始的煤炭能源转型和 20 世纪初从美国开始的石油能源转型。两次能源转型改变了人类的主要能源种类，由此带动了两次工业革命，也让英国和美国从能源优势起步，取得世界霸权地位。当今世界，第三次以可再生能源取代化石能源为主要特征的全球能源转型正处在快速发展期，世界各国可再生能源占一次能源消费比例不断攀升，非传统油气资源产量也不断刷新纪录，世界各主要国家均雄心勃勃地提出了能源转型规划。相较前两次能源转型，本次能源转型有着诸多特点。

（一）能源品类多元化

从能源品类上，相比前两次能源转型，第三次能源转型的代表性能源并非单一类型的能源，如煤炭或石油，而是由多种能源共同组成的。第三次能源转型中最受瞩目的可再生能源包

1 吴磊、詹红兵：《国际能源转型与中国能源革命》，《云南大学学报》（社会科学版）2018 年第 3 期。

2 王卓宇：《世界能源转型的漫长进程及其启示》，《现代国际关系》2019 年第 7 期。

括太阳能、水能、风能、生物质能、地热能等多种具体的能源形式。同时，以页岩油、页岩气为代表的非传统油气能源同样是第三次能源转型的重要组成部分。

英国和美国能分别引领两次能源转型，离不开两国丰富的煤炭和石油资源禀赋。化石能源分布有着高度聚集性和极端不平衡的特点。根据《BP 世界能源展望 2020》的数据，全球 48.1% 的原油储量和 38%的天然气储量位于中东地区，而经济发展迅速，人口密集的亚太地区仅有 2.9%和 8.6%。[1] 这种不平衡让各国在能源转型之初就拉开了巨大的差距，部分能源匮乏的国家很难在能源转型中占得先机。多元的能源品类有可能让第三次能源转型中，各国间因固有的自然资源禀赋而拉开的差距缩小。各国可以分别选择本国具有优势的方向来进行能源转型，如北美的页岩油气、东非的地热能、巴西的生物质能等，让各国在本次能源转型中有了相对平等的竞争机会。

历史经验证明，只有易于开发、储量丰富、效率较高且相对廉价的能源品类才能与传统能源相抗衡，才有望成为能源转型的主角。不同的资源品类在不同国家的自然禀赋、技术水平、开发能力都存在较大的差异，这就给了各国探索不同技术路径，通过不同的能源品类实现能源转型目标的机遇；也为各国的能源开发与技术合作提供了良好的优势互补的契机。相比前两次能源转型中，世界各地联系不够紧密，各国能源技术方向

1 BP，*Statistical Review of World Energy 2020*，2020.

相对同质化的情况，第三次全球能源转型中各国借由紧密的全球经济相互依赖网络和各有所长的技术优势，有了更大的合作空间。如中国发起的“一带一路”倡议就让中国与沿线其他国家成功建立起密切的能源关系，中国的技术资本优势与所在国的自然禀赋相结合，培植这些国家的内生增长力，促进了合作对象国的生产能力建设，增加了合作的可持续性，[1] 让更多发展中国家不在本次能源转型中落后，成为能源转型中能源合作的典范。

（二）第三次能源转型呈现多中心特点

从能源转型发生地点来看，第三次能源转型并不存在如英国、美国这样明确的发起国家和中心国家，而是呈现出“多点开花”的态势。当今世界已经出现包括美国、中国、欧盟、巴西等多个具有较强新兴能源开发技术和资本，也有着强烈的能源转型意愿并制定出相关规划的转型中心。除了这些中心国家以外，全球绝大多数国家也都制订了本国的能源转型计划，利用本国的优势抓住第三次能源转型的机遇，促进本国能源与经济发展。

多中心的能源转型带来了两方面的重大影响，让第三次全球能源转型明显有别于前两次。

---

1 许勤华、袁淼：《“一带一路”建设与中国能源国际合作》，《现代国际关系》2019年第4期。

一方面，多中心的能源转型给了各国充分的发展机会，网状的全球能源关系体系明显有别于前两次从个别国家发起，逐渐由近到远扩散到其他国家的扩散过程。多个中心的能源转型进程都影响着所在区域乃至全世界的能源转型进程。即使是国力较弱、相对边缘的国家，也可以通过邻近中心国家的溢出效应，或者与其他中心国家建立合作的方式来跟上全球能源转型的步伐，成为全球能源转型进程中的积极参与者，让第三次能源转型首次成为真正实现全球共同参与的能源转型，广大发展中国家也同样成为能源转型的主体而不是相对被动地等待技术和产业扩散。

另一方面，多中心的能源转型也带来各国更加丰富的竞合关系。多个中心并起的特征让各国不再有严格的先后发国家序列划分，却有着相近的能源转型阶段。这种相似性既为各国奠定了合作基础，如世界各国普遍认同推动能源转型、减轻对化石能源依赖的必要性，并接受了能源转型需重视环境效益的观点。但也给各国带来了更加激烈的竞争：由于各国的能源优势和能源品类倾向不尽相同，各国围绕能源转型议程设置、发展方向，以及对不同能源品类的偏好等问题都有着深刻的分歧。即使在区域一体化程度已经很高的欧盟，各成员国围绕核电技术、清洁煤技术和电力政策等问题的长期分歧造成了欧洲能源一体化进程的阻碍。又如美国、巴西等国发达的生物质能产业同样因加剧粮食紧张、破坏自然植被而备受指责，但美国和巴西仍坚定不移地发展本国具有相对优势的生物质能。在优势重合的领域，这种竞争更加激烈，如中国的光伏产品多次受到美国和欧盟的“双反”调查，就与其相同的打造本国光伏产业国际竞争力、领导新能源产业发展的战略目标相关，中国的“出口导向型”光伏发展模式直接冲击了美国和欧盟的光伏产业。[1]

（三）环境效益成为能源重要指标

前两次能源转型曾引发过严重的环境污染问题，英国、美国、日本等国都因工业发展发生过严重的生态环境灾难；两次能源转型带来的生产力飞速发展也让全球碳排放量急剧上升。因此，在第三次能源转型中，除了能源的可获得性、成本和能量密度要求外，能源的环境效益也成为重要的能源选取考量。尽管传统能源仍然占据着世界能源消费的主要份额，在可获得性、成本、技术等方面仍具有一定优势。但传统能源相对较差的环境效益却成为各国加紧推动能源转型的主要动因。

20世纪末以来，日益严峻的全球环境问题引发了各国广泛的关注，全球各地严峻的环境污染、不断加快的全球变暖速度和日益频繁的极端天气都要求各国拿出切实可行的方案来应

1 宏结、黄什：《美国对华光伏产业实施“双反”措施的深层原因——基于政治经济学的分析》，《国际经济合作》2014年第1期。

对全人类共同的环境威胁。在碳减排方面，从《联合国气候变化框架公约》（1992）和《京都议定书》（1997）规定发达国家减排义务开始，低碳发展成为世界各国的共识，而能源行业作为碳排放主要行业，首当其冲地成为低碳发展的重中之重。从欧盟开始，各国和区域组织相继推出了能源转型的相关政策和法律，制定能源转型目标，以提升能源行业的环境效益，减少碳排放和污染排放。近年来，各国争相提出了“碳中和”计划，以期在21世纪中叶实现碳净零排放的目标，从根本上遏制全球变暖。

环境效益得到的重视也影响了很多包括可再生能源在内的能源项目的实施，国家和企业的能源开发除了经济效益和战略意义以外也必须做充分的环境评估，如中国的煤炭行业因国家的能源政策和严格的环评程序而发展趋缓，倒逼煤炭行业下大力气发展清洁煤技术和污染处理技术来实现产业升级。又如各国很多水电项目都因影响当地气候和生物多样性保护等环境问题，而被叫停或暂缓。

（四）各国政策推动发挥主导作用

前两次能源转型可以看作自下而上的转型：在蒸汽机和内燃机发明后，首先由私营企业和个人率先将其应用于工业生产，先进能源技术带来的生产力帮助这些企业和个人谋取巨额利润，从而鼓励更多企业出于获取利益的原因接受能源转型，最终在国家层面实现能源转型。个人和企业在转型前中期发挥着主要的推动作用，国家的作用相对弱。但第三次能源转型是一次自上而下的转型。在可再生能源技术和非传统油气资源技术尚不成熟的时期，各国政府就注意到了这些新的能源品类未来的巨大潜力和能源转型的趋势，保护环境、减少碳排放等关键议题意见一致，主动推出一系列政策来推动本国能源转型进程，并与其他国家达成合作。

2000 年，德国率先颁布《可再生能源法》，随后美国、英国等国也颁布了相应的法律。2005 年，中国全国人大通过了《中华人民共和国可再生能源法》，确立了可再生能源发展的目的、基本原则以及一些基本的法律制度和措施等。[1] 各国除了立法确定国家对可再生能源发展的支持外，还推出了很多发展规划和行政支持措施，来鼓励本国企业涉足能源转型，推动能源转型进程。如中国从“九五”计划起就明确提出“积极发展新能源，改善能源结构”，《1996—2010 年新能源和可再生能源发展纲要》也提出，要加快新能源的发展和产业建设步伐。[2] 2009 年美国推出的《美国清洁能源与安全法》宣布该法案以“创造清洁能源的工作机会，实现能源独立，减少全球变暖污染并向清洁能源经济过渡”为目标，将能源转型视为帮助美国摆脱金

1 柯坚：《全球气候变化背景下我国可再生能源发展的法律推进——以〈可再生能源法〉为中心的立法检视》，《政法论丛》2015 年第 4 期。

2 娄伟：《中国可再生能源技术的发展（1949—2019）》，《科技导报》2019 年第 18 期。

融危机阴影的重要途径，将可再生能源的投资额度提至前所未有的高度。各种政策扶植、发展补贴等措施，也加快了各国可再生能源和非传统油气资源的发展，让可再生能源发展成为近年来各国发展最快的能源部门。

政府主导下的能源转型相对企业和个人主导的转型，能够集中更多的资源，更加重视战略统筹规划，让新兴的可再生能源产业发展获得更大的助力。在各国政府的大力支持下，全球能源转型成果明显，可再生能源占一次能源消费比例不断攀升，部分国家的可再生能源发电成本已经与传统能源持平甚至更低，具备了越来越强的市场竞争力。国家政策的支持在市场上初见成效。

（五）涉及科技领域更加广泛

第三次能源转型的进程及与科技创新关联的深度与广度都前所未有。随着科学技术的发展，交叉学科数量不断增多，不同学科间的相互融合、相互借鉴成为常态，在能源技术上也不例外。第三次全球能源转型，所涉及的科技领域不只局限于能源科技，智能化和信息化已经成为能源转型的重要方向，通过以信息技术、人工智能技术为代表的其他领域的科技成果来提升能源效率，推动能源转型是本次能源转型的一大特点。

能源互联网（energy internet）就是信息技术与能源技术结合的典型例子。这一概念最早由美国学者杰里米 • 里夫金

（Jeremy Rifkin）提出，一种以新能源技术和信息技术的深入结合为特征的能源利用体系，具有可再生、分布式、互联性、开放性、智能化的特点。[1] 这一概念在全世界备受重视，通过能源互联网的形式可以实现能源在能源系统中的有效利用与调配，提升能源利用效率，让分布式可再生能源发展成为可能。2016 年 3 月全球能源互联网发展合作组织在北京成立，是中国在能源领域发起成立的首个国际组织，也是全球能源互联网的首个合作、协调组织。

通过“能源+”的方式来推动能源转型，以能源转型带动整体性的科技创新已经成为各国不约而同选择的一条行之有效的路径。通过在电力系统、运输系统等领域实现智能化，应用大数据等技术监测能源消费情况，都有利于加快能源转型进程，实现不同科技领域的交叉作用，相互促进。

换言之，能源转型已不仅仅是一个能源问题，更成为各国科技与产业竞争中的焦点，能够更好、更快地实现能源转型的国家将在科学技术、产业经济，乃至全球治理等领域都占据更加优势的地位，有着牵一发而动全身的功效。

四、中国在国际能源治理中的作用与地位

在全球化背景下，任何一个国家都不能单独保障自己的能

1 查亚兵、张涛、谭树人、黄卓、王文广：《关于能源互联网的认识与思考》，《国防科技》2012 年第 5 期。

源安全，必须通过有效的国际合作来保障本国的能源安全，[1] 这就要求中国积极参与双边、多边的国际能源合作。中国作为世界能源需求大国，需要与国际社会展开合作。中国积极参与国际能源治理不仅可以保证充足的外部能源供应，也有助于中国国内能源问题的解决。迄今为止，中国在积极参与国际能源治理过程中取得了有目共睹的成就。

在双边合作中，中国目前几乎已经与国际上所有的能源经济体开展了合作，如中美石油天然气工业论坛、中美能源政策对话、中欧高层能源会议、中俄能源工作小组、中印能源论坛、中非能源合作论坛等。在多边合作上，中国在 1996 年与国际能源署签署了《关于在能源领域开展合作的政策谅解备忘录》，并在此基础上开展了广泛的合作。目前中国已参与了多个多边能源合作机制，是国际能源论坛、世界能源大会、亚太经济合作组织、东盟“10+3”等机制的正式成员，是能源宪章条约的观察员，与国际能源署等国际能源组织保持着较为密切的联系，并参加了两年一度的石油生产国与消费国之间的部长级对话——国际能源论坛。同时，中国与美国、英国、俄罗斯、日

1 Gawdat Bahgat，Europe’s Energy Security：Challenges and Opportunities，*International Affairs*，Vol. 82，No. 5，2006，pp. 965–966．该文详细描述了对传统能源安全的定位：其一，依赖地缘政治因素；其二，依赖价格因素；其三，依赖石油的稳定供应；其四，依赖合理的能源需求（即消费）；第五，依赖供应的多元化；第六，依赖投资，所有上述被依赖的因素都是国际化（internationalized）了的。本文认为没有完全独立的能源安全（independent energy security）而只有依赖型的能源安全（dependent energy security），能源安全也早已超越了国内（internal）和国外（external）的界限划分而变成跨国界（trans-border）。

本、OPEC、八国集团等建立了双边或多边的能源对话机制，中国还与 OPEC、亚太经济合作组织、中非论坛和中国—拉美经济合作展开了合作。此外，中国还参与了东亚地区的清洁排放贸易、亚太清洁发展和气候伙伴计划、碳收集领导人论坛、甲烷市场化伙伴计划和氢能经济伙伴计划等大型能源项目。在中国的倡议下，2006 年 12 月在北京召开的中、印、美、日、韩五国能源部长会议发布了《中国、印度、日本、韩国、美国五国能源部长联合声明》，表明在能源结构多元化、节能提效、石油储备、信息共享、能源商业合作等方面，五国达成了很多共识。中国希望能源消费国之间能够就这些领域开展经常性的讨论和合作，形成一定的国际机制，共同应对挑战。这充分显示了中国积极参与国际能源治理的意愿。

中国在国际能源治理中的作用与地位呈现出两个特点：第一个特点是中国是现行国际能源秩序的后到者，因此在参与国际能源治理中尚处于弱势地位。改革开放以前，中国基本处于能源自给自足状态。1993 年成为石油净进口国后，中国才开始积极参与国际油市的活动，但基本上遵循发达的石油消费国以及发展中的石油生产国制定的规则。无论在石油定价机制、与能源有关的金融货币领域以及石油安全保障体系等方面，我们都缺乏“原始股”优势。同 OPEC 成员国以及俄罗斯等国家相比，中国没有油气资源储藏和开采优势；同美国等西方发达国家相比，中国没有发展优势。美国等西方发达国家是在经济发展进入工业化后期才遭遇石油供应危机的，而中国却在工业化和城市化的高峰期就遇到了石油供应问题。即使采取一切可能采取的措施降低能耗，受到经济结构落后的制约，节能的效果也是有限的。此外，中国在新能源研发、以新能源替代旧能源的速度方面，要比发达国家慢得多；在争夺制定新能源技术标准制高点方面，处于被动地位；在投资、金融和运输等其他基础领域，更不具有美国等发达国家所具有的强大实力。

第二个特点是中国虽然在参与国际能源治理中目前处于弱势地位，但是影响力呈上升趋势。中国的实力日益增强，新型国家关系理念的影响日益扩展，国际威望日益提高。改革开放以来，尤其是 20 世纪 90 年代以来，中国对各种国际制度的积极参与以及由此而展开的国际制度外交，使其融入国际治理的规则体系和实践活动中。中国在通过国际制度外交参与全球及地区事务治理的过程中，开始更多地秉持以共享型、问题解决为导向的主权观，对已有国际制度表现出良好的遵守记录，积极、主动地根据自身及发展中国家的实际需求发起议程设置和制度倡议，积极推动地区组织机制的建设。中国在国际治理中的制度倡议与建设行为推动了地区治理网络的构建，改进了地区及全球治理结构的合理性，从而对全球及地区共同问题的解决起到了有益的作用。[1]

1 刘宏松：《中国在国际治理中的责任承担：行为表现与实践成效》，《社会科学》2010 年第 10 期。

中国坚持“睦邻、安邻、富邻”政策，与对中国能源安全有重大影响的周边国家友好相处，合作不断深化。世界主要能源资源国家多属发展中国家，与中国国家关系相对友好。中国对能源资源丰富而经济发展滞后国家的道义支持和经济援助产生了良好的社会效应，为中国与其开展能源合作提供了必要的政治基础。部分资源国存在借助中国的影响缓解来自西方国家“民主”“良政”压力的需求，希望与中国发展能源关系。中国既是需求旺盛的能源大市场，又是能源生产大国，特别是丰富的煤炭储量及其较强的开发出口能力，成为中国对国际能源秩序施加影响、参与国际能源治理的重要杠杆。中国还是核大国，有条件在一些大国推动的“国际铀浓缩中心”“铀银行”的形成中扮演重要角色。中国与世界主要发达国家同属能源消费国，在维护国际能源市场稳定问题上存在共同利益和合作空间。中国能源企业的经营水平不断提高，“走出去”战略的实施取得了重要进展、积累了一定经验，比较优势逐步增大。上述因素使中国在国际能源规则制定中的话语权不断增大，国际能源秩序有望朝着对中国有利的方向发展。

中国是世界经济发展和能源市场稳定的最大利益相关者之一，在经济全球化大背景下，中国所面临的挑战也是世界面临的挑战。对于中国来说，参与国际能源治理是实现国家良治的重要机遇。目前，在不削弱经济和社会发展的前提下采取行动，从而过渡到一个更绿色、更安全的低碳能源体系是几乎所有国家的目标。这和中国政府致力于建立一个高效、清洁、安全的能源体系是非常一致的。在这个过渡时期，需要世界各国采取一致行动，创造新的国际能源治理框架，实现全球能源良治。参与国际能源治理，借鉴发达国家的经验，在国际谈判中发出中国声音，可以化解“中国威胁论”的不良影响，增强中国在国际社会的影响力。中国在世界能源领域的崛起呼唤一个全新的国际能源治理体系，而现有的国际能源组织（如国际能源署）也正在讨论如何对自身的机构进行改革，使之更加适应世界能源的全新格局。中国应抓住机遇，积极参与新的国际能源治理体系的设计与运行，使之成为该体系中的重要一员。

面对诸如能源安全、环境保护、气候变暖这些全人类共同的挑战时，中国必须参与到国际能源治理的体制框架中，必须争夺能源制度设计与能源规则运行话语权。世界进入非对抗的竞合时代时，对制度设计与规则运行话语权的掌控程度是一个国家参与和影响国际竞争与治理能力的有效试金石。[1] 中国对待国际能源治理的基本方针应确定为融入、利用与改造相结合，在融入的同时利用、在利用的同时改造，积极而又稳妥地推动新的国际能源秩序的形成。“融入”即加入其中，与其融为一体。这在任何国际机制中都是后到者、势弱者不得已而又相对明智的选择。只有先行融入，才能了解、熟悉现有国际

1 许正中：《积极参与国际治理竞争与博弈》，《中国发展观察》2012 年第 2 期。

能源游戏规则及国际能源秩序行为主体之间的相互关系，并使之服务于中国的能源利益，才能避免或者减少可能发生的利益冲突和恶性竞争，才能树立“负责任大国”的形象。要“融入”，必须广泛参与各种国际能源活动，努力发展各种国际能源关系，积极而又审慎地加入现有国际能源治理合作机制。

“利用”是融入的目的，是现阶段中国争取“有所作为”的主要着力方向。只有有效利用现行国际能源秩序，才能维护中国国际能源利益。要“利用”，必须加强对各种国际能源关系及国际能源规则的调研，找准中国国家利益与现行国际能源秩序的接轨点，妥善处理各种国际关系，充分调动对中国有利的各种国际因素。“改造”是中国在国际能源治理的长期任务。只有从根本上改变不公平、不合理的国际能源秩序，中国的国际能源利益才能得到保证。基于中国能源安全与发展的中长期需要及中国新能源安全观的要求，中国在此问题上的努力方向应是推动“合理、和谐、共赢、稳定”的国际能源秩序的形成。

第四节　中国环境外交进展与展望

一、中国环境外交背景

环境外交是中国外交工作的重要组成部分。自 20 世纪 70 年代以来，中国积极参加全球环境治理和国际环境外交活动，采取共同行动，促进了中国环境保护事业的发展，参与推动解决了全球、区域和地区的环境问题，为全球环境保护事业和可持续发展做出了重大贡献。[1]

2020年，中国更是以绿色发展、合作共赢为核心，交出较好的环境外交成绩单。习近平主席在第75届联合国大会一般性辩论上做出“30·60”目标的庄严承诺，改变全球和中国应对气候变化进程的格局，“碳中和”走到世界舞台的中央，也成为中国现代化建设的核心议题。展望未来，在全球气候治理和环境保护进程，以及国内现代化高质量发展和“碳中和”目标的共同影响下，中国生态文明理念、美丽中国及“碳中和”目标所引领的世界经济“绿色复苏”，将汇聚起全球可持续发展的强大合力，书写新的增长故事。

（一）保护环境：全球共识

在日益相互依存的世界里，保护全球环境，促进可持续发展，已经成为全球的共识。在联合国的领导下，全球环境保护取得了卓越成绩。

第一，联合国人类环境会议。1972年6月，在瑞典斯德哥尔摩召开了联合国人类环境会议[2]。斯德哥尔摩会议是联合国主

1 王之佳：《中国环境外交：从斯德哥尔摩到里约热内卢》，北京：中国环境科学出版社，2012年版。

2 Günther Handl：《1972年联合国人类环境会议的宣言》（《斯德哥尔摩宣言》）和1992年《关于环境与发展的里约宣言》，联合国官网（https://legal.un.org/avl/pdf/ha/dunche/dunche_c.pdf）。

持召开的首次环境会议，也是大规模国际环境外交活动的开始。当时全球面临着环境日益恶化、贫困日益加剧等一系列突出问题，国际社会迫切需要共同采取行动来解决这些问题。会议通过了《联合国人类环境会议宣言》和《斯德哥尔摩行动计划》。中国代表团积极参加了大会的活动，推动了上述两份文件的产生。中国环境外交从此次会议起步。

第二，地球问题首脑会议[1]。1992 年在里约热内卢举行的联合国环境与发展会议又称为地球问题首脑会议。在这次会议上，包括 108 位国家元首在内的政府领导人一致同意在保证经济和社会发展的同时，采取措施保护环境，从而为发展中国家和发达国家在共同的、同时又有区别的需求和责任的基础之上建立起全球伙伴关系打下基础，确保地球拥有一个健康的未来。这次峰会通过了《21 世纪议程》。《里约环境和发展宣言》明确了各国的权利和义务，而《森林原则声明》则成为世界范围内对森林进行可持续经营的指导方针。与会的各国领导人还签署了《联合国气候变化框架公约》和《生物多样性公约》。中国成立了中国出席联合国环发大会筹备小组。1990 年，国务院环境保护委员会通过了《我国关于全球环境问题的原则立场》的文件。中国代表团参加了联合国环发大会的四次筹备会议，在会上坚持中国关于环境与发展的原则立场。

---

1 《保护全球环境》，联合国官网（https://www.un.org/chinese/aboutun/facts/environ.htm）。

第三，可持续发展世界首脑会议[1]。2002年，在南非首都约翰内斯堡召开了可持续发展世界首脑会议，纪念联合国环境与发展大会召开10周年，回顾《21世纪议程》的执行情况、取得的进展和存在的问题，会议通过了《约翰内斯堡可持续发展宣言》和《约翰内斯堡执行计划》两份文件，重申了坚持可持续发展的至关重要性并进一步列为最紧迫挑战。中国代表团积极参加了会议的讨论。在国际上积极参加会议上确定的伙伴合作项目，在国内加大了环境保护的力度，以科学发展观为指南，开始了中国环保工作的历史性转变。

第四，联合国可持续发展峰会[2]。2015年9月，联合国可持续发展峰会在纽约联合国总部举行，峰会通过了《2030年可持续发展议程》[3]，文件包括17项可持续发展目标和169项子目标，旨在推动世界在未来15年内实现消除极端贫困、战胜不平等和不公正，遏制气候变化和保护人类生存环境，实现可持续发展的远大目标。习近平主席出席了峰会，并发表讲话。峰会通过的2015年后的发展议程，为全球发展描绘了新愿景，为国际发展合作提供了新的机遇；倡议国际社会加强合作，共同落实2015年后发展议程，努力实现合作共赢，并提出了与各国共同

---

1 《可持续发展问题首脑会议》，联合国官网（https://www.un.org/chinese/esa/progareas/sustdev/sustainabledata.html）。

2 《联合国可持续发展峰会开启可持续发展的新时代》，联合国官网（https://www.un.org/sustainabledevelopment/zh/2015/09/new-era-of-sustainable-development/）。

3 《2030 年可持续发展议程》，联合国官网（http://ke.chineseembassy.org/chn/zhjsdbc/gjhjwx/P020160927798859697326.pdf）。

努力，实现 2015 年后发展议程的举措。

第五，巴黎气候变化大会[1]。2015 年 11 月 29 日至 12 月 12 日召开了巴黎气候变化大会，中国国家主席习近平出席开幕式并发表了题为《携手构建合作共赢、公平合理的气候变化治理机制》的讲话。12 月 12 日，巴黎气候变化大会上通过《巴黎协定》，共 29 条，包括目标、减缓、适应、损失损害、资金、技术、能力建设、透明度、全球盘点等内容，为 2020 年后全球应对气候变化行动做出了安排。《巴黎协定》的目标是将全球平均气温升幅较工业化前水平控制在显著低于 2℃的水平，并向升温较工业化前水平控制在 1.5℃努力；在不威胁粮食生产的情况下，增强适应气候变化负面影响的能力，促进气候恢复力和温室气体低排放的发展；使资金流动与温室气体低排放和气候恢复力的发展相适应。

（二）中国积极缔结和履行国际环境相关法律

国际环境法律的制订和履行是国际环境外交最重要的组成部分，中国积极参加国际环境协议的缔结和履行，将其作为建设生态文明和美丽中国的重要组成部分，列入国家发展规划，为全球环境保护做出了积极贡献。下面以中国缔结和履行应对气候变化和维护生物多样性的相关法律为例。

1 《2015 巴黎气候变化大会》，联合国官网（https://news.un.org/zh/tags/2015ba-li-qi-hou-bian-hua-da-hui）。

1.《联合国气候变化框架公约》及其所属《京都议定书》和《巴黎协定》

国际社会自 20 世纪 80 年代起开展广泛合作，积极探索应对气候变化的方法和路径。1988 年，联合国设立了联合国政府间气候变化委员会（IPCC）。在联合国的主持下，先后谈判制定了《联合国气候变化框架公约》（UNFCCC）及其所属《京都议定书》和《巴黎协定》，构成了目前全球开展气候变化合作的三大国际性法律文件。自 1995 年起，“公约”缔约方每年召开一次公约缔约方会议（COP），至今已举办 25 届（2020 年 COP26 因疫情推迟至 2021 年 10 月）（表 5-9）。

表 5-9　具有代表性的缔约方会议

时间	会议	地点	公约名称	主要成绩
1992	UNFCCC	巴西里约热内卢	《联合国气候变化公约》	明确“共同但有区别责任”，是世界上第一部为全面控制温室气体排放和应对气候变化的具有约束力的国际公约，也成为气候变化全球合作基本框架
1997	COP3	日本京都	《京都议定书》	通过《京都议定书》，对工业化国家规定了量化减排目标：2018—2012 年，温室气体排放总量要在 1990 年的基础上平均减少 5.2%，其中欧盟、美国和日本将 6 种温室气体排放分别削减 8%、7%和 6%。发展中国家没有规定减排义务；制定了 3 种灵活减排机制，催生碳排放交易市场

时间	会议	地点	公约名称	主要成绩
2007	COP13	印尼巴厘岛	《巴厘岛行动计划》	讨论《京都议定书》一期承诺在2012 年到期后如何进一步降低温室气体的排放。通过了《巴厘岛行动计划》，致力于在2009年年底前完成“后京都”时期全球应对气候变化安排的谈判并签署相关协议
2009	COP15	哥本哈根	《哥本哈根协议》	商讨《京都议定书》一期承诺到期后的后续方案
2012	COP18	多哈		达成“后京都”时期的政治共识，明确了2013—2020年全球减排的总体安排，启动了巴黎协定谈判授权
2015	COP21	法国巴黎	《巴黎协定》	通过《巴黎协定》，建立了“自上而下”设定规则与“自下而上”设定行动目标相结合的减排体系；引入“以全球为核心，以5年为周期”的更新机制；将在2020年取代《京都议定书》，确定“后京都”全球气候治理安排；延续了“共同但有区别的责任”原则，发出了“世界向低碳发展转型”的清晰信号

资料来源：联合国官网、光大证券研究所。

中国作为一个负责任的发展中国家，对气候变化问题给予高度重视。[1] 1992 年 5 月，《联合国气候变化框架公约》在纽

1 范亚新：《冷战后中国环境外交发展研究》，北京：中国政法大学出版社，2015年版。

约通过，同年6月在里约联合国环境与发展大会上开放签字，并于1994年3月21日生效，中国在环发大会上签署了《联合国气候变化框架公约》同意书。

《京都议定书》于1997年12月由149个国家和地区代表在日本东京召开的《联合国气候变化框架公约》缔约方第三次会议上制定，并于2005年2月16日生效。作为人类历史上第一份具有法律约束力的减排文件，《京都议定书》规定缔约方国家（主要为发达国家）在第一承诺期（2008—2012年）内应在1990年水平基础上减少温室气体排放量5.2%，并且分别为各国或国家集团制定了国别减排指标，具有里程碑意义。中国于1998年5月29日签署《京都议定书》，并于2002年8月30日核准该议定书。

里程碑式的《巴黎协定》于2015年12月达成，于2016年11月4日生效，这是史上第一份覆盖近200个国家和地区的全球减排协定，标志着全球应对气候变化迈出了历史性的重要一步。《巴黎协定》正式生效后，成为《联合国气候变化框架公约》下继《京都议定书》后第二个具有法律约束力的协定。《巴黎协定》共29条，包括目标、减缓、适应、损失损害、资金、技术、能力建设、透明度、全球盘点等内容，为2020年后全球应对气候变化行动做出了安排。中国于2016年4月22日签署该协定，并于2016年9月3日批准该协定。

2.《生物多样性公约》

《生物多样性公约》于1992年在里约热内卢联合国环境与发展大会上通过并开放签字，于1993年12月29日生效。此后，在公约下，国际社会又达成了《卡塔赫纳生物安全议定书》、《关于获取遗传资源和公平和公正分享其利用产生的惠益的名古屋议定书》和《卡塔赫纳生物安全议定书关于赔偿责任和补救的名古屋—吉隆坡补充议定书》。中国积极参与了《生物多样性公约》及其下属议定书的制订。中国于1992年6月在联合国环境与发展大会上签署了《生物多样性公约》，于1993年12月批准该公约。中国又于2000年8月签署《卡塔赫纳生物安全议定书》，于2005年5月核准该议定书。

中国积极参加多边环境协议的缔结和履行，为全球环境保护做出了积极贡献。

（三）环境保护与中国政策响应

保护环境、应对气候变化是人类共同的事业。中国从基本国情和发展阶段的特征出发，大力推进生态文明建设，实施环境保护和积极应对气候变化国家战略，把环境保护和应对气候变化有机融入国家经济社会发展中长期规划，通过法律、行政、技术、市场等多种手段，加快推进绿色低碳发展。

1. 环境可持续——国家发展战略与目标

经过改革开放四十余年的快速发展，在解决全国温饱问题、人民生活水平大幅提升和社会发展不断进步的基础上，中国政府进一步提出了到21世纪中叶的“三步走”战略目标，生态文明发展目标贯彻整个过程（表5-10）。

表5-10 “三步走”战略安排

“三步走”	战略安排
第一步：至2020年	全面建成小康社会决胜期：按照全面建成小康社会各项要求，紧扣中国社会主要矛盾变化，统筹推进经济建设、政治建设、文化建设、社会建设、生态文明建设，坚定实施科教兴国战略、人才强国战略、创新驱动发展战略、乡村振兴战略、区域协调发展战略、可持续发展战略
第二步：2020—2035年	在全面建成小康社会的基础上，基本实现社会主义现代化：人民平等参与、平等发展权利得到充分保障，法治国家、法治政府、法治社会基本建成，各方面制度更加完善，国家治理体系和治理能力现代化基本实现；人民生活更为宽裕，城乡区域发展差距和居民生活水平差距显著缩小，基本公共服务均等化基本实现；现代社会治理格局基本形成，社会充满活力又和谐有序；生态环境根本好转，美丽中国目标基本实现
第三步：2035年—21世纪中叶	在基本实现现代化的基础上，把中国建成富强、民主、文明、和谐、美丽的社会主义现代化强国。中国物质文明、政治文明、精神文明、社会文明、生态文明将全面提升，实现国家治理体系和治理能力现代化，全体人民共同富裕基本实现，人民享有更加幸福安康的生活

数据来源：根据公开资料整理。

2. 生态文明新进步——国家发展规划与行动

按照全面建成小康社会的目标要求，中国政策制定了“十三五”时期中国经济社会发展的主要目标，其中包括生态文明发展的重要内容——生态环境质量总体改善。生产方式和生活方式绿色化、低碳化。能源资源开发利用效率大幅提高，能源和水资源消耗、建设用地、碳排放总量得到有效控制，主要污染物排放总量大幅减少。主体功能区布局和生态安全屏障基本形成。

《中共中央关于制定国民经济和社会发展第十四个五年规划和二〇三五年远景目标的建议》（以下简称《建议》）提出了“十四五”时期经济社会发展主要目标——生态文明建设实现新进步。国土空间开发保护格局得到优化，生产生活方式绿色转型成效显著，能源资源配置更加合理、利用效率大幅提高，主要污染物排放总量持续减少，生态环境持续改善，生态安全屏障更加牢固，城乡人居环境明显改善（表 5-11）。《建议》还提出深入实施可持续发展战略，完善生态文明领域统筹协调机制，构建生态文明体系，促进经济社会发展全面绿色转型，建设人与自然和谐共生的现代化。

表 5-11 “十三五”时期生态环境发展主要指标

指标	2015 年	2020 年	年均增速（累计）	属性
耕地保有量/亿亩[1]	18.65	18.65	0	约束性
新增建设用地规模/万亩	—	—	[<3 256]	约束性
万元 GDP 用水量下降/%	—	—	[23]	约束性

1 1 亩≈666.7 m²。

指标	2015 年	2020 年	年均增速（累计）	属性
单位 GDP 能源消耗降低/%	—	—	[15]	约束性
非化石能源占一次能源消费比重/%	12	15	[3]	约束性
单位 GDP 二氧化碳排放降低/%	—	—	[18]	约束性
森林覆盖率/%	21.66	23.04	[1.38]	约束性
森林蓄积量/亿 m^3	151	165	[14]	约束性
空气质量——地级及以上城市空气质量优良天数比率/%	76.7	＞80	—	约束性
空气质量——细颗粒物（$PM_{2.5}$）未达标地级及以上城市浓度下降/%	—	—	[18]	约束性
地表水质量——达到或好于Ⅲ类水体比例/%	66	＞70	—	约束性
主要污染物排放总量减少/% 化学需氧量* 氨氮* 二氧化硫* 氮氧化物*	—	—	 [10] [10] [15] [15]	约束性

注：标*的指标原文未提供 2015 年和 2020 年的数值，而是以年均增速或五年累计数量来表示该项指标的发展目标；[ ] 内为 5 年累计数；$PM_{2.5}$ 未达标指年均值超过 35 μg/m^3。

数据来源：《中华人民共和国国民经济和社会发展第十三个五年规划纲要》。

3．建设美丽世界——中国方案

党的十八大把生态文明建设纳入“五位一体”总体布局的战略高度，党的十九大指出，我们要建设的现代化是人与自然和谐共生的现代化。习近平主席在其著作、讲话中多次论及生态文明建设，并提出了一系列全局性的战略论断，蕴含着丰富的生态文明思想，重要论述包括“生态兴则文明兴，生态衰则文明衰”“绿水青山就是金山银山”“山水林田湖是一个生命共同体”“实行最严格的生态环境保护制度”“美丽中国建设思想”等内容。

习近平生态文明思想深化了中国共产党对社会主义生态文明建设规律的认识。这些认识除了丰富和发展了马克思主义生态观和中华传统生态智慧，总结了当今中国生态环境及其治理的历史经验和教训，更凸显了人类社会追求可持续发展的共同愿景。

党的十八大以来，“构建人类命运共同体”理念已经成为习近平总书记以全球视野和广阔胸怀积极推动全球环境治理的重要理念。习近平主席在联大向世界发出了中国“成为全球生态文明建设的重要参与者、贡献者、引领者” 的感召。其中，“全球生态文明建设”和“中国要成为全球生态文明建设的引领者”的阐述，彰显出中国正以独特的“中国方案”，在世界上高高举起生态文明建设的伟大旗帜，为在新的历史起点开创社会主义生态文明现代化建设新格局和开辟中国环境外交新局面提供了根本遵循。

4．可持续环境号角——“30·60目标”

2020 年，中国首次明确“碳中和”时间点。2020 年 9 月 22 日，国家主席习近平在第七十五届联合国大会一般性辩论上发表重要讲话，提出“采取更加有力的政策和措施，二氧化碳排放力争于2030年前达到峰值，努力争取2060年前实现‘碳中和’。”[1] 这是在2015年基础上，进一步将“碳达峰”时间明确在2030年前，并首次提出“碳中和”的时间点。2020年12月12日，国家主席习近平在气候雄心峰会上发表题为《继往开来，开启全球应对气候变化新征程》的重要讲话，进一步宣布，到2030年（1）中国单位国内生产总值二氧化碳排放将比2005年下降 65%以上；（2）非化石能源占一次能源消费比重将达到25%左右；（3）森林蓄积量将比2005年增加60亿 m^3；（4）风电、太阳能发电总装机容量将达到 12 亿 kW 以上[2]。“30·60目标”被反复提及，标志着“碳达峰”“碳中和”已成为重要的国家战略。实现“30·60目标”意味着中国产业结构、能源结构、生产生活方式将发生深刻转变。

联合国政府间气候变化专门委员会（IPCC）测算，若实现《巴黎协定》的2℃控温目标，全球必须在2050年达到二氧化碳净零排放（又称“碳中和”），在2067年达到温室气体净零排放（又称“温室气体中和或气候中性”），即除二氧化碳外，甲烷等温室气体的排放量与抵消量平衡。

中国既是最大的发展中国家，又是碳排放大国，在2060

1 《习近平在第七十五届联合国大会一般性辩论上的讲话》，新华网（http://www.xinhuanet.com/politics/leaders/2020-09/22/c_1126527652.htm）。

2 习近平：《继往开来，开启全球应对气候变化新征程》，中国政府网（http://www.gov.cn/gongbao/content/2020/content_5570055.htm）。

年前实现“碳中和”目标任重道远。综上可以看出，中国政府信守应对全球气候变化和环境保护的承诺，坚持共同但有区别的责任原则，积极推动和引导建立公平合理、合作共赢的全球气候治理体系，深化气候变化和环境保护对话交流与务实合作，支持其他发展中国家加强应对气候变化和环境保护的协同发展，推动构建人类命运共同体。

二、2020 年中国环境外交特点和行动

环境外交是当今国际关系和各国经济外交实践的一个全新领域，主要包括两层含义：一是以主权国家为主体，通过正式代表国家的机构和人员的官方行为，运用谈判、交涉、缔约等外交方式，处理和调整环境领域国际关系的一切活动；二是利用环境保护问题实现特定的政治目的或其他战略意图。[1]

进入新时代，全球环境问题的根本性解决，有赖于符合生态文明建设的新理念、新方案和新型国际关系。作为最大的发展中国家和新兴国家的代表，中国在推进特色大国环境外交过程中，坚持习近平外交思想所主张的“在国际关系中践行正确义利观”和习近平生态文明思想的指引，坚持正确的历史观、大局观和角色观，科学应对生态环境问题，为全球生态文明建设开创新局面，为构建人类命运共同体做出新贡献。

1 刘乃京：《环境外交：国际力量互动较量的新界面》，《国际论坛》2003 年第 6 期。

（一）中国环境外交特点

进入20世纪90年代以来，中国将环境外交纳入国家整体外交战略之中，环境外交因此取得快速进展。一方面，通过与各国政府进行谈判、交涉，缔结各种协定，推动中国在环境领域的双多边合作；另一方面，中国也积极推动全球环境治理体系改革，争取在国际环境博弈中获得更多话语权，利用环境外交推动实现本国环境治理的改善和提升在全球环境治理领域的地位。2020年，中国环境外交具有以下几个特点。

1. 首脑外交引领"碳中和"外交行动

当下，世界处于百年未有之大变局，中国正处于近代以来最好的发展时期，两者同步交织、相互激荡。在这样的背景下，习近平外交思想和生态文明思想应运而生，并引领中国参与国际环境事务。2020年以来，中国首脑外交成果主要体现为关于"30·60"目标和愿望的重要宣示。

（1）庄重承诺"30·60"目标，开启"低碳外交"大幕

2020年9月22日，习近平主席在第七十五届联合国大会一般性辩论上讲道："这场疫情启示我们，人类需要一场自我革命，加快形成绿色发展方式和生活方式，建设生态文明和美丽地球。应对气候变化《巴黎协定》代表了全球绿色低碳转型的大方向，是保护地球家园需要采取的最低限度行动，各国必须迈出决定性步伐。中国将提高国家自主贡献力度，采取更加

有力的政策和措施，二氧化碳排放力争于2030年前达到峰值，努力争取2060年前实现碳中和。”这是在全球应对疫情和气候变化双重挑战的关键时刻，中国首次做出“30·60”目标宣示，描绘了低碳发展蓝图，向世界发出中国积极引领应对气候变化的决心。

（2）提高国家自主贡献力度，为全球环境治理贡献力量

2020年9月30日，习近平主席在联合国生物多样性峰会上的讲话：“作为世界上最大的发展中国家，我们也愿承担与中国发展水平相称的国际责任，为全球环境治理贡献力量。中国将秉持人类命运共同体理念，继续做出艰苦卓绝的努力，提高国家自主贡献力度，采取更加有力的政策和措施，二氧化碳排放力争于2030年前达到峰值，努力争取2060年前实现碳中和，为实现应对气候变化《巴黎协定》确定的目标做出更大努力和贡献。”中国第二次对外重申“30·60”目标，将生态文明建设放在突出位置，展现中国担当。

（3）坚持绿色发展理念，促进绿色复苏

2020年11月12日，习近平主席在第三届巴黎和平论坛上致辞：“绿色经济是人类发展的潮流，也是促进复苏的关键。中欧都坚持绿色发展理念，致力于落实应对气候变化《巴黎协定》。不久前，我提出中国将提高国家自主贡献力度，力争2030年前二氧化碳排放达到峰值，2060年前实现碳中和，中方将为此制定实施规划。”中国第三次重申“30·60”目标，

显示了中国参与全球治理的积极态度和大国担当。

（4）恪守共同但有区别的责任原则，承担与自身发展水平相称的国际责任

2020 年 11 月 17 日，习近平主席在金砖国家领导人第十二次会晤上的讲话："我们要落实好应对气候变化《巴黎协定》，恪守共同但有区别的责任原则，为发展中国家特别是小岛屿国家提供更多帮助。中国愿承担与自身发展水平相称的国际责任，继续为应对气候变化付出艰苦努力。我不久前在联合国宣布，中国将提高国家自主贡献力度，采取更有力的政策和举措，二氧化碳排放力争于 2030 年前达到峰值，努力争取 2060 年前实现碳中和。我们将说到做到！"中国第四次对外重申"30 • 60"目标，彰显出中国重视低碳发展，强化应对气候变化合作，并在国际社会起表率作用。

（5）言出必行，坚定不移推进"碳中和"

2020 年 11 月 22 日，习近平主席在二十国集团领导人利雅得峰会"守护地球"主题边会上的致辞："二十国集团要继续发挥引领作用，在《联合国气候变化框架公约》指导下，推动应对气候变化《巴黎协定》全面有效实施。不久前，我宣布中国将提高国家自主贡献力度，力争二氧化碳排放 2030 年前达到峰值，2060 年前实现碳中和。中国言出必行，将坚定不移加以落实。"中国第五次对外重申"30 • 60"目标，体现出中国是全球可持续发展的重要推动力量。

（6）以新发展理念为引领，推动全面绿色转型

2020 年 12 月 12 日，习近平主席在气候雄心峰会上的讲话："我愿进一步宣布，到 2030 年，中国单位国内生产总值二氧化碳排放将比 2005 年下降 65%以上，非化石能源占一次能源消费比重将达到 25%左右，森林蓄积量将比 2005 年增加 60 亿 m^3，风电、太阳能发电总装机容量将达到 12 亿 kW 以上。中国历来重信守诺，将以新发展理念为引领，在推动高质量发展中促进经济社会发展全面绿色转型，脚踏实地落实上述目标，为全球应对气候变化做出更大贡献。"中国第六次对外重申"30・60"目标，并更新了 2015 年国家自主贡献目标，"碳达峰"在短时间调整为"2030 年前"，体现了中国作为全球生态文明建设的重要参与者、贡献者和引领者的决心和意志。

（7）践行多边主义，保护人类共同家园

2021 年 1 月 25 日，习近平主席在世界经济论坛"达沃斯议程"对话会上的特别致辞中提到："中国将全面落实联合国《2030 年可持续发展议程》。中国将加强生态文明建设，加快调整优化产业结构、能源结构，倡导绿色低碳的生产生活方式。中国力争于 2030 年前二氧化碳排放达到峰值、2060 年前实现'碳中和'。只要是对全人类有益的事情，中国就应该义不容辞地做，并且做好。中国这么做，是在用实际行动践行多边主义，为保护我们的共同家园、实现人类可持续发展作

出贡献。”中国第七次重申“30·60”目标，展现出中国负责任的大国担当，与全球开展积极有效合作，确保互利共赢的信心和决心。

2. 双边环境外交迈入绿色合作、数字合作时代

瑞典斯德哥尔摩会议后，中国在世界范围内的环境外交活动蓬勃发展。1980年中日签订了《中日环境保护合作协定》，同年，中美签订了《中美环境保护协定》。1988年，中国与荷兰签订了《中荷环境保护合作谅解备忘录》。中国还与德国及英国等国进行了一系列的环保技术合作。在中国环境外交初具雏形时期，中国的环境外交主要是向国际社会宣传中国关于环境保护的政策与原则，探索中国进入国际领域的方法和途径，通过外交活动，使环境保护和外交有机结合。

随着中国环境外交的深入发展，中国双边环境外交呈现出“立足周边，加强与发达国家合作”的局面。中国积极开展环境双边外交，先后与美国、朝鲜、加拿大、印度、韩国、日本、蒙古国、俄罗斯、德国、澳大利亚、乌克兰、芬兰、挪威、丹麦、荷兰、瑞典、埃及、西班牙等100多个国家签订了环境保护双边合作协定或谅解备忘录。在全球环境问题、环境规划与管理、污染控制与预防、森林和野生动植物保护、海洋环境、气候变化、大气污染、酸雨、污水处理、人才培养和科研等方面进行了交流与合作，取得了一批重要成果。[1]

1 夏堃堡：《中国环境外交历程》，《中华环境》2019年第10期。

2020 年 9 月，中欧签署地理标志协定，决定新建环境气候高层对话机制，加强中欧绿色合作，在中国境内的 100 个欧洲地理标志产品和在欧盟境内的 100 个中国地理标志产品将受到保护[1]，涉及酒类、茶叶、农产品、食品等。双方签署中欧地理标志协定，决定新建环境气候和数字领域两个高层对话机制，开启了中国环境外交绿色合作、数字合作伙伴关系的新模式。

3. 着力推动气候变化和生物多样性全球性多边外交

气候变化与生物多样性，是一个问题的两个方面，在中国全球性多边外交工作中占据重要的位置。2019 年秋，习近平主席和法国总统马克龙共同发布《中法生物多样性保护和气候变化北京倡议》，重申加强气候变化国际合作的坚定承诺，致力于在气候变化与生物多样性之间的联系上共同努力，强调在应对气候变化和阻止生物多样性丧失方面，私人和公共资金供给方面应发挥关键作用。图 5-4 为 1970—2018 年平均物种减少比例。

1 中华人民共和国商务部：《商务部条法司负责人就中欧签署地理标志协定答记者问》，中国政府网（http://www.mofcom.gov.cn/article/ae/sjjd/202009/20200903001173.shtml）。

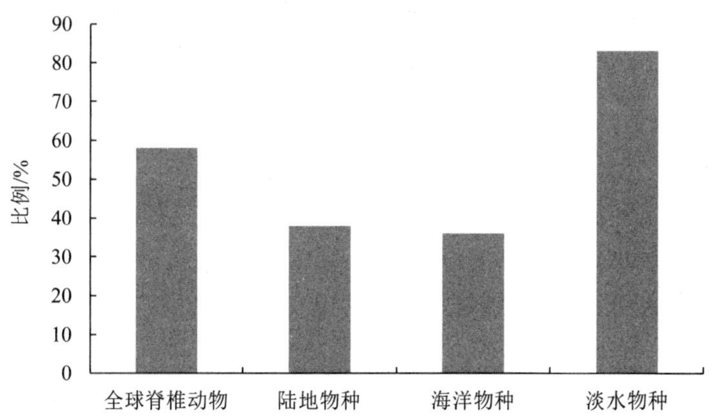

图 5-4 1970—2018 年平均物种减少比例

数据来源：WWF。

中国强调坚持多边主义，与世界各国一起携手应对因气候变化和生物多样性丧失所面临的严峻挑战。2020 年 9 月 30 日，习近平主席在 9 月 30 日联合国生物多样性峰会上，呼吁各方坚持生态文明、坚持多边主义、保持绿色发展和增强责任心，提升应对环境挑战的行动力。2021 年，中国在昆明举办了《生物多样性公约》第十五次缔约方大会，为推进全球生物多样性治理贡献力量。

4. 区域性环境外交提升环境保护共识和凝聚力

中国重视与周边国家的环境合作，提升区域性环境保护水平。2020 年 11 月，湄公河委员会理事会第 27 次会议在金边举行，来自湄公河委员会成员国，包括老挝、泰国和越南代表，发展伙伴代表，对话伙伴（中国和缅甸），有关区域和国际组织官员，以及湄公河委员会秘书处官员等代表通过视频方式参加了会议。会议审查和讨论了区域合作的进展、用水管理程序的执行、湄公河下游流域的水质状况、河流监测和其他重要相关问题。同时批准湄公河委员会的一些重要文件，例如，湄公河流域2021—2030年发展战略、2021—2025年战略计划、环境管理战略、航海总体计划、湄公河委员会2020—2021年工作计划等。会议批准的战略文件和工作计划，被定为湄公河委员会的优先事项和战略行动，以继续共同努力加强区域性的合作。[1]

2020年11月24日，中非环境合作中心启动活动在北京举行。中非人民对美好生态环境的共同向往，使得环境合作成为中非合作的重要领域。从"绿色发展合作计划"到"绿色发展行动"，中非在生态环境保护、应对气候变化等领域开启合作新起点。中非环境合作中心启动，是落实习近平主席2018年在中非合作论坛北京峰会上提出的"推进中非环境合作中心建设"倡议的具体行动，也是深化和丰富中非环境外交的重要举措。这有助于加强中非环境政策交流对话、推动环境产业与技术信息交流合作、开展环境问题联合研究，反映了中国和非洲地区开展环境外交取得的成效。

1 《柬埔寨参加湄公河委员会理事会第27次会议 共同促进湄公河流域可持续发展》，柬埔寨观察（http://m.cn.freshnewsasia.com/index.php/en/ 15013-2020-11-26-07-40-43.html）。

5. 公共环境外交推动绿色发展深入民心

公共环境外交在新冠肺炎疫情时期取得了突飞猛进的发展。2020 年 9 月 26 日，由中国国际文化交流中心和中国人民大学共同主办的首届“一带一路”绿色发展大会在北京召开[1]，会议邀请了 50 多个机构、40 多个国家的代表，包括联合国、上海合作组织、亚洲开发银行等国际组织代表和日本、埃及、泰国、马来西亚、美国、英国、澳大利亚、柬埔寨、俄罗斯、巴基斯坦、尼泊尔、比利时、欧盟、印度尼西亚、意大利、丹麦、土耳其、澳大利亚、巴基斯坦等国政要、前政要和专家学者出席了会议并发言。会议紧紧围绕“绿色文明互鉴”的主题展开，着力阐述中国关于生态文明建设的重要论述和中国绿色发展的理念、成就，推进绿色文化交流和绿色文明互鉴，呈现出公共环境外交丰富的内涵特征，与国际公众之间建立起多样化、多渠道、立体化的互动与双向影响，提升了公共环境外交的国际影响力。

2020 年 9 月 10 日，“一带一路”绿色发展国际联盟（以下简称联盟）在线召开联盟旗舰报告《“一带一路”绿色发展报告》与专题伙伴关系工作协调会。联盟咨询委员会、世界资源研究所、联合国可持续发展解决方案网络、联合国“南南合作”办公室、生态环境部对外合作与交流中心等机构 80 余名代表

1 中国人民大学国家发展与战略研究院：《首届“一带一路”绿色发展大会成功召开》，中国网（https://china.huanqiu.com/article/404otegmMGC）。

在线参加会议，围绕生物多样性、气候变化、海洋治理、绿色金融、绿色技术创新、“南南合作”、可持续交通、绿色城市、环境法律标准等专题进行讨论，并对相关成果提出具体意见和建议。

（二）后疫情时代中国环境外交变化

2020 年，突如其来的新冠肺炎疫情在世界范围内快速蔓延，对世界政治经济产生多重影响，重塑了国际政治议程，也重塑几乎所有国家的内政、外交议程，中国也不例外。

第一，疫情和环境议题重要性空前提高。从中国的政治议程设置来看，过去两年优先的经贸冲突议程，在后疫情时代几乎是让位于围绕疫情、环境和气候问题而展开合作的相关议程。尤其是与中美疫情期间的斗争相比，中欧关系、中国与周边国家关系中关于抗疫合作、气候变化、环境保护等合作更突出，无论是其他国家对中国的支持，还是中国对其他国家的援助，都大大增进了彼此人民之间的好感度，对政府间关系也有新的推动。

第二，以实际行动力挺多边主义。疫情发生后，面对疫情在世界范围内的扩散，国际多边合作的必要性空前凸显。世界卫生组织等国际组织对疫情的定性和判断，以及对国际社会对环境保护和应对气候变化的倡议，都成为国际社会行动的风向标。疫情启示我们，当今世界既不可能“一超独霸”，也不存在“两极并行”，世界大事和全球挑战需要各国共同协商，携手应对，弘扬多边主义大义，抵制单边主义私利，推进全球治理改革势在必行。例如，中欧在气候变化、绿色环保等方面合作实现更大突破。在2020年疫情最严重的阶段，联合国秘书长古特雷斯提出了疫情后实现绿色低碳高质量复苏的倡议，呼吁各方将气候行动置于疫情后复苏政策的中心位置，首先得到中国的积极响应，也得到各国积极支持。

第三，国际安全和国家安全面临新挑战。新冠肺炎疫情暴发后，国际社会认识到生物安全的重要性，中国政府也反复强调，生物安全必须成为国家安全的重要组成。疫情暴发和全球蔓延进一步警示人类应更加尊重自然、顺应自然，通过坚持多边主义和国际合作应对全球性挑战，构建人类命运共同体。

第四，全球环境治理面临新冲击。新冠肺炎疫情启示国际社会更加关注来自未知世界特别是自然界产生的治理问题，其来源的不确定性和全球治理能力在一段时期内的不足，构成了全球环境治理新挑战。当前，在气候变化、环境保护、共同抗疫等问题上，许多多边机构包括联合国系统已经暴露出机制失灵、应对不力等问题，如WTO甚至丧失了应有的一些重要功能。疫情再次表明，尽管全球性问题日益凸显，但相关治理机制却严重跟不上治理需求。多边主义仍面临严峻挑战，全球性问题的应对前景堪忧。

（三）中国环境外交合作典范

应对可持续发展的全球挑战，坚持合作、谋求共赢，是中国环境外交的核心要义。中国秉持人与自然和谐共生的生态文明理念，积极分享绿色发展经验，履行相关国际公约，开展野生动物保护、防治荒漠化等方面的国际合作，积极推进与发达国家的环境合作，帮助其他发展中国家实施新能源、环境保护和应对气候变化项目，共同建设美丽地球。

第一，高度重视中欧气候变化伙伴关系。2005 年，中欧共同发布《中欧气候变化联合宣言》，确立了中国与欧盟气候伙伴关系，标志着气候变化成为中欧关系的重要内容。2010 年，中欧“气候变化伙伴关系”对话机制升级为部长级对话机制，双边气候合作进入机制化阶段。2015 年，中欧发表《中欧气候变化联合声明》，随后双方于 2016 年发表《中欧能源合作路线图》，2018 年又发表《中欧领导人气候变化和清洁能源联合声明》。在《中欧合作 2020 战略规划》中，双方进一步同意建立绿色低碳发展的战略政策框架以积极应对全球气候变化。2020 年，双方举行多轮对话。密集的合作文件和频繁的高层互动，体现了中欧在气候变化等领域加强合作的决心和双边环境外交的显著成果。

第二，积极打造南南环境合作新典范。气候变化是国际社会普遍关心的重大全球性挑战，中国坚持多边主义、合作共赢的原则，携手行动、共同应对。在习近平生态文明思想指引下，中国将应对气候变化纳入经济社会发展的重大战略，采取积极举措并取得明显的多边合作成效。2020 年 7 月 16 日，中国和老挝《中华人民共和国生态环境部与老挝人民民主共和国自然资源与环境部关于合作建设万象赛色塔低碳示范区的谅解备忘录》签约仪式以视频方式举行。老挝万象赛色塔综合开发区是落实习近平主席提出的“南南合作”“十百千”项目的具体举措，是两国政府共同确定的国家级合作项目。通过建设万象赛色塔低碳示范区，全力打造绿色低碳、互惠互利的中老命运共同体，为中老合作应对气候变化掀开新篇章，将低碳示范区打造成中老应对气候变化“南南合作”的典范，为“一带一路”沿线国家综合开发区的低碳发展提供积极的引导示范。

三、对全球环境可持续性的贡献：推动绿色贸易投资便利化

绿色贸易和国际经济合作是推动全球环境可持续发展的重要支撑。中国本着“互利共赢、务实有效”的原则，通过负责任的对外绿色贸易、投资、本地经营和管理，与合作伙伴共同落实《2030 年可持续发展议程》。中国致力于将绿色“一带一路”倡议与全球、地区和国别发展战略深度对接，积极与国际组织协作，开展“南南合作”，为促进全球可持续发展发挥建设性作用。

（一）负责任的绿色贸易

中国积极推动绿色贸易便利化。截至 2020 年 1 月，中国已跃居世界第一大环境产品出口国和第二大进口国，占世界出口的 13.8%和进口的 6.9%。中国政府积极支持扩大大气污染治理、水污染防治、危险废物管理及处置等环境产品和服务进出口，在世贸组织推动环境产品谈判。在政府采购中，2017 年中国节能环保产品政府采购规模达 3 444 亿元（约 442 亿欧元），占同类产品的比重超过 90%。目前，中国已与韩国、日本、澳大利亚、德国达成了环境标志互认合作协议，推动绿色贸易便利化。[1]

韩礼士基金会发布的《2018 年可持续贸易指数》显示，在受调查的 20 个经济体中，中国大陆总体排名由此前的第 12 位上升至第 8 位；在以环境保护为衡量标准的贸易成绩方面，中国大陆的排名则由第 15 位上升至第 8 位。在环境方面，随着许多发达国家的环境可持续性恶化，中国、老挝和巴基斯坦是仅有的 3 个得分增长的国家。中国的空气污染得分有了显著提高；老挝和巴基斯坦是仅有的两个减少了转移排放的国家；此外，巴基斯坦的森林采伐率也大幅下降。最令人印象深刻的成果是自然资源在贸易中的份额下降，特别是在印度尼西亚、缅

1 中国商务部：《可持续发展：中国的行动和中欧的合作》，中国政府网（http://www.mofcom.gov.cn/article/i/jshz/zn/202003/20200302942759.shtml）。

甸和老挝等国。这表明，上述几国成功实现了贸易基础的多样化，减少了自然资源在其中的比重[1]（图 5-5）。

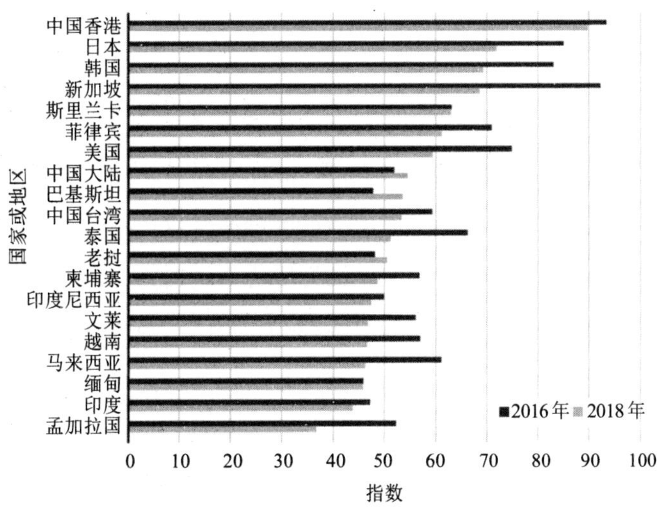

图 5-5 韩礼士基金会可持续贸易指数 2018

（二）投资绿色化是中国对外直接投资的重要元素

中国通过顶层设计推动对外投资的绿色化进程。2015 年 9 月，中共中央、国务院印发《生态文明体制改革总体方案》，提出加快推进生态文明建设，推动形成资源利用效率、人与自

1 《韩礼士基金会可持续贸易指数 2018》，经济学人（https://eiuperspectives.economist.com/sites/default/files/Hinrich_foundation_sustainable_trade_index_CN.pdf）。

然和谐发展的现代化建设新格局。2017 年，环境保护部、外交部、国家发展改革委、商务部联合发布《关于推进绿色“一带一路”建设的指导意见》，提出在“一带一路”建设中突出生态文明理念，推动绿色发展，加强生态环境保护，共同建设绿色丝绸之路，[1] 其中特别强调了绿色投资与绿色基础设施建设。

梳理中国对外直接投资的发展进程，可以发现，这亦是中国对外绿色投资的进程。从 1979 年“允许出国办企业”至今，特别是“一带一路”倡议提出后，中国对外投资绿色化持续快速增长，中国对外投资产业结构持续优化，对第三产业的投资是中国对外直接投资的重要组成部分。2013—2017 年，采矿业在中国对外直接投资中所占比重逐年下降，份额从 20%以上降至 1%左右。2017 年中国对外直接投资涉及国民经济的 18 个行业大类，流向第三产业 1262.7 亿美元，占当年中国对外直接投资总额的比重达 79.8%；其次是流向第二产业 295.1 亿美元和第一产业（农、林、牧、渔）25.1 亿美元，占比分别为 18.6%和 1.6%。[2]

联合国开发计划署的调查报告显示，有 93%的中国境外经贸合作区反馈，开展全面的环境和社会影响评估是对入区企业能否进入合作区的前提要求，有 82%的合作区聘请第三方机构

1 中华人民共和国环境保护部：《“一带一路”生态环境保护合作规划》，中国一带一路网（https://www.yidaiyilu.gov.cn/zchj/qwfb/13383.htm）。

2 王文、杨凡欣：《“一带一路”与中国对外投资的绿色化进程》，《中国人民大学学报》（北京）2019 年第 20194 期。

进行环境和社会影响评估，有 86%的合作区设有专职专业人员或团队负责环境方面的工作，超过 90%的合作区要求企业按照东道国规定向员工提供劳动合同、工资和其他福利（图 5-6）。例如，中埃・泰达苏伊士经贸合作区引进了“风能+太阳能”路灯，成为埃及第一座大规模使用绿色能源路灯的园区。同时，该园区目前正积极探索“海水淡化”和“沙漠绿化”课题的属地化商业应用，力图让低碳可持续发展理念和中国优秀企业的形象更进一步造福东道国。[1]

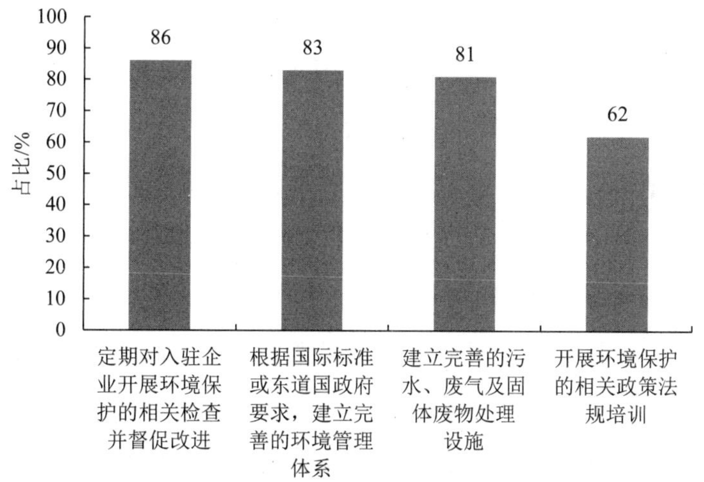

图 5-6 中国境外经贸合作区采取的环保措施

资料来源：《中国“一带一路”境外经贸合作区助力可持续发展报告》。

1 中国商务部国际贸易经济合作研究院、联合国开发计划署驻华代表处：《中国“一带一路”境外经贸合作区助力可持续发展报告》，UNDP（https://www.undp.org/content/dam/china/docs/Publications/UNDP-CH-BRI-2019%20COCZ%20Report%20）。

（三）“南南合作”促进全球可持续发展

“南南合作”是中国开展国际发展合作的基本定位。[1] 中国是“南南合作”的坚定支持者、积极参与者和重要贡献者，在承担与自身发展阶段和实际能力相适应的国际责任的同时，促进“南南合作”深化发展，实现联合自强。作为世界上最大的发展中国家，中国已通过“南南合作”平台，共向 166 个国家和国际组织提供近 4000 亿元人民币援助，派遣 60 多万名援助人员。截至 2019 年年底，中国与联合国开发计划署、世界粮食计划署、世界卫生组织、联合国儿童基金会、联合国人口基金会、联合国难民署、国际移民组织、国际红十字会等 14 个国际组织实施项目 82 个，涉及农业发展与粮食安全、减贫、妇幼健康、卫生响应、教育培训、灾后重建、移民和难民保护、促贸援助等领域。[2]

中国帮助发展中国家特别是小岛屿国家、非洲国家和最不发达国家提升应对气候变化能力，减少气候变化带来的不利影响。2015 年宣布设立气候变化南南合作基金（图 5-7），在发展中国家开展 10 个低碳示范区、100 个减缓和适应气候变化项目及 1 000 个应对气候变化培训名额的“十百千”项目，截至目

---

1 *South-South Cooperation to Tackle Climate Change*，UNEP（https://www.unep.org/news-and-stories/story/south-south-cooperation-tackle-climate-change）.

2 中华人民共和国国务院新闻办公室：《新时代的中国国际发展合作》白皮书，国家国际发展合作署网站（http://www.cidca.gov.cn/2021-01/10/c_1210973082.htm）。

前，已与 34 个国家开展了合作项目。[1] 帮助老挝、埃塞俄比亚等国编制环境保护、清洁能源等领域发展规划，加快绿色低碳转型进程。向缅甸等国赠送太阳能户用发电系统和清洁炉灶，既降低碳排放又有效保护了森林资源。赠送埃塞俄比亚的微小卫星成功发射，帮助其提升气候灾害预警监测和应对气候变化能力。2013—2018 年，举办 200 余期气候变化和生态环保主题研修项目，并在学历学位项目中设置了环境管理与可持续发展等专业，为有关国家培训 5000 余名人员。[2]

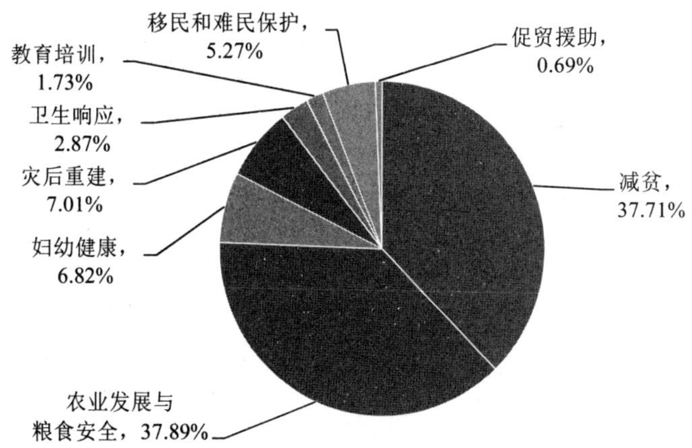

图 5-7 “南南合作”援助基金资金领域分布情况

资料来源：《新时代的中国国际发展合作》白皮书。

1 《为南南气候合作注入新动力》，新华网（http://www.xinhuanet.com /world/2015-12/10/c_1117422548.htm）。

2 中华人民共和国国务院新闻办公室：《新时代的中国国际发展合作》白皮书，国家国际发展合作署网站（http://www.cidca.gov.cn/2021-01/10/c_1210973082.htm）。

（四）中欧可持续发展合作落地生根

当前中国与欧盟都对环境可持续发展给予了前所未有的关注，中国将于 2030 年之前实现碳排放峰值，欧盟成员国已基本就“2050 年实现碳中和”目标达成共识。

中欧“碳中和”合作成果丰硕。[1] 2014 年和 2016 年，欧盟分别出资 500 万欧元和 1000 万欧元，与中国开展碳交易合作项目。[2] 在欧盟支持下，自 2012 年起，中国就已经在多个省市开展碳排放权交易试点，经过 8 年多的酝酿和多地试点，中国碳排放权交易体系建设已于 2017 年 12 月启动。2020 年 10 月底，生态环境部就《碳排放权交易管理办法（试行）》公开征求意见。2021 年 1 月 5 日，生态环境部正式发布该办法，自 2021 年 2 月 1 日起施行。

中欧积极开展科技研发合作。[3] 双方于 2010 年成立中欧清洁能源中心，于 2011—2013 年设立中欧中小企业节能减排专项基金，在“地平线 2020”计划框架内建立中欧可持续城镇化创新平台，并在能源、生物技术、农业、自然资源、环境等诸多领域开展科研合作。

中欧积极推动产业合作。2018 年，德国电动汽车充电服务

---

1 *EU-China 2020 Strategic Agenda for Cooperation*, European Commission（https://eeas.europa.eu/archives/docs/china/docs/eu-china_2020_strategic_agenda_en.pdf）.

2 傅聪：《碳交易，中欧正合力打造的大市场》，《环球》2018 年第 16 期。

3 *General Co-Operation with China*, European Commission（https://ec.europa.eu/environment/international_issues/relations_china_en.htm）.

公司与中国企业正式签署合作协议，共同建设 10 万个充电网点。[1] 中国与克罗地亚合作出资在华建设电动汽车设备工厂，投资 10 亿元人民币（约 1.3 亿欧元）。中国民营企业比亚迪成为欧盟纯电动公交车的主要供应商，市场份额超过 20%。[2]

中欧合作共建国际生态园区。中欧已在中国建立了中德青岛生态园、中奥苏通生态园、中法沈阳生态园、中法成都生态园、中意海安生态园、中意宁波生态园和中芬北京生态创新园等多个国际合作生态园。其中，中德青岛生态园借鉴德国弗莱堡、海德堡等生态建设经验，建立了涵盖经济、社会、能源、环境四大类 40 项的生态指标体系。中芬北京生态创新园独具特色，是中国第一家“生态+创新”的园区，也是国家绿色星级认证节能型园区。

四、中国环境外交前景展望

作为一个发展中国家，中国在全面推进现代化建设的过程中，面临着发展经济和保护环境的双重任务。中国从国情出发，把环境保护作为一项基本国策，把实现可持续发展作为一项重大战略。作为国际社会成员之一，中国在致力于保护本国环境的同时，积极参与国际环境事务，努力推进环境保护领域的国

1 经济参考报：《中欧企业携手研发新能源车》，新华网（http://www.xinhuanet.com/auto/2018-10/11/c_1123542123.htm）。

2 《可持续发展：中国的行动和中欧的合作》，中华人民共和国商务部（http://images.mofcom.gov.cn/eu/202003/20200306180158397.pdf）。

际合作，认真履行所承担的国际义务。

（一）中国环境外交的历史使命

1. 中国一贯主张经济发展必须与环境保护相协调

保护环境是全人类的共同责任，经济发达国家负有更大的责任；加强国际合作要以尊重国家主权为基础；保护环境和发展离不开世界的和平与稳定；处理环境问题应当兼顾各国的现实利益和世界的长远利益。中国在采取一系列措施解决本国环境问题的同时，积极务实地参与环境保护领域的国际交流与合作，为保护全球环境这一人类共同事业进行不懈的努力。

2. 中国积极支持和参与联合国系统开展的环境事务

联合国环境规划署是中国的主要合作伙伴，中国是历届联合国环境规划署的理事国，与联合国环境系统进行了卓有成效的合作。[1] 自 1972 年中国参加在瑞典斯德哥尔摩召开的联合国人类环境会议，并推动产生《联合国人类环境会议宣言》和《斯德哥尔摩行动计划》以来，1976 年在肯尼亚内罗毕成立了中国常驻联合国环境规划署代表处，时任国务院环境保护办公室副主任曲格平被任命为首任代表。中国于 1979 年加入了联合国环境规划署的“全球环境监测网”、“国际潜在有毒化学品登记中心”和“国际环境情报资料源查询系统”等机构。1987 年，

1 *Partnership with China*，UNEP（https://www.unep.org/explore-topics/green-economy/what-we-do/economic-and-fiscal-policy/partnership-china）.

联合国环境规划署在中国兰州设立了“国际沙漠化治理研究培训中心”总部。在联合国环境规划署的组织下，中国将防治沙漠化、建设生态农业的经验和技术传授到许多国家。2003 年 9 月成立了联合国环境规划署驻华代表处，这是联合国环境规划署在世界上建立的第一个国家级代表处，意义重大。2013 年 3 月 13 日，联合国大会通过 67/251 号决议，将联合国环境规划署理事会改名为联合国环境大会。联合国环境规划署首届联合国环境大会于 2014 年 6 月在内罗毕举行。中国代表团参加了联合国环境大会的历次会议，为会议的成功举办做出了贡献。

3．中国履行大国责任为全球发展提供公共产品

2015 年，习近平主席在联合国成立 70 周年系列峰会上，宣布了支持联合国事业的一系列重大倡议和举措，目前均已落实。截至 2020 年，中国为发展中国家提供 180 个减贫项目、118 个农业合作项目、178 个促贸援助项目、103 个生态保护和应对气候变化项目、134 所医院和诊所、123 所学校和职业培训中心。“南南合作”援助基金在 30 多个发展中国家实施 80 余个项目，为全球可持续发展注入动力。[1] 2020 年 5 月 18 日，在第 73 届世界卫生大会视频会议开幕式上，习近平主席宣布“两年内提供 20 亿美元国际援助、与联合国合作在华设立全球人道主义应急仓库和枢纽、建立 30 个中非对口医院合作机

---

1 《中国关于联合国成立 75 周年立场文件》，中国政府网（http://www.gov.cn/xinwen/2020-09/11/content_5542461.htm）。

制、中国新冠疫苗研发完成并投入使用后将作为全球公共产品、同二十国集团成员一道落实‘暂缓最贫困国家债务偿付倡议’等中国支持全球抗疫的一系列重大举措。”

4．中国与国际组织联合开展工作

中国与联合国环境规划署、联合国开发计划署、联合国人居署和联合国工发组织等机构在环境领域也开展了大量的合作活动，如在促进城市的可持续发展、实现千年发展目标、《2030 年可持续发展议程》和应对气候变化等方面。到 2020 年，中国已经连续 20 多年支持联合国环境规划署发布《全球环境展望》报告，该报告以可靠的科学知识为基础，为政府、企业和个人提供关键信息，帮助全球在 2050 年前向真正可持续的发展模式转型。

中国是 1993 年成立的联合国可持续发展委员会的成员国，在这个全球环境与发展领域的高层政治论坛中一直发挥着建设性作用。中国与联合国亚太经社会等组织保持了密切的合作关系，并通过参加东北亚地区环境合作、西北太平洋行动计划、东亚海洋行动计划协调体等，对亚太地区的环境与发展做出了贡献。

中国为进一步加强在环境与发展领域的国际合作，1992 年 4 月成立了“中国环境与发展国际合作委员会”，由 40 多位中外著名专家和社会知名人士组成，负责向中国政府提出有关咨询意见和建议。委员会已在能源与环境、生物多样性保护、生态农业建设、资源核算和价格体系、公众参与、环境法律法规等方面提出了具体而有价值的建议，得到中国政府的高度重视和响应。

5. 中国积极开展环境保护领域的双边合作

自 20 世纪 70 年代以来的 40 余年间，中国先后与美国、朝鲜、加拿大、印度、韩国、日本、蒙古国、俄罗斯、德国、澳大利亚、乌克兰、芬兰、挪威、丹麦、荷兰等 100 多个国家和国际组织签订了环境保护双边合作协定或谅解备忘录。在环境规划与管理、全球环境问题、污染控制与预防、森林和野生动植物保护、海洋环境、气候变化、大气污染、酸雨、污水处理等方面进行了交流与合作，取得了一批重要成果。

6. 中国与全球重要双多边金融机构加强合作

中国与世界银行、亚洲开发银行等双多边金融机构加强交流合作，共同为有关国家提供资金支持。中国在世界银行设立“中国—世界银行集团伙伴关系基金”，在亚洲开发银行设立“中国减贫与区域合作基金”，出资 20 亿美元与非洲开发银行设立“非洲共同增长基金”，出资 20 亿美元与美洲开发银行设立“中国对拉美和加勒比地区联合融资基金”。截至 2018 年年末，上述联合融资机制已投资约 30 亿美元，项目数量近 200 个，涉及供水卫生、交通运输、农业发展、青年就业等领域。[1] 中

1 中华人民共和国国务院新闻办公室：《新时代的中国国际发展合作》白皮书，国家国际发展合作署网站（http://www.cidca.gov.cn/2021-01/10/c_1210973082.htm）。

国与世界银行、亚洲开发银行等国际组织建立了良好的合作关系。中国在《关于消耗臭氧层物质的蒙特利尔议定书》多边基金、全球环境基金，世界银行、亚洲开发银行贷款的使用和管理上，已经建立起有效的合作模式，对推动中国的污染防治和环境管理能力建设发挥了积极作用。

7．积极履行缔结的国际协定

中国先后批准了保护湿地的《关于特别是作为水禽栖息地的国际重要湿地公约》(《拉姆萨公约》)《濒危野生动植物物种国际贸易公约》、《国际捕鲸管制公约》、《关于保护臭氧层维也纳公约》和《关于消耗臭氧层物质的蒙特利尔议定书》、《联合国防治荒漠化公约》、《关于特别是作为水禽栖息地的国际重要湿地公约》、《控制危险废物越境转移及其处置巴塞尔公约》、《联合国气候变化框架公约》及其所属《京都议定书》和《巴黎协定》、《生物多样性公约》及其所属《卡塔赫纳生物安全议定书》、《关于在国际贸易中对某些危险化学品和农药采用事先知情同意程序的鹿特丹公约》、《关于持久性有机污染物的斯德哥尔摩公约》和《关于汞的水俣公约》等一系列国际环境公约和议定书。

中国对已经签署、批准和加入的国际环境公约和协议，一贯严肃认真地履行自己所承担的责任。在《中国21世纪议程》的框架指导下，编制了《中国环境保护21世纪议程》《中国生物多样性保护行动计划》《中国21世纪议程林业行动计划》《中国海洋21世纪议程》等重要文件以及国家方案或行动计划，认真履行所承诺的义务。

2020年是联合国成立75周年，中国发表《中国关于联合国成立75周年立场文件》，重申巩固以联合国为核心、南北合作为主渠道、“南南合作”为补充的合作格局；阐述牢固树立尊重自然、顺应自然、保护自然的意识，推动人与自然和谐共生，实现经济、社会、环境的可持续发展和人的全面发展，建设全球生态文明。倡导绿色、低碳、循环、可持续的生产生活方式，采取行动应对气候变化，保护好人类赖以生存的地球家园。[1] 所有这些，都充分反映了中国政府和人民保护全球环境的诚意和决心。

（二）中国环境外交的挑战和担当

近年来，随着中国经济的快速崛起和国际地位的不断提升，以及西方国家经济乏力和国内执政危机的凸显，国际形势进入大变革和大调整期，贸易保护主义、单边主义、反全球化浪潮、“冷战”思维此起彼伏，加之新冠肺炎疫情的持续蔓延，中国开展生态环境国际合作与交流工作受到极大的不确定性挑战。

第一，“中国破坏环境论”等论调增加舆论和道德障碍，加大中国环境出资压力。实际上，由于中国经济和环境保护在

1 《中国关于联合国成立75周年立场文件》，中国政府网（http://www.gov.cn/xinwen/2020-09/11/content_5542461.htm）。

地区性和全球性的影响越来越大，国际社会对中国参与全球环境治理的期待和要求越来越高，要求中国加大环境出资和减排力度的呼声高涨。这些负面舆论致使全球环境基金明显压缩对中国各环境领域的资金量，中国申请外部环境技术空间大大缩小。中国对外开放进程中环境标准受到国际社会高度关注，中国在资本、产能和技术输出中无中生有的“污染转移论”显著增多。如何在维护中国发展权益和承担更大国际责任之间达到平衡，成为中国参与全球环境治理面临的最大挑战。

第二，“大国推卸责任”现象加剧全球环境治理压力。美国是现有全球环境治理体系和治理规则的塑造者和主导者，但近年来，美国消极应对全球气候变化，推卸其在全球环境治理领域的责任。美国荣鼎咨询公司 2020 年 1 月发布的报告显示，2019 年美国的温室气体净排放量仍略高于 2016 年的水平，无法兑现美方在 2009 年《哥本哈根协定》中所承诺的到 2020 年底减排 17%的目标。[1] 特朗普政府不仅不批准《京都议定书》，甚至一上任就宣布退出《巴黎协定》，给全球环境治理带来不小的压力。拜登政府回归《巴黎协定》，但着力开发油气治理，加大对外输出。

第三，环境保护面临资金短缺的长期性问题，构建可持续

1 *Preliminary US Greenhouse Gas Emissions Estimates for 2020*，Rhodium Group（https://rhg.com/research/preliminary-us-emissions-2020/#:~:text=Throughout%202020%2C%20Rhodium%20Group%20has,(GHG)% 20emissions%20in%202020）.

的生态环境保护金融体系是中国和国际社会共同面临的挑战。虽然生态保护金融领域的国际实践发展迅速，但全球生态保护的资金缺口仍然很大，且以生态保护为主的资金流尚未形成，环境保护面临资金短缺的长期性问题。中国作为最大的发展中国家，发展不平衡、不充分问题仍然突出。虽然对环保的投入逐年增加，但中国是最大发展中国家的地位没有发生根本变化，实现包括二氧化碳排放达峰在内的更新后的国家自主贡献目标和“碳中和”愿景均面临巨大的挑战。中国为应对全球气候变化自我加压、主动作为，采取更加有力的政策措施。中国在经济发展较低的水平上，在实现 2030 年前达峰目标时，人均 GDP 仍将显著低于很多发达国家达峰时的水平。此外，与很多发达国家相比，中国从“碳达峰”到“碳中和”的时间要缩短几十年，需要付出艰苦卓绝的努力。加快构建一个与保护生态环境、自然资源相吻合的可持续生态环境金融体系，是中国和国际社会共同面临的重大挑战。

第四，“绿色技术壁垒”提高中国环境外交的成本和风险。技术进步是解决环境问题的根本所在，但自主技术的进步和突破并非短期就能实现。中国大力进行自主科技创新，但与实际需求相比，与发达国家相比，国内的环境科技水平还有相当大的差距，但又面临着高企的“绿色技术壁垒”，先进核心环境技术掌握在发达国家手里，中国从发达国家申请先进环境技术难度越来越大，发达国家对中国环境技术出口的政治意愿大幅下降，提高了中国环境外交的成本和风险。

第五，从全球环境治理的学习者、参与者，到全球环境治理的贡献者和引领者，中国在全球环境治理国际事务中发挥的作用日益加大，环境外交在中国总体外交布局中日益重要。从党的十八大环境、经济、社会“三位一体”的“可持续发展”上升为“五位一体”的总体布局，中国将生态文明建设融入经济、政治、社会和文化建设的全过程，并提出“建设全球生态文明”和“碳中和”目标，中国在世界生态文明建设过程中的角色发生重大变化，中国环境外交也将随之发生巨变。

在新冠肺炎疫情叠加复杂多变的国际形势下，在国内构建“双循环”战略布局下，推进中国特色大国环境外交进程，参与全球环境治理，中国从过去的被动参与转向主动引领，需加强自身及其他发展中国家的利益指向，主动参与全球环境规则谈判，设计国际环境合作机制，推动全球环境政策实践，以“先进的本土化经验”完善国际环境治理。具体建议如下：

第一，坚持“在环境外交中践行正确义利观”，服务于人类命运共同体。环境问题是一项全球性问题，关系到全人类的健康和长久发展。地缘政治导致了环境问题与国际政治相随相伴。中国环境外交工作在“人类命运共同体”理念的指引下，坚持“共同但有区别责任”原则，积极推动各国权利平等、机会平等、规则平等，有助于争取自身和广大发展中国家的话语权和决策权，使国际体制更加平衡地反映大多数国家的意愿和利益，共同建设美丽世界。

第二，提高环境外交队伍能力建设，推动全球环境治理体系向多元共治方向发展。全球环境持续恶化已影响人类发展的其他领域，气候变化、生物多样性等环境问题越来越成为国际社会关注的全球性热点问题。中国正向全球环境问题的贡献者、引领者转变，坚持习近平外交思想和生态文明思想为引领，提高环境外交能力队伍建设，抓住联合国全球环境治理体制改革的契机，全面深入熟悉相关国际规则，在全球环境谈判中，提高对议题的分析研究能力，形成具有中国特色的全球环境治理的解决方案，坚持“共同但有区别的责任”原则，联合广大发展中国家采取一致行动，提高发展中国家的话语权，推动全球环境治理体系向更多元共治的方向演变。

第三，以全球视野看待和解决国内面临的生态环境问题，积极推动引进国外先进环保技术、经验和资金工作。推动引进工作的同时，对外讲好中国故事，宣传中国生态文明思想和“人类命运共同体”理念，传播中国绿色发展的理念，服务国家外交大局，让更多的国家了解中国，支持中国的绿色发展，参与中国的生态文明建设。

第四，以富有新时代特色的国际发展合作观助力其他发展中国家改善国内生态环境。共建“一带一路”是中国开展国际发展合作的重要平台，“丝绸之路经济带”和“21 世纪海上丝绸之路”是重要公共产品。积极推动“一带一路”绿色发展国际联盟和“‘一带一路’生态环保大数据服务平台”做深做实，深入推进中国—东盟环境合作、上合组织环境合作、澜沧江—湄公河环境合作、中非环境合作、金砖国家环境、南南环境合作、二十国集团环境金融合作等合作平台建设，开发广泛的合作伙伴关系，分享先进的生态文明和绿色发展理念与实践经验，联合最广泛的发展中国家，落实联合国《2030 年可持续发展议程》。

第五，加强与国际组织的务实合作，共同应对全球挑战。坚定支持多边主义，积极参与国际发展领域双多边对话与合作，推动国际发展合作领域全球治理，维护以联合国为核心的国际体系。加大对国际组织的资金支持，积极支持国际组织，共同应对气候变化、环境保护、公共卫生危机、粮食安全、经济衰退等全球性挑战。加强与其他国家和国际组织的沟通协调，在充分尊重主权和意愿的基础上，与相关国家和国际组织开展合作，推动国际合作创新发展。

第六，积极搭建多边融资合作平台。积极同世界银行、亚洲基础设施投资银行、亚洲开发银行、拉美开发银行、欧洲复兴开发银行、欧洲投资银行、美洲开发银行、国际农业发展基金等共同成立多边开发融资合作中心，通过信息分享、绿色项目能力建设和投资，推动国际金融机构及相关发展伙伴为气候变化、环保项目建设聚集更多资金。

参考文献

董亮，张海滨，2016.《2030 年可持续发展议程》对全球及中国环境治理的影响［J］. 中国人口·资源与环境 26（1）：8-15.

傅京燕，程芳芳，2018. 推动“一带一路”沿线国家建立绿色供应链研究［J］. 中国特色社会主义研究（5）.

基欧汉，奈，2002. 权力与相互依赖［M］. 北京：北京大学出版社.

倪世雄，2011. 当代西方国际关系理论［M］. 上海：复旦大学出版社.

庞海坡，2017. 绿色发展融入“一带一路”战略的现实需求与制度保障［J］. 人民论坛.

杨晨曦，温平，2017. 五大发展理念引导下的“一带一路”建设新思路［J］. 新疆社科论坛（6）：28-31.

俞海，周国梅，程路连，2009. 国际环境治理与联合国环境署改革［A］// 杨洁勉. 世界气候外交和中国的应对. 北京：时事出版社：152-174.

ASCENSÃO F，FAHRIG L，et al，2018. Environmental challenges for the Belt and Road Initiative［J］. Nature sustainability，1：206-209.

BARBIER E，2011. The policy challenges for green economy and sustainable economic development［J］. Natural resources forum，35：233-245.

BOSE R，LUO X，2011. Integrative framework for assessing firms' potential to undertake Green IT initiatives via virtualization—a theoretical perspective［J］. Journal of strategic information systems，20：38-54.

Commission on Global Governance，1995. Our global neighbourhood：the report of the Commission on Global Governance［M］. Oxford： Oxford University Press.

HARDIN G，1968. The tragedy of the commons［J］. Science，162：1243-1248.

HSU A，HÖHNE N，KURAMOCHI T，et al，2019. A research roadmap for quantifying non-state and subnational climate mitigation action［J］. Nature climate change，9（1）：11.

PEARCE D，et al，1989. Blueprint for a green economy [M]. London：Earthscan Publications Ltd.

PIRAGES D，1978. Global ecopolitics—the new context for international relations [M]. London：Duxbury Press.

ROSENAU J N，2005. Global governance as disaggregated complexity // ALICE D B，HOFFMAN M J. Contending perspectives on global governance：coherence，contestation and world order. New York：Routledge，133.

SANTARIUS T，SCHEFFRAN J，TRICARICO A，2012. North south transitions to green economies：making export support，technology transfer，and foreign direct investments work for climate protection [J]. Heinrich Böll Foundation.

United Nations Environment Programme，2017. Towards a pollution-free planet background report [R]. United Nations Environment Programme.

United Nations，2014. The Road to Dignity by 2030：Ending poverty transforming all lives and protecting the planet [R]. United Nations.

第六章　全球生态文明建设与“一带一路”绿色发展

全球生态文明建设与“一带一路”绿色发展相互促进、相辅相成。随着中国理念和方案走近世界舞台中央，如何加强全球生态文明建设与“一带一路”绿色发展的对接，实现协同共进，特别是如何实质性推进并形成可推广的国际经验，将成为中国理念和方案的试金石，也是中国推动全球生态文明建设的首要事务。

第一节　“一带一路”绿色发展与全球可持续发展

围绕沿线国家和地区的实际环境需求提供多样化的解决

方案，既能够增进沿线国家和地区人民福祉、为具体合作落实提供便利，也能促进“一带一路”绿色发展与全球气候治理等可持续发展议程相协调，使其成为全球治理的重要组成部分。

一、“一带一路”绿色发展的提出

建设“丝绸之路经济带”和“21 世纪海上丝绸之路”（以下简称“一带一路”）是新时代中国支持多边主义、促进人类社会可持续发展、推动构建人类命运共同体的重要举措。考虑到“一带一路”沿线国家涉及广泛的新兴发展中国家和能源生产消费大国，其环境与气候条件差异较大且经济实力总体比较薄弱，妥善应对经济活动等对生态环境带来的压力、转变粗放型经济是各方共同的迫切需求，将绿色发展理念融入“一带一路”建设、形成平衡经济发展与生态环境保护的增长路径是顶层设计中的重要内容。

“一带一路”绿色发展对于“一带一路”的成功实施、世界绿色低碳转型以及全球可持续发展目标的成功实施均具有重要意义。“一带一路”绿色发展可以帮助其他发展中国家避免依赖传统的高碳增长模式，并寻求中国所展示的更有效和创新的途径。中国政府一直主张“一带一路”绿色发展，这不仅符合国际社会实现绿色低碳可持续发展的愿景，也与中国新时代高质量发展的内在诉求密切相关。中国国家领导人多次强调，中方将践行绿色发展理念，坚定应对气候变化，倡导绿色低碳可持续的生产生活方式，持续加强生态文明建设。

在2017年5月举行的“一带一路”国际合作高峰论坛上，中国国家主席习近平在开幕式演讲中表示，倡导建立“一带一路”绿色发展国际联盟，促进沿线国家落实联合国《2030年可持续发展议程》。中国中央政府四部委也于2017年5月联合发布了《关于推进绿色“一带一路”建设的指导意见》。2019年4月，多家中外政府部门、研究机构在第二届“一带一路”国际合作高峰论坛期间共同发起成立了“一带一路”绿色发展国际联盟，而新成立的“一带一路”绿色发展国际研究院，其主要任务就是为该国际联盟提供智力支撑。绿色联盟咨询委员会主任委员、生态环境部副部长赵英民在研究院揭牌仪式上表示，“一带一路”不仅是经济繁荣之路，也是绿色发展之路。开展“一带一路”绿色发展国际研究，有助于促进绿色技术合作，提升“一带一路”相关国家生态环境保护、气候行动与污染防治能力，促进先进绿色与低碳技术的交流与转让，推动绿色基础设施建设、绿色投资与贸易的发展。

世界银行将绿色发展定义为“一种将增长与对资源利用、碳排放和环境损害的依赖脱钩，通过创造新的绿色产品市场、技术、投资与改变消费与节约行为来促进增长的发展模式”。但是，综合的绿色发展概念需要包含发展过程和结果两个方面。因此，我们将中国传统哲学中的“天人合一”、马克思主义的自然辩证法和当代可持续发展理论相结合，在“一带一路”

的背景下诠释绿色发展的概念，如图 6-1 所示。绿色发展包括一个与“绿色增长”和“可持续发展”密切相关的发展过程，以及与“绿色经济”密切相关的发展阶段（图 6-1）。

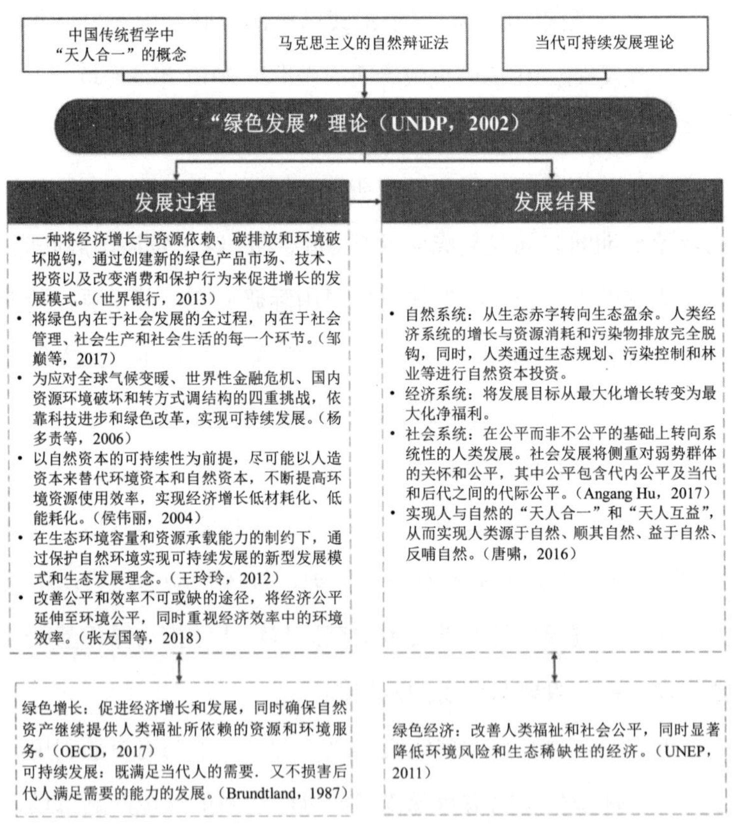

图 6-1　“一带一路”背景下的绿色发展概念

资料来源：许勤华．“一带一路”绿色发展报告（2019）［M］．北京：中国社会科学出版社，2020。

二、共建“一带一路”可持续发展的现实需求

当前国际政治经济形势与全球治理进程深刻调整，世界经济自“次贷危机”爆发以来持续低迷、增长信心恢复有限，单边主义、贸易保护主义有所抬头，国际贸易、金融等领域多边进程动力不足，全球化出现停滞甚至逆转，国家间竞争强度增大，传统经济增长模式难以为继；同时，国际环境和气候治理的重要性显著上升，来自该领域法律条约、道德等方面的国际约束不断增强。国际形势的变化可能重塑了各国国家利益与发展目标，培育新经济增长点、提高环境与气候治理能力等需求更为迫切，这也使沿线国家对“一带一路”绿色发展具有直接需要，有利于其实现多样化目标。

（一）满足新时期全球环保和气候约束持续强化的需要

一是第三次能源转型与全球气候治理提速是“一带一路”倡议提出的重要时代背景。在国际气候变化多边进程不断深化的背景下，全球能源绿色低碳转型成为落实气候目标的主要途径。减少温室气体排放首先由英国提出，随着气候问题日益严重，各国均开始重视环境问题。2015 年达成的《巴黎协定》对 2020 年后国际应对气候变化行动做出了安排，提出将 21 世纪全球平均气温上升幅度控制在 2℃以内、并争取控制在 1.5℃以内的治理目标。《巴黎协定》的达成、快速生效标志着国际

社会就应对气候变化形成广泛共识，各缔约方均面临着履行气候承诺的压力与道德约束，限制温室气体排放、减少化石能源消费是其根本途径，以可再生能源为代表的清洁能源产业在全球范围内受到广泛关注。虽然 2017 年美国宣布退出《巴黎协定》，但降低温室气体排放已经发展为全球共识。[1] 根据《BP 能源统计年鉴》，2017 年全球可再生能源发电量增长率为 17%，高于前十年的平均值（16.2%），占全球发电总量的 3.6%；[2] 联合国环境计划报告显示全球可再生能源投资呈现快速增长态势，2004—2017 年其投资额增长了 4 倍。[3] 得益于该趋势，可再生能源已逐步成为诸多发达经济体和新兴经济体能源供给与消费结构的重要组成部分，对全球碳减排产生积极影响。中国在可再生能源投资方面处于领先地位，2015 年在可再生能源方面的投资超过了美国、英国和法国的总和。[4] 考虑到发展中国家和新兴经济体对能源需求的不断增长是全球能源和气候治理格局的重要影响因素，[5] 相关国家在碳约束条件下实现能源绿色转型对其自身和国际社会均具有重要意义，这意味着所有重大基础设施项目，包括“一带一路”项目，必须与气候行

---

1 Hongze Li，Fengyun Li，and Xinhua Yu，China's Contributions to Global Green Energy and Low-Carbon Development：Empirical Evidence under the Belt and Road Framework，*Energies*，Vol. 11，No. 6，2018，p. 2.

2 BP：《BP 能源统计年鉴 2018 版》，第 11、46 页。

3 FS-UNEP，*Global Trends in Renewable Energy Investment Report 2018*，p. 1.

4 Aniket Shah，Building a Sustainable “Belt and Road”，*Horizons：Journal of International Relations and Sustainable Development*，No. 7，2016，p. 221.

5 REN21，*Renewables* 2018 *Global Status Report*，p. 29.

动目标保持一致。保证各国在实现经济高速发展的同时，履行环境与气候变化领域的国际承诺，这对该区域的可持续发展至关重要。

二是绿色发展能力是争夺国际话语权的基础。环境保护对全球治理体系与议事日程的影响不断增强，一方面，全球环境治理日益成为国际政治经济多边进程的重点话题。在生物多样性、臭氧层保护等传统领域进程不断深化的基础上，《世界环境公约》等文本持续成为讨论热点反映出各方对争取该领域治理规则制定权的重视，同时，可再生能源发展等因素对国际能源关系影响不断增强，进而影响有关全球经济可持续性争论的主导权；另一方面，环境领域成为多/双边经济交流的重要组成部分，气候变化、节能减排等议题日益融入中国、欧盟、法国、德国、韩国等主要经济体双边经济交流，形成了专门的合作机制并丰富了投资贸易等领域合作内容，成为双边高级别经济对话成果的重要来源；由于国际资源和能源竞争的加剧，发展中国家也更加愿意承接绿色产业，建立资源节约型、环境友好型的国际产业转移机制成为未来国际产业转移的重要趋势。[1] 同时，在近年来各方有关世界贸易组织、自由贸易区等渠道谈判中，环境产品、资金等日益成为关注的焦点，基础四国、亚太经济合作组织等多边平台对环境与气候变化领域的关注持续

1 Hongze Li，Fengyun Li，and Xinhua Yu，China’s Contributions to Global Green Energy and Low-Carbon Development：Empirical Evidence under the Belt and Road Framework，*Energies*，Vol. 11，No. 6，2018，p. 3.

提升，有可能成为未来国际经济关系“新门槛”。

（二）符合“一带一路”倡议中国自身的内在需求

一是“一带一路”倡议与中国新时代加强生态文明建设、实现可持续发展的理念一脉相承。党的十八大以来，中国着力以生态文明建设引领经济社会发展与发展模式转型，构建了完善的思想理论体系。中国特色社会主义事业总体布局在原经济建设、政治建设、文化建设、社会建设的基础上增加了生态文明建设，由“四位一体”扩充至“五位一体”，将生态文明建设置于经济社会发展的突出位置。2015 年 3 月的中央政治局会议，在“新型工业化、城镇化、信息化、农业现代化”之外加入“绿色化”，并将其定性为政治任务，将“四化”扩充为“五化”。随后党的十八届五中全会在既有的“创新、协调、开放”三大发展理念基础上，增添了“绿色、共享”两个理念，构建强调经济发展与生态环保相协调的五大发展理念。党的十九大报告中明确将中国社会主要矛盾调整为“人民日益增长的美好生活需要和不平衡不充分的发展之间的矛盾”，生态环境问题是其关键领域。在用生态文明思想与绿色发展理念指导国内生态环境保护工作的同时，中国在全球气候治理与国际环境合作中发挥了积极的建设性作用，为区域与全球绿色发展提供公共产品，贡献中国智慧，着力统筹国内、国际两个大局。在此背景下，各省（区、市）亦将绿色发展与生态文明建设确立为经济社会发展与转型的指导方向，浙江、海南等省（市）结合其发展实际形成了综合性的省级生态文明建设方案，展示了其全方位推动辖区生态文明建设的决心与信心。同时，金融、工业、环境、财政等系统将绿色理念贯穿政策制定与实施过程，提出绿色金融、绿色制造、绿色财政等诸多创新举措，利用试点模式加以落实并向全国范围推广。

二是“一带一路”倡议与中国产业结构升级与能源革命导向相契合。自进入“经济新常态”以来，中国着力推动产业结构升级、提高经济可持续性，以战略性新兴产业等为抓手鼓励新兴业态发展，明确到 2030 年将其打造成推动我国经济持续健康发展的主导力量，新能源汽车等产业产销居全球领先地位。限制高排放、高污染行业企业生产经营，淘汰落后产能，推动产业结构向绿色、低碳、高科技等方向转型，提高经济效率。同时，中国明确将构建清洁低碳、安全高效的能源体系，推进能源结构绿色低碳转型作为国家发展战略。根据《能源生产和消费革命战略（2016—2030）》以及“十三五”时期能源领域相关规划，天然气及可再生能源等清洁能源装机及消费量上升，2020 年和 2030 年非化石能源预计将实现分别占一次能源消费比重 15%和 20%，煤炭消费量将持续降低；[1] 同时，提出能源强度和碳强度下降目标，明确新增能源需求主要依靠清

1 国家发展和改革委员会:《可再生能源发展十三五规划》《能源发展十三五规划》，2016 年 12 月。

洁能源，推动实现非化石能源占能源消费总量比例超过一半的长期目标。[1] 中国为实现上述目标向清洁能源领域投入大量资金与物力，据联合国环境规划署统计，2017 年中国可再生能源投资总额达 1 266 亿元，约占世界投资总额的 45%，是全球第一投资大国。[2] 得益于此，我国非化石能源发展目标进展较为顺利，2018 年其占一次能源消费比重达到 14.3%，为落实 2020 年、2030 年发展目标奠定了良好的基础。良好的发展势头也意味着，可再生能源产业等新兴绿色产业将成为中国着力培育的新经济增长点，也将成为对外经济合作的优先领域。"一带一路"倡议促进了中国可再生能源产业的发展，吸引了更多的科研投入，获取了宝贵的绿色发展经验，并且在长期的可再生能源基础设施投资与服务中得到了良好的长期回报。[3]

三是"一带一路"倡议与中国作为负责任大国为全球治理提供支持的立场相一致。面对单边主义抬头、全球环境容量趋紧等困境，中国在推动自身绿色转型与高质量发展的同时，信守气候变化等方面的国际承诺，逐步在全球生态文明建设和环境保护领域发挥重要的参与、贡献和引领作用。[4] 在美国特朗

1 国家发展和改革委员会、国家能源局：《能源生产和消费革命战略（2016—2030）》，2016 年 12 月。

2 FS-UNEP，*Global Trends in Renewable Energy Investment Report 2018*，p. 22.

3 Natalia A Chernysheva，et al，Green Energy for Belt and Road Initiative：Economic Aspects Today and in the Future，*International Journal of Energy Economics and Policy*，Vol. 9，No. 5，2019，p. 182.

4 傅京燕、程芳芳：《推动"一带一路"沿线国家建立绿色供应链研究》，《中国特色社会主义研究》2018 年第 5 期。

普政府宣布退出《巴黎协定》的背景下，中国领导人在多个多边场合重申支持多边主义、落实《巴黎协定》的承诺，中国政府参与发起了气候行动部长级会议等国际气候协调机制以强化国际气候政策协调，为气候变化多边进程注入信心与动力，展现出负责任大国的担当。“一带一路”倡议更与联合国可持续发展目标高度一致。可持续发展目标的三大支柱——国家经济规划、国际合作和新的融资工具——在“一带一路”中得到了很好的体现，“一带一路”将被认为是 21 世纪一种全新的、创新的多边主义形式，其重点是解决世界上最紧迫的可持续发展的挑战。[1] 共建绿色“一带一路”符合中国在生态环境领域一贯的立场，能够为促进区域共同绿色发展提供新平台、为营造良好的国际环境合作氛围奠定基础，推动“一带一路”倡议参与方完成应对气候变化、可持续发展等方面的目标。“一带一路”为应对环境影响树立了榜样，提高了未来全球基础设施发展计划的标准，并确保领先的环境标准成为任何全球基础设施计划的组成部分。[2]

四是“一带一路”倡议与中国的传统价值观相呼应。改善民生是中国提出“一带一路”倡议的核心目标之一，其建设与

1 Aniket Shah，Building a Sustainable Belt and Road，*Horizons：Journal of International Relations and Sustainable Development*，No. 7，2016，p. 213.

2 Hoong Chen Teo，Alex Mark Lechner，et al，Environmental Impacts of Infrastructure Development under the Belt and Road Initiative，*Environments*，Vol. 6，No. 6，2019，p. 85.

实施必须关注民生诉求。绿色发展作为新型民生观，[1] 应成为指导“一带一路”建设的主要原则与发展方向。一方面，绿色发展所产生的经济与环境效益将惠及沿线国家国民，是实现普惠发展的主要渠道。相关项目建设等能够有效改善生态脆弱地区人民的生活状况，并为其提供新的就业机会。另一方面，在各国民众对生态环境关注度不断提高的情况下，建设绿色“一带一路”能够反映沿线广大人民群众的基本诉求，提高其获得感、满足感。近年来“碳普惠”“碳中和”等业态的快速发展也为公众参与提供了平台，有利于其接受和理解“一带一路”倡议的内涵。

（三）照顾沿线国家生态环境领域存在多样化需求

一是“一带一路”倡议满足沿线国家在“碳约束”条件下实现工业化、现代化的基本诉求。“一带一路”沿线国家大多为发展中国家，在推动工业化进程的同时，还需应对工业化带来的自身环境问题和全球气候变化等相关国际问题。[2] 其以“高耗能、高排放、高增长”为特点的高碳经济发展模式不可持续，而发展低碳经济，加快转变经济发展模式就成为这些国家工业

1 庞海坡：《绿色发展融入“一带一路”战略的现实需求与制度保障》，《人民论坛》2017 年第 4 期。

2 傅京燕、程芳芳：《推动“一带一路”沿线国家建立绿色供应链研究》，《中国特色社会主义研究》2018 年第 5 期。

化、现代化面临的首要任务。[1] 在不阻碍经济发展的情况下解决环境问题，实现低碳排放是沿线国家面临的现实难题。[2] “一带一路”绿色发展理念的提出与落地，有望为相关国家在复杂多变的国内外形势下同时处理好环境保护和经济发展两方面问题提供新的路径。发展水平较高、经验相对丰富的沿线国家能够通过双边或区域合作等方式贡献解决方案、分享最佳时间，帮助彼此找到适合本国国情、优化资源利用效率的绿色增长路径，避免走“先污染、后治理”的老路。

二是“一带一路”倡议满足沿线国家迫切的环境诉求。“一带一路”倡议覆盖区域普遍生态环境复杂、脆弱，气候适应能力较差，生态环境基础相对薄弱，容易受到极端天气等环境气候灾害的影响。在“丝绸之路经济带”较不发达的中部地区，植被以灌木林为主，生态系统脆弱，高度的城市化建设为其环境负荷提出了巨大挑战。[3] 同时，“一带一路”沿线国家绿色发展水平普遍较低，特别是经济增长较快、环境压力也较大的南亚和东南亚国家面临的绿色发展问题最为严重。[4] “一带一路”

---

1 Ya Chen，et al，How can Belt and Road Countries Contribute to Glocal Low-Carbon Development？，*Journal of Cleaner Production*，Vol. 256，2020.

2 Hongze Li，FengYun Li，and Xinhua Yu，China's Contributions to Global Green Energy and Low-Carbon Development：Empirical Evidence under the Belt and Road Framework，*Energies*，Vol. 11，No. 6，2018，p. 7.

3 Suocheng Dong，V Kolosov，L Yu，et al，Green Development Modes of the Belt and Road，*Geography*，*Environment*，*Sustainability*，Vol. 10，No. 1，2017，pp. 55-58.

4 Cuiyun Cheng and Chazhong Ge，Green Development Assessment for Countries along the Belt and Road，*Journal of Environmental* Management，Vol. 263，2020.

沿线国家大多是发展中国家，伴随人口增长、城市化与工业化进程的推进以及人均经济活动和能源消费水平的提高，相关区域水和大气污染问题加剧，威胁其居民生活、健康情况，有着迫切的绿色发展需求。“一带一路”沿线国家也需要在法律和监管问题上进行有效协调，以确保企业不进行“管辖权”购买，将不可持续的经营活动从一个国家转移到另一个国家。[1] 在相关国家缺乏解决该问题能力的情况下，“一带一路”建设必须为此提供解决方案。

三是“一带一路”倡议满足沿线国家绿色融资及技术需要。考虑到发展中国家是沿线国家构成的主体，在发展可再生能源、气候适应性产业、节能减排产业等资金规模大、回报周期长、技术含量高的绿色低碳产业方面可能面临资金与技术方面的难题，阻碍其提升绿色发展能力。单从投资的角度来看，可持续发展目标每年将需要额外的 1 万～2 万亿美元的公共和私人投资，[2] “一带一路”绿色发展将为解决该类问题提供新的平台与渠道。一方面，通过沿线地区跨国援助、低息贷款、多边银行优惠贷款等方式，相关发展中国家获得资金的成本降低、便利性提高，为其落实长期项目提供信心；另一方面，绿色低碳技术相对领先的沿线国家可考虑项目合作、无偿技术转

---

1 Johanna Coenen，Simon Bager，et al，Environmental Governance of China's Belt and Road Initiative，*Environmental Policy and Governance*，Vol. 31，2021，p. 11.

2 Aniket Shah，Building a Sustainable “Belt and Road”，*Horizons：Journal of International Relations and Sustainable Development*，No. 7，2016，p. 212.

移等方式为发展中国家提供关键技术支持，既可满足其绿色发展的实际需要，又能降低其技术研发需要的潜在资金规模。沿线许多发展中国家的基础设施条件相对较差。在这些国家的发展中，基础设施不足对经济发展的“瓶颈”效应逐渐显现。中国的绿色能源技术和产能利用率已达到世界先进水平，促进基础设施项目的绿色合作与“一带一路”沿线国家的需求高度一致。另外，数字丝绸之路也可以建立一个收集和共享地球观测数据的网络，可以改善环境监测，支持“一带一路”沿线国家的合理决策。

三、构建“一带一路”绿色发展中国指数

根据“一带一路”绿色发展的需求，中国人民大学建立了一个涵盖国际关系、公共管理、能源治理、环境经济学和气候变化问题的多学科研究团队，基于现有的联合国、世界银行、国际能源署等权威机构的统计数据，对“一带一路”绿色发展指数（Green Development Index）进行研究，旨在提出相对具体的指标体系，以综合评估“一带一路”沿线国家的绿色发展水平，通过比较分析找出差距和造成差距的主要影响因素。同时，考虑到该评估方法涉及绿色资产存量、绿色技术创新与绿色发展结果等领域内容，其研究成果也能够用于分析、识别影响绿色“一带一路”建设的关键因素，可服务于提高“一带一路”沿线国家绿色发展水平的关键技术、措施等，从而为推动绿色

“一带一路”国际合作，切实提高沿线国家或地区绿色低碳能力建设等相关工作指明方向，支撑形成符合各方诉求的绿色解决方案。

（一）框架

根据定义，“发展”既可指进步的过程，也可指实现某种程度的经济、社会与环境成果。绿色发展亦是如此。在本指标体系中，绿色发展分为两个发展状态和一个发展过程（图 6-2）。自然资产为未来发展奠定基础或构成限制，是经济的禀赋和初始状态。发展成果可随时间累积，是整体绿色发展的结果和现状。在将自然资产转化为发展成果的过程中，绿色技术在塑造经济和引领发展方向中发挥着重要作用。这三个类别是绿色发展全过程不可或缺的组成部分，因此全部纳入绿色发展指数体系（图 6-2）。

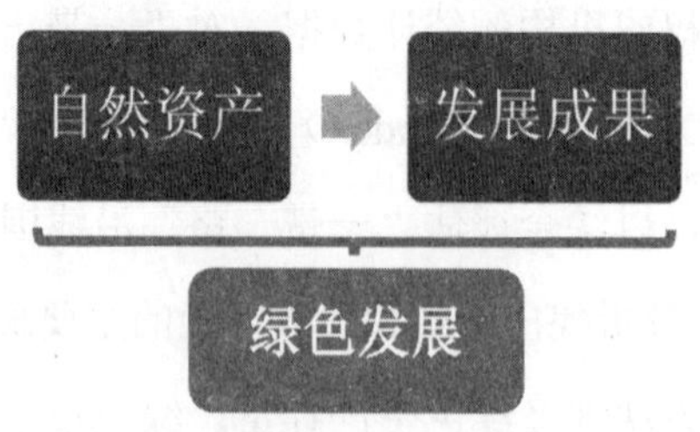

图 6-2 “一带一路”绿色发展指数框架

（二）分类及指标

在上述研究框架下，研究组建立了一个支持索引系统的数据库。它覆盖了 98 个国家，包括“一带一路”沿线的 65 个国家、中国以及所有经合组织国家。指标体系由 3 个类别、15 个子类别和 20 个指标组成，时间跨度从 2006 年到 2018 年。考虑到小国内部发展与大国权力的溢出效应之间的平衡，总体指标和平均水平指标都包括在内。数据主要来自官方和组织，包括世界银行、联合国开发计划署、联合国环境规划署、国际能源署、国际可再生能源署、联合国教科文组织、耶鲁大学和联合国大学等（表 6-1）。

表 6-1 “一带一路”沿线国家绿色发展指数指标体系

指标分类	指标子类别	指标及单位	评价方向	指标维度	数据来源
自然资产	森林资源	森林覆盖率/%	正	平均	WB
	生物多样性	生物多样性和栖息地（EPI 标准化得分）	正	平均	EPI
	水资源	人均可再生淡水资源/（m^3/人）	正	平均	WB
	自然资源	自然资源租金总额/美元	正	规模	WB
		自然资源租金总额占 GDP 比重/%	正	平均	
绿色技术	可再生能源发电	可再生能源发电量/（GW·h）	正	规模	IRENA
		可再生能源发电量占总发电量比重/%	正	平均	

指标分类	指标子类别	指标及单位	评价方向	指标维度	数据来源
绿色技术	可再生能源装机	可再生能源装机容量/GW	正	规模	UN
		可再生能源装机容量占总装机容量的比重/%	正	平均	
	能源效率	人均 GDP 能源消费量/（kg toe/美元）	负	平均	WB
	绿色交通	人均交通部门二氧化碳排放量/（kg/人）	负	平均	IEA
	绿色建筑	人均建筑部门二氧化碳排放量/（kg/人）	负	平均	IEA
	技术研发竞争力	研究和开发投资/百万美元	正	规模	WB
		研究和开发投资占 GDP 比重/%	正	平均	
人类发展	人类发展指数	人类发展指数	正	平均	UNDP
	不平等	基尼系数	负	平均	UNU
	通电率	可用电人口占总人口比重/%	正	平均	WB
	碳排放	人均燃料燃烧二氧化碳排放/（kg/人）	负	平均	IEA
	$PM_{2.5}$	年均 $PM_{2.5}$ 浓度/（$\mu g/m^3$）	负	平均	WB
		$PM_{2.5}$ 平均暴露度（EPI 标准化得分）	正	平均	EPI

注：WB—世界银行；EPI—环境治理指数（耶鲁大学地球科学信息网络环境法与环境政策中心，联合哥伦比亚大学及世界经济论坛合作）；IRENA—国际可再生能源机构；IEA—国际能源署；UN—联合国；UNDP —联合国开发计划署；UNU —联合国大学。

（三）数据处理及指标赋权

（1）数据标准化

“一带一路”沿线国家绿色发展指数是用于评估“一带一路”沿线国家自然资产、绿色技术和发展成就等绿色发展相关要素实际表现的综合指标。它由3个子指标组成，每个子指标由若干定量指标合成。由于正向指标（值越大，绿色发展水平越高）和负向指标（值越小，绿色发展水平越高）的存在，以及指标之间的数量和单位差异较大，在计算子指标之前，研究组对这些指标进行了标准化以便各国之间指数的横向比较和一国不同时期指数的纵向比较，在比较各国绿色发展相对水平的同时，也可以考察同一国家绿色发展水平的历史发展过程。因此，原始数据的标准化是必不可少的。

数据标准化根据数据特点采取了不同的方法。对于数量级较低的指数，直接进行无量纲化处理，正向指标无量纲化处理公式为

$$Z_i = \frac{X_i - \min(X_i)}{\max(X_i) - \min(X_i)} \times 100\% \quad （6-1）$$

$$Z_i = \frac{\max(X_i) - X_i}{\max(X_i) - \min(X_i)} \times 100\% \quad （6-2）$$

式中，X_i——第i个指标各年份的取值；

$\min(X_i)$——第i个指标基数年的最小值；

$\max(X_i)$——第 i 个指标基数年的最大值。

对于数量级较高的指数，对指数值进行取对后再进行无量纲化操作：

$$Z_i = \frac{\ln_{X_i} - \min(\ln_{X_i})}{\max(\ln_{X_i}) - \min(\ln_{X_i})} \times 100\% \qquad (6\text{-}3)$$

$$Z_i = \frac{\max(\ln_{X_i}) - \ln_{X_i}}{\max(\ln_{X_i}) - \min(\ln_{X_i})} \times 100\% \qquad (6\text{-}4)$$

（2）指标权重的确定

权重决定了指标体系中每个指标的相对重要性，从而决定了被评估国家的最终排名。权重的作用是将各种指标组合成一个综合统一的绿色发展指数。虽然我们收集了大量的数据，并确保绿色发展指数系统（表 6-1）中列出的所有指标都与绿色发展相关，但这些指标与未观测到的绿色发展指数之间的相关性可能不同。不同的权重倾向于强调绿色发展的不同方面，并且可能没有最佳的权重系统。

在指标体系中，有多种赋权方法，一种是比较主观的方法，如德尔菲法和层次分析法，另一种是比较客观的方法，如主成分分析法和因子分析法。此外，当很难区分两个指标时，为指标分配相等的权重的做法也很常见，例如人类发展指数所采用的权重分配体系。

本书利用因子分析的统计技术提出了表 6-1 中列出的 20 个指标的权重（表 6-2）。在使用因子分析时，我们限制了分析，从而提取出了指标体系 20 个指标中最重要的 3 个共同因素。基于这些指标与 3 个共同因素的相关性，这 3 个共同因素可以分别被称为发展、技术和环境，它们与绿色发展定义的 3 个关键组成部分非常相似。这使我们对绿色发展的理论定义有了更多的信心，同时也体现出了因子分析的作用。

表 6-2 “一带一路”沿线国家绿色发展指数指标权重

指标分类（权重）	指标子类别（权重）	指标及单位	最终权重
自然资产（17.3）	森林资源（3.6）	森林覆盖率/%	3.6
	生物多样性（3.4）	生物多样性和栖息地（EPI 指标，已标准化）	3.4
	水资源（5.5）	人均可再生淡水资源/（m^3/人）	5.5
	自然资源（4.9）	自然资源租金总额/百万美元	2.6
		自然资源租金总额占 GDP 比重/%	2.3
绿色技术（56.3）	可再生能源发电（12.3）	可再生能源发电量/（GW·h）	8.0
		可再生能源发电量占总发电量比重/%	4.2
	可再生能源装机（11.8）	可再生能源装机容量/GW	7.4
		可再生能源装机容量占总装机容量的比重/%	4.4
	能源效率（6.5）	人均 GDP 能源消费量/（kg toe/美元）	6.5
	绿色交通（5.0）	人均交通部门二氧化碳排放量/（kg/人）	5.0
	绿色建筑（5.0）	人均建筑部门二氧化碳排放量/（kg/人）	5.0
	技术研发竞争力（15.7）	研究和开发投资/百万美元	8.6
		研究和开发投资占 GDP 比重/%	7.1

<table>
<tr><th>指标分类（权重）</th><th>指标子类别（权重）</th><th>指标及单位</th><th>最终权重</th></tr>
<tr><td rowspan="6">人类发展（26.4）</td><td>人类发展指数（9.2）</td><td>人类发展指数</td><td>9.2</td></tr>
<tr><td>不平等（1.0）</td><td>基尼系数</td><td>1.0</td></tr>
<tr><td>通电率（4.6）</td><td>可用电人口占总人口比重/%</td><td>4.6</td></tr>
<tr><td>碳排放（6.5）</td><td>人均燃料燃烧二氧化碳排放/（kg/人）</td><td>6.5</td></tr>
<tr><td rowspan="2">$PM_{2.5}$（5.0）</td><td>年均 $PM_{2.5}$ 浓度/（$\mu g/m^3$）</td><td>1.6</td></tr>
<tr><td>$PM_{2.5}$ 平均暴露度（EPI 标准化得分）</td><td>3.4</td></tr>
</table>

注：列中的权重总计为 100。

20 个绿色发展指数指标的最终权重如表 6-2 所示。根据研究结果，虽然发展（结果）是提取出的因素中最重要的一个，但权重最高的是（绿色）技术，权重为 56.3。这是因为绿色技术类别中的若干指标也与发展共同因素高度相关，例如建筑物中的二氧化碳排放以及研发支出，因此这些指标将从发展共同因素中获得一些权重。

在绿色技术范畴内，可再生能源开发、研发支出和能源效率是权重最高的三大要素。在发展成果类别中，人类发展指数、二氧化碳排放和获得电力相对更为重要。最后，在自然资产类别中，水资源似乎比其他资产更重要，凸显了“一带一路”沿线国家淡水资源的稀缺性。

（3）分类指数和指数的总合成

利用上述权重（W_j），可以容易地计算绿色发展指数和每

个国家和年度的任何子指数。例如，对于总绿色发展指数，我们有

$$\mathrm{GDI}_{it} = \sum_{j} W_j X_{ijt} \tag{6-5}$$

式中，i 表示一个国家，t 表示一年，j 表示指标。因此，绿色发展指数是 20 个不同指标 X_{ijt} 的加权平均值。类似地，我们可以计算自然资产、绿色技术和发展成果的绿色发展指数子类别指数。

第二节 全球生态文明思想与绿色“一带一路”

当前全球环境容量趋紧、气候变化挑战加剧、逆全球化风险加剧，为推动解决世界面临的新课题、新挑战，习近平主席指出可持续发展是各方的最大利益契合点和最佳合作切入点，各方应坚持绿色发展，致力构建人与自然和谐共处的美丽家园。[1] 中国将绿色发展理念贯穿“一带一路”倡议的始终，提出加强基础设施绿色低碳化建设、推进绿色投资与贸易、加强生态环保和应对气候变化合作等举措，提升沿线国家生态环保能力，推动构建绿色“一带一路”。倡议提出以来，虽面临融

---

1 《推动全球可持续发展的中国担当——论习近平主席在第二十三届圣彼得堡国际经济论坛全会致辞》，中国政府网（http://www.gov.cn/xinwen/2019-06/08/content_5398489.htm）。

资难、协调成本高、环保能力差异大等挑战，“一带一路”绿色发展取得了积极进展与成效，兼顾了沿线国家经济发展与环保的需求。

一、“一带一路”绿色发展的认识过程

人类社会走过农业文明、工业文明，正在迈入生态文明时代。人类需要一场自我革命，加快形成绿色发展方式和生活方式，建设生态文明和美丽地球。“一带一路”绿色发展根植于我国绿色发展和生态文明实践，是我国重视生态、保护环境一以贯之的要求，是我国积极参与全球环境治理和可持续发展事业的生动体现，更是共谋全球生态文明建设的重要内容。

（一）注重生产与自然的关系

习近平同志在正定、厦门、宁德、福建等地工作期间，一直注重生产与自然的关系，在探寻经济发展路径的过程中始终把环境问题考虑在内，将保护自然与促进发展协同起来。1984 年 2 月 8 日，他召开正定县委工作会议，专题研究如何实现正定经济起飞，提出“积极研究探索发展‘半城郊型’经济的新路子，开拓有正定特色的经济起飞之路。”提倡建立合理的、平衡发展的经济结构，注重生产与自然的关系，实现生态和经济的良性循环。[1] 2001 年，他把集体林权制度改革作为一项重大

1 习近平：《知之深 爱之切》，石家庄：河北人民出版社，2015 年版，第 122-128 页。

民生工程给予了特别关注，并在武平县调研后做出了“集体林权制度改革要像家庭联产承包责任制那样从山下转向山上”的决定，这为福建保护生态、农民增收带来了巨大活力。[1]

（二）“绿水青山就是金山银山”

2002 年 12 月 22 日，习近平同志在浙江省委第十一届二次全体（扩大）会议上提出了建设“绿色浙江”的目标任务。2005 年 8 月 15 日他在安吉考察时首次提出“绿水青山就是金山银山”这一科学论断。[2] 在《浙江日报》“之江新语”专栏，他发表多篇关于“绿水青山就是金山银山”的评论，“既要绿水青山，又要金山银山。其实，绿水青山就是金山银山”，这对浙江经济社会发展提出了新要求。[3]“干在实处、走在前列”，只有立足于人与自然的和谐发展，着力发展循环经济，打造生态浙江，善于处理好“两座山”关系，才能为未来发展奠定更好的基础。

（三）生态文明建设迈向新阶段

从山水林田湖草生命共同体的深入人心，到高质量发展与

---

1 靳松：《改革争先击水中流——习近平总书记在福建的探索与实践・改革篇》，国际在线（https://news.cri.cn/20170718/e0587a0b-b14d-b663-3f70-4b6b102361ec-3.html）。

2 《绿水青山就是金山银山——浙江践行这一科学论断十年纪事》，《浙江日报》2015 年 3 月 31 日第 1 版。

3 习近平：《之江新语》，杭州：浙江人民出版社，2008 年版，第 153、186、223 页。

生态文明良性互动，生态文明建设迈向新阶段。

2013 年 11 月 9 日关于《中共中央关于全面深化改革若干重大问题的决定》的说明时指出，山水林田湖是一个“生命共同体”，人的命脉在田，田的命脉在水，水的命脉在山，山的命脉在土，土的命脉在树。用途管制和生态修复必须遵循自然规律，由一个部门行使所有国土空间用途管制职责，对山水林田湖进行统一保护、统一修复是十分必要的。[1] 2017 年 10 月 18 日，在中国共产党第十九次全国代表大会上，如何推动生态文明建设迈向新阶段成为《决胜全面建成小康社会，夺取新时代中国特色社会主义伟大胜利》报告的重要内容，报告提出“我们要建设的现代化是人与自然和谐共生的现代化，既要创造更多物质财富和精神财富以满足人民日益增长的美好生活需要，也要提供更多优质生态产品以满足人民日益增长的优美生态环境需要。必须坚持节约优先、保护优先、自然恢复为主的方针，形成节约资源和保护环境的空间格局、产业结构、生产方式、生活方式，还自然以宁静、和谐、美丽。生态文明建设功在当代、利在千秋。我们要牢固树立社会主义生态文明观，推动形成人与自然和谐发展现代化建设新格局，为保护生态环境做出我们这代人的努力。”[2]

---

1 习近平：《习近平谈治国理政：第一卷（第 2 版）》，北京：外文出版社，2018 年版，第 85-86 页。

2 习近平：《决胜全面建成小康社会 夺取新时代中国特色社会主义伟大胜利》，《人民日报》2017 年 10 月 28 日第 1 版。

党的十八大以来，我们党回答了为什么建设生态文明、建设什么样的生态文明、怎样建设生态文明的重大理论和实践问题，提出了一系列新理念、新思想、新战略。2018 年 5 月 18 日在全国生态环境保护大会上正式形成了习近平生态文明思想。新时代推进生态文明建设，必须坚持好以下原则：一是坚持人与自然和谐共生；二是绿水青山就是金山银山；三是良好生态环境是最普惠的民生福祉；四是山水林田湖草是生命共同体；五是用最严格制度、最严密法治保护生态环境；六是共谋全球生态文明建设。[1]

2020 年 10 月，中共十九届五中全会审议通过了《中共中央关于制定国民经济和社会发展第十四个五年规划和二〇三五年远景目标的建议》。全会提出，深入实施可持续发展战略，完善生态文明领域统筹协调机制，构建生态文明体系，促进经济社会发展全面绿色转型，建设人与自然和谐共生的现代化。“十四五”时期经济社会发展主要目标的生态环境方面——生态文明建设实现新进步，国土空间开发保护格局得到优化，生产生活方式绿色转型成效显著，能源资源配置更加合理、利用效率大幅提高，主要污染物排放总量持续减少，生态环境持续改善，生态安全屏障更加牢固，城乡人居环境明显改善。2035 年基本实现社会主义现代化远景目标的生态环境方面——广泛形

1 习近平：《习近平谈治国理政：第三卷》，北京：外文出版社，2020 年版，第 359-364 页。

成绿色生产生活方式，碳排放达峰后稳中有降，生态环境根本好转，美丽中国建设目标基本实现。[1]

（四）绿色发展与生态文明理念走向世界

生态文明建设关乎人类未来，我国积极主张加快构筑尊崇自然、绿色发展的生态体系，共建清洁美丽的世界。2013 年，联合国环境规划署第 27 次理事会通过了推广中国生态文明理念的决定草案；2016 年，联合国环境规划署发布了《绿水青山就是金山银山：中国生态文明战略与行动》报告，中国越来越多地在双边和多边合作的基础上参与国际环境活动，承诺减少温室气体排放，成为世界领先的风力涡轮机和光伏电池板制造商。[2] 中国生态文明的理论与实践在国际社会得到越来越多的认同，并且正在为全球绿色发展提供重要借鉴。“一带一路”绿色发展成为当前协同推进全球可持续发展、共谋全球生态文明建设的重要抓手，成为我国在新时代推进人类命运共同体和美丽世界建设的重要内容。

坚持绿色低碳、建设一个清洁美丽的世界是建构人类命运共同体和推动全球生态文明建设的重要内容。2017 年 1 月 18 日习近平主席在联合国日内瓦总部演讲时指出“‘绿水青山就是金山银山’。我们应该遵循天人合一、道法自然的理念，寻求

1 《中共十九届五中全会在京举行》，《人民日报》2020 年 10 月 30 日第 1 版。

2 Suocheng Dong，V Kolosov，L Yu，et al，Green Development Modes of the Belt and Road，*Geography*，*Environment*，*Sustainability*，Vol. 10，No. 1，2017，p. 58.

永续发展之路。我们要倡导绿色、低碳、循环、可持续的生产生活方式，平衡推进《2030 年可持续发展议程》，不断开拓生产发展、生活富裕、生态良好的文明发展道路。”[1]

让绿色发展和生态文明的理念和实践造福沿线各国人民是推进“一带一路”建设的新要求。2017 年 5 月 14 日，在“一带一路”国际合作高峰论坛开幕式上，来自 100 多个国家的各界嘉宾齐聚北京，共商“一带一路”建设合作大计，为推动“一带一路”建设献计献策，让这一世纪工程造福各国人民，习近平主席发表主旨演讲时指出，“我们要践行绿色发展的新理念，倡导绿色、低碳、循环、可持续的生产生活方式，加强生态环保合作，建设生态文明，共同实现 2030 年可持续发展目标。”[2] 随着“一带一路”绿色发展的深入，绿色理念和绿色共识的影响力持续增强，在第二届“一带一路”国际合作高峰论坛上，绿色发展理念得到进一步夯实，绿色发展国际合作不断开创新局面。我国把绿色作为“一带一路”的底色，从多个方面主张全球绿色发展，推动绿色基础设施建设、绿色投资、绿色金融，保护我们赖以生存的共同家园；同各方共建“一带一路”可持续城市联盟、绿色发展国际联盟，制定《“一带一路”绿色投资原则》。[3]

1 习近平：《习近平谈治国理政：第二卷》，北京：外文出版社，2017 年版，第 544 页。

2 习近平：《习近平谈治国理政：第二卷》，北京：外文出版社，2017 年版，第 513 页。

3 习近平：《习近平谈治国理政：第三卷》，北京：外文出版社，2020 年版，第 491、493 页。

2020 年 9 月 22 日，习近平主席在第七十五届联合国大会一般性辩论上发表重要讲话，强调“中国将提高国家自主贡献力度，采取更加有力的政策和措施，二氧化碳排放力争于 2030 年前达到峰值，努力争取 2060 年前实现‘碳中和’。各国要树立‘创新、协调、绿色、开放、共享’的新发展理念，抓住新一轮科技革命和产业变革的历史性机遇，推动疫情后世界经济“绿色复苏”，汇聚起可持续发展的强大合力。”[1] 2020 年 9 月 30 日，习近平主席在联合国生物多样性峰会上通过视频发表重要讲话，强调“‘生态文明：共建地球生命共同体’既是 2021 年昆明大会（联合国《生物多样性公约》第十五次缔约方大会）的主题，也是人类对未来的美好寄语。作为昆明大会主席国，中方愿同各方分享生物多样性治理和生态文明建设经验。”[2]

二、“一带一路”绿色发展的理念概述

习近平主席在第二届“一带一路”国际合作高峰论坛开幕式上的主旨演讲提到，在共建“一带一路”过程中，要始终从发展的视角看问题，将可持续发展理念融入项目选择、实施、管理的方方面面。致力于加强国际发展合作，为发展中

1 《习近平在第七十五届联合国大会一般性辩论上发表重要讲话》，《人民日报》2020 年 9 月 23 日第 1 版。

2 《习近平在联合国生物多样性峰会上发表重要讲话》，《人民日报》2020 年 10 月 1 日第 1 版。

国家营造更多发展机遇和空间，帮助他们摆脱贫困，实现可持续发展。[1]“一带一路”绿色发展进程体现了人与自然是生命共同体、坚定走生产发展、生活富裕、生态良好的绿色发展道路，加强全球生态文明建设，积极为全球环境治理和可持续发展做出贡献等重要理念。

（一）坚持人与自然和谐共生

工业革命以来，人类简单地将经济增长等同于发展，忽视了人与自然的共生关系，造成了严峻的环境恶化趋势。如何追求经济效益、环境效益和社会效益的统一，践行“绿水青山就是金山银山”的理念，对于破解经济与环境不协调困境，实现全球可持续发展和全球环境治理具有重要的理论意义和实践价值。作为最大的发展中国家和新兴经济体，中国通过加强生态文明建设、积极应对气候变化，正逐步开辟出符合发展中国家国情与需要的绿色增长路径，相关经验能够为沿线国家或地区提供可借鉴、可复制、可操作性的示范案例。这也预示着，“一带一路”覆盖的大量发展中国家在绿色低碳领域基础设施建设、技术研发等方面具有广阔的合作空间，将为建构人与自然生命共同体做出更大贡献。[2]

---

1 习近平：《齐心开创共建“一带一路”美好未来》，《人民日报》2019 年 4 月 27 日第 1 版。

2 许勤华：《“一带一路”绿色发展报告（2019）》，北京：中国社会科学出版社，2020 年版，前言。

习近平总书记代表第十八届中央委员会向大会作了题为《决胜全面建成小康社会，夺取新时代中国特色社会主义伟大胜利》的报告并指出，“人与自然是生命共同体，人类必须尊重自然、顺应自然、保护自然。”[1] 中国大力推动绿色发展，重视人与自然和谐共生，推动生态环境保护工作发生历史性、转折性、全局性变化，为全球环境治理做出了示范，也为人与自然是生命共同体、人类命运共同体做出了重要贡献。

（二）深化环境国际交流与合作

建设“一带一路”是新时代中国支持多边主义、促进人类社会可持续发展、推动构建人类命运共同体的重要举措。考虑到“一带一路”沿线国家涉及广泛的新兴发展中国家和能源生产消费大国，其环境与气候条件差异较大且总体比较薄弱，妥善应对经济活动等对生态环境带来的压力、转变粗放型经济是各方共同的迫切需求。将绿色发展理念融入“一带一路”建设，形成平衡经济发展与生态环境保护的增长路径是顶层设计中的重要内容。通过建立与地区、自然和社会经济条件、地缘和资源相适应的机制，实现各方“绿色增长”的盈利能力。[2] “一带一路”绿色发展对于“一带一路”的成功实施、世界绿色低碳转

---

1 习近平：《决胜全面建成小康社会 夺取新时代中国特色社会主义伟大胜利》，《人民日报》2017 年 10 月 28 日第 1 版。

2 Suocheng Dong，V Kolosov，L Yu，et al，Green Development Modes of the Belt and Road，*Geography*，*Environment*，*Sustainability*，Vol. 10，No. 1，2017，p. 58.

型以及全球可持续发展目标的成功实施具有重要意义。“一带一路”绿色发展可以帮助其他发展中国家避免依赖传统的高碳增长模式，并寻求中国所展示的更有效和创新的途径。[1]

围绕沿线国家和地区的实际环境需求提供多样化的解决方案，既能够增进沿线国家和地区人民福祉、为具体合作落实提供便利，也能促进“一带一路”与全球气候治理等可持续发展议程相协调，使其成为全球治理的重要组成部分。此外，“一带一路”绿色发展，能够推动国际合作和发展事业持续深化，推动构建人类命运共同体。[2]

习近平总书记在全国生态环境保护大会上强调要深度参与全球环境治理，形成世界环境保护和可持续发展的解决方案，引导应对气候变化国际合作。[3] 当前，全球化进程不仅面临单边主义的严重挑战，而且面临全球生态环境问题的巨大压力，迫切需要提出新型全球发展倡议，转变经济发展方式，形成环境保护和可持续发展的解决方案。“一带一路”绿色发展，为国际环境合作奠定了坚实基础，为促进区域共同发展提供了新平台、注入了新动力，而且促进区域绿色合作走深走实。

1 许勤华:《“一带一路”绿色发展报告（2019）》，北京：中国社会科学出版社，2020年版，前言。

2 《共建绿色“一带一路”推动全球绿色发展》，《中国环境报》2018 年 11 月 26 日第 3 版。

3 习近平：《习近平谈治国理政：第三卷》，北京：外文出版社，2020 年版，第 364 页。

（三）促进“一带一路”沿线高质量发展

“一带一路”沿线多为发展中国家和新兴经济体，普遍面临着工业化、城市化带来的巨大资源环境压力，加之这些地区生态环境总体脆弱，生态环境问题比较突出，大多数沿线国家的绿色发展情况仍处于不稳定的初级阶段，实现绿色发展仍然是一项宏大而复杂的系统工程。[1] 加强绿色“一带一路”建设，能够切实克服发展中国家普遍存在的项目环境管理与风险预警机制不健全，对环境保护和绿色发展参与不高、认识不深的难题，推动“一带一路”高质量发展。“一带一路”已成为广受欢迎的国际合作平台，随着国际合作项目落地生根，沿线国家和民众，特别是广大发展中国家的获得感不断增强。“一带一路”聚焦重要基础设施建设，着力补齐沿线铁路、公路、水运、能源、生态环保、公共服务等基础设施领域短板，不仅为当地生态环境保护和治理奠定基础，而且为可持续和高质量发展创造条件，有效地促进了“一带一路”沿线国家和区域的高质量和可持续发展。

习近平总书记在 2018 年推进“一带一路”建设工作五周年座谈会上强调，“在保持健康良性发展势头的基础上，推动共建‘一带一路’向高质量发展转变，这是下一阶段推进共建

1 Ya Chen, et al, How can Belt and Road Countries Contribute to Glocal Low-Carbon Development?, *Journal of Cleaner Production*, Vol. 256, 2020.

‘一带一路’工作的基本要求。”[1] 中国已经同各方共建“一带一路”可持续城市联盟、“一带一路”绿色发展国际联盟，制定《“一带一路”绿色投资原则》，发起“关爱儿童、共享发展，促进可持续发展目标实现”合作倡议；启动共建“一带一路”生态环保大数据服务平台，将继续实施“绿色丝路使者计划”，并同有关国家一道，实施“一带一路”应对气候变化“南南合作”计划。[2]“一带一路”绿色发展，为沿线国家经济发展注入新动力、新理念，推动“一带一路”高质量发展，可以促进当地经济发展、生态环境保护和社会不断进步，将有效落实联合国《2030 年可持续发展议程》。

（四）共谋全球生态文明建设

绿色发展是对传统发展模式的一种创新，是生产发展、生活富裕、生态良好的现代化文明发展道路的重要内容。农业文明和工业文明一直与自然和社会的冲突联系在一起，以协调自然社会关系和可持续发展理念为基础，向“生态文明”转型的时代已经到来。经济发展与环境周期的关系至关重要，在整个生产和交换过程中均需要实现可持续发展，实现与绿色低碳经济和自然资源的减少、再利用和循环利用的原则相

1 习近平：《习近平谈治国理政：第三卷》，北京：外文出版社，2020 年版，第 486-489 页。

2 习近平：《齐心开创共建“一带一路”美好未来》，《人民日报》2019 年 4 月 27 日第 1 版。

一致。[1] 加强"一带一路"绿色发展的理念塑造和推广，有利于推动绿色"一带一路"国际合作、切实提高沿线国家和地区绿色低碳能力，并支撑形成符合各方诉求的绿色解决方案，为全球生态文明建设做出贡献。中国主张"一带一路"绿色发展，这不仅符合国际社会实现绿色低碳可持续发展的愿景，也与中国高质量发展的内在诉求密切相关。中国国家领导人多次强调，中方将践行绿色发展理念，坚定应对气候变化，倡导绿色低碳可持续的生产生活方式，持续加强生态文明建设。正如习近平主席在北京世界园艺博览会开幕式演讲提及，面对生态环境挑战，人类是一荣俱荣、一损俱损的命运共同体，没有哪个国家能独善其身。唯有携手合作，我们才能有效应对气候变化、海洋污染、生物保护等全球性环境问题，实现联合国《2030年可持续发展议程》的目标。只有并肩同行，才能让绿色发展理念深入人心、全球生态文明之路行稳致远。[2] 在全球生态文明建设进程中，中国扮演了重要的参与者、贡献者和引领者的角色，推动全球环境治理不断展现新气象、新作为。"一带一路"绿色发展，推动全球环境治理事业不断向前迈进，为构建全球生态文明贡献智慧，将有利于共建一个清洁美丽的世界。

---

1 Suocheng Dong，V Kolosov，L Yu，et al，Green Development Modes of the Belt and Road，*Geography*，*Environment*，*Sustainability*，Vol. 10，No. 1，2017，p. 58.

2 习近平：《共谋绿色生活，共建美丽家园》，《人民日报》2019 年 4 月 29 日第 1 版。

第三节 绿色“一带一路”建设的现状与特点

当前全球环境容量趋紧，气候变化挑战加剧，逆全球化风险加剧，为推动解决世界面临的新课题、新挑战，习近平主席指出“可持续发展是各方的最大利益契合点和最佳合作切入点，各方应坚持绿色发展，致力构建人与自然和谐共处的美丽家园。”[1] 中国将绿色发展理念贯穿“一带一路”倡议的始终，提出加强基础设施绿色低碳化建设、推进绿色投资与贸易、加强生态环保和应对气候变化合作等举措，提升沿线国家生态环保能力，推动构建绿色“一带一路”。倡议提出以来，虽面临融资难、协调成本高、环保能力差异大等挑战，“一带一路”绿色发展仍取得了积极进展与成效。

一、“一带一路”绿色发展的现状

我们将“一带一路”绿色发展指数中的 3 项指标——自然资产、绿色技术和发展结果，以及在其下的 20 项子指标进行加权计算，最终得到了 2018 年“一带一路”沿线国家和 OECD 国家的绿色发展指数。

1 《推动全球可持续发展的中国担当》，华声新闻（http://news.voc.com.cn/article/201906/20190609000714765.html）。

（一）2018 年“一带一路”沿线国家和 OECD 国家绿色发展指数整体概况

与往年相同，“一带一路”沿线国家整体的绿色发展水平依然低于经合组织国家，且国家间差异较大，分化较为明显。经过计算，“一带一路”沿线国家 2018 年绿色发展指数的中位数为 45.6，OECD 国家则为 52.3，两者间有明显差距。但是相较于 2016 年，二者中位数的差距有所缩小，从 8.1 缩小至 6.7。纵向对比会发现，“一带一路”沿线国家之间绿色发展指数分值的最大差距为 47.9，OECD 国家的差值仅为 30.6。显然，“一带一路”沿线国家间的绿色发展水平差异大，分化明显，一些小国或者没有足够的绿色意识，或者缺乏绿色发展的能力，拉低了整体的绿色发展水平。除此之外，也存在部分“一带一路”沿线国家数据缺失的情况，导致平均水平被拉低。

横向比较来看，“一带一路”沿线国家绿色技术和发展结果板块的分值较低是其整体评分低于 OECD 国家的主要原因。在自然资源这一子指标上，“一带一路”沿线国家平均得分 46.5，略低于 OECD 国家的 52.7。但在另两项子指标——绿色技术和发展结果上，OECD 国家都具有明显优势，导致最终的绿色发展指数高于“一带一路”沿线国家。这一方面是由于 OECD 国家成员大多为发达国家，在先进技术使用与社会发展上有超前优势。另一方面，“一带一路”沿线国家的主体——发展中国家在赶超发达国家，快速工业化的过程中不可避免对环境造成大量污染，且没有足够的技术处理污染，进一步降低了这两类子指标的得分。

在所有统计的国家和地区当中，2018 年绿色发展水平排名前 20 的国家如表 6-3 所示。从国家分布来看，除中国和个别既是“一带一路”沿线国家又是 OECD 成员国的国家（斯洛文尼亚、以色列、爱沙尼亚、希腊）之外，OECD 国家占据了绝对的主导地位。这从另一个角度说明了“一带一路”沿线国家和 OECD 国家之间仍然存在明显的差距。前 20 名当中，美国的绿色发展指数得分 68.0，排在第 1 位；中国得分 66.4，从 2016 年的第 7 名上升至第 2 名。从绿色发展指数本身来看，中美两国远领先于其后的国家，主要是绿色技术领域的绝对优势奠定了领先的基础。中美两国之间的差距十分微弱，这也在一定程度上反映了近年来中美两国之间的持续较量，尤其是在新技术研发、可再生能源等领域的竞争。

表 6-3　2018 年绿色发展指数前 20 名国家

排名	国家	绿色发展指数子类别自然资源	绿色发展指数子类别绿色技术	绿色发展指数子类别发展结果	绿色发展指数
1	美国	58.5	62.3	86.6	68.0
2	中国	53.5	68.5	70.4	66.4
3	德国	51.8	50.8	90.2	61.4
4	瑞典	65.1	42.0	96.4	60.3
5	丹麦	46.8	46.4	94.5	59.1

排名	国家	绿色发展指数子类别自然资源	绿色发展指数子类别绿色技术	绿色发展指数子类别发展结果	绿色发展指数
6	芬兰	68.0	38.9	93.2	58.2
7	日本	53.0	44.1	89.5	57.6
8	英国	52.3	40.1	93.7	56.3
9	挪威	69.7	34.0	95.0	56.3
10	奥地利	56.2	37.9	90.0	54.8
11	斯洛文尼亚	61.3	36.4	89.4	54.7
12	西班牙	53.0	36.3	92.8	54.1
13	葡萄牙	51.9	36.5	91.9	53.8
14	冰岛	46.3	36.3	94.9	53.4
15	法国	44.6	37.2	92.7	53.1
16	意大利	52.5	36.8	88.1	53.1
17	以色列	29.8	41.6	91.4	52.7
18	爱沙尼亚	60.5	33.0	88.7	52.4
19	新西兰	64.6	29.4	93.3	52.3
20	希腊	52.0	34.5	90.3	52.3

我们还分别统计并列出了 2018 年绿色发展水平排名前 20 的“一带一路”沿线国家和 OECD 国家，如表 6-4 所示。在“一带一路”沿线国家中，中国的绿色发展指数得分最高，为 66.4，其次为斯洛文尼亚和以色列（这两国同时也是 OECD 国家）。2016 年排名第 2 的印度并没有上榜，2016 年排名第 3 的菲律宾也下滑到了第 11 名，这主要是因为两国在绿色技术子类别的得分有所下滑，且在众多“一带一路”沿线国家当中并不具备明显的优势。总体来看，排在前 20 名的“一带一路”沿线国家的绿色发展水平相较于 2016 年有明显上涨（表 6-4）。

表 6-4 2018 年“一带一路”沿线国家绿色发展指数前 20 名

排名	国家	绿色发展指数子类别自然资源	绿色发展指数子类别绿色技术	绿色发展指数子类别发展结果	绿色发展指数
1	中国	53.5	68.5	70.4	66.4
2	斯洛文尼亚	61.3	36.4	89.4	54.7
3	以色列	29.8	41.6	91.4	52.7
4	爱沙尼亚	60.5	33.0	88.7	52.4
5	希腊	52.0	34.5	90.3	52.3
6	拉脱维亚	59.8	29.8	92.0	51.4
7	克罗地亚	55.5	31.9	88.1	50.8
8	黑山	37.2	36.4	90.2	50.7
9	立陶宛	52.5	31.5	90.4	50.7
10	印度尼西亚	63.4	31.2	82.8	50.4
11	菲律宾	53.1	31.3	86.8	49.7
12	保加利亚	53.6	31.1	86.5	49.6
13	罗马尼亚	52.5	31.4	86.1	49.5
14	马来西亚	71.9	27.3	82.1	49.5
15	蒙古国	58.8	29.4	84.0	48.9
16	波兰	53.7	30.9	83.2	48.7
17	斯里兰卡	46.4	30.0	89.8	48.6
18	捷克共和国	49.8	31.1	84.9	48.5
19	匈牙利	45.2	32.1	85.4	48.4
20	约旦	20.5	38.4	86.5	48.0

表 6-5 是 OECD 国家排名，前 3 名分别是美国、德国和瑞典。与 2016 年相比，前 20 名的国家在一定程度上有所浮动，但是变动不大。总体上看，这些国家经济发展水平较好，绿色技术和发展结果两大指标的贡献相对较大，优势明显且水平较

为稳定。值得一提的是，瑞典、丹麦、德国和美国近几年一直保持在前 5 名，在绿色发展方面表现十分优秀。

表 6-5　2018 年 OECD 国家绿色发展指数前 20 名

排名	国家	绿色发展指数子类别自.然资源	绿色发展指数子类别绿色技术	绿色发展指数子类别发展结果	绿色发展指数
1	美国	58.5	62.3	86.6	68.0
2	德国	51.8	50.8	90.2	61.4
3	瑞典	65.1	42.0	96.4	60.3
4	丹麦	46.8	46.4	94.5	59.1
5	芬兰	68.0	38.9	93.2	58.2
6	日本	53.0	44.1	89.5	57.6
7	英国	52.3	40.1	93.7	56.3
8	挪威	69.7	34.0	95.0	56.3
9	奥地利	56.2	37.9	90.0	54.8
10	斯洛文尼亚	61.3	36.4	89.4	54.7
11	西班牙	53.0	36.3	92.8	54.1
12	葡萄牙	51.9	36.5	91.9	53.8
13	冰岛	46.3	36.3	94.9	53.4
14	法国	44.6	37.2	92.7	53.1
15	意大利	52.5	36.8	88.1	53.1
16	以色列	29.8	41.6	91.4	52.7
17	爱沙尼亚	60.5	33.0	88.7	52.4
18	新西兰	64.6	29.4	93.3	52.3
19	希腊	52.0	34.5	90.3	52.3
20	拉脱维亚	59.8	29.8	92.0	51.4

2006—2018 年，“一带一路”沿线国家在绿色发展方面取得了巨大进步，本章的指数体系可以充分解释。图 6-3 为“一

带一路”沿线国家与OECD国家之间的绿色发展指数的均值对比及其变化趋势。“一带一路”沿线国家的绿色发展指数均值从2006年的42.2上升到了2018年的42.8，相较于OECD国家指数均值由 50.0 变化为 52.3 来说，“一带一路”沿线国家和OECD国家的绿色发展水平整体上均有所上升，两者在绿色发展指数间的差距呈现出先扩大后逐渐缩小的趋势。且相较于2016年，2018年“一带一路”沿线国家和OECD国家的绿色发展指数均值的差距几乎保持不变。另外，尽管“一带一路”沿线国家在过去10年中进步巨大，但是与OECD国家间仍有显著差距，未来能否弥补这一差距，以及如何通过提升自然资产、绿色技术以及发展结果等方面的得分来弥补这一差距，将是“一带一路”倡议的考虑因素。

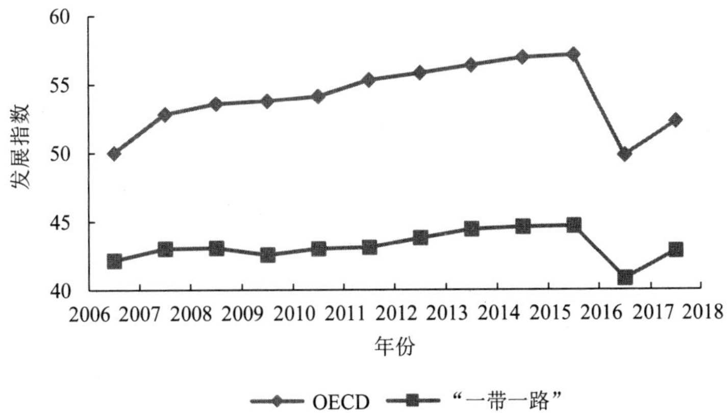

图6-3 “一带一路”沿线国家与OECD国家绿色发展指数平均值对比

与2016年相比，2018年各国在绿色发展指数上变化较大。其中得分正增长的国家有54个，而负增长的国家达到38个。一些小国仍保持着过低的绿色发展指数，在绿色技术和发展结果上并没有明显进步。一方面是正在开发中的小国家，经济发展对环境保护和绿色产业的要求不高，另一方面在于小国家往往技术水平较低，并且缺少发展绿色技术的资金。

绿色发展指数增长最快的10个国家是黑山、阿尔巴尼亚、格鲁吉亚、土库曼斯坦、亚美尼亚、波黑、蒙古国、塞尔维亚、挪威和中国（表6-6）。其中，绝大多数国家都是“一带一路”沿线国家。可见推动“一带一路”进程在绿色发展方面给这些国家带来的巨大进步。“一带一路”为参与国家提供了绿色发展的具体实践平台，有助于沿线国家推进绿色基础设施建设，推动绿色技术在“一带一路”沿线国家和地区的转移和转化，从而提高沿线国家和地区的绿色发展水平。

以绿色发展指数增长幅度最大的黑山为例，“一带一路”倡议提出以来，黑山在基础设施、经济发展、绿色发展等多方面均取得了历史性进展。中国企业在黑山承建的南北高速公路是黑山的第一条高速公路，这条高速公路将南部的巴尔港同中东欧主要交通走廊和市场相连，帮助黑山更好地融入欧洲高速网络，助推黑山经济发展。另外，上海电力控股有限公司与马耳他政府携手共建莫祖拉风电站，总装机容量 46 MW。项目自2017年11月开始施工，于2019年12月30日正式投入商业运行，年平均发电量 1.118 亿 kW·h。此前黑山国内主要依靠水电，枯水期便会陷入电力短缺的困境，电力供应长期不足，需要依靠进口补充。莫祖拉风电站的建设极大地丰富了清洁能源的多样性，保障地区电力的稳定供应。同时，莫祖拉风电站正式运营后，每年可为黑山减少 3 000 t 二氧化碳的排放量，具有重要的能源转型和生态意义，帮助黑山实现减排目标。

表 6-6 绿色发展指数增长前 10 名国家

排名	国家	绿色发展指数增长率/%	绿色发展指数增加值
1	黑山	52.6	17.5
2	阿尔巴尼亚	35.5	12.5
3	格鲁吉亚	31.7	9.0
4	土库曼斯坦	30.4	10.9
5	亚美尼亚	29.3	10.4
6	波黑	27.9	9.8
7	蒙古国	24.2	9.5
8	塞尔维亚	23.9	8.9
9	挪威	22.6	10.4
10	中国	21.5	11.8

通过对 2018 年“一带一路”沿线国家和 OECD 国家绿色发展指数整体情况及不同年份比较的分析，我们发现，“一带

一路”沿线国家普遍拥有较好的自然资源，若要进一步提高自身的绿色发展指数，则需将目光聚焦于提升绿色技术和发展结果，同时绿色发展水平较低的小国要明白可持续发展的重要性，协调好环境与经济之间的关系。这也正是“一带一路”政策努力的方向。2006—2018 年，“一带一路”沿线国家的绿色技术不断进步，而且发展结果评分也在显著增长。这表明“一带一路”倡议是有利于沿线国家的绿色技术研发及应用、转移，推动沿线国家绿色发展，同时带动经济发展的，并非是以某些国家所害怕的“转移污染”为潜在目的。在经济崛起的同时带动绿色发展，使得中国同其他“一带一路”沿线国家共同发展，实现共赢，这才是“一带一路”倡议的最终目标。[1]

（二）自然资源指数

1. 自然资源的分类、指标、权重

“一带一路”绿色发展指数（绿色发展指数）包括 3 个维度的子指标：自然资产、绿色技术和发展结果。其中，自然资产作为经济的禀赋和初始状态，为未来的发展奠定了重要基础。以下将从自然资产的角度，分析“一带一路”沿线国家的绿色发展情况。

首先，对自然资产的概念进行初步界定。本指标下设四类

1 我们还需看到，由于部分国家数据大量缺失，以及一些数据难以核计，导致研究与现实间存在偏差，仅可作为参考。

子类别：森林资源、生物多样性、水资源与自然资源，经主客观赋权后，分别为以上 4 个子类别赋予 3.6、3.4、5.5、4.9 的权重，本指标占绿色发展指数总指标的 17.4%。其中，子类别森林资源的具体衡量方式为森林覆盖的比率（%），虽然一个国家的森林覆盖率现状与该国森林砍伐力度没有必然关系，但是森林覆盖的基数能反映国家基本植被状况，其增减也可以在一定程度上反映森林数量与质量的变化。子指标生物多样性以 EPI 标准化得分进行衡量，主要考察生物多样性和栖息地情况。选取此类别作为子指标之一的主要考量是生态系统本身具有繁复多样的特点，其作为生物赖以生存发展的大环境，本身就附带着使用价值、选择价值、存在价值、科学价值等多种价值，能够从宏观角度展现不同国家的绿色发展程度，因此具有讨论意义。相似地，作为构成生物的主要成分、地球上最重要的自然资源之一的水资源，也成为本指标的一个重要子类别；而对于它的衡量，主要通过人均可再生水资源（m^3/人）来表现。子类别的最后一部分，自然资源主要通过自然资源租金总额（美元）及自然资源租金总额占 GDP 比重（%）来衡量。自然资源租金，指的是针对能够被人类利用且被垄断的资源，主要包括土地、气象气候、水、森林资源、作物、陆地动物、渔业资源、矿产资源（包括燃料、非燃料）征收的经济租金的一种形式。其主要由两大来源组成：一是资源供给储量不随价格变化的“李嘉图租金”，包括绝对租和级差租，均为静态概念；二是随资源稀缺性变化而产生的租金——“稀缺租”，与资源的稀缺性正相关，是一个动态概念。综上，自然资源租金能够反映资源稀缺程度，也能在一定程度上反映国家对于资源的依赖与重视程度，因而将其纳为自然资产指标之一有合理性。详细信息见表 6-7。

表 6-7　“一带一路”沿线国家绿色发展指数指标体系及指标权重

指标分类	自然资产				
指标子类别	森林资源	生物多样性	水资源	自然资源	
指标及单位	森林覆盖率/%	生物多样性和栖息地（EPI 标准化得分）	人均可再生淡水资源/（m^3/人）	自然资源租金总额/美元	自然资源租金总额占 GDP 比重/%
评价方向	正	正	正	正	正
指标维度	平均	平均	平均	规模	平均
数据来源	WB	EPI	WB	WB	
最终权重	3.6	3.4	5.5	2.6	2.3

以上 5 个子指标均与绿色发展指数呈正向相关关系，除自然资源租金总额用规模衡量外，其他类别均用平均指标进行统计与处理，数据来源主要为世界银行（WB）与环境绩效指数（EPI）。

在找到所有的原始数据之后，首先对一些空缺的数据，运用线性插值法进行补充；然后依照公式对数据进行标准化操作，其中，对于森林资源和生物多样性这两个指标，直接进行标准化，而对于水资源、自然资源租金总额与自然资源租金总额占 GDP 比重这 3 个指标，先取对数之后再进行标准化。

其次，基于自然资产指数的国家排名。在上述研究方法的基础上，本章计算了所有数据库国家自然资产指数值。表 6-8 显示了 2018 年排名前 20 的国家自然资产指数（表中自然资产的值是标准化的）。如表中所示，前 20 名国家的自然资产指数首位为老挝（75.68 分），末位为柬埔寨（57.82），平均值达到 65.53，中位数为 64.82。与 2017 年报告相差较大，2016 年首位为阿曼（79.6），末位为澳大利亚（45.3），平均值达到 55.5，中位数为 54.1。而此数据与 2015 年相近，2015 年自然资产指数首位为老挝（78.0），末位为亚美尼亚（55.1），平均值为 62.9，中位数为 61.0。因计算方法不同，2016 年自然资产指数总体有所下降，2018 年又回复至稳定值。

表 6-8　2018 年自然资产指数排名前 20 的国家

排名	国家	得分
1	老挝	75.68
2	文莱	75.60
3	马来西亚	71.90
4	不丹	71.50
5	俄罗斯	70.90
6	挪威	69.70
7	芬兰	68.00
8	加拿大	65.30
9	智利	65.20
10	瑞典	65.10

排名	国家	得分
11	新西兰	64.60
12	印度尼西亚	63.40
13	澳大利亚	62.30
14	越南	61.30
15	斯洛文尼亚	61.30
16	爱沙尼亚	60.50
17	拉脱维亚	59.80
18	蒙古国	58.80
19	美国	58.50
20	柬埔寨	57.82

表 6-9 显示了排名前 20 的“一带一路”沿线国家，从表中可看出，2018 年的自然资源指数中，老挝、文莱和马来西亚 3 国分列前 3。具体来看，在自然资源子指标森林覆盖率中，老挝高达 82.1%，位列第一，生物多样性评分也高达 89.9 分。这是由其优越的自然环境决定的：老挝位于中南半岛北部，境内 80%为山地和高原，且多被森林覆盖，属热带、亚热带季风气候，雨量充沛，水力资源丰富。而在自然资源租金总额占 GDP 比重这一指标中，文莱达 25.4%，位列第八。整体来看，“一带一路”沿线国家自然资产较为丰富，指数总体集中并较高。

表 6-9 2018 年自然资产指数排名前 20 的“一带一路”沿线国家

排名	国家	得分
1	老挝	75.68
2	文莱	75.62
3	马来西亚	71.91
4	不丹	71.50
5	俄罗斯	70.89
6	印度尼西亚	63.38
7	越南	61.30
8	斯洛文尼亚	61.27
9	爱沙尼亚	60.46
10	拉脱维亚	59.79
11	蒙古国	58.75
12	柬埔寨	57.82
13	缅甸	57.21
14	克罗地亚	55.51
15	泰国	53.82
16	斯洛伐克共和国	53.69
17	波兰	53.66
18	保加利亚	53.58
19	中国	53.47
20	菲律宾	53.09

同时，表 6-10 列出了 2018 年自然资产指数排名前 20 的 OECD 国家。如表中所示，首位为挪威（69.67），末位为英国（52.29），平均值达到 59.2，中位数为 59.15。此数据与 2016 年相比上升较为明显，2016 年前 20 名国家的自然资产指数首位

为马达加斯加（49.3），末位为韩国（2.5），平均值达到25.1，中位数为27.2。因2016年计算方法不同，故在此不做横向比较。而与“一带一路”首位国家老挝相比，最高得分相差6.01。

表6-10　2018年自然资产指数排名前20的OECD国家

排名	国家	得分
1	挪威	69.67
2	芬兰	68.00
3	加拿大	65.31
4	智利	65.16
5	瑞典	65.06
6	新西兰	64.59
7	澳大利亚	62.30
8	斯洛文尼亚	61.27
9	爱沙尼亚	60.46
10	拉脱维亚	59.79
11	美国	58.51
12	墨西哥	56.98
13	奥地利	56.19
14	斯洛伐克共和国	53.69
15	波兰	53.66
16	西班牙	53.05
17	日本	53.03
18	立陶宛	52.52
19	意大利	52.47
20	英国	52.29

通过对比可以看出，“一带一路”沿线国家在自然资产指数维度得分略高于OECD国家，但实质差距并不是特别大，且

2018 年与 2015 年的得分也很相近，主要是因为自然资产的这几个指标一般不会有较大的变动。

2．自然资产相同情况下的绿色发展表现

在本指标体系中，绿色发展分为两个发展状态和一个发展过程。自然资产为未来发展奠定基础或构成限制，是经济的禀赋和初始状态。发展成果可随时间累积，是整体绿色发展的结果和现状。在将自然资产转化为发展成果的过程中，绿色技术在塑造经济和引领发展方向中发挥着重要作用。这 3 个类别是绿色发展全过程不可或缺组成部分。

由数据可知，自然资产指数相近的国家有着明显不同的绿色指数，如马来西亚和不丹、越南和斯洛文尼亚、蒙古国和美国（表 6-11）。

表 6-11 部分国家自然资产指数、绿色发展指数、绿色发展指数排名

国家	自然资产指数	绿色发展指数	绿色发展指数排名
马来西亚	71.91	49.51	37
不丹	71.50	26.25	91
越南	61.30	47.92	45
斯洛文尼亚	61.27	54.70	11
蒙古国	58.75	48.87	38
美国	58.51	68.04	1

相近的自然资产指数却有着相差 1～90 个排名的绿色指数，这较好地说明了在自然资产基础水平类似的情况下发展成

果和绿色技术的重要影响。

表 6-12　蒙古国和美国 3 项子指标与绿色发展指数

国家	自然资产	绿色技术	发展成果	绿色发展指数	排名
蒙古国	58.75	29.37	84.02	48.87	38
美国	58.51	62.30	86.56	68.04	1

以蒙古国和美国为例具体说明（表 6-12），两国的自然资产指数仅有 0.24 个单位的差距，而在绿色技术指标下，美国高出蒙古国 32.93 个单位；在发展成果指标下，美国比蒙古国高出 2.54 个单位，这两项子指标使得美国的绿色发展指数比蒙古国高出 19.17 个单位，排名相差 37 位。

2018 年，两国分别在绿色技术指数子类别——可再生能源发电、可再生能源装机、技术研发竞争力和发展成果指数子类别——$PM_{2.5}$浓度四个方面差异较大。其中，可再生能源发电总量与装机容量以可再生能源发电量（GW·h）和可再生能源装机容量（GW）为指标，评价方向皆为正，在绿色发展指数中的最终权重为 8.0 和 7.4。此指标下美国分别为 426 173 GW·h、143 749 GW，而蒙古国分别为 399 GW·h、220 GW，远低于前者。

技术研发竞争力以研究和开发投资（百万美元）为指标，评价方向为正，绿色发展指数中的最终权重为 8.6，是同级各项指标中权重最高的一项。此指标下美国为 582 544.6 百万美元，蒙古国仅为 13.5 百万美元，美国远高于蒙古国，这与美国发达的科学技术密不可分。

$PM_{2.5}$浓度可用年均$PM_{2.5}$浓度（μg/m³）为衡量指标，评价方向为负，在绿色发展指数中的最终权重为1.6。此指标中，美国为7.4 μg/m³，蒙古国为40.1 μg/m³，高于美国，可见其绿色发展水平较低（表6-13）。

表6-13 蒙古国和美国部分子指标比较

国家	正：可再生能源发电量/（GW·h）	正：可再生能源装机容量/GW	正：研究和开发投资/百万美元	负：年均$PM_{2.5}$浓度/（μg/m³）
蒙古国	399	220	13.5	40.1
美国	426 173	143 749	582 544.6	7.4

通过绿色技术方面的加速发展、高效利用，并且利用自然资产迅速促进人类发展，美国在自然资产指数略逊于蒙古国的基础上获得更高的绿色发展指数，表明了3项子指标结合考量的重要性。

（三）绿色技术指数

表6-14显示了2020年绿色技术子类别下排名前20的“一带一路”沿线国家和OECD国家的最终得分情况。从表中可以看出，“一带一路”沿线国家中排名第一的中国的绿色技术子指数得分高于OECD国家中排名第一的美国，排名第二的以色列的绿色技术子指数得分低于OECD国家中排名第七的瑞典，

由此可见，中国在绿色技术方面具有较高的优势，而“一带一路”沿线国家之间差异较大。

基于2020年的绿色技术子指数得分结果，36个OECD国家的平均得分为35.03，62个“一带一路”沿线国家的平均得分仅为25.26，“一带一路”沿线国家中只有中国、以色列、约旦、斯洛文尼亚、黑山和印度的绿色技术子指数得分达到了OECD国家的平均水平。总体而言，“一带一路”沿线国家的绿色技术子指数得分普遍低于OECD国家，在表6-14中的同位次国家中，绿色技术子指数得分差距最大达到14.34分（德国与斯洛文尼亚），最小也有3.82分（波兰与塞浦路斯）。

表6-14　2020年绿色技术子类别排名前20的“一带一路”沿线国家和OECD国家

排名	“一带一路”沿线国家	绿色发展指数子类别：绿色技术	OECD国家	绿色发展指数子类别：绿色技术
1	中国	68.48	美国	62.30
2	以色列	41.56	希腊	50.78
3	约旦	38.42	匈牙利	50.78
4	斯洛文尼亚	36.44	德国	50.78
5	黑山	36.35	爱沙尼亚	46.41
6	印度	36.20	日本	44.06
7	希腊	34.54	瑞典	41.96
8	爱沙尼亚	32.96	英国	40.10
9	匈牙利	32.05	芬兰	38.87
10	克罗地亚	31.93	法国	37.25
11	立陶宛	31.48	意大利	36.81

排名	“一带一路”沿线国家	绿色发展指数子类别：绿色技术	OECD 国家	绿色发展指数子类别：绿色技术
12	泰国	31.46	斯洛伐克	36.50
13	罗马尼亚	31.43	斯洛文尼亚	36.50
14	菲律宾	31.35	葡萄牙	36.50
15	印度尼西亚	31.24	西班牙	36.31
16	保加利亚	31.07	冰岛	36.26
17	捷克共和国	31.06	新西兰	35.28
18	波兰	30.92	荷兰	35.28
19	塞浦路斯	30.19	波兰	34.01
20	孟加拉国	30.06	挪威	34.01

在绿色技术子指标中，含有 6 个指标子类别，分别是可再生能源发电、可再生能源装机、能源效率、绿色交通、绿色建筑和技术研发竞争力。在所有“一带一路”沿线国家中，绿色技术子指数得分第二的以色列在与 OECD 国家对比时只能排到第八名，表 6-15 展示了“一带一路”沿线国家中的以色列与 OECD 中与其得分相近的国家瑞典在非水可再生能源发电、绿色建筑、技术研发竞争力 3 个子类别指标中的较大差异。以色列虽然在非水可再生能源发电上逊色于瑞典，但是其绿色建筑和技术研发竞争力方面多年来一直领先于瑞典。2014 年，以色列还曾被《全球清洁技术 100 强》评为清洁技术领域全球顶级创新国家。2018 年年底，以色列加入助力淘汰煤炭联盟（PPCA），并承诺在 2030 年彻底淘汰煤炭发电，相信以色列在这些领域的举措能帮助其在未来占有更大的优势。

表 6-15　2013—2018 年以色列与瑞典非水可再生能源发电、绿色建筑、技术研发竞争力指标得分比较

指标	年份	以色列	瑞典
非水可再生能源发电	2013	0.3	3.9
	2014	0.4	4
	2015	0.5	4.9
	2016	0.5	4.9
	2017	0.5	5.4
	2018	0.5	5.2
绿色建筑	2013	97.4	95.8
	2014	97.5	95.3
	2015	97.5	96.5
	2016	97.3	95.6
	2017	98.4	97.2
	2018	99.4	97.8
技术研发竞争力	2013	83.3	66.1
	2014	82.8	62.9
	2015	85.8	65.3
	2016	85.3	66
	2017	90	68
	2018	96	66

表 6-16 显示了 2020 年绿色技术子指标与 2019 年同期比较的结果，由于模型的调整，整体数据均有所下降。其中，在表中的“一带一路”沿线国家中，中国、以色列、爱沙尼亚、匈牙利、立陶宛、保加利亚 6 个国家排名稳中有升，印度排名下降但依然在前 10 名。除此之外，以色列、约旦、斯洛文尼亚、

黑山的排名上升较大，合理推测计算方式及指标的调整解决了去年数据中存在的部分问题，尤其对中亚地区的绿色技术指标产生了影响。

表 6-16 2019—2020 年绿色技术子类别排名前 20 的“一带一路”沿线国家

排名	2019 年	绿色发展指数子类别：绿色技术	2020 年	绿色发展指数子类别：绿色技术
1	中国	56.49	中国	68.48
2	印度	52.89	以色列	41.56
3	菲律宾	47.97	约旦	38.42
4	以色列	45.57	斯洛文尼亚	36.44
5	罗马尼亚	43.45	黑山	36.35
6	希腊	42.80	印度	36.20
7	土耳其	41.79	希腊	34.54
8	波兰	41.77	爱沙尼亚	32.96
9	巴基斯坦	41.59	匈牙利	32.05
10	泰国	41.57	克罗地亚	31.93
11	印度尼西亚	41.10	立陶宛	31.48
12	爱沙尼亚	40.93	泰国	31.46
13	捷克共和国	39.75	罗马尼亚	31.43
14	立陶宛	39.25	菲律宾	31.35
15	新加坡	39.15	印度尼西亚	31.24
16	孟加拉国	38.72	保加利亚	31.07
17	保加利亚	37.05	捷克共和国	31.06
18	缅甸	36.58	波兰	30.92
19	匈牙利	36.14	塞浦路斯	30.19
20	斯里兰卡	35.92	孟加拉国	30.06

（四）人类发展指数

1. 指标和权重说明

人类发展指数（Human Development Index，HDI）下设 5 个子指标：碳排放、$PM_{2.5}$、通电率、人类发展指数、不平等指数，其中 $PM_{2.5}$ 分为年均 $PM_{2.5}$ 浓度和 $PM_{2.5}$ 平均暴露度。5 个子指标的权重分别是 6.5、5.0、4.6、9.2、1.0，$PM_{2.5}$ 下设 2 个指标的权重分别为 1.6 和 3.4。碳排放以人均燃烧二氧化碳排放衡量，通电率指可用电人口占总人口的比重，人类发展指数这一指标采用的是联合国开发计划署的人类发展指数，不平等指数则用基尼系数来表现。

2. “一带一路”沿线国家与 OECD 国家 2016 年与 2018 年数据对比分析

在分析 OECD 国家与“一带一路”沿线国家的人类发展指数时，依据 2016 年和 2018 年数据分别对两类国家的数据进行了排名，结果如表 6-17 所示。

表 6-17 排名前 20 的 OECD 国家（2016 年、2018 年）人类发展指数

排名	2016 年	绿色发展指数子类别人类发展指数	2018 年	绿色发展指数子类别人类发展指数
1	瑞典	96.0	瑞典	96.4
2	挪威	94.8	挪威	95.0
3	冰岛	94.7	冰岛	94.9
4	丹麦	94.2	瑞士	94.7

排名	2016年	绿色发展指数子类别人类发展指数	2018年	绿色发展指数子类别人类发展指数
5	瑞士	93.5	丹麦	94.5
6	英国	93.4	爱尔兰	93.7
7	爱尔兰	93.3	英国	93.7
8	法国	93.3	新西兰	93.3
9	新西兰	93.2	芬兰	93.2
10	芬兰	92.9	西班牙	92.8
11	西班牙	92.7	法国	92.7
12	立陶宛	92.1	拉脱维亚	92.0
13	拉脱维亚	92.0	葡萄牙	91.9
14	葡萄牙	91.7	以色列	91.4
15	希腊	91.2	立陶宛	90.4
16	斯洛文尼亚	90.5	希腊	90.3
17	日本	90.1	德国	90.2
18	智利	89.7	荷兰	90.0
19	奥地利	89.6	奥地利	90.0
20	荷兰	89.5	比利时	89.9

表6-18 排名前20的“一带一路”沿线国家（2016年、2018年）人类发展指数

排名	2016年	绿色发展指数子类别人类发展指数	2018年	绿色发展指数子类别人类发展指数
1	立陶宛	92.1	拉脱维亚	92.0
2	拉脱维亚	92.0	以色列	91.4
3	新加坡	91.2	立陶宛	90.4
4	希腊	91.2	希腊	90.3
5	阿尔巴尼亚	90.6	黑山	90.2
6	斯洛文尼亚	90.5	斯里兰卡	89.8

排名	2016 年	绿色发展指数子类别人类发展指数	2018 年	绿色发展指数子类别人类发展指数
7	黑山	90.4	斯洛文尼亚	89.4
8	塞浦路斯	90.3	阿尔巴尼亚	89.1
9	格鲁吉亚	89.6	塞浦路斯	88.9
10	斯洛伐克	89.5	爱沙尼亚	88.7
11	以色列	88.5	克罗地亚	88.1
12	克罗地亚	88.3	保加利亚	86.8
13	爱沙尼亚	88.2	约旦	86.5
14	白俄罗斯	87.9	罗马尼亚	86.5
15	斯里兰卡	87.8	格鲁吉亚	86.4
16	罗马尼亚	87.6	菲律宾	86.1
17	乌克兰	87.4	白俄罗斯	85.8
18	匈牙利	87.0	黎巴嫩	85.6
19	吉尔吉斯斯坦	86.8	匈牙利	85.4
20	印度尼西亚	86.4	哈萨克斯坦	85.3

与 2016 年对比可见，在 2018 年，OECD 国家中以色列、德国、比利时进入前 20，而斯洛文尼亚、日本、智利则排到了 20 名之外。通过对数据简单分析，可以计算得出 2016 年 OECD 国家前 20 名的平均分为 92.4，2018 年的平均分是 92.6，总体持平，略有上升。

2018 年“一带一路”沿线国家中，新加坡、乌克兰、斯洛伐克、吉尔吉斯斯坦、印度尼西亚排名掉出了前 20，前 20 中新增了保加利亚、菲律宾、约旦、黎巴嫩和哈萨克斯坦。2016 年排名前 20 的“一带一路”沿线国家人类发展指数的平均得分为 89.2，而 2018 年平均得分为 88.1，总体得分下降 1.1 分。

3. EPI 的影响与个案分析

$PM_{2.5}$暴露度这一指标来源于耶鲁大学环境绩效指数（EPI）报告，其数据报告每两年发布一次。由于 EPI 本身的数据体系发生了变动，因此某些国家两年的数据存在巨大差异，如新加坡 2016 年 $PM_{2.5}$平均暴露度 EPI 标准化得分为 100，2018 年就变成了 32.2，下降了 67.8 分，这在新加坡其他子指标数据都变动不大的情况下，直接导致新加坡的人类发展指数从所有国家的第 15 位掉到了第 73 位。经过数据比对后发现，这种情况并不少见，很多人类发展指数变化较大的国家除了 $PM_{2.5}$平均暴露度变动较大以外，其他子指标的数据并没有发生较大改变。表 6-19 是人类发展指数下降最多的 10 个国家，表 6-20 是 $PM_{2.5}$平均暴露度 EPI 标准化得分下降最多的 10 个国家。

表 6-19 人类发展指数下降率最高的 10 个国家

排名	国家	下降率
1	塔吉克斯坦	–11.51%
2	新加坡	–9.56%
3	不丹	–7.49%
4	阿富汗	–6.17%
5	埃塞俄比亚	–6.05%
6	乌兹别克斯坦	–5.80%
7	巴林	–5.30%
8	斯洛伐克	–5.06%
9	叙利亚	–4.36%
10	印度尼西亚	–4.26%

表 6-20　$PM_{2.5}$ 平均暴露度 EPI 标准化得分下降最多的 10 个国家

排名	国家	差值
1	新加坡	–67.84
2	塔吉克斯坦	–65.21
3	阿塞拜疆	–38.95
4	乌兹别克斯坦	–38.59
5	巴林	–37.52
6	埃塞俄比亚	–36.60
7	斯洛伐克	–34.04
8	柬埔寨	–33.64
9	不丹	–33.37
10	印度尼西亚	–32.97

上面两个表格表明，除了阿富汗和叙利亚以外，人类发展指数降低最多的国家基本上是 $PM_{2.5}$ 平均暴露度 EPI 标准化得分下降最多的国家（阿富汗 $PM_{2.5}$ 暴露度 EPI 标准化得分也变化较大，下降了 28.22）。相似地，增长率最高的 10 个国家与 $PM_{2.5}$ 平均暴露度 EPI 标准化得分增长最多的 10 个国家也有较高的重合。由此可知，人类发展指数的变动与 $PM_{2.5}$ 平均暴露度 EPI 标准化得分这一指标密切相关，而 EPI 自身的数据体系变化对该指标造成了较大影响。这提示我们，人类发展指数的子指标体系或许还存在一定的改进空间，特别是使用 $PM_{2.5}$ 平均暴露度 EPI 标准化得分这个二手数据的合理性还需要进一步考察。

值得注意的是，作为人类发展指数降低最多的 10 个国家之一，叙利亚并没有受到 $PM_{2.5}$ 平均暴露度 EPI 标准化得分变化的影响（因为叙利亚 2018 年的 $PM_{2.5}$ 平均暴露度 EPI 标准化得分变化数据缺失，故使用 2016 年的数据进行填充）。叙利亚人类发展指数的下降主要在于通电率得分的下降，叙利亚通电率得分在 2016—2018 年下降了 16.1。2011 年叙利亚内战爆发以来，政府与反政府武装、恐怖组织冲突不断，战火中电力供应系统也遭到严重打击，许多反政府武装或者恐怖组织控制的区域无法获得来自国家电网的服务。虽然 2016—2018 年，叙利亚政府军在俄罗斯的支持下成功夺回一个个失地并逐渐开始重建工作，但在依旧持续的军事冲突和社会动乱之下，电力系统的重建显然还是困难重重。2018 年年底，中国就向叙利亚捐赠了一批人道主义救援物资，包括 800 台变压器、60 km 电缆和其他配电用设备，帮助叙利亚政府解决了冬季供电的燃眉之急。

在人类发展指数增长率最高的国家之中，$PM_{2.5}$ 平均暴露度 EPI 标准化得分变动对于排名第五的孟加拉国（+3.34%）也影响较小，其 $PM_{2.5}$ 平均暴露度 EPI 标准化得分相对来说变动不大，孟加拉国人类发展指数的提升主要在于通电率和不平等指数都发生了较大改善。孟加拉国的通电率得分上升了 10.6，不平等指数标准化得分则上升了 17.7。孟加拉国政府于 2010 年邀请日本国际合作组织（JICA）制订了国家电力发展规划《PSMP2010》，并于 2017 年在对其进行修订后发布了《PSMP2016

Revised》。在此规划下，孟加拉国通过多种方式提升通电率，如替换老旧、效率低下的发电设备，与外资合作修建发电站，增加电力进口等。据孟加拉国电力开发委员会（PDB）介绍，2018 年 7 月孟加拉国电力供应覆盖率已达 90%，已建设各类电站 121 座，2017—2018 财年发电量达 11 059 MW，预计 2021 年将达 24 000 MW。孟加拉国不平等指数的变化可能是数据来源改变导致的，众多资料显示伴随 GDP 的增长，孟加拉国的贫富差距其实是在不断扩大。

由于 EPI 数据体系发生巨大改变，人类发展指数这一指标更多地体现 $PM_{2.5}$ 平均暴露度 EPI 标准化得分的巨大变动。为排除 EPI 数据体系改变带来的这种影响，以下试图对人类发展指数其他几个子指标分别进行分析说明。

4．分指标分析

（1）碳排放

文莱和沙特两国的碳排放指标得分变化最大，文莱得分下降了约 3.6，沙特得分则上升了 4.32。其他各国得分都较为稳定，除了蒙古国（–2.0），其他各国的得分变化均在 ±2 以内。沙特碳排放状况的改善一方面是因为其作为最大的产油国，人均碳排放量本就长期居于世界前列，基数较大，另一方面也是因为近年来沙特确实在节能减排和能源转型方面做出了努力。2016 年 4 月，沙特发布“2030 愿景”和“国家转型计划”，表明沙特试图减少对石油产业的过分依赖，实现多元化发展。能源战略转型正是沙特“2030 愿景”和“国家转型计划”的重要内容。“2030 愿景”计划到 2030 年，沙特增加可再生能源发电 9.5 GW。根据“国家转型计划”，到 2020 年，沙特可再生能源发电量增加 3.34 GW，或者可再生能源发电量在沙特发电总量中的占比提升至 4%。2016 年年底，沙特还正式批准了《巴黎协定》。此外，沙特政府还通过《萨勒曼国王可再生能源法案》进一步推动新能源产业发展。沙特根据这些计划协定展开工作，例如，2017 年沙特启动首批新能源项目招标，此后又不断扩展招标项目，对光伏、风电等领域进行大规模投资，2018 年可再生能源项目投资高达 70 亿美元。沙特碳排放量的下降正是这些努力取得良好效果的印证。

（2）$PM_{2.5}$ 浓度

总体来说，2016—2018 年，各国 $PM_{2.5}$ 浓度指标得分变化都较小，OECD 国家除以色列（–0.6）外，变化幅度均在 0.3 以内。“一带一路”沿线国家 $PM_{2.5}$ 浓度指标得分大都也较为稳定，变化最大的是沙特（–3.6）和斯里兰卡（+3.0）。值得注意的是，沙特在碳排放下降的情况下，$PM_{2.5}$ 浓度却依旧上升，2016 年其 $PM_{2.5}$ 浓度得分就已排至所有国家中的第 91 位，到 2018 年还进一步下降，这说明沙特虽然在节能减排方面取得一定成效，但是其空气污染治理还有所欠缺。

斯里兰卡 2016 年 $PM_{2.5}$ 浓度指标在“一带一路”沿线国家中排名第 7 位，而作为得分上升幅度最大的国家，其 2018 年

$PM_{2.5}$浓度得分更是上升至“一带一路”沿线国家中的第4位，可见斯里兰卡的空气状况一直都表现良好，耶鲁大学的环境绩效评估报告曾指出斯里兰卡是南亚空气质量最好的国家。但与此同时，斯里兰卡依旧十分重视空气治理，因为随着斯里兰卡工业化和城市化的持续发展，斯里兰卡也逐渐出现空气污染现象。经济发展使得斯里兰卡化石燃料等能源消费迅速提升，机动车不断增加；同时斯里兰卡仍然将木柴作为家庭烹饪的主要燃料，不仅燃烧效率低，还导致树木砍伐和严重的室内空气污染，有专家称斯里兰卡的空气污染物有 60%来自家庭排放污染；此外，露天燃烧垃圾、有机废物等现象在斯里兰卡也较为普遍。空气污染也正在成为斯里兰卡一个日益严重的问题。为此，斯里兰卡发展与环境部在2016年推出“清洁空气2025”（Clean Air 2025）行动计划来改善斯里兰卡空气质量，该计划包括制定更先进的能源相关的财政政策，进行汽车燃油价格改革，限制家庭燃烧塑料，加大空气污染研究与现实监测评估的投入等方方面面的内容。2016—2018年，斯里兰卡$PM_{2.5}$浓度状况的进一步改善正是斯里兰卡空气污染治理的努力成果。

（3）通电率

在通电率这一指标中，从原始数据来看，变化数值较大的国家有柬埔寨（+14.95）、缅甸（+10.7）、东帝汶（+9.09）和也门（–8.9）。本书选取了升高最多的柬埔寨进行原因分析。

相关资料显示通电率升高最多的柬埔寨在电力方面的基本情况是电力基础设施薄弱，电网容量小，全国还未实现统一的电网，发生故障时各地电网无法相互支援，且布局较为分散，电力来源主要依靠从邻国越南、泰国和老挝进口。电力供应严重不足，主要限于首都金边和其他大城市及主要省城，大部分农村地区仍处在无电力供应状态，且电力供应质量不稳定，供电可靠性差，无法保证24小时供电，供电价格也远高于国际标准。此外，由于现有电网输电通道能力有限，导致水电丰期弃水、火电机组出力受限等浪费资源的情况发生，造成局部地区严重缺电和局部地区电力富余两种对立问题共存。

为了满足柬埔寨电力发展需求，降低对其他国家的电力依赖，最大限度地利用开发本国的资源，柬埔寨政府制定了电力能源供应战略。根据柬埔寨电力发展规划，2017—2030年电源规划装机总容量321.3万kW，至2030年，新建6个500 kV变电站和14座230 kV变电站。为了解决柬埔寨部分地区严重缺电或无电的问题，改善薄弱的电网结构，满足负荷发展需求，解决电力送出需要，规划提出以金边地区为中心，新建大容量高压输电网络向全国周边地区辐射发展，实现覆盖全国的输电网。同时，为满足国内电力增长，配合水电送出，柬埔寨将增强与周边国家电力互联通道。

（4）人类发展指数

联合国开发计划署创立的人类发展指数是以“预期寿命、

教育水准和生活质量”三项基础变量，按照一定的计算方法，得出的综合指标。2016—2018 年，人类发展指数变化数值最大的国家为哈萨克斯坦（+1.8）、土耳其（+1.7）和也门（–1.5）。也门的人类发展指数下降与也门战争有关，2015 年内战爆发后，也门的安全形势急剧恶化，百姓流离失所，通货膨胀，多年来造成数万人死亡、过千万人饱受饥荒煎熬，被联合国形容为“当今世界上最严重的人道主义危机”。战乱使得也门 2 900 万民众中 1 800 万人没有安全的饮用水。持续数年的军事冲突使也门的电力系统遭受了巨大的破坏，以沙特为首的海湾联盟的打击目标中，包括 5 000 多个发电站和其他关键能源基础设施，其中大部分都远离战斗或军事场所，导致 90% 的人口面临断电，生活质量严重下滑。此外，2016 年 10 月起也门出现霍乱并持续数年，每周新增霍乱病例数近 10 000 例，波及全国。国内持续的战争使霍乱灾情难以控制，战争导致的饥荒、医疗物资匮乏及其他疾病的暴发使霍乱的遏制难上加难。

作为人类发展指数上升最大的国家，哈萨克斯坦从 1992 年开始，在人类发展水平方面取得了令人瞩目的成就。1990—2018 年，哈萨克斯坦人类发展指数增长 18.5%，人均收入水平增长 61.8%。28 年中，哈萨克斯坦人均受教育年限增长 3.7 年，人均寿命增长 2.9 年。

二、“一带一路”绿色发展的特点

发展至今，绿色“一带一路”内涵与发展思路日益清晰，政策引导与工作机制逐步完善，其建设与全球环境与气候治理之间的关系受到高度关注。现阶段，“一带一路”绿色发展呈现出以下特点：

一是理论内涵日益丰富，与国际形势新变化衔接增多。自“一带一路”倡议提出以来，“一带一路”建设对环境保护、气候变化以及可持续发展等方面影响引起的广泛讨论，不断充实了“一带一路”绿色发展的思想与内涵。首先，应对“一带一路”实施过程中对环境产生的负面影响是理论的出发点。沿线能源投资所引发的密集的人类活动可能使中亚等环境较为脆弱的地区水危机加倍，并加速该地区的能源消耗。[1] 其建设过程中可能导致污染产品生产或不可持续的资源开采方式转移到该地区欠发达国家的行为，[2] 将对“一带一路”沿线地区乃至全球的环境和气候条件产生负面影响，威胁国际应对气候变化与可持续发展目标的实现。其次，兼顾经济发展与生态环境保护是该理念的核心目标。“一带一路”建设应按照人口资源环境相均衡、经济社会生态效益相统一的原则，着力打造节约

1 Peiyue Li，Hui Qian，Ken W F Howard，et al，Building a New and Sustainable“Silk Road Economic Belt”，*Environmental Earth Sciences*，Vol. 74，2015，pp. 7267-7270.

2 Elena F Tracy，Evgeny Shvarts，et al，China's New Eurasian Ambitions：The Environmental Risks of the Silk Road Economic Belt，*Eurasian Geography and Economics*，Vol. 58，No. 1，2017，pp. 56-58.

资源和保护环境的新格局，在此基础上促进沿线产业结构的转型升级以及生产与生活方式的转变。[1] 最后，明确“一带一路”绿色发展是全球环境和气候治理的重要组成部分，强调该进程对全球绿色低碳可持续发展的外溢效应。资源节约、清洁能源、提高能源效率、绿色低碳技术等是其发展重点领域，相关各方以生态环境和技术合作为着眼点，开展政策协调，拓展合作领域，落实合作项目，探索永续发展之路。

二是政策体系持续完善，引领性作用不断加强。作为“一带一路”倡议的提出方，中国近年来围绕“一带一路”绿色发展制定出台了系列政策文件，为各相关方参与该进程提供指引。国家发展改革委、外交部和商务部于 2015 年联合发布《推动共建丝绸之路经济带和 21 世纪海上丝绸之路的愿景与行动》，明确要求强化基础设施绿色低碳化建设和运营管理，在投资贸易中突出生态文明理念，加强生态环境、生物多样性和应对气候变化合作，共建绿色丝绸之路，[2] 在宏观层面确立了绿色发展在“一带一路”中的重要地位与指导性作用。中国环境保护部于 2017 年先后发布了《关于推进绿色“一带一路”建设的指导意见》和《“一带一路”生态环境保护合作规划》，提出生态文明、生态环保、绿色发展将成为“一带一路”倡议

1 杨晨曦、温平：《五大发展理念引导下的“一带一路”建设新思路》，《新疆社科论坛》2017 年第 6 期。

2 国家发展和改革委员会、外交部、商务部：《推动共建丝绸之路经济带和 21 世纪海上丝绸之路的愿景与行动》，《人民日报》2015 年 3 月 29 日第 1 版。

的核心特征，并通过生态环保政策沟通、促进国际产能合作与基础设施建设的绿色化、发展绿色贸易等举措推动生态环境保护合作，[1] 对“一带一路”绿色发展目标、内涵、范围、路径等做了更为细致的规定。此外，绿色产品标准认证、基础设施建设绿色化等相关标准陆续出台，[2] 为“一带一路”国际合作提供了更清晰、具体的绿色标准，指导项目实施落地。在国际层面，联合国环境规划署与中国环境保护部签署《关于建设绿色“一带一路”的谅解备忘录》，启动“一带一路”与区域绿色发展联合研究，为推进“一带一路”绿色发展提供智力支撑。

三是工作机制日趋健全，形成区域绿色治理合作平台。为保障“一带一路”工作稳步有序推进，中国在明确国家发展改革委等相关部门对推进“一带一路”绿色发展职责分工的基础上，于 2015 年成立了“一带一路”生态环境保护领导小组，并确定以中国—东盟（上海合作组织）环境保护合作中心为牵头提供技术支持的机构，为“一带一路”生态环保工作提供了组织机制保障。国家发展改革委还组建了“一带一路”建设促进中心，为对接、促进绿色低碳等领域的“一带一路”实施提供支撑，逐步建立起从政策协调到项目实施管理的多层级工作体制，为绿色“一带一路”建设提供体制机制保障。2019 年 4

1 环境保护部：《关于推进绿色“一带一路”建设的指导意见》，《“一带一路”生态环境保护合作规划》，2017 年 5 月。

2 “一带一路”建设工作领导小组办公室：《标准联通共建“一带一路”行动计划（2018—2020 年）》，2018 年 1 月。

月 25 日，“一带一路”绿色发展国际联盟在京成立，旨在打造绿色发展合作沟通平台。该联盟定位为一个开放、包容、自愿的国际合作网络，目标是将绿色发展理念融入“一带一路”建设，进一步凝聚国际共识，促进“一带一路”参与国家落实联合国《2030 年可持续发展议程》。

四是沿线国家绿色发展能力不均衡，发展水平有待提升。“一带一路”沿线国家在经济发展阶段、产业结构、技术水平、环保标准等领域存在明显差异，部分地区或国家在资源利用、环境治理等环节面临来自资金、技术等方面的巨大挑战，绿色发展能力参差不齐。总体来看，中东欧、东北亚、东南亚及太平洋等地区国家在经济增长、资源利用、污染防治、技术创新、环境承载能力、环境治理等方面表现相对较好，享有较高的绿色发展水平，有能力承接、推动高水平绿色合作项目；相较之下，南亚、非洲、中亚等地区国家经济发展滞后、技术研发能力薄弱，资源利用、环境治理水平较低，在绿色发展领域需要一定程度的能力建设与资金技术支持。该差异为建立高水平“一带一路”绿色标准、推动相关项目落地带来直接挑战。

五是中国发挥先锋示范作用，持续提高开放水平。中国作为“一带一路”倡议的提出方，在推进“一带一路”绿色发展进程中发挥的作用对沿线国家具有直接影响。在一定程度上，绿色“一带一路”的成败在很大程度上将取决于中国对于其提出的可持续发展愿景的落实。[1] 党的十八大以来，中国积极推动生态文明建设、践行绿色发展理念、提高可持续发展水平，在推动“一带一路”建设过程中坚持绿色低碳理念。《能源发展“十三五”规划》《可再生能源发展“十三五”规划》等宏观规划也提出围绕“一带一路”倡议参与国际有关新能源项目投资和建设、推进可再生能源产业链全面国际化发展，[2] 清晰传递出中国支持“一带一路”绿色发展的信号，积极探索适合沿线国家多样性的绿色发展道路，坚定了沿线国家信心。

第四节 “一带一路”绿色发展实施路径

“一带一路”绿色发展关乎沿线地区乃至全球经济发展与生态环保整体形势，推动、实施该进程既应充分考虑沿线地区经济、环境、产业等实际情况，形成优势互补、合作共赢的绿色合作模式，也需结合新时期国际政治、经济格局深刻调整趋势，将该进程与全球气候治理演进方向有机衔接，使“一带一路”建设在促进沿线地区经济社会发展的同时，为全球可持续发展与环境治理提供支持。中国作为该倡议的发起方，可着眼于顶层设计、体制机制、落实举措等层次，引导、推动绿色“一

---

1 Fernando Ascensão, Lenore Fahrig, et al., Environmental Challenges for the Belt and Road Initiative, *Nature Sustainability*, Vol. 1, 2018, pp. 206-209.

2 国家发展和改革委员会:《能源发展“十三五”规划》《可再生能源发展“十三五”规划》，2016 年 12 月。

带一路”实施落地。

一、推动形成“一带一路”绿色合作制度框架

一是进一步建设“一带一路”绿色发展合作机制与平台。建立国家间机制制度化是引导、规范“一带一路”绿色发展相关活动的基础与保障。为调动沿线国家参与积极性，中国可与沿线国家共建绿色低碳领域重点任务和需求清单，设计共建合作机制与平台，[1] 为拓展、深化绿色低碳合作提供制度支持。首先，该机制应着眼于沿线地区多样化、差异化的绿色发展需求与能力，以灵活的机制设计促进多层次绿色项目合作，利用包括亚投行、丝路基金等在内的政府间合作平台，有效调动国际投融资，鼓励各利益相关方建立灵活的合作模式，并建立事后监管评估等方式保障绿色项目实施质量；其次，该机制应服务沿线国家绿色政策战略与“一带一路”建设对接，共建绿色发展的重点任务与需求清单，充分考虑各国的发展阶段与国情，[2] 降低其协调国内发展目标与绿色“一带一路”目标的成本，形成“一带一路”绿色发展与沿线国家自身低碳转型相互促进的密切联系；再次，在沿线区域绿色低碳项目可能存在政

1 Hongze Li，Fengyun Li，and Xinhua Yu，China’s Contributions to Global Green Energy and Low-Carbon Development：Empirical Evidence under the Belt and Road Framework，*Energies*，Vol. 11，No. 6，2018，p. 1-32.

2 Hongze Li，Fengyun Li，and Xinhua Yu，China’s Contributions to Global Green Energy and Low-Carbon Development：Empirical Evidence under the Belt and Road Framework，*Energies*，Vol. 11，No. 6，2018，p. 27.

策风险等情况下，该机制应对合作相关方形成一定外部约束力，利用限制参与资格等方式提高违约国成本；最后，该机制可通过议程设置等方式为沿线国家绿色低碳领域信息交流、研究合作、跨境问题协商等提供平台，以绿色低碳可持续发展为切入点提高沿线地区区域治理能力。

二是以全球生态环境治理持续加强为契机推进“一带一路”绿色发展。在推进绿色低碳转型、保护生态环境成为广泛共识的背景下，沿线国家面临的来自国际社会的环保与气候变化压力与道德约束将不断加强，提高国内环保标准、降低温室气体排放是其未来必然的政策选择。中国无意通过绿色“一带一路”来取代现有的全球环境治理机制。相反，中国正在通过区域和多边合作机制，与包括联合国机构在内的国际伙伴密切合作，提出新的环境治理倡议。[1] 中国可利用当前国际生态环境治理形势产生的“倒逼”效应，将“一带一路”绿色发展进程与沿线国家兑现相关国际承诺相结合，鼓励沿线国家在新增基础设施建设、产业转型升级等方面应用绿色低碳技术；加强与国际能源署的合作，增强区域合作的安全性，促进市场一体化和良性竞争；同时，中国可立足于本国生态文明建设经验，向沿线国家传播绿色发展理念、分享优秀案例与实践方式，促使其主动接受高水平“一带一路”绿色合作方式与要求，凝聚

1 Johanna Coenen，Simon Bager，et al，Environmental Governance of China's Belt and Road Initiative，*Environmental Policy and Governance*，Vol. 31，2021，p. 10.

防范环境风险共识，形成“一带一路”建设与全球生态环境治理相互促进的有利格局。

二、以市场为导向“渐进式”建立“一带一路”绿色合作模式

一是发挥市场机制优化资源配置作用，厘清政府与市场的边界。倡导“一带一路”绿色发展的核心目标之一在于推动沿线国家建立兼顾经济发展与环境保护的可持续发展模式，考虑到政治支持受政府更迭、财政状况、协商效率、信息不对称等影响而存在一定不可控的风险，发挥市场机制作用、促进可持续的绿色商业体系是绿色“一带一路”行稳致远的关键。联合国环境规划署也印证了市场途径是解决生态环境问题的有效途径，认为通过基于市场的激励措施有可能将资本投资转向绿色投资和绿色创新。[1] 这意味着推进“一带一路”绿色发展应沿着有利于培养绿色市场的思路设计与实施，明确各国政府部门在该进程中的权利边界，保障市场主体经营活动的独立自主性和合法收益，培育适度市场竞争环境，在具备一定基础的领域逐步退出政府影响，拓展企业活动空间，增强企业的环保意识与社会责任认同，形成具有商业活力的绿色低碳产业发展模式。如包括中石油在内的 12 家全球主要油气企业共同倡导建

---

1 Aaron Cosbey，Are there Downsides to a Green Economy? The Trade，Investment and Competitiveness Implications of Unilateral Green Economic Pursuit，*The Road to Rio+ 20 for a Development-Led Green Economy*，UNCTAD，2011，p. 26.

立的油气行业气候倡议组织（Oil and Gas Climate Initiative，OGCI）就为全球碳减排发挥了积极作用。有学者将其特征总结为“合作应对共同威胁、提供并分享有效的解决方案，并建立可以被外部验证的系统增强公众对预期结果的信心”等。[1]

二是把握政策性支持的力度与方向，精准施策。考虑到绿色发展所具有的外部性特征，政策性支持在绿色“一带一路”也应发挥必要的作用与功能。一方面，在“一带一路”绿色发展起步阶段，相关沿线国家政府应承担必要的基础设施建设等任务，并选择、确定优先发展的绿色低碳产业类别，该类产业应对上下游相关行业具有一定带动作用，相关方政府部门可视情况为有关项目提供资金与政策扶持，降低其起步期在资金、管理等环节面临的压力，在形成一定产业规模后逐步降低政策性扶持力度，提高相关行业竞争力度，倒逼技术创新，筛选优质企业与商业模式，为推广绿色发展经验提供实践支持。另一方面，建立沿线地区绿色发展对外援助模式，将中国的援助和交易与当事国在《巴黎协定》中的国家自主贡献的低碳优先事项紧密结合，与这些国家的投资需求对接，帮助这些国家投资重点部门和方向，[2] 在相关方政府间“一带一路”框架下签署的对外援助文件中明确相关文本的绿色标准要求，保证援助资

1 Jonathan Elkind，Toward a Real Green Belt and Road，*Report of the Center on Global Energy Policy*，*Columbia University*，Vol. 25，2019，pp. 1-13.

2 Lihuan Zhou，Sean Gilbert，et al，Moving the Green Belt and Road Initiative：From Words to Actions，Working Paper，World Resources Institute and Global Development Policy Center，2018.

金用于绿色低碳领域，为发展相对滞后的沿线国家提供资金技术支持。值得注意的是，为避免沿线地区产业发展对政策性支持形成过度依赖，相关沿线国家应加强政策协调与产业跟踪，交流绿色产业发展经验，适时调整产业政策导向。

三、丰富绿色政策工具与市场产品，多样化实施路径

一是建立区域绿色投融资模式，丰富绿色金融产品选择。为“一带一路”绿色发展进程提供必要的资金支持是落实相关政策与项目的基本要求，中国可在国内绿色投融资体制实践的基础上，推动沿线国家加强“一带一路”绿色投融资建设。首先，支持沿线国家围绕绿色金融合作开展双/多边财经对话，鼓励沿线国家资质良好的银行等金融机构参与建立绿色发展银行、绿色基金等公共金融服务平台，[1] 鼓励相关金融机构投资协同完成重大项目投融资工作，降低单一金融机构风险，发挥各机构比较优势，设计解决“一带一路”特定绿色融资障碍的工具或基金，来支持绿色“一带一路”发展；[2] 其次，在政府、市场等传统单一融资方式以外，探索建立跨境“政府和社会资本合作”（PPP）等公私合作关系协议框架，利用多种金融工具

---

1 Tilman Santarius，Jürgen Scheffran，and Antonio Tricarico，*North South Transitions to Green Economies：Making Export Support，Technology Transfer，and Foreign Direct Investments Work for Climate Protection*，Heinrich Böll Foundation，2012，p. 35.

2 Lihuan Zhou，Sean Gilbert，et al，Moving the Green Belt and Road Initiative：From Words to Actions，Working Paper，World Resources Institute and Global Development Policy Center，2018.

和交易方式提供金融与“一带一路”倡议相匹配的杠杆和绿色金融供给，以各方达成共识的规则保障投资方权益，进一步丰富资金配置渠道；再次，鼓励沿线国家金融机构成立绿色金融协会等行业自律组织，利用该平台设立金融机构绿色标准、创新绿色产品类型，陆续在实践中试点新产品、新模式，建立并运营沿线地区金融信用体系，提高违规者成本代价；最后，对接亚洲开发银行、亚洲基础设施投资银行等多边金融机构，利用气候变化多边进程等渠道为需要资助的沿线国家争取国际资金，并促使相关机构有效识别、衡量和监控投融资活动中的环境和社会风险。

二是利用贸易、财税等政策工具促进绿色产品在沿线地区流通。为促进绿色产品市场建设、健全绿色行业产销体系，可考虑在条件允许的沿线国家探索开展一定水平的绿色贸易，制定货物、服务、知识产权等类型产品进出口绿色标准，提升绿色产品市场占有率。同时，有针对性地利用关税、流通税等财税政策，探索建立跨境绿色产品自由贸易区等绿色园区，为可再生能源商品、节能降碳商品等跨境转移与利用提供便利，降低绿色产品国内流通税负，拓展绿色产品生产企业盈利空间。充分利用设施联通带来的福利，改善进出口商品的分销渠道和物流网络互连的基础设施，减少贸易运输的成本和增加双边贸易额、贸易效率和贸易潜力，深化合作的价值链，帮助相关国家融入国际分工体系，促进整个产业链的密切合作，形成绿色的工业网络和经济合作系统。[1]

三是建立“一带一路”绿色技术转移合作机制。鉴于绿色技术是实施绿色低碳发展的基础性和关键性要素，考虑到沿线国家在该领域技术水平差别较大的现实，应推动各参与方围绕绿色技术研发利用形成框架性协议，涵盖技术转让、技术传播、技术合作开发等方面。建立专门的绿色技术协调管理机构，为沿线国家间、政府企业间建立绿色技术合作关系提供平台。跟踪绿色技术转让、研发等具体情况，评估绿色技术对不同沿线国家需求紧迫性与潜在效果，推动降低绿色技术专利在沿线地区的使用成本，与各参与方的绿色技术研发机构建立伙伴关系，提供学术交流渠道。

四是建立优秀绿色项目案例库。在“一带一路”绿色发展实施进程中，可鼓励相关政府、企业等主体分阶段总结该进程实施中的代表性实践案例并定期汇总，建立“一带一路”优秀绿色项目案例库，为其他国家因地制宜地发展绿色经济提供实践支持。筛选年度优秀绿色项目，并向成员国和国际组织重点推荐，在发挥其示范效用的同时，尝试为其争取更优的政策、资金等条件以扩大竞争优势。促使相关行业重视绿色能力建设，并逐步将绿色发展内化为其经营战略的有机组成部分。可重点收集城市一级的可持续发展案例，“和谐城市”是“生态

1 Hongze Li，Fengyun Li，and Xinhua Yu，China’s Contributions to Global Green Energy and Low-Carbon Development：Empirical Evidence under the Belt and Road Framework，*Energies*，Vol. 11，No. 6，2018，p. 28.

文明”发展的理想阶段。[1]

五是增加企业交流与科学机构合作。绿色“一带一路”在国家层面得到了重视，但这并不一定意味着地方政府机构、地方国有企业或私营企业会相应地调整其行动。“一带一路”项目涉及不同的私营企业和公共部门，包括承包商、开发商、顾问、融资人和监管机构，不仅来自中国，也来自东道国和国际组织。这就需要共建多种互动治理机制，弥合沿线国家的社会和制度距离。[2] 同时，“一带一路”绿色发展需要建立在大规模的跨学科研究之上，在全球化和国际经济一体化的背景下，更深入地理解自然与社会相互作用的规律，并形成参与者之间的共识。现阶段需建立“一带一路”沿线国家科学机构的沟通网络，联合发表相关研究报告，并在此基础上成立国际数据中心，对科研成果进行联合收集、整理、交流和出版，最终形成科学平台，为决策提供依据。[3]

小结

当前，全球气候变化挑战加剧，绿色发展成为各国的共识。习近平主席指出：“可持续发展是各方的最大利益契合点和最

1 Suocheng Dong，V Kolosov，L Yu，et al，Green Development Modes of the Belt and Road，*Geography*，*Environment*，*Sustainability*，Vol. 10，No. 1，2017，pp. 61-62.

2 Johanna Coenen，Simon Bager，et al，Environmental Governance of China's Belt and Road Initiative，*Environmental Policy and Governance*，Vol. 31，2021，p. 13.

3 Suocheng Dong，V Kolosov，L Yu，et al，Green Development Modes of the Belt and Road，*Geography*，*Environment*，*Sustainability*，Vol. 10，No. 1，2017，p. 64.

佳合作切入点”“要坚持绿色发展，致力构建人与自然和谐共处的美丽家园”。中国是全球生态文明建设的重要参与者、贡献者、引领者，“一带一路”是中国为国际社会搭建的合作共赢平台。在共建“一带一路”过程中，中国始终注重将绿色发展理念贯穿其中。“十三五”期间，我国出台《能源发展“十三五”规划》《可再生能源发展“十三五”规划》等，在努力实现自身绿色发展的同时，与“一带一路”参与国家和地区围绕绿色发展开展了领域广泛、内容丰富、形式多样的交流与合作，推动共建绿色“一带一路”取得积极进展和显著成效。

“一带一路”倡议源自中国，更属于世界。中国作为“一带一路”倡议发起方，长期致力于推动绿色低碳可持续发展，并在共建“一带一路”过程中加强绿色文明互鉴，拓展绿色合作维度，夯实共建绿色“一带一路”基础，与参与国家和地区一道为世界注入绿色发展动力。共建绿色“一带一路”强调兼顾经济发展与生态环保，倡导按照人口资源环境相均衡、经济社会生态效益相统一原则，构建节约资源和保护环境的新格局，推动产业结构转型升级和生产生活方式转变。共建绿色“一带一路”以资源节约、清洁能源、能效提升、低碳技术等为发展重点，是全球环境和气候治理的重要组成部分，为全球绿色低碳可持续发展提供动力。相关各方以生态环境和技术合作为着眼点，开展政策协调，拓展合作领域，落实合作项目，探索永续发展之路。

“一带一路”不仅是经济繁荣之路，也是绿色发展之路。近年来，中国围绕共建绿色“一带一路”出台了一系列政策文件，引导相关各方积极参与，进一步完善了从多渠道、多角度守护绿水青山的政策体系。2015 年发布的《推动共建丝绸之路经济带和 21 世纪海上丝绸之路的愿景与行动》，提出推进基础设施绿色低碳化建设和运营管理，加强生态环境、生物多样性保护和应对气候变化合作，共建绿色丝绸之路。2017 年发布的《关于推进绿色“一带一路”建设的指导意见》《“一带一路”生态环境保护合作规划》，将生态文明、生态环保、绿色发展列为“一带一路”建设的重要方向，对“一带一路”绿色发展的目标、内涵、范围、路径等做出具体规定。此外，出台绿色产品认证、基础设施建设绿色化等相关标准，为“一带一路”国际合作提供更清晰、更具体的绿色标准，有力推动相关项目落地实施。

共建绿色“一带一路”，促进团结合作、互利共赢。习近平主席指出：“在气候变化挑战面前，人类命运与共，单边主义没有出路。”[1] 为推进共建绿色“一带一路”工作稳步有序开展，中国于 2015 年成立“一带一路”生态环境保护领导小组，确定中国—东盟环境保护合作中心为提供技术支持的牵头机构，为“一带一路”生态环保工作提供组织机制保障。组建“一带一路”建设促进中心，逐步建立从政策协调到项目实施管理

1 习近平：《继往开来，开启全球应对气候变化新征程——在气候雄心峰会上的讲话》，新华社，2020 年 12 月 12 日。

的多层级工作机制。积极落实《巴黎协定》，与联合国环境规划署签署关于建设绿色“一带一路”的谅解备忘录。成立“一带一路”绿色发展国际联盟，搭建“一带一路”绿色供应链平台，举办“一带一路”生态环保国际高层对话等系列主题交流活动，为推动共建“一带一路”的生态环保合作与绿色发展提供新的桥梁和纽带。

“一带一路”绿色发展关乎沿线地区，乃至全球经济社会发展和生态环境保护的未来。现阶段，“一带一路”绿色发展尚处于起步阶段，其建设与实施需要沿线国家协同推进、共同发展。考虑到“一带一路”建设的系统性、复杂性，推动其绿色发展进程仍面临政治、经济、文化等诸多领域的挑战：一是绿色“一带一路”制度合作框架与指导思路有待明确，推进沿线地区凝聚绿色发展共识；二是绿色“一带一路”与全球绿色转型进程的联系需进一步加强，促进两进程相互促进、相互推动；三是绿色项目筛选、技术转让与合作、施工运营等具体实施方式还未形成规范化安排，给具体项目落地带来不确定性；四是配套投融资模式尚不成熟，绿色资金融资困境需各方携手克服；五是争议协商等事中事后管理方式还需探索，应持续完善体制机制构建。在单边主义抬头、贸易金融摩擦加剧、地缘政治风险增多的国际背景下，应清晰认识到加强生态环境保护、携手应对气候变化是国际社会的共同愿景与诉求，相较于金融、贸易等传统政治经济领域，议题冲突性较低。在沿线地区强化绿色发展既可满足沿线国家发展的需要与民众情感，也有望在全球化“退潮期”维护沿线国家协调交流渠道，促进沿线国家在其他领域开展合作。

中国作为“一带一路”倡议发起方和全球生态文明建设的引领者，应推动绿色低碳可持续发展内化为“一带一路”建设的共同价值观，立足国内绿色低碳实践，拓展沿线国家绿色合作维度，夯实共建绿色“一带一路”基础，在“一带一路”建设新阶段与沿线国家一道为全球化进程注入绿色发展的动力，推动构建人类命运共同体。

参考文献

陈天林，刘培卿，2017. 绿色“一带一路”战略与举措［J］. 科学社会主义（5）.

丁金光，张超，2018.“一带一路”建设与国际气候治理［J］. 现代国际关系（9）.

傅京燕，程芳芳，2018. 推动“一带一路”沿线国家建立绿色供应链研究［J］. 中国特色社会主义研究（5）.

解然，2017. 绿色“一带一路”建设的机遇、挑战与对策［J］. 国际经济合作（4）.

庞海坡，2017. 绿色发展融入“一带一路”战略的现实需求与制度保障［J］. 人民论坛（4）.

习近平，2008. 之江新语［M］. 杭州：浙江人民出版社.

习近平，2015. 知之深爱之切［M］. 石家庄：河北人民出版社.

习近平，2017. 决胜全面建成小康社会 夺取新时代中国特色社会主义伟大胜利［N］. 人民日报（1）.

习近平，2017. 习近平谈治国理政：第二卷［M］. 北京：外文出版社.

习近平，2018. 习近平谈治国理政：第一卷（第 2 版）［M］. 北京：外文出版社.

习近平，2019. 齐心开创共建“一带一路”美好未来［N］. 人民日报（1）.

习近平，2020. 继往开来，开启全球应对气候变化新征程——在气候雄心峰会上的讲话［N］. 人民日报（1）.

习近平，2020. 习近平谈治国理：第三卷［M］. 北京：外文出版社.

习近平，2020. 在第七十五届联合国大会一般性辩论上发表重要讲话［N］. 人民日报（1）.

习近平，2020. 在联合国生物多样性峰会上发表重要讲话［N］. 人民日报（1）.

许勤华，2020. “一带一路”绿色发展报告（2019）［M］. 北京：中国社会科学出版社.

杨晨曦，温平，2017. 五大发展理念引导下的“一带一路”建设新思路［J］. 新疆社科论坛（6）：28-31.

ASCENSÃO F，FAHRIG L，et al，2018. Environmental challenges for the Belt and Road Initiative［J］. Nature sustainability，（1）：206-209.

BARBIER E，2011. The policy challenges for green economy and sustainable economic development［J］. Natural resources forum，35：233-245.

BOSE R，LUO X，2020. Integrative framework for assessing firms' potential to undertake green IT initiatives via virtualization - a theoretical perspective［J］. Journal of strategic information systems，20：38-54.

CHEN Y，LIU S，et al，2020. How can Belt and Road countries contribute to glocal low-carbon development？［J］. Journal of cleaner production，256：120717.

CHENG C，GE C，2020. Green development assessment for countries along the Belt and Road［J］. Journal of environmental management，263：110344.

COENEN J，BAGER S，et al，2021．Environmental governance of China's Belt and Road Initiative［J］. Environmental policy and governance，312：3-17.

COSBEY A，2011．Are there downsides to a green economy? The trade，investment and competitiveness implications of unilateral green economic pursuit［J］．The road to Rio+ 20 for a development-led green economy，UNCTAD.

DONG S，KOLOSOV V，YU L，et a，2017．Green development modes of the belt and road［J］．Geography，Environment，Sustainability，10（1）：55-58.

ELKIND J，2019．Toward a real green Belt and Road［J］．Report of the Center on Global Energy Policy，Columbia University，25：1-13.

GARMENDIA E，APOSTOLOPOULOU E，et al，2016．Biodiversity and green infrastructure in Europe：boundary object or ecological trap?［J］. Land use policy，56：315-319.

LAI K，WONG C W Y，2012，Green logistics management and performance：some empirical evidence from Chinese manufacturing exporters［J］. Omega，40：267-282.

LI H，LI F，YU X，2018．China's contributions to global green energy and low-carbon development：empirical evidence under the Belt and Road framework［J］．Energies，11（6）：1527.

LI P，QIAN H，HOWARD K W F，et al，2015．Building a new and sustainable “Silk Road economic belt”［J］．Environmental earth sciences，74：7267-7270.

LIQUETE C，KLEESCHULTE S，et al，2015．Mapping green infrastructure based on ecosystem services and ecological networks：a Pan-European case study［J］．Environmental science & policy，54：268-280.

LIU Y，HAO Y，2018．The dynamic links between CO_2 emissions，energy consumption and economic development in the countries along “the Belt and Road”［J］. Science of the total environment，645：674-683.

MURADOV N Z，VEZIROGˇLU T N，2008.“Green” path from fossil-based to hydrogen economy：an overview of carbon-neutral technologies［J］. International journal of hydrogen energy，33：6804-6839.

NATALIA C A，PERSKAYA V V，et al，2019. Green energy for belt and road initiative：economic aspects today and in the future［J］. International journal of energy economics and policy，9（5）：178-185.

SANTARIUS T，SCHEFFRAN J，TRICARICO A，2012. North south transitions to green economies：making export support，technology transfer，and foreign direct investments work for climate protection［J］. Heinrich Böll Foundation.

SHAH A，2016. Building a Sustainable“Belt and Road”［J］. Horizons：Journal of international relations and sustainable development，7：212-223.

TEO H C，LECHNER A M，et al，2019. Environmental impacts of infrastructure development under the belt and road initiative［J］. Environments，6（6）：72.

TRACY E F，SHVARTS E，et al，2017. China's new Eurasian ambitions：the environmental risks of the Silk Road Economic Belt［J］. Eurasian geography and economics，58（1）：56-58.

ZHOU L，GILBERT S，et al，2018. Moving the Green Belt and Road Initiative：from words to actions［J］. Working paper，World Resources Institute and Global Development Policy Center.

后 记

本书在写作、修订过程中，得到中国人民大学课题组在数据整理、文献收集等方面的帮助和支持。在此致以谢意。他们是中国人民大学汪万发、袁淼、李坤泽、李文琪、蒲小平、王鹏、刘贵超、白京坪、陈梓源、张敏、姜琳、李天钰、崔绍峰、郑欣蔚、陆昕怡、杨凡欣等。

本书是国家社科重大研究专项“推动绿色‘一带一路’建设研究”（18VDL009）与国家社科一般项目“新时代中国能源外交战略研究”（18BGJ024）的阶段性成果。

本书在编写过程中得益于领导、专家和学者们的悉心指点和教导，也得益于团队成员间的密切配合和协作，在此一并表示诚挚谢意。

感谢“国际能源、环境及气候概论”课程同学们的支持！

感谢中国环境出版集团对本书出版的大力支持！

不足之处，敬请批评。

许勤华

2022 年 10 月 16 日